省部级示范性高等职业院校重点专业建设规划教材

工程地质与土力学

主　编　杨绍平
副主编　邹　立　彭鸿鹄
　　　　蒋　进　刘　宏
主　审　王子忠

黄河水利出版社
·郑 州·

内容提要

本书是省部级示范性高等职业院校重点专业建设规划教材，是为适应现代高职教育培养应用型、技能型人才的需求，结合示范建设对专业改革发展的要求，按照教育部颁布的工程地质与土力学课程标准编写完成的。本书包括工程地质和土力学两部分内容，主要介绍工程地质条件、工程地质勘察方法与勘察成果应用、水利工程常见工程地质问题处理、土的物理性质测试及工程分类、填土质量控制、土体渗透变形防治、地基变形与地基强度验算、挡土墙稳定验算及特殊性土处理等内容。

本书可作为高职高专水利水电类、水土保持类、土建类、道路桥梁工程类等专业的通用教材，亦可供工程勘察、设计、监理、施工等工程技术人员及科研人员学习参考。

图书在版编目(CIP)数据

工程地质与土力学/杨绍平主编. —郑州：黄河水利出版社，2014.9

省部级示范性高等职业院校重点专业建设规划教材

ISBN 978－7－5509－0944－1

Ⅰ.①工… Ⅱ.①杨… Ⅲ.①工程地质－高等职业教育－教材②土力学－高等职业教育－教材 Ⅳ.①P642 ②TU43

中国版本图书馆 CIP 数据核字(2014)第 228626 号

组稿编辑：王路平 电话：0371－66022212 E-mail：hhslwlp@163.com

出 版 社：黄河水利出版社

地址：河南省郑州市顺河路黄委会综合楼 14 层 邮政编码：450003

发行单位：黄河水利出版社

发行部电话：0371－66026940、66020550、66028024、66022620(传真)

E-mail：hhslcbs@126.com

承印单位：河南承创印务有限公司

开本：787 mm×1 092 mm 1/16

印张：21.5

字数：500 千字 印数：1—3 000

版次：2015 年 1 月第 1 版 印次：2015 年 1 月第 1 次印刷

定价：46.00 元

前 言

本书是根据国家“十二五”教育发展规划纲要及《中共中央 国务院关于加快水利改革发展的决定》(2011 年中央 1 号文件)、《国家中长期教育改革和发展规划纲要》(2010~2020 年)、《教育部关于全面提高高等职业教育教学质量的若干意见》(教高〔2006〕16 号)、《教育部关于推进高等职业教育改革创新引领职业教育科学发展的若干意见》(教职成〔2011〕12 号)等文件精神,按照现代水利职业教育要求,在总结水利类高等职业教育多年教学改革经验的基础上,在全国水利水电高职教研会指导下,结合示范建设对专业改革发展的要求编写的教材。

本套教材以学生能力培养为主线,融“教、学、练、做”为一体,“项目导向、任务驱动”,适合开展项目化教学,体现实用性、实践性和创新性的特色,是一套紧密联系生产实际的高职高专教育精品规划教材。

本书是为适应高等职业教育改革和发展,满足培养实用技能型高级人才的要求而编写的,注重职业性、实践性、实用性,突出学生技能培养,着重培养学生的基本技能和分析问题、解决问题的能力,强调基本理论以应用为目的,避免烦琐公式推导,使教材结构简单、重点突出。同时采用最新的水利水电标准及规程规范,反映当前新技术、新材料、新工艺、新方法和岗位职业资格特点。

本书由四川水利职业技术学院承担编写工作,编写人员如下:杨绍平、邹立、彭鸿鹄、蒋进(成都市勘察测绘研究院高级工程师)、刘宏(成都市勘察测绘研究院高级工程师)、王巧红、牟江天、闫胜、闫宗平、李姝、邵虹波、严容、智晶子。本书由杨绍平担任主编并负责全书统稿,由邹立、彭鸿鹄、蒋进、刘宏担任副主编,由四川水利水电勘测设计研究院地质专业总工程师王子忠教授级高级工程师担任主审。

在编写过程中,本书参考和引用了其他兄弟院校和专家的一些著作及教材,在此表示感谢!

限于编者的水平,本书疏漏和不妥之处在所难免,恳请读者批评指正。

编 者

2014 年 8 月

目 录

绪 论

1 工程地质与土力学的概念

地球的表层称为地壳,构成地壳(岩石圈)的基本物质是岩石,岩石是由矿物或岩屑在地质作用下按一定的规律聚集而成的自然体。岩石形成年代较长,颗粒间联结牢固,呈整体或具有裂隙的岩体,在山区或平地深处都可遇到。土是地壳表层岩石长期遭受自然界强烈的风化(物理风化、化学风化和生物风化)、剥蚀、搬运、沉积形成的产物,是各种矿物颗粒构成的松散集合体。土形成年代较短,一般在第四纪(在地质年代中新近的一个纪)形成,土颗粒间的联结强度远远小于颗粒本身的强度,有的甚至没有联结。在一般情况下,土颗粒间有大量的孔隙,而孔隙中常常被水和空气占满。因此,土与其他连续介质相区别的最主要特征,就是它的多孔性和散体性。

地质学是研究地球(地壳)的物质成分、内部构造、表面特征及地球演化历史的科学。工程地质学是从地质学科发展而来的一门新兴学科,主要是解决与工程建设有关的地质问题的学科。土力学是研究土的物理力学性质和土的渗透、变形、强度、稳定特性的一门学科,重点是利用力学知识和土工试验技术来研究土的强度、变形及规律性。土力学是力学的一个分支。土力学研究的对象是松散矿物集合体——土,土体的力学性质与刚体、弹性体及流体等都有所不同。因此,一般连续体力学的规律在土力学中应结合土的特性加以应用,并且要借助土工试验来研究土的物理力学性质。

工程地质与土力学由工程地质学与土力学两门课程组成,虽然这两门课的研究对象、研究方法不同,但研究目的是相同的,即研究地表及一定深度范围内岩石和土的工程性质,为建筑物地基的岩体、土体稳定和建筑物的正常使用提供可靠的地质论证和力学计算依据。所以,这两门学科在工程实践中是互相依存、互相渗透、互相结合的。

1.1 工程地质的研究对象和任务

工程地质的研究对象是与工程有关的地质环境。所谓地质环境,是指地壳表层和一定深度的地质条件的综合,是与工程建设有关的地形地貌、岩性、地质构造、水文地质条件、不良地质条件及人类工程活动等,亦称工程地质条件。地质环境影响建筑物的安全、经济和正常使用;而建筑物的兴建又反作用于地质环境,使自然地质条件发生变化,最终又影响到建筑物本身。二者就处于相互联系又相互制约的矛盾之中。

地质环境对工程建设场地的选择和建筑结构类型及施工方法的确定起着决定性的影响。各类工程建设中,必然会遇到地震、滑坡、泥石流、地基沉降、渗漏等地质作用和地质问题。工业与民用建筑遇到的工程地质问题是地基的变形、强度和稳定问题;铁路、桥梁、隧道工程常遇到边坡、隧道围岩稳定问题;水利水电工程常遇到库区渗漏、水库淤积、坝基稳定等问题。地质环境不良,一方面可能因需要采取地基处理而提高工程造价,另一方面可能影响工程建筑物的稳定、安全和正常使用。据统计,世界上大坝破坏和失事的事例中,至少一半是由地质条件不良而引起的。

1963 年 10 月 9 日所发生的意大利瓦依昂水库左岸大滑坡举世震惊。瓦依昂双曲拱坝坝高 261.6 m,是当时世界上最高的大坝之一。当水库壅水至 225.4 m 时,左岸山体突然下滑,体积达 2.7 亿 ~3.0 亿 m^3,滑速达 28 m/s,水库中有 0.5 亿 m^3 的水体被挤出,激起 250 m 高的巨大涌浪,高 150 m 的洪波溢过坝顶冲向下游,约有 3 000 人丧生。该水库开始蓄水时,就发现左岸山体蠕滑变形,但未引起水工人员的注意,随着库水位抬高,滑动面上空隙水压力加大,从而导致整个山体下滑。1961 年 3 月,湖南资水柘溪水电站的近坝库岸滑坡,发生于震旦系板溪群砂质板岩中。由于水库蓄水,同向坡的库岸边坡受空隙水压力作用而失稳。滑坡体倾入水库中产生的涌浪溢过坝顶冲向下游,造成了生命财产的严重损失。1980 年 6 月,湖北远安盐池河磷矿的岩崩发生于震旦系灯影组厚层灰岩中。由于在灰岩下部较软弱的陡山沱组薄层白云质灰岩和页岩中开拓采掘巷道,岩体变形,上部厚层灰岩中顺坡向陡倾节理被拉开,约 100 万 m^3 的岩体急速崩落,摧毁了矿务局和坑口全部建筑物,死亡 281 人。此外,我国近年来自然地质作用造成的地质灾害频繁发生,它们都造成了严重的生命财产损失。如 2008 年汶川大地震、2013 年四川都江堰中兴滑坡泥石流、2013 年的芦山地震等。

工程地质工作的任务是:通过工程地质调查、勘察和研究建筑场地的地形地貌、地层岩性、地质构造、岩土体工程特性、水文地质和地表地质作用现象等工程地质条件,预测可能出现的工程地质问题,并提出解决这些问题的建议和方案,为工程设计、施工和正常运用提供可靠的地质资料,确保建筑物的安全、稳定和正常运行。

(1)评价工程建设地区的工程地质条件。选定建筑场地和适宜的建筑型式,保证规划、设计、施工、使用、维修顺利进行。

(2)预测有关工程地质问题发生的可能性、发生的规模和发展趋势。

(3)提出及建议改善、防治或利用有关工程地质条件的措施、加固岩土体和防治地下水的方案。

(4)提供工程规划、设计、施工所需的工程地质资料。

1.2 土力学的研究对象和任务

土力学的研究对象是与工程有关的土体。土是在第四纪地质历史时期地壳表层母岩经受强烈风化作用后所形成的大小不等的颗粒状堆积物,是覆盖于地壳最表面的一种松散的或松软的物质。土是由固体颗粒、液体水和气体组成的一种三相体。固体颗粒之间没有联结强度或联结强度远小于颗粒本身的强度,是土有别于其他连续介质的一大特点。土的颗粒之间存在大量的孔隙,因此土具有碎散性、压实性、土粒之间的相对移动性和透水性。

在工程建设中,土往往作为不同的研究对象。如在土层上修建房屋、桥梁、道路、堤坝时,土用来支承建筑物传来的荷载,这时在土层内一定范围的应力状态发生变化,将应力状态发生变化的这部分土体称为建筑物的地基,而将建筑物的地下部分称为基础;在路堤、土坝等土工构筑物中,土用作建筑材料;在挡土墙、隧洞及地下建筑中等,土又是建筑物周围的介质,土压力的大小、类型将直接影响到建筑物的稳定和安全。因此,土的性质对建筑物具有直接而重大的影响。

土体是散状体，对于砂性土，土体颗粒之间无联结能力；对于黏性土，其联结能力较差，因此土的抗剪强度很低。在荷载作用下，容易产生剪切破坏。如土坝滑坡、地基的失稳破坏、挡土墙的倾倒与滑动，都是由于土中的剪应力超过土的抗剪强度而产生剪切破坏。

由于土具有多孔性，故易产生压缩变形。土作为建筑物地基时，在荷载作用下易产生压缩变形，引起建筑物沉降。当地基土不均匀或上部荷载为偏心受压时，很容易产生不均匀沉降，导致建筑物开裂、倾斜甚至倒塌破坏。当荷载较大，上部荷载超过了地基的承载力时，地基产生剪切破坏，建筑物发生破坏，引起重大质量事故。

著名的意大利比萨斜塔，于1173年开始修建，当建至24 m时发现倾斜，被迫停工。100年后建至塔顶，至今塔身一侧下沉了1 m多，另一侧下沉了约3 m，倾斜5.8°，至今仍以每年1 mm的速度下沉，成为当今著名的基础工程问题。该斜塔2000年上半年采取从地基向上抽取土的办法，历经4个月，使塔身移动了43.8 cm，倾斜度减少了0.5°，塔的寿命可延长300年。加拿大的特朗斯康谷仓，由于事先不了解基础下分布有16 m厚的软黏土层，建成后初次贮藏谷物时，基底压力超过地基的承载力，致使谷仓一侧突然陷入土中8.8 m，另一侧抬高1.5 m，仓身倾斜达27°。由于该谷仓基础和上部结构刚度较好，谷仓完好无损。后在谷仓下增设70个支承于岩石中的混凝土墩，用388个500 kN的千斤顶，才将谷仓扶正，但其标高比原来降低了4 m。

土又是一种透水性很强的材料，土的渗透性影响到工程造价大小和质量安全。在基坑开挖过程中，大量的地下水涌进基坑，造成施工困难；在水利工程中，对于闸坝地基，在上下游水头差的作用下，在地基和坝体内产生渗流及渗透变形破坏。土的渗流性一方面增大了渗流量，影响到水库蓄水效益；另一方面，渗流也会产生流砂、管涌等现象，引起堤坝破坏。

另外，土的种类众多，不同种类的土，其工程性质相差很大。我国幅员辽阔，由于地域条件不同，土的沉积环境不同，产生了许多区域性土，这些土类除具有一般土的性质外，还具有一些特殊的工程性质，因此又称为特殊性土，如淤泥、饱和砂土和饱和粉土、湿陷性黄土、膨胀土、红黏土、冻土等。饱和砂土和饱和粉土在震动荷载的作用下，孔隙水压力上升，引起土的有效应力降低，土体产生流动，形成液化，土的液化将直接影响到建筑物的安全与稳定；黄土遇水后发生湿陷变形，称为土的湿陷性，湿陷性将引起地基产生附加变形，引起建筑物开裂、裂缝，甚至产生倒塌；膨胀土是工程上常遇的特殊性土，它具有遇水膨胀、失水收缩的特点，修建在膨胀土地基上的轻型建筑物，如民房、道路、机场跑道，在反复的胀缩性作用下，建筑物发生裂缝、开裂，影响建筑物的使用和安全。因此，必须研究土的这些性质，并提出各种防治措施，必要时应进行地基处理。

综上所述，为保证各类建筑物的正常使用、安全与经济，不发生各类质量事故，必须全面分析研究土的物理性质和工程特性，要求作用在地基上的荷载强度不超过地基的承载力，控制基础的沉降量不超过变形的容许值，控制渗流，确保建筑物不产生渗透变形破坏。

2　工程地质与土力学的学习内容与学习方法

2.1　工程地质与土力学课程的学习内容

根据水利水电工程和土木工程的特点,我们将工程地质与土力学课程的学习内容分为10个学习项目,26个学习型工作任务,一个学习项目阐述解决一个方面的实际工程问题,10个学习项目基本涵盖了水利水电工程中常见的与岩土有关的工程实际问题,具体内容见表0-1。

表0-1　工程地质与土力学的教学组织

项目编号	项目名称	学习型工作任务		建议学时	
绪论	课程介绍	课程介绍、学习方法及要求		2	2
项目1	认识工程地质条件	任务1	岩石及其工程地质性质认识	2	8
		任务2	地质构造现象识别与地质图识读	2	
		任务3	认识地下水	2	
		任务4	自然地质作用	2	
项目2	工程地质勘察方法与勘察成果应用	任务1	工程地质勘察的内容与方法	2	4
		任务2	阅读工程地质勘察报告	2	
项目3	水利工程常见工程地质问题处理	任务1	坝区工程地质问题及处理	2	6
		任务2	库区工程地质问题及处理	2	
		任务3	引水建筑工程地质问题及处理	2	
项目4	土的物理性质测试及工程分类	任务1	土的物理性质指标测定	4	7
		任务2	土的物理状态判定	2	
		任务3	土的工程分类	1	
项目5	填土质量控制	任务1	填土最大干密度的确定及工程土料选择	2	4
		任务2	填土施工现场质量检测及评定	2	
项目6	土体渗透变形防治	任务1	土的渗透系数测定	3	5
		任务2	土的渗透变形防治	2	
项目7	地基变形验算	任务1	地基土应力计算	6	12
		任务2	土的压缩性与压缩指标测定	2	
		任务3	地基变形量计算与变形验算	4	
项目8	地基土强度验算	任务1	地基土抗剪强度及其指标确定	2	4
		任务2	地基承载力确定	2	
项目9	挡土墙稳定验算	任务1	挡土墙土压力计算	4	6
		任务2	挡土墙验算	2	
项目10	特殊性土及处理	任务1	软弱土及危害分析	1	4
		任务2	膨胀土及其处理	1	
		任务3	饱和砂土和饱和粉土液化判定	2	
总计				62	

注:矿物岩石及土工实训学时另计。

2.2　工程地质与土力学课程的学习要求

工程地质与土力学是一门理论性、实践性强,涉及内容广泛,专业面广及综合性强的学科，加上我国幅员辽阔，工程地质情况、水文地质情况、工程结构特点和使用要求等千差万别，使得在工程设计与施工中，没有一例工程是完全相同的，故需要运用本课程的基本原理，深入调查研究，针对不同情况进行具体分析。因此，在学习本课程时，要求大家注意理论联系实际，掌握基本原理、基本方法，搞清概念，提高分析问题、解决问题的能力。

工程地质与土力学是水利水电及其他土木工程类专业的一门基本技能课，具有理论性强、实践性强、理论公式多、概念抽象、系统性差、计算工作量大等特点。学生在学完基本理论后，普遍感到内容抽象、难以理解。在学习过程中，以下几点需要注意。

2.2.1 强化基本概念、基本理论的学习

对于土力学中的某些基本理论、基本概念，要牢固地掌握，并熟练地应用到实际工程中。如土的物理性质指标的计算，始终贯穿于土力学课程之中，只要掌握了土的物理性质指标的概念及计算方法，对于后面的内容如地基应力计算、地基沉降量计算，便可迎刃而解；又如土压力计算、地基承载力计算等内容，表面上看二者没有任何联系，但在计算中都要用到土的内摩擦角、黏聚力两个抗剪强度指标，因此只要熟练掌握土的抗剪强度试验，加深对土的内摩擦角、黏聚力的理解，在学习中就可以相互联系、融会贯通。

2.2.2 重视岩石、矿物标本课

通过矿物标本、岩石标本鉴别实训课，提高肉眼识别岩石、矿物的能力。要求学生仔细观察、善于思考，加深理论知识的理解。同时要求学生在今后的生活中，注意观察周围的地质现象和各种地质问题，提高理论联系实际的能力。

2.2.3 高度重视野外地质实习

工程地质课程具有抽象、难懂、实践性强等特点。学生在课堂上学完基本知识后，通过野外实习增加感性认识，才能达到较好的效果。比如岩石的类型和识别，在室内讲完三大岩石的识别特征，在野外可以通过岩石的结构构造来识别，学生感觉直观好懂；又比如说断层的识别，课堂上断层的识别特征很多，只有在现场观察才能将断层识别出来。学生在野外要善于观察，善于记录，真正把课本上的知识学透、学精。

2.2.4 重视土工试验，加强动手操作能力

为加强学生对土力学内容的理解，提高分析问题、解决问题的能力，通过各种土工试验，如土的密度、含水率、比重、液限、塑限、压缩、剪切、渗透等试验，要求学生掌握相关试验的原理，独立完成试验操作步骤、试验成果的整理。尽可能采用设计性试验或综合性试验，指导学生参加土工试验生产任务，独立完成土工试验生产任务。

2.2.5 加强案例学习，提高理论联系实际的能力

学生应加强案例学习，逐步提高理论联系实际的能力。如地基沉降量计算、土压力计算及挡土墙设计、地基承载力计算等内容，都是工程设计、施工中的常见知识。学生在走向工作岗位后，都要面对这些课题，因此应尽快适应这一特点。

项目1　认识工程地质条件

【学习目标】　知道常见造岩矿物,能鉴别常见的造岩矿物;知道三大类岩石的结构及构造特征,能鉴别其代表性构造特征及常见岩石类型;结合试验内容,熟悉肉眼鉴定矿物及岩浆岩、沉积岩、变质岩的方法,能对矿物及岩石的鉴定特征进行正确描述;了解岩石的工程地质性质内容,能简单评价三大类岩石的工程地质性质特征。掌握岩层产状三要素的测量方法;对褶皱的基本类型能正确地进行野外识别;掌握构造节理的分类及统计方法;熟悉地质图的阅读方法。了解含水层、隔水层的概念;掌握地下水对建筑物的侵蚀类型和特征;根据埋藏条件和含水层空隙性质不同,对地下水进行分类;掌握等水位线的概念及应用;掌握承压水成因类型及其特征和泉的类型。了解风化作用的类型及影响风化作用的因素;掌握流水侵蚀作用、沉积作用及产物——洪积层、冲积层的性质;掌握河流阶地的成因及类型;了解喀斯特形态,掌握岩溶发育的基本条件及岩溶发育的影响因素;了解崩塌的类型及成因;了解滑坡要素,掌握滑坡的类型;掌握泥石流的形成条件及类型。

【重点】　常见造岩矿物的主要物理性质;岩石的结构及构造特征,能鉴别其代表性构造特征及常见岩石类型;肉眼鉴定矿物及岩浆岩、沉积岩、变质岩的方法。岩层产状三要素的测量方法;褶皱及断层的野外识别。地下水的类型。影响岩石风化的因素;河流阶地的成因及类型;岩溶发育的影响因素;泥石流形成条件及类型。

【难点】　矿物及岩浆岩、沉积岩、变质岩的肉眼鉴别。岩层产状三要素的测量方法,褶皱及断层的野外识别。地下水的类型。流水的地质作用;阶地的成因与类型;岩溶发育的基本条件。

随着工程建设的需要和科学技术的发展,工程地质作为地质学的一个分支,主要研究与工程设计、施工和正常运行有关的工程地质问题。本项目包括以下任务:岩石及其工程地质性质认识、地质构造现象识别与地质图识读、认识地下水、自然地质作用。

任务1　岩石及其工程地质性质认识

地球是一个具有圈层结构的旋转椭球体。它的外部被大气圈、水圈、生物圈所包围,内部由地壳、地幔、地核组成,如图1-1所示。

地壳是地球最表面的一个由各种岩石组成的固态圈层,其密度为2.7~2.9 g/cm³。地壳的厚度很不均匀,各地有很大差异。位于大陆的地壳(陆壳)厚度大,平均约35 km。最厚的大陆地壳(我国的青藏高原)厚度在65 km以上,最薄的海洋地壳厚度仅有5 km。组成地壳的基本物质是各种化学元素,其中以氧、硅、铝、铁、钙、钠、钾、镁、钛为主,这9种元素占地壳总质量的99.96%。元素在一定的条件下聚集形成矿物,各种矿物在一定的

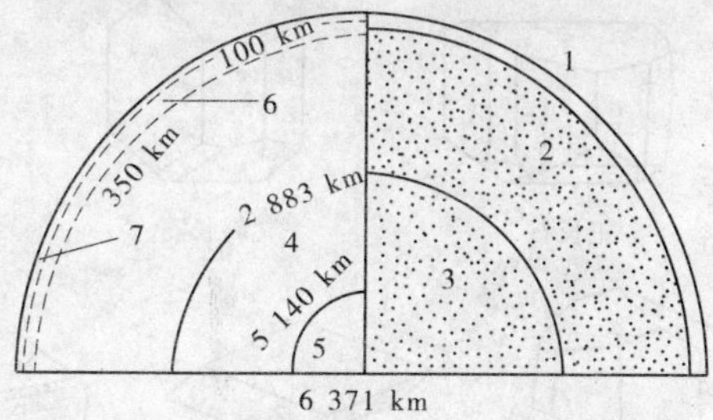

1—地壳;2—地幔;3—地核;4—液态外部地核;
5—固态内部地核;6—软流圈;7—岩石圈

图 1-1 地球内部的层圈构造

环境条件下自然集合形成岩石。不同成因岩石的形成条件、矿物成分、结构和构造各不相同,故它们的物理力学性质也不一样。因此,在各种工程建筑中,必须对组成地壳的主要矿物和常见岩石以及它们的工程地质性质进行研究。

1 矿物与造岩矿物

矿物是在地质作用下产生的,具有一定的化学成分、物理性质的自然元素或化合物。它是地壳及上地幔中的化学元素经过各种地质作用所形成的,并在一定条件下相对稳定的自然产物,是构成地壳岩石的基本单元。矿物的化学成分,可用化学式表达。如金刚石、石盐和石膏,它们的化学成分分别是 C、NaCl 和 $CaSO_4 \cdot 2H_2O$。矿物通常以固态存在于地壳中,只有极少数呈液态(如石油、汞)和气体(如天然气)。固体矿物绝大部分是结晶质,具有确定的内部结构,即组成它的各种质点(原子、分子、离子等)形成结晶格子构造,因而形成规则的几何外形。但是,岩石中大多数矿物结晶时,受到许多条件和因素的控制,晶体常呈不规则形状,但其内部构造仍不失其结晶的实质。有少部分矿物为非晶质,即内部的原子或者离子无规律排列,因此外表就不具有固定的几何外形。

目前,自然界已发现的矿物有3 000多种,而组成岩石的主要矿物仅30多种,最常见的有石英、斜长石、正长石、白云母、黑云母、角闪石、辉石、方解石、白云石、高岭石、绿泥石、石膏、赤铁矿、黄铁矿等。它们占岩石中所有矿物的90%以上,这些组成岩石主要成分并决定岩石性质的矿物称造岩矿物。

2 矿物的性质

2.1 矿物的形状

矿物的形态是指矿物的外部形状。它可以是单体,也可以是很多单体组成的集合体,如柱状(正长石)、板状(斜长石)、片状(云母)、菱面状(方解石)、纤维状(石膏)等(见图1-2)。由于生长空间的局限,矿物晶体往往不能发育成完好的形态,它们常常挤在一起呈集合体产出,如粒状(橄榄石)、土状(高岭石)、鳞片状(绿泥石)、晶簇状(石英)、钟乳状(方解石)。

2.2 矿物的颜色

矿物的颜色是指矿物对可见光波进行选择性吸收和反射后所呈现的色调。它是矿物

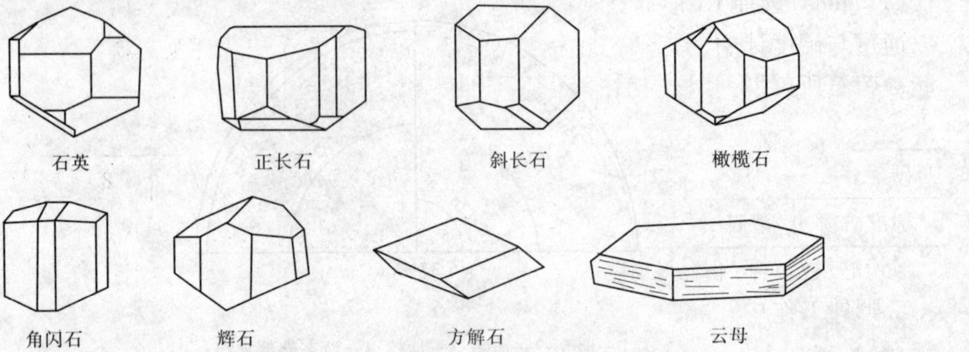

图1-2 常见造岩矿物的形态

最直观的识别标志。根据矿物的成因可分为自色、他色和假色三种。

2.2.1 自色

自色是矿物本身的化学成分中的带色元素所呈现的颜色,是矿物本身固有的颜色。如黄铜矿呈铜黄色、孔雀石呈翠绿色、赤铁矿呈樱红色。自色比较固定,可作为其重要鉴定特征。

2.2.2 他色

他色是矿物含有杂质时所表现的颜色。如纯净的石英为无色透明,但含碳的微粒时呈烟灰色(烟水晶),含锰时呈紫色(紫水晶),含氧化铁时呈玫瑰色(玫瑰水晶)等。他色具不固定性,一般无鉴定意义。

2.2.3 假色

假色是矿物内部的某些物理原因所引起的颜色。比如光的干涉、裂隙的内散射等。假色只对少数矿物具有鉴定意义。

2.3 条痕

条痕是矿物粉末的颜色。通常将矿物在条痕板上刻画后进行观察。矿物的条痕色与矿物的颜色可能一致,也可能不一致。如自然金的颜色与条痕均为金黄色;而黄铜矿的颜色为铜黄色,条痕为绿黑色。条痕较为固定,如赤铁矿颜色可呈赤红、铁灰或钢灰色等,但条痕均为樱红色。因此,条痕对于某些金属矿物具有重要鉴定意义。

2.4 光泽

矿物表面对可见光的反射能力称为光泽。根据反光程度分为:①金属光泽,反光极强,如黄铁矿、黄铜矿;②半金属光泽,反光较强,如赤铁矿、磁铁矿等;③非金属光泽,反光较弱或不反光。非金属光泽又分为玻璃光泽(长石、方解石)、油脂光泽(石英)、珍珠光泽(云母)、丝绢光泽(石棉)、金刚光泽(金刚石)。

2.5 透明度

矿物的透光能力称为透明度,它取决于矿物对光线的反射率和吸收率。矿物的透明度可分为透明(如水晶、萤石)、半透明(如石膏)、不透明(如石墨、磁铁矿)。

2.6 硬度

矿物抵抗外来机械力作用(如刻划、压入、研磨)的能力称为硬度。德国矿物学家摩氏(F. Mohs)选择10种具有不同硬度的常见矿物作为标准(见表1-1),其他矿物的硬度可以通过与硬度计中的标准矿物相互刻划,进行比较来确定。如某一矿物能刻动方解石,又能被萤石所刻划,则该矿物的硬度在3~4,可定为3.5度。

表1-1 摩氏硬度计

硬度等级	1	2	3	4	5	6	7	8	9	10
标准矿物	滑石	石膏	方解石	萤石	磷灰石	正长石	石英	黄玉	刚玉	金刚石

注:为记忆这10种矿物,可用顺口溜,即只记矿物的第一个汉字:"滑石方萤磷,长石黄刚金"。

野外工作中,常用指甲(2~2.5度)、铜钥匙(3度)、铁刀(3.0~5.5度)、小钢刀(5.5~6.0度)、玻璃(5.0~5.5度)等物品简便地确定矿物的相对硬度等级。

2.7 解理与断口

矿物受力敲击后,沿一定方向裂开成光滑平面的性质,称为解理。裂开的光滑平面称为解理面。根据解理面的大小和平整光滑程度,将解理分为极完全解理(如云母)、完全解理(如方解石)、中等解理(如正长石)、不完全解理(如磷灰石)。根据解理面方向数目,可分为一组解理(云母)、两组解理(长石)、三组解理(方解石)及多组解理,如图1-3(a)、(b)所示。

断口是矿物受外力打击后,沿任意方向发生不规则的破裂面,常见的有锯齿状(石膏)、贝壳状(石英)、平坦状(高岭石)等,如图1-3(c)所示。

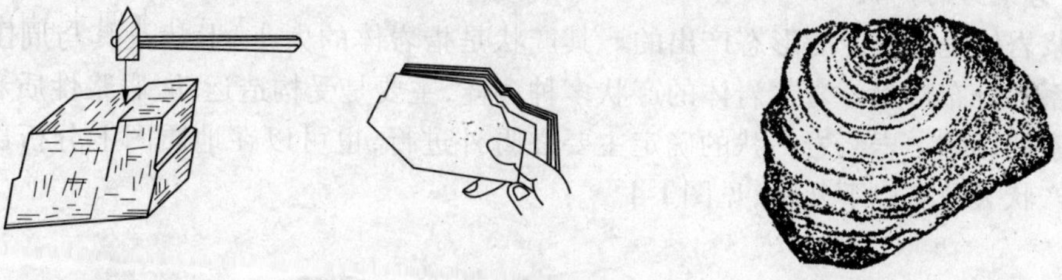

(a)方解石的解理　(b)云母的解理　(c)石英的贝壳状断口

图1-3 矿物的解理与断口

2.8 矿物的其他性质

有些矿物还具有独特的性质,如磁性(磁铁矿)、弹性(云母)、挠性(绿泥石)、滑腻感(滑石)、延展性(自然金、银、铜)等。矿物的这些独特的性质对鉴别某些矿物有重要意义。

3 岩石

岩石是组成地壳的主要物质成分,也是构成地壳的基本物质单元,它是地壳发展过程中各种地质作用的自然产物。

岩石对人类来说,并不陌生。现代地质学称石头为岩石,岩石的"岩"字在古代是山崖和山穴的意思,表示山势高峻、峰岭陡峭的地势;"石"字则是指磬、碑、砚、陨星等。自从18世纪地质学诞生以来,"岩石"一词就不再沿用古义了。那么,岩石如何定义呢?在地质作用下,产生的一种或多种矿物以一定的规律组成的自然集合体称为岩石,即岩石是矿物的自然集合体。有些岩石由一种矿物组成,如纯大理石由方解石组成;而多数由两种以上的矿物组成，如花岗岩由长石、石英、云母等多种矿物组成。

岩石是建造各种构筑物的地基、环境和天然建筑材料，因此了解岩石的工程地质性质对工程设计、施工等都非常重要。

自然界的岩石种类很多，按不同的成因可分为三大类，即岩浆岩、沉积岩和变质岩。这三大类岩石在地表的分布面积以沉积岩最广，占75%以上。若在地表以下16 km范围之内，按质量计算，则以岩浆岩最多，达95%，而沉积岩只占5%。

由于地质作用的性质和所处的地质环境不同，不同岩石的矿物成分、化学成分、结构和构造特征也有所不同。

4 岩浆岩

4.1 岩浆岩的成因及产状

4.1.1 岩浆岩的成因

岩浆岩又称火成岩，是由岩浆侵入地壳上部或喷出地表冷凝而成的岩石。当构造运动使岩石圈局部压力降低时，岩浆就会沿地壳的薄弱地带和压力较低的部位侵入上升。若岩浆喷出地表，冷凝形成的岩石称为喷出岩；如果岩浆侵入到地表以下周围岩层中，冷凝所形成的岩石称为侵入岩。侵入岩按侵入部位的深浅，分为深成侵入岩（深度大于3 km）和浅成侵入岩（深度小于3 km）。

4.1.2 岩浆岩的产状

岩浆岩体是以一定的形态产出的。其产状是指岩体的大小、形状及其与周围岩石的接触关系和分布特点。岩浆岩体的产状多种多样，主要是受构造运动、岩浆性质和活动方式等因素的影响。岩浆岩产状的确定主要在野外进行，也可以在地质图上分析出来。岩浆岩的产状大致有以下几种，见图1-4。

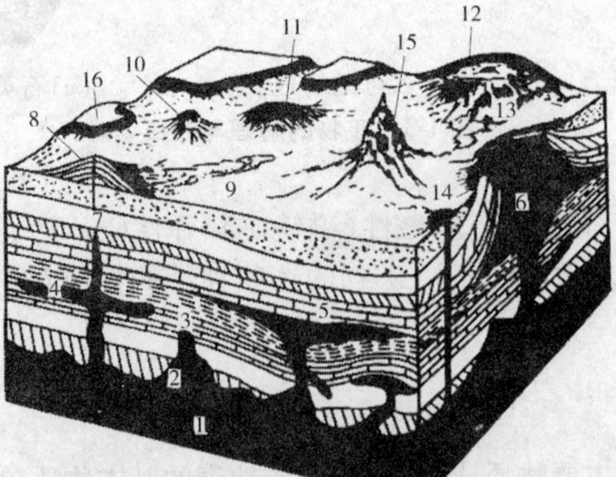

1—岩基；2—岩株；3—岩墙；4—岩床；5—岩盆；
6—被侵蚀露出的岩盖；7—火山颈；8—复式火山；9—熔岩流；
10—熔渣锥；11—小型破火山口；12—大型破火山口；13—火山碎屑流；
14—小火山；15—具有放射状岩墙的火山颈；16—熔岩被

图1-4 岩浆岩产状示意图

4.1.2.1 深成侵入岩体的产状——岩基和岩株

岩基是一种规模宏大的深成侵入体，下部直接与岩浆相连，分布面积可达几百至几千平方千米。构成岩基的岩石多为花岗岩等酸性岩，如三峡坝址区就是选定在面积约 200 km^2 的花岗岩岩基处，该处岩石结晶好，性质均一，强度高，是良好的建筑物地基。岩株出露面积小于 100 km^2，平面形状多呈浑圆形，其下可与岩基相连，也可单独产出。岩株多为中酸性岩，也常是岩性均一的良好地基。

4.1.2.2 浅成侵入岩体的产状——岩脉、岩墙、岩床、岩盘

岩浆沿围岩裂隙侵入并切断岩层所形成的厚度较小的脉状岩体称为岩脉；若厚度较大且近于直立，称为岩墙；岩浆沿着围岩的层面侵入而形成的板状侵入体称为岩床；若岩浆顺岩层侵入，使岩层隆起成蘑菇状，这样的岩体称为岩盘或岩盖。

4.1.2.3 喷出岩体的产状——火山锥、熔岩流

岩浆沿火山通道喷出地表形成的圆锥状的岩体称为火山锥，喷出地表后沿倾斜地面流动而形成的岩体称为熔岩流。

4.2 岩浆岩的物质成分

岩浆岩的化学成分几乎包括了地壳中所有的元素，但其含量差别很大。占岩石 99% 以上的是 O、Si、Al、Fe、Ca、Na、K、Mg、Ti 等 9 种元素，其中 O、Si 占岩石总质量的 75%。若以氧化物计，SiO_2 的含量最多，约占 59.14%；其次是 Al_2O_3，占 15.34%。根据 SiO_2 的含量多少，可将岩浆岩分为酸性岩类（SiO_2 含量 >65%）、中性岩类（SiO_2 含量为 65% ~ 52%）、基性岩类（SiO_2 含量为 52% ~45%）、超基性岩类（SiO_2 含量 <45%）四类（见表 1-2）。

表 1-2 岩浆岩分类

<table>
<tr><td colspan="4">岩石类型</td><td>酸性岩</td><td colspan="2">中性岩</td><td>基性岩</td><td>超基性岩</td></tr>
<tr><td colspan="4" rowspan="2">SiO_2 含量（%）</td><td colspan="3">富含 Si、Al</td><td colspan="2">富含 Fe、Mg</td></tr>
<tr><td>>65</td><td colspan="2">65 ~ 52</td><td>52 ~ 45</td><td><45</td></tr>
<tr><td colspan="4">颜色</td><td colspan="5">浅色（浅灰、浅红、黄、褐等）→深色（深灰、黑绿、黑等）</td></tr>
<tr><td colspan="4" rowspan="2">矿物成分（主要、次要）</td><td colspan="2">正长石</td><td colspan="2">斜长石</td><td>不含长石</td></tr>
<tr><td>石英
黑云母
角闪石</td><td>角闪石
黑云母</td><td>角闪石
辉石
黑云母</td><td>辉石
角闪石
橄榄石</td><td>辉石
橄榄石
角闪石</td></tr>
<tr><td rowspan="2">侵入岩</td><td>深成岩</td><td>块状构造</td><td>中、粗粒，等粒</td><td>花岗岩</td><td>正长岩</td><td>闪长岩</td><td>辉长岩</td><td>橄榄岩
辉岩</td></tr>
<tr><td>浅成岩</td><td>块状构造</td><td>等粒、似斑状、斑状</td><td>花岗斑岩</td><td>正长斑岩</td><td>闪长斑岩</td><td>辉绿岩</td><td>少见</td></tr>
<tr><td colspan="2" rowspan="2">喷出岩</td><td rowspan="2">块状构造、流纹状构造、杏仁状构造</td><td>隐晶质、玻璃质、斑状</td><td>流纹岩</td><td>粗面岩</td><td>安山岩</td><td>玄武岩</td><td>少见</td></tr>
<tr><td>玻璃状</td><td colspan="5">黑曜岩、浮岩、火山凝灰岩、火山碎屑岩</td></tr>
</table>

组成岩浆岩的矿物有30多种，其中主要是硅酸盐类矿物，分布比较广的矿物有石英、正长石、斜长石、角闪石、辉石、橄榄石、黑云母等十余种。

岩浆岩中的矿物还可以按其颜色和化学成分分为浅色矿物和深色矿物两类。浅色矿物富含硅和铝，如正长石、斜长石、石英、白云母等；深色矿物富含铁和镁，如黑云母、辉石、角闪石、橄榄石等。

4.3　岩浆岩的结构与构造

岩浆岩的结构和构造反映了岩石形成环境和物质成分变化的规律性，与矿物成分一样，是区分、鉴定岩浆岩的重要标志，也是岩石分类和定名的重要依据之一。

4.3.1　岩浆岩的结构

岩浆岩的结构是指组成岩浆岩的矿物结晶程度、颗粒大小、形状及空间结合方式。根据矿物的结晶程度，可分为以下几类。

4.3.1.1　显晶质结构

岩石中的矿物全部为肉眼或放大镜能分辨的晶体颗粒（见图1-5）。这种结构是在温度和压力较高、岩浆温度缓慢下降的条件下形成的，主要是深成侵入岩具有的结构，如花岗岩。

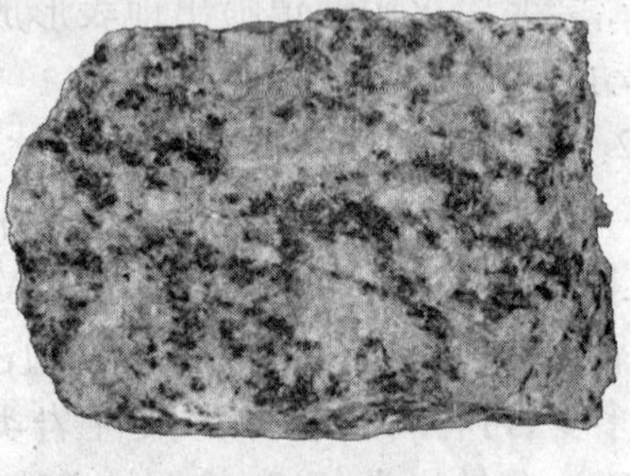

图1-5　花岗岩的显晶质结构

根据矿物颗粒的相对大小，显晶质结构还可分为：

（1）等粒结构。即同种主要矿物结晶颗粒大小大致相等的结构。可进一步分为粗粒结构（平均晶粒直径大于5 mm）、中粒结构（平均晶粒直径2～5 mm）、细粒结构（平均晶粒直径0.2～2 mm）三类。

（2）不等粒结构。即同种主要矿物结晶颗粒大小不等、相差悬殊的结构。较粗大的晶体（称斑晶）散布在较细的隐晶质和玻璃质（称基质）之间的结构称为斑状结构，见图1-6。

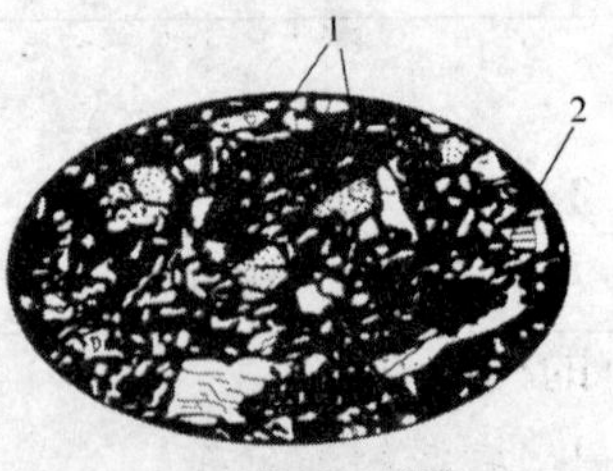

1—斑晶；2—基质

图1-6　斑状结构

4.3.1.2　隐晶质结构

矿物颗粒非常细小，肉眼或放大镜都不能分辨，只有在显微镜下才可识别。常为喷出岩及浅成岩所具有的结构，如流纹岩。

4.3.1.3　玻璃质结构

玻璃质结构是全部由非晶质矿物组成的均匀、致密似玻璃的结构，是岩浆急剧冷凝、来不及结晶所形成的，这是喷出岩具有的结构，如黑曜岩。

4.3.2　岩浆岩的构造

岩浆岩的构造是指岩石中不同矿物颗粒集合体或矿物集合体与其他部分之间的分布与排列、充填方式所表现的特征。岩浆岩的常见构造有以下几种。

4.3.2.1　块状构造

块状构造是矿物在岩石中均匀分布，无定向排列的构造。这是一种分布最广的构造，在深成侵入岩中最为常见,如辉长岩具块状构造,见图1-7。

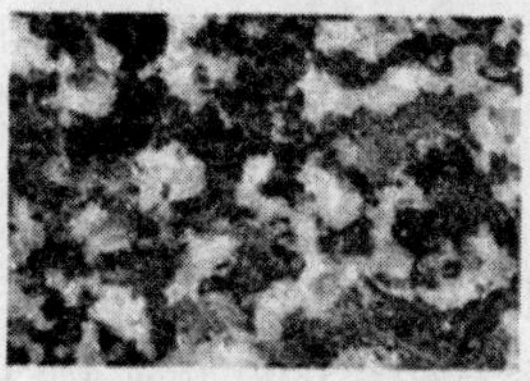

图1-7 辉长岩的块状构造

4.3.2.2 流纹状构造

岩浆喷出时,因熔浆流动而使不同成分和不同颜色的条纹或拉长的气孔及长条状矿物沿一定方向排列所显示的构造。流纹状构造多出现于喷出岩中,如流纹岩具典型的流纹构造,见图1-8。

4.3.2.3 气孔状构造

岩石中分布有大小不等、圆形或椭圆形的气孔,称为气孔构造。它是岩浆中的气体成分挥发而成,多出现在玄武岩等喷出岩中,见图1-9。

图1-8 流纹岩的流纹构造

图1-9 玄武岩的气孔构造

4.3.2.4 杏仁状构造

岩石中的气孔被后来的物质(硅质、钙质等)所充填便形成杏仁构造,为喷出岩所特有的构造。

4.4 岩浆岩的分类

岩浆岩的种类很多,其间既存在差别又有内在的联系。现行岩浆岩分类方案通常是从岩浆的成分和成岩环境两方面考虑。首先根据岩浆岩的化学成分(主要是 SiO_2 的含量),分为超基性岩、基性岩、中性岩及酸性岩。其次根据岩浆岩的形成条件分为喷出岩与侵入岩,侵入岩又分为深成岩和浅成岩,见表1-2。

4.5 常见的岩浆岩

4.5.1 花岗岩

花岗岩是地球上分布最广的结晶粒状深成岩,由石英、长石和云母组成。石英通常呈圆形粒状、无色透明。长石有肉红色的正长石和灰白色的斜长石,可见到发育良好的解理。云母为片状的黑云母,有时也有白云母,以及少量黑色长柱状普通角闪石。花岗岩具有多种颜色,如灰白色、灰色、肉红色等,主要由长石的种类和颜色而定。根据组成花岗岩矿物粒径的大小分成粗粒、中粒、细粒花岗岩,长石与石英晶体特别粗大的称为伟晶岩。花岗岩常呈规模巨大的岩基或岩株产出。花岗岩密度为2.7 g/cm^3,致密坚硬、孔隙度小、强度大,是常用的建筑材料,尤其细粒均匀的花岗岩是良好的坝基。我国的长江三峡、湖南东江、四川龚嘴等水电工程均建在花岗岩上。

4.5.2 闪长岩

闪长岩是一种中性深成侵入岩,主要由斜长石和普通角闪石组成,其次为辉石,可有少量黑云母。由于含有较多的暗色矿物,所以颜色较深,为深灰色及灰绿色,全晶质粒状结构。组成闪长岩的长石种类与正长岩不同,闪长岩以斜长石为主,呈灰色,而正长岩以正长石为主,呈红色。闪长岩在自然界大多与花岗岩、辉长岩伴生。单独构成岩体时,多为岩株、岩盖和小型侵入体。结构致密,强度高,具有较高的韧性和抗风化能力,是良好的建筑材料与地基。

4.5.3 正长岩

正长岩常呈浅灰、浅肉红、浅灰红等色,其主要矿物成分为正长石,次要矿物有角闪石、黑云母等,不含石英或含量极少。呈等粒状结构,块状构造。其物理力学性质与花岗岩类似,但不如花岗岩坚硬,且易风化,常呈岩株产出。

4.5.4 辉长岩

辉长岩是一种基性深成侵入岩。颜色深,灰色至灰黑色。矿物成分以普通辉石和斜长石为主,有时含少量橄榄石、角闪石,极少有石英。一般为中粗粒全晶质等粒结构。辉长岩体以岩株、岩盆、岩盖为常见。岩石坚硬,强度高,是良好的地基和建筑材料。

4.5.5 辉绿岩

辉绿岩是一种常见的浅成侵入岩。常呈岩株、岩床、岩墙产出。颜色为灰黑至灰色。矿物成分与辉长岩、玄武岩相当,主要由斜长石、辉石组成。辉绿岩常呈中粒至粗粒全晶质结构。与辉长岩不同的是,辉绿岩中辉石的粒径大于斜长石。辉绿岩力学强度很大,是良好的地基和建筑材料。

4.5.6 流纹岩

流纹岩是酸性喷出岩。一般为灰红色,有时为灰黑色和紫色。矿物成分为石英、正长石和斜长石。通常为斑状结构,常发育有流纹构造。也常见气孔构造和杏仁构造,性脆,工程性质不如深成侵入岩。

4.5.7 安山岩

安山岩是一种中性喷出岩,颜色为灰、灰褐、紫色。矿物成分与深成岩中的闪长岩相同。多呈斑状结构,斑晶多为斜长石、角闪石、辉石、黑云母,基质多为隐晶质或玻璃质。岩石的抗压强度较大,可用作建筑材料。

4.5.8 玄武岩

玄武岩是地球上分布最广泛的岩浆岩。玄武岩呈暗灰至黑色、褐色或深灰色。主要由斜长石和辉石组成,有时含橄榄石和火山玻璃,常呈隐晶质结构或斑状结构,气孔状和杏仁状构造,具多边形柱状节理。玄武岩熔岩流喷出后常覆盖地表形成高原和熔岩台地,大洋地壳均由玄武岩组成。玄武岩抗压强度较高,可作为良好的地基和建筑材料。

5 沉积岩

沉积岩在地表分布极广，出露面积约占陆地表面积的75%，分布的厚度各处不一，且深度有限，一般不过几百米，仅在局部地区才有巨厚的沉积（数千米甚至上万米）。尽管沉积岩在地壳中的总量并不多，但各种工程建筑如道路、桥梁、水坝、矿山等几乎都以沉积岩为地基，同时沉积岩本身也是建筑材料的重要来源。因此，研究沉积岩的形成条件、组成成分、结构和构造特征，对工程建筑具有实际意义。

5.1 沉积岩的形成

沉积岩的形成是一个长期而复杂的地质作用过程，一般包括岩石风化破碎阶段、搬运阶段、沉积阶段及硬结成岩阶段。沉积岩的物质来源很多：一是地表条件下由原岩经风化后的产物，主要有碎屑物质新生成的矿物；二是火山喷出的碎屑物质，如火山弹、火山灰、熔岩等；三是在地表常温、常压条件下由水溶液沉淀的化学物质及生物遗体物质，如化学矿物、贝壳、煤、石油等。

在地表或接近地表的条件下，由母岩（先形成的岩石）的风化产物、火山碎屑、生物残体及溶液析出物经搬运、沉积及硬结成岩作用而形成的岩石称为沉积岩。未经成岩作用胶结的松散沉积物质叫沉积物。

在地壳中，沉积岩呈层状产出，岩层是沉积岩的重要特征之一，见图1-10。

图1-10 沉积岩呈层状产出

5.2 沉积岩的矿物成分

沉积岩矿物成分有碎屑矿物、黏土矿物、化学沉积矿物及生物化学矿物四大类。

5.2.1 碎屑矿物

碎屑矿物是原岩经风化破碎产生的原生矿物碎屑，如石英、长石、白云母等一些抗风化性较强的稳定矿物。

5.2.2 黏土矿物

黏土矿物是原岩经过风化分解后生成的次生矿物，如高岭石、蒙脱石、水云母等。

5.2.3 化学沉积矿物

化学沉积矿物是从真溶液或胶体溶液中沉淀出来的或经生物化学沉积作用形成的矿物，如方解石、白云石、石膏、岩盐、铁和锰的氧化物或氢氧化物等。

5.2.4 生物化学矿物

生物化学矿物是由生物残骸经有机化学变化而形成的矿物，如贝壳、珊瑚礁、硅藻土、泥炭、石油等。

5.3 沉积岩的结构

沉积岩的结构是指沉积岩颗粒的性质、大小、形状及相互关系。常见的沉积岩结构有以下几种。

5.3.1 碎屑结构

碎屑结构是岩石由碎屑物质和胶结物胶结而成的一种结构。碎屑物包括岩石碎屑、矿物碎屑、石化的生物遗体及碎片和火山碎屑物等。按碎屑粒径大小分为砾状结构（粒径大于2 mm）、砂状结构（粒径 0.05 ~2 mm）、粉砂状结构（粒径 0.005 ~0.05 mm）。其中，粉砂状结构岩石可用放大镜观察，砾状、砂状结构用肉眼能分辨其中的碎屑、基质和胶结物，见图1-11。

图1-11 碎屑、基质和胶结物

常见的胶结物有硅质、铁质、钙质、泥质、石膏质。硅质胶结物的成分为 SiO_2，颜色浅，岩性坚固，强度高，抗水性及抗风化性强；铁质胶结物成分为铁的氧化物和氢氧化物，颜色深，呈红色，强度仅次于硅质胶结物；钙质胶结物成分为钙、镁的碳酸盐，颜色浅，强度比较低，具有可溶性；泥质胶结物成分为黏土，多呈黄褐色，胶结松散，强度低，易湿软、风化；石膏质胶结物成分为 $CaSO_4$，硬度小，胶结不紧密。

根据碎屑岩中碎屑颗粒与胶结物的量比和胶结关系，将其胶结方式分为基底胶结、孔隙胶结和接触胶结三种类型。当胶结物含量较大时，碎屑颗粒孤立地分散于胶结物之中，互不接触，且距离较大，此时碎屑颗粒散布在胶结物的基底之上，故称基底胶结；当胶结物含量不大时，碎屑颗粒互相接触，胶结物充填在颗粒之间的孔隙中，则称为孔隙胶结；当只在颗粒接触处才有胶结物，并且颗粒间的孔隙大都是空洞时，则称为接触胶结。

碎屑岩胶结物的种类和胶结方式与岩石的工程性质密切相关。硅质胶结的岩石坚硬，而泥质胶结的岩石松软；基底胶结牢固，而接触胶结的牢固程度最差。所以，研究时不仅要分析胶结物的成分，还应注意其胶结类型。

5.3.2 泥质结构

沉质结构是体积含量95%以上是由粒径小于0.005 mm的黏土等胶结组成的结构。具这种结构的岩石，只有借助电子显微镜才能分辨其矿物颗粒。

5.3.3 化学结晶结构

化学结晶结构是由岩石中的颗粒在水溶液中结晶（如方解石、白云石等）或呈胶体形态凝结沉淀（如燧石等）形成的结构。

5.3.4 生物结构

生物结构大部分是由生物遗体与碎片所组成的，如生物碎屑结构、贝壳结构、珊瑚结构等。

5.4　沉积岩的构造

5.4.1　层理构造

沉积岩很重要的一个特征是具有层理构造，它是区别岩浆岩和变质岩的主要标志。沉积岩在沉积过程中，由于沉积环境的改变，所引起沉积岩物质的颜色、成分、颗粒大小的变化显示出的成层现象称为层理，见图1-12。

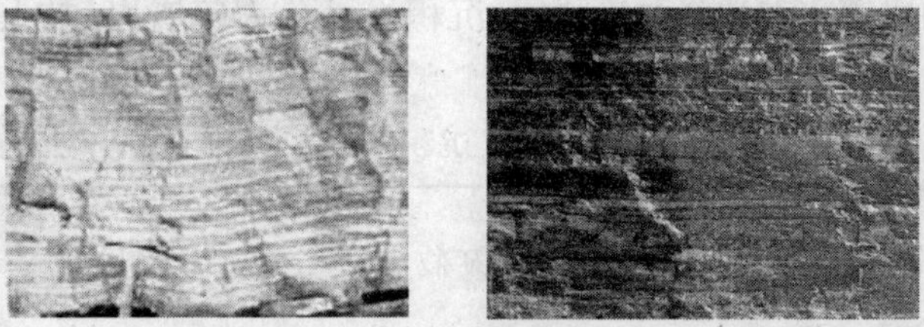

图1-12　层理构造

在连续不断的沉积过程中，由于季节和气候变化所形成的厚薄不同的成层单位称为细层，细层与细层之间的接触面称为层理面。由于上下层之间产生较短的沉积间断形成成分上基本均匀一致的沉积组合称为层，相邻两个层之间的界面叫层面。一个单元岩层上下层面之间的垂直距离称为岩层的厚度。岩层的厚度分为巨厚层（厚度大于1 m）、厚层（厚度为0.5～1 m）、中厚层（厚度为0.1～0.5 m）、薄层（厚度小于0.1 m）。岩层的厚度可在一定范围内保持不变，也可以在横向或纵向上变厚或变薄、尖灭或呈透镜状。

层理面与层面的方向常不一致，根据两者的关系，层理可分为平行层理、斜交层理和交错层理三种基本类型，见图1-13。

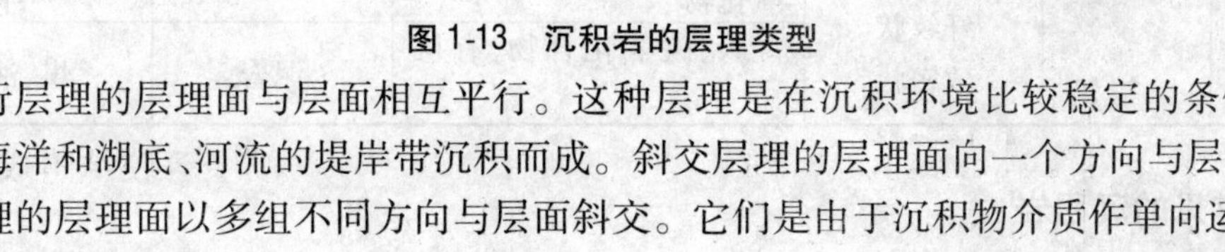

(a)平行层理　(b)斜交层理　(c)交错层理

图1-13　沉积岩的层理类型

平行层理的层理面与层面相互平行。这种层理是在沉积环境比较稳定的条件下，如广阔的海洋和湖底、河流的堤岸带沉积而成。斜交层理的层理面向一个方向与层面斜交。交错层理的层理面以多组不同方向与层面斜交。它们是由于沉积物介质作单向运动时及运动介质的强度或方向发生变化而形成的。

5.4.2　层面构造

沉积岩的层面上常保留有形成时外力（风、流水等）作用的痕迹，如波痕、雨痕、泥裂等。

5.4.3　结核

在沉积岩中，含有一些在成分上与围岩有明显差别的物质团块，称为结核。结核由某些物质集中凝聚而成，外形常呈球形、扁豆状及不规则形状，如石灰岩中的燧石结核、黏土中的石膏结核等。

5.4.4 化石

沉积岩中常保存有各种生物的化石,即生物的遗体和遗迹,经石化交代作用保留下来称为化石。这是沉积岩的重要特征。根据化石的种类可以确定沉积岩的形成环境和地质时代。

5.5 沉积岩的分类

根据沉积岩的成因、组成物质及结构,沉积岩可分为碎屑岩、黏土岩、化学岩及生物化学岩,见表1-3。

表1-3　沉积岩分类

岩类	结构		主要矿物成分	主要岩石	
				松散的	胶结的
碎屑岩	砾状结构(>2 mm)		岩石碎屑或岩块	角砾、碎石、块石	角砾岩
				卵石	砾石
	砂质结构(0.05~2 mm)		多为耐风化的矿物,如石英、长石、白云母及部分岩石碎屑	砂土	石英砂岩 长石砂岩 岩屑砂岩
	粉质结构(0.005~0.05 mm)		多为石英,次为长石、白云母,很少岩石碎屑	粉砂土	粉砂岩
黏土岩	泥质结构(<0.005 mm)		黏土矿物为主,含少量石英、云母等	黏土	泥岩 页岩
化学岩及生物化学岩	化学结构及生物结构	致密状 粒状 鲕状	方解石为主,白云石次之		泥灰岩 石灰岩
			白云石、方解石		白云质灰岩 白云岩
		结核状 鲕状 块状 纤纹状 致密状	石英、蛋白石、硅胶	硅藻土	燧石岩 硅藻岩
			钾、钠、镁的硫酸盐及氧化物		石膏、岩盐、钾盐
			碳、碳氢化合物、有机质	泥岩	煤、油页岩

5.6 常见的沉积岩

5.6.1 碎屑岩类

5.6.1.1 砾岩和角砾岩

碎屑岩中粒径大于2 mm的碎屑颗粒,称为砾石或角砾。圆状和次圆状且砾石含量大于50%的岩石,称为砾岩。如果砾石为棱角状或次棱角状,则称为角砾岩。砾岩和角砾岩主要由岩屑组成,矿物成分多为石英、燧石,胶结物有硅质、泥质、钙质或其他化学沉淀物。胶结物的成分与胶结类型对砾岩的物理力学性质有很大影响。如硅质基底胶结的石英砾岩非常坚硬,难以风化,而泥质胶结的砾岩则相反。

5.6.1.2 砂岩

砂岩是由50%以上的砂粒(直径为0.05~2 mm)胶结而成的岩石。根据颗粒大小可分为粗砂岩、中砂岩、细砂岩及粉砂岩。砂岩的颜色与胶结物成分有关,通常硅质与钙质胶结者颜色较浅,铁质胶结常呈黄色、红色或棕色。硅质胶结者最为坚硬。砂岩按成分又可分为石英砂岩(石英含量在90%以上,其余为少量长石及岩屑等)、长石砂岩(石英含量占30%~60%、长石含量>25%,其余为岩屑)、岩屑砂岩(岩屑含量>25%、石英含量占40%~60%,其余为长石等)。砂岩的强度一般较高,但若是黏土胶结的砂岩,遇水浸泡后强度会大大降低,性能较差。钙质胶结的砂岩易被酸性水溶蚀。

5.6.2 黏土岩类

黏土岩是沉积岩中分布最广的一类,主要由直径小于0.005 mm的黏土矿物(高岭石、蒙脱石、水云母等)及少量极细小的石英、长石、云母和碳酸盐(方解石、白云石等),以及有机质(煤、石油等)等组成。常见的黏土岩有页岩和泥岩两类。

5.6.2.1 泥岩

泥岩是固结程度较高的一种黏土岩,以层厚和页状构造不发育为特征。泥岩一般为土黄色,常因混入钙质、铁质等而使颜色发生变化。

5.6.2.2 页岩

页岩以具页片状构造为特征,很容易沿页片剥开,岩性致密均一,强度小,不透水,有滑感,颜色多为土黄色或黄绿色,如含较多的炭质或铁质,则岩石相应呈黑色或褐红色。页岩由于基本不透水,通常被作为隔水层。但页岩性质软弱,抗压强度一般为20~70 MPa或更低,浸水后强度显著降低,抗滑稳定性差。

5.6.3 化学岩和生物化学岩类

这类岩石是沉积盆地中化学或生物化学作用的产物,主要有石灰岩、白云岩、泥灰岩和硅质岩等。以石灰岩分布最广,其次为白云岩。

5.6.3.1 石灰岩

石灰岩简称灰岩,主要化学成分为碳酸钙,矿物成分以结晶的细粒方解石为主,其次含少量白云石等矿物,颜色多为深灰、浅灰,质纯灰岩呈白色,具有致密状、鲕状、竹叶状等结构。石灰岩一般遇酸起泡剧烈,而硅质石灰岩、泥质石灰岩遇酸反应较差。含硅质、白云质的石灰岩和纯石灰岩强度高,含泥质、炭质的石灰岩和贝壳状石灰岩强度低。石灰岩一般抗压强度为40~80 MPa。石灰岩具有可溶性,易被地下水溶蚀,形成宽大的裂隙和溶洞,是地下水的良好通道。

5.6.3.2 白云岩

白云岩主要由白云石组成,常含有少量的方解石、石膏、燧石、黏土等矿物,颜色多为灰白、浅灰色,含泥质时呈浅黄色,隐晶质或细晶粒状结构。白云岩与石灰岩的外貌很相似,但白云岩加冷稀盐酸不起泡或微弱起泡,在野外露头上常以许多纵横交叉似刀砍状的溶沟为其特征。

5.6.3.3 泥灰岩

石灰岩中均含有一定数量的黏土矿物,若含量达30%~50%,则称为泥灰岩。泥灰岩颜色有灰色、黄色、褐色、红色等,区别它与石灰岩时,泥灰岩滴盐酸起泡后留有泥质斑点。泥灰岩结构致密,易风化,抗压强度低,一般为 6 ~ 30 MPa。较好的泥灰岩可作水泥原料。在化学岩和生物化学岩类中,泥灰岩包括富含铝、锰、铁、磷的铝质岩、铁质岩、锰质岩、磷质岩、石膏、岩盐等。煤和油页岩等可燃性有机岩也属于泥灰岩。

6　变质岩

6.1　变质作用

地壳中先成的岩石受到构造运动、岩浆活动、高温、高压及化学活动性很强的气体和液体影响,其矿物成分、结构、构造等发生一系列的变化,这些变化称为变质作用。经变质作用形成的岩石称为变质岩。

根据引起岩石变质的地质条件和主导原因,变质作用可分为接触变质作用、动力变质作用和区域变质作用,见图 1-14。

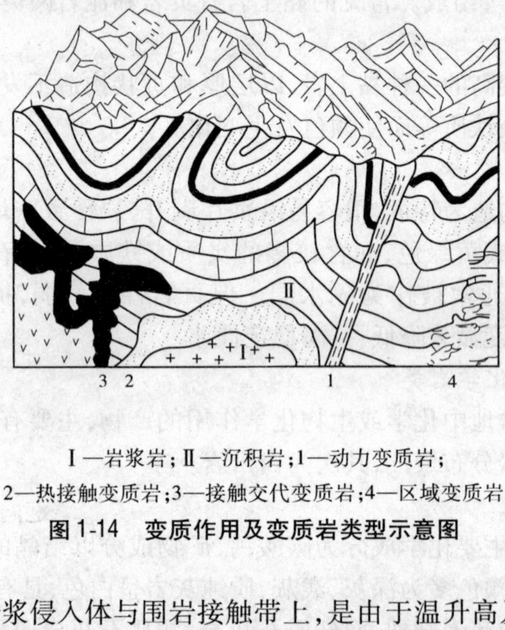

Ⅰ—岩浆岩;Ⅱ—沉积岩;1—动力变质岩;

2—热接触变质岩;3—接触交代变质岩;4—区域变质岩

图 1-14　变质作用及变质岩类型示意图

6.1.1　接触变质作用

接触变质发生在岩浆侵入体与围岩接触带上,是由于温升高及来自岩浆的化学活动组分的作用使岩石变质。接触变质在靠近侵入体处温度较高,远离时温度降低,岩石变质程度也随之降低。这样变质程度不同的岩石围绕侵入体呈环带状分布。接触变质作用可分为热接触变质作用和接触交代变质作用两种类型。热接触变质作用也称热力变质作用,是由于岩浆侵入体释放的热能使接触带附近围岩的矿物成分和结构、构造等发生变化的一种变质作用。这种作用主要表现为原岩成分的重结晶,产生新的矿物组合和新的结构、构造,而化学成分基本上没有发生变化,如石灰岩变为大理岩、砂岩变为石英砂岩等。接触交代变质作用是由于岩浆中大量的挥发成分和热液,通过交代作用,使接触带附近的侵入体与围岩在岩性和化学成分上均发生变化的一种变质作用。

6.1.2　动力变质作用

动力变质作用也称碎裂变质作用。构造运动使原岩挤压破碎、变形并发生重结晶,在岩石以脆性破裂为主的部位常形成角砾岩和碎裂岩。在热力与压力较高的条件下,岩石以塑性变形为主,常使矿物重结晶形成糜棱岩。原岩在变质过程中基本上是在固态下进行的,所以变质岩的产状仍然保留了原岩的产状。动力变质作用与断裂构造关系密切,常与较大的断层带伴生。

6.1.3　区域变质作用

地壳运动和岩浆活动使广大区域范围内的岩石发生变质的作用称为区域变质作用。经区域变质作用的岩石往往具有明显的片理构造和片麻状构造。在山东泰山、山西五台山、河南嵩山等地的古老变质岩都是由区域变质作用形成的。区域变质岩的岩性在很大范围内比较均一,其强度决定于岩石本身的结构、构造和矿物成分。

6.2　变质岩的矿物成分

变质岩的矿物种类很多,有些是从原岩中继承下来的,在岩浆岩和沉积岩中都存在的矿物(如长石、石英、云母、方解石、黏土矿物等),称为继承矿物。另一些是在变质作用过程中新产生的矿物,称为变质矿物。常见的变质矿物有红柱石、蓝晶石、滑石、石榴子石、绿泥石、绿帘石、绢云母、蛇纹石、石墨等。变质矿物是在特定环境下产生的,可作为鉴别变质岩的重要标志。

6.3　变质岩结构与构造

6.3.1　变质岩的结构

变质岩的结构按成因可分为变晶结构、变余结构和碎裂结构。原岩的结构在变质过程中有的全部改变,矿物重新结晶,形成变晶结构;当岩石变质轻微时,重结晶作用不完全,变质岩还保留有母岩的结构特点,则称为变余结构;局部岩石在定向压力作用下,矿物及岩石本身发生弯曲、破碎,而后又被黏结起来而形成的新结构,称为碎裂结构。

6.3.2　变质岩的构造

变质岩中常见的构造有片理构造和块状构造。

6.3.2.1　片理构造

在大多数情况下,构成变质岩的片状、板状及柱状矿物在定向压力作用下相互平行排列,沿此排列方向易使岩石裂开成薄片,这种特性称为片理,裂开的面称为片理面。片理延伸不远,片理面可能是平的、弯曲的或波状的,并且平滑光亮,据此可与沉积岩的层理及层理面相区别。根据片理面特征、变质程度等特点,片理又可分为以下几种。

A. 片麻状构造

片麻状构造是岩石中的矿物以粒状浅色长石为主并伴随有平行排列的暗色片状、柱状矿物相间排列,互相构成深色与浅色条带交互的状态。具有这种构造的岩石叫片麻岩。具片麻状构造的岩石,其矿物颗粒比较粗大,肉眼易于观察。

B. 片状构造

片状构造由片状(如云母、绿泥石、滑石等)或柱状矿物定向排列,呈薄片状。具片状构造的岩石叫片岩。

C. 千枚状构造

千枚状构造由细小的片状矿物平行排列,片理面上具有微细的丝绢光泽和皱纹。具千枚状构造的岩石叫千枚岩。

D. 板状构造

板状构造由极细小的片状矿物平行排列形成密集而平坦的板面。岩石一般变质程度较浅，呈厚板状，板面平整，沿板理极易劈成薄板状，板面微具光泽。具板状构造的岩石叫板岩。

6.3.2.2　块状构造

变质岩中矿物排列无一定方向，结构均一，一般称块状构造，部分大理岩和石英岩具有此种构造。这种构造与火成岩的块状构造相似，但又不完全一样。

6.4　变质岩的分类

大多数变质岩与其他类型岩石最明显的区别是具有特殊的片理构造和变质矿物。因此，变质岩的分类首先是考虑岩石的构造特征，再按其矿物组成进行分类和命名。主要变质岩分类见表1-4。

表1-4　变质岩分类

构造	岩石名称	主要矿物成分	其他特征
片麻状构造	片麻岩	长石、石英、云母、角闪石等	矿物一般肉眼可以辨认，浅色粒状的长石或石英同片状的云母或柱状的角闪石呈定向交错排列，断面粗糙，颜色大都同花岗岩
片状构造	云母片岩	云母、石英	黑云母多则色深，白云母多则色浅；石英肉眼难辨认；片理明显，多可剥离成片
	绿泥石片岩	绿泥石	深绿色，鳞片状或叶片状块体，小刀可以刻划
	滑石片岩	滑石、绢云母	白色、灰白色或微绿色，具滑感，用指甲可以刻划
	角闪石片岩	角闪石、石英	深绿色、暗绿色或黑色，片理不明显，较坚硬，矿物颗粒较细
千枚状构造	千枚岩	绢云母、石英及一些黏土矿物	片理发育，矿物颗粒极小，肉眼不能辨识，具丝绢光泽
板状构造	板岩	石英、绢云母及泥土矿物	易剥成板状，非常致密，击之发声清脆，有时微具丝绢光泽
块状构造	大理岩	方解石(或白云石)	可呈红、橙、黄、绿、白、灰等色及各种花纹，遇盐酸起泡，小刀易刻划
	石英岩	石英	多为细粒、致密状；白色或灰色，油脂光泽，钢刀刻划不动
	蛇纹岩	蛇纹石	可呈白、黄、绿等色及各种花纹，致密块状，表面较平滑，形同蜡状

6.5　常见的变质岩

变质岩的种类很多，常见的变质岩及其主要特征简述如下。

6.5.1　*片麻岩*

片麻岩具典型的片麻状构造、变晶结构，由各种沉积岩、岩浆岩及变质岩经变质而形成。矿物成分以长石和石英为主，其次为云母、角闪石；结晶颗粒粗大，可加工劈成石板作建筑材料。

6.5.2 片岩

片岩具典型的片状构造，主要由云母和石英矿物组成，其次为绿泥石、滑石、角闪石、石墨、石榴子石等。以不含长石区别于片麻岩。片岩的强度较低，且易风化，由于片理发育，易沿片理裂开。

6.5.3 千枚岩

千枚岩的变质程度较低，多由黏土质岩石变质而成，原岩的泥状结构一般不易观察到，矿物基本上已全部重结晶。主要由细小的绢云母、绿泥石和石英等矿物组成。岩石具显微鳞片变晶结构、千枚状构造。由于含有较多的绢云母矿物，片理面上常具有微弱的丝绢光泽，构成特有的千枚状构造，可作为鉴定标志。千枚岩性质软弱且易风化破碎。

6.5.4 板岩

板岩是由泥质岩石经较浅的区域变质作用而形成的。多为深灰至黑灰色，也有绿色及紫色。主要成分为硅质和泥质矿物，肉眼一般无法分辨，致密均匀，具有板状构造，沿板状构造易于裂开成薄板状。击之发出清脆声，广泛用作建筑石材。

6.5.5 石英岩

石英岩是一种极致密坚硬的岩石，由较纯的石英砂岩和硅质岩变质而成。主要矿物成分是石英，少量长石、云母、绿泥石等。质纯的石英岩为白色，因含有杂质而呈黄色、灰色和红色等。岩石具变余粒状结构、块状构造。石英岩是一种极坚硬、抗风化能力很强的岩石，可作为良好的工程建筑地基及建筑石料。

6.5.6 大理岩

大理岩是由石灰岩或白云岩经区域变质或接触热变质作用而生成的。主要矿物成分是方解石、白云石；具粒状变晶结构、块状构造。纯大理岩是白色的，又称汉白玉。因含杂质而显示出不同颜色的条带呈美丽花纹，是贵重的雕刻材料和建筑材料。

7 岩石的工程地质性质

岩石的工程地质性质是指岩石与工程建筑有关的各种特征和性质，主要有岩石的物理性质、水理性质和力学性质。岩石的这些性质直接关系到建筑物是否经济合理与安全可靠。因此，对岩石的工程性质进行研究时，既要从岩石的属性特征进行定性分析，同时也要考虑岩石的各种试验指标进行定量分析，最后对岩石的工程性质作出评价。

7.1 岩石的工程地质性质指标

7.1.1 岩石的物理性质指标

岩石的物理性质指标主要有比重、重度、空隙率、吸水率等。

7.1.1.1 比重

岩石的比重是岩石固体部分（不含孔隙）的质量与同体积水在 4 ℃时质量的比值，用 G_s 表示（也称岩石的相对密度），即

$$G_s = \frac{m_s}{V_s \rho_w} \tag{1-1}$$

式中 G_s——岩石的比重；

m_s——岩石固体部分的质量，g；

V_s——岩石体积(不含孔隙),cm^3;

ρ_w——4 ℃水的密度,g/cm^3。

岩石的相对密度取决于组成岩石的矿物相对密度及其在岩石中的含量。组成岩石的矿物相对密度越大、含量越多,则岩石的相对密度也越大,反之则小。大多数岩石的相对密度在2.7左右。

7.1.1.2 重度

岩石单位体积(包括空隙体积在内)的重力,即试样重力与试样体积的比值,称为重度,用γ表示,即

$$\gamma = \frac{W}{V} \tag{1-2}$$

式中 γ——岩石重度,kN/m^3;

W——岩石的重力,kN;

V——岩石的体积,m^3。

岩石的天然重度取决于组成岩石的矿物成分、空隙发育程度及含水情况。大多数岩石的重度为23~28 kN/m^3。

7.1.1.3 空隙率

空隙率(或空隙度)是指岩石孔隙、裂隙和溶隙的体积与岩石总体积的比值,用n表示,即

$$n = \frac{V_n}{V} \times 100\% \tag{1-3}$$

式中 n——岩石空隙率;

V_n——岩石孔隙、裂隙、溶隙的体积,cm^3;

V——岩石的总体积,m^3。

一般坚硬岩石空隙率小于2%~3%,疏松多孔的岩石空隙率较高,大于10%~30%。

7.1.1.4 岩石的吸水率、饱和吸水率

岩石的吸水率ω_a是指试样在常温常压条件下,岩石吸入水的质量与岩石固体质量的比值,以百分数表示,即

$$\omega_a = \frac{m_{w1}}{m_s} \times 100\% \tag{1-4}$$

式中 ω_a——岩石的吸水率(%);

m_{w1}——常压条件下岩石吸入水的质量,g;

m_s——岩石固体部分的质量,g。

岩石吸水率的多少,取决于岩石中空隙的数量、大小及其连通情况。在一般情况下,水不容易渗入封闭的小空隙中去。根据吸水率的大小,可以概略地评价岩石的抗冻性。通常认为吸水率小于0.5%时,岩石是抗冻的。

岩石的饱和吸水率ω_{sa}是指岩石在煮沸或真空抽气条件下,吸入水分的最大质量与岩石固体质量的比值,以百分数表示,即

$$\omega_{sa} = \frac{m_{w2}}{m_s} \times 100\% \tag{1-5}$$

式中 ω_{sa}——岩石的饱和吸水率(%);

m_{w2}——煮沸或真空抽气条件下岩石吸入水的最大质量,g;

其余符号意义同前。

7.1.2 岩石的水理性质及指标

岩石的水理性质是指水对岩石作用和影响的有关性质。主要有岩石的透水性、可溶性、软化性、崩解性。

7.1.2.1 透水性及渗透系数

岩石允许水通过的性能,称为岩石的透水性或渗透性。岩石透水性的强弱主要取决于岩石中孔隙、裂隙空间的大小及其相互间的连通情况,常用渗透系数 K(m/d、cm/s)和透水率 q 来表示,它们分别采用钻孔抽水试验和压水试验方法来测定。

7.1.2.2 可溶性及溶解度、相对溶解速度

岩石的可溶性是指岩石溶解于水的性质,常用溶解度和相对溶解速度表示。溶解度是指可溶岩石水溶液的饱和浓度(mg/L),相对溶解速度是指单位时间内可溶岩溶解量与标准试样(大理石粉)溶解量的比值。在自然界中常见的可溶性岩石有石膏、岩盐、石灰岩、白云岩及大理岩等。岩石的可溶性不但与岩石成分有关,而且与水的性质有很大关系。如一般淡水溶解能力小,含二氧化碳的水,则具有较大的溶解能力。

7.1.2.3 软化性及软化系数

岩石浸水后其强度降低的性质称为岩石的软化性。岩石的软化性主要与岩石的空隙率、风化程度、组成岩石的矿物成分及颗粒间的结合强度有关。一般裂隙发育、风化严重、含有大量黏土矿物的岩石(如黏土质岩石等)极易软化。表征岩石软化性的指标称为软化系数 K_d,指同种岩石的饱和极限抗压强度与干极限抗压强度之比,即

$$K_d = \frac{R_b}{R_c} \tag{1-6}$$

式中 R_b——饱和极限抗压强度,kPa;

R_c——干极限抗压强度,kPa。

岩石的软化性是评价岩石抗风化和抗冻性的间接指标。一般认为软化系数大于0.75的岩石是软化性弱,抗风化、抗冻性强的岩石。

7.1.3 岩石的主要力学性质指标

岩石的力学性质是指岩石受到外力作用后发生变形和破坏的特点。

7.1.3.1 岩石变形指标

岩石变形指标主要有弹性模量 E、变形模量 E_0 和泊松比 μ。常采用对岩石试样直接加荷(静力法)的试验方法测定。

7.1.3.2 岩石的强度指标

岩石的强度可分为抗压强度、抗拉强度和抗剪强度。

A. 岩石的抗压强度

岩石的抗压强度是指岩石在单向压力作用下抵抗破坏的能力,用岩石破坏时的极限压应力表示,即

$$R = \frac{P}{A} \tag{1-7}$$

式中 R——岩石的单轴抗压强度,kPa;

P——岩石开始破坏时的荷载,kN;

A——垂直荷载的岩石试件的受压面积,m^2。

各类岩石的抗压强度值差别很大,它主要取决于岩石颗粒之间的联结情况,而这又和岩石的矿物成分、生成条件有关。一般牢固联结的岩浆岩、变质岩和胶结的沉积岩抗压强度可达 $1\times10^5 \sim 2\times10^5$ kPa,甚至更大。部分岩浆岩、云母片岩、绿泥石片岩、千枚岩及胶结弱的沉积岩,抗压强度较低,只有 $5\times10^4 \sim 10\times10^4$ kPa 或更小;弱胶结的泥质砂岩、砾岩及泥灰岩等软弱岩石,抗压强度有时甚至只有 $3\times10^3 \sim 10\times10^3$ kPa。

岩石的抗压强度可分干抗压强度和湿抗压强度两种。一般在天然含水状态下测定的抗压强度为干抗压强度,在饱水状态下测定的抗压强度为湿抗压强度,湿抗压强度一般小于干抗压强度。在水利工程建筑中,考虑建筑物与水的作用,一般采用湿抗压强度指标来评价岩体的稳定性。

B. 岩石的抗剪强度

岩石的抗剪强度是指岩石抵抗剪切破坏的能力,以岩石被剪破时的极限剪应力表示。根据岩石不同的剪切破坏形式,岩石的抗剪强度试验可分为抗剪断试验、抗剪试验和抗切试验三种。试验后将分别得出抗剪断强度、抗剪强度、抗切强度。

(1)抗剪断强度。是指在一定垂直压力作用下,完整岩石被剪断时的强度,即

$$\tau = \sigma\tan\varphi + C \tag{1-8}$$

式中 τ——岩石的抗剪断强度,kPa;

σ——剪裂面上的法向应力,kPa;

φ——岩石的内摩擦角,(°),$\tan\varphi = f$,称为岩石的摩擦系数;

C——岩石的黏聚力,kPa。

当法向应力一定时,岩石抗剪断强度主要取决于岩石的摩擦系数和黏聚力。坚硬新鲜岩石有牢固的结晶联结和胶结联结,故其抗剪断强度很高。一般内摩擦角在 30°~40°以上,黏聚力可达几千千帕以上。

(2)抗剪强度。是指在一定垂直压力作用下,沿岩石已有破裂面剪切时的抗剪强度,也叫摩擦强度,此强度与法向应力成正比,即

$$\tau = \sigma\tan\varphi \tag{1-9}$$

显然,抗剪强度是沿着岩石破裂面或软弱面等发生剪切滑动的指标,它大大低于该岩石抗剪断强度。一般坚硬岩石的摩擦角值为 27°~35°。

(3)抗切强度。是指无法向应力($\sigma = 0$)时岩石的抗剪断强度,实际上也就是黏聚力 C,即

$$\tau = C \tag{1-10}$$

抗切强度 τ 常用来校核抗剪断试验的岩石黏聚力 f 值。岩石的抗剪强度和抗压强度是常用来衡量岩石(体)稳定性的指标,是水利工程设计中较为重要的定量分析依据。

C. 岩石的抗拉强度

岩石的抗拉强度是指岩石在单向拉伸时,抵抗拉断破坏的能力,以拉断破坏时的最大

拉应力来表示。岩石的抗拉强度甚低。

由于岩石的抗拉强度远低于抗压强度,它在水工建筑中不是控制值,故一般很少测定岩石的抗拉强度。

7.2 岩石的工程地质性质评述

7.2.1 岩浆岩

岩浆岩的特征主要取决于岩浆岩的形成环境和岩浆岩的成分。特别是形成环境,它控制着岩浆岩的结构、构造及矿物之间的联结能力,也决定了岩石的工程地质性质。一般来说,岩浆岩具有较高的力学强度,可作为各种建筑物良好的地基及天然建筑石料,但也应注意各类岩石的工程地质性质有所差异。

7.2.1.1 深成岩

深成岩具结晶联结,晶粒粗大均匀,孔隙率小,裂隙较不发育,透水性小,力学强度高;另外,深成岩岩体大,整体稳定性好,是良好的建筑物地基,也是常用的建筑材料。但应注意这类岩石由多种矿物结晶组成,晶粒粗大,抗风化能力较差,特别是含 Fe、Mg 质较多的基性岩,更易风化破碎,故应注意研究其风化程度及深度。

7.2.1.2 浅成岩

浅成岩和脉岩常呈斑状结构,有时也呈伟晶结构、细晶结构和隐晶质结构,所以这一类岩石的力学强度各不相同。一般情况下,中、细晶质和隐晶质结构的岩石透水性小,力学强度较高,抗风化性能较深成岩强。但斑状结构岩石的透水性和力学强度变化较大,特别是脉岩类,岩体小,且穿插于不同的岩石中,易风化,使得力学强度降低,透水性增大。

7.2.1.3 喷出岩

喷出岩由于结构构造多种多样,产状不规则,厚度变化大,岩性很不均一,所以其强度和透水性相差悬殊。致密状玄武岩的容重、密度都较大,力学强度高,抗风化能力较强,是良好的地基和建筑材料。但玄武岩常具有气孔构造和原生柱状节理,因此使得岩石强度降低,透水性增大。第四纪多期性喷发的玄武岩常覆盖在松散堆积物或软弱岩石上,研究时就需要考虑该层玄武岩岩体本身能否稳定、下伏岩层是否会产生沉降、接触带是否漏水等问题。玄武岩柱状节理发育,可形成陡坡,常产生崩塌现象。流纹岩的斑晶较细,基质多为玻璃质,常具流纹构造,岩性各向异性,强度变化也较大。

7.2.2 沉积岩

在评述沉积岩的工程地质性质时,应着重考虑沉积岩的两个重要特点:一是各类沉积岩都具有成层分布规律,存在着各向异性特征;二是沉积岩从成分上分为碎屑岩、黏土岩、化学岩及生物化学岩,它们的工程地质性质存在着很大的差异。

7.2.2.1 碎屑岩

碎屑岩包括砾岩、砂岩、粉砂岩,工程地质性质一般较好,其特征主要取决于胶结物成分、胶结类型和碎屑颗粒成分。如硅质胶结的岩石,强度高,孔隙率小,透水性低;钙质、石膏质和泥质胶结的岩石,强度低,抗水性弱,在水的作用下,可溶解或软化。此外,基底式胶结的岩石比较坚固且强度高,但透水性较弱;接触式胶结的岩石则强度较低,透水性较强;而孔隙式胶结的岩石,其强度和透水性介于前面两者之间。一般情况下,粉砂岩较砂砾岩的工程地质性质差。硅质胶结的石英砂岩，其强度比其他砂岩要高；而钙质、石膏质和泥质胶结的砂砾岩，尤其粉砂岩，强度极低，抗风化能力弱，遇水容易溶解或软化。我国南方各省的红色岩层多为钙质、泥质胶结的砂砾岩、粉砂岩和黏土岩互层，在这类红色岩层地区筑坝，应注意地基是否会沿泥化夹层产生滑动。

多数凝灰岩及凝灰质砂岩结构疏松，强度低，极易风化成蒙脱石等黏土矿物，遇水后易吸水膨胀、软化，在水工建筑上应特别予以注意。

7.2.2.2 黏土岩

黏土岩和页岩的性质相近，抗压强度和抗剪强度低，受力后变形大，浸水后易软化和泥化，若含蒙脱石成分，还具有较大的膨胀性。这两种岩石对建筑物地基和建筑场地边坡的稳定都极为不利，但因其透水性小，可作为隔水层和防渗层。

7.2.2.3 化学岩及生物化学岩

化学岩和生物化学岩抗水性弱，常具有不同形态的可溶性；碳酸盐类岩石具中等强度，一般能满足工程设计要求，但存在于其中的各种不同形态的岩溶，易成为集中渗漏的通道。易溶的石膏、岩盐等化学岩，往往以夹层形式存在于其他沉积岩中，质软且浸水易溶解，常常导致地基和边坡的失稳。

此外，上述砂岩、砾岩、石灰岩的空隙率较大，往往储存有较丰富的地下水资源。

7.2.3 变质岩

一般情况下，由于原岩矿物成分在高温高压下发生了重结晶，变质岩的力学强度较变质前相对增高。但是，如果岩石在变质过程中形成某些变质矿物，如滑石、绿泥石、绢云母等，则其力学强度会相对降低，抗风化能力变差。

7.2.3.1 动力变质岩

动力变质作用形成的变质岩，其岩石性质取决于碎屑矿物的成分、粒径大小和压密胶结程度。但通常胶结得不好，裂隙发育，强度变低，抗水性差。

7.2.3.2 接触变质岩

接触变质岩因经过重结晶，岩石的力学强度较变质前相对增高，但变质程度各处不一，距侵入体越近，越易变质，在很小的范围内变质程度就相差悬殊，岩性很不均一。接触变质的岩石，常因受地壳构造运动的影响而裂隙发育，加上其中有小岩脉穿插，岩性显得复杂多样，其工程地质性质变化较大。

7.2.3.3 区域变质岩

区域变质的岩石分布范围广，厚度大，变质程度和岩性较均一，但因多数岩石具片理构造，岩石具有各向异性特征。随着片理的发育，滑石、绿泥石、云母等含量增加，岩石强度显著降低。一般来说，板岩、千枚岩、滑石片岩、绿泥石片岩、云母片岩等岩石的工程地质性质较差；片麻岩、石英岩及大理岩等岩石致密坚硬，岩性比较均一，强度高，是建筑物的良好地基，但当裂隙发育或有较大断裂带时，常常会形成裂隙含水带和地下水渗漏的通道，成为岩体滑动的较弱带，而使其工程地质性质变差。

综上所述，不同种类的岩石，由于其成因、成分、结构和构造不同，岩石的工程地质性质差异是很大的，分析其工程地质性质时，还应结合具体工程的要求来进行评价。

任务2　地质构造现象识别与地质图识读

地壳自形成以来,每时每刻都在运动、发展和变化着,如山脉隆起、地壳下沉、火山喷发、地震、岩石倾斜、弯曲、破裂等,这些变动称为地壳运动(或构造运动)。地壳运动导致地壳岩石产生变形和变位,并形成各种地质构造。所以,地质构造就是指组成地壳的岩层因受构造应力作用产生变形或变位而留下的形迹。

地质构造有五种基本类型:水平构造、倾斜构造、直立构造、褶皱构造和断裂构造。地质构造不仅改变了岩层的原始产状,破坏了岩层的连续性和完整性,甚至降低了岩体的稳定性和增大了岩体的渗透性,因此研究地质构造对水利工程有着非常重要的意义。

1　地质年代

地球形成至今已有46亿年,对整个地质历史时期,地球的发展演化及地质事件的记录和描述需要一套相应的时间概念,即地质年代。地质学以绝对年代和相对年代两种方法来表示时间。表示地质事件发生距今的实际年数称为绝对年代(实际年龄),而表示地质事件发生的先后顺序称为相对年代。

1.1　绝对年代的确定

绝对年代的确定主要是根据保存在岩层中的放射性元素的蜕变产物来确定的。

1.2　相对年代的确定

相对年代通常用地层层序法、古生物法和地层接触关系法确定。

1.2.1　地层层序法

地层是指在一定地质时期内所形成的层状岩石的总称。未经构造运动改变的岩层大都是水平岩层,且按照下老上新的规律排列(见图1-15(a))。若后期构造运动使某些岩层发生变动(倾斜、直立或倒转),可利用沉积物中的某些构造特征(如斜层理、泥裂、波痕等)来恢复岩层顶、底面,进一步判断岩层之间的相对新老关系(见图1-15(b))。

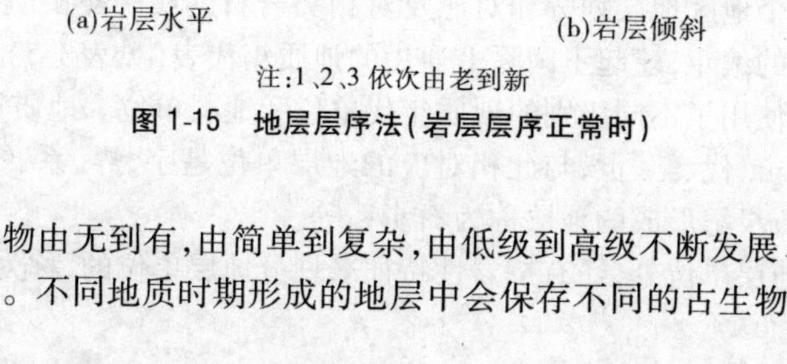

注:1、2、3依次由老到新

图1-15　地层层序法(岩层层序正常时)

1.2.2　古生物法

自然界中的生物由无到有,由简单到复杂,由低级到高级不断发展、变化着,而且这种演化是不可逆转的。不同地质时期形成的地层中会保存不同的古生物化石,这样我们可以根据岩层中化石的复杂与繁简程度，来推断地层的相对新老关系。

1.2.3　地层接触关系法

不同时期形成的岩层，其分界面的特征即互相接触关系，可以反映各种构造运动和古地理环境等在空间上和时间上的发展演变过程。因此，它是确定和划分地层年代的重要依据。

岩层接触关系有以下几种类型（见图 1-16）：

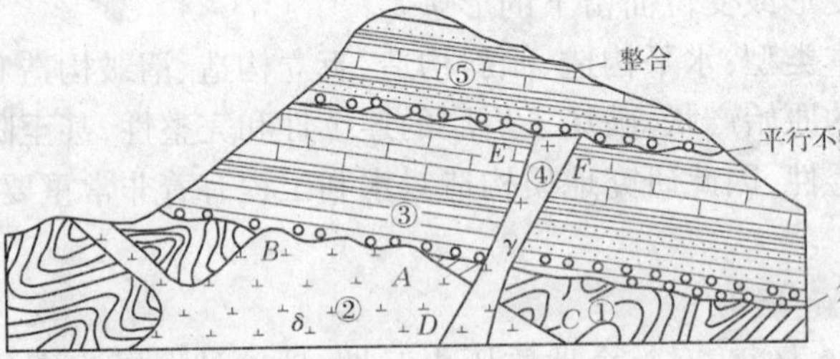

AB、*EF*—沉积接触面；*AC*—侵入接触面；δ—侵入岩体；γ—岩脉

注：①、②、③、④、⑤依次由老到新

图 1-16　岩层接触关系示意图

（1）整合。指上下两套岩层产状一致，互相平行，连续沉积形成。反映岩层形成期间地壳比较稳定，没有强烈的构造运动。地层自下而上依次由老到新。

（2）平行不整合。平行不整合又称假整合，是指上下两套地层的产状彼此平行一致，但其间缺失某些地质年代的岩层而直接接触。两套岩层之间的接触面往往起伏不平，常分布一层砾岩（俗称底砾岩，其砾石常为下伏地层的碎块、砾石）。据此可以判断上下两套岩层的新老关系。

（3）角度不整合。是指上、下两套地层产状不同，彼此呈角度接触，其间缺失某些时代的地层，接触面多起伏不平，也常有底砾岩和风化壳。不整合面的存在标志着地壳曾发生过强烈的地壳运动。与平行不整合相同，据此也可以判断岩层之间的新老关系。

上述三种接触类型是沉积岩之间或少量变质岩之间的接触关系。此外，利用岩浆岩和其他岩之间的接触关系，也可以来判断岩层之间的相对新老关系（见图 1-16）。

不同时代的岩层常被岩浆侵入穿插，侵入者年代新，被侵入者年代老，切割者年代新，被切割者年代老。

1.3　地质年代表

通过对全球各个地区地层划分和对比及对相关岩石的实际年龄测定，按年代先后顺序进行科学系统性的编年，建起了国际上通用的地质年代表（见表 1-5）。

地质年代表中使用了不同级别的地质年代单位和地层单位。地质年代单位根据时间的长短依次划分为宙、代、纪、世，与此相对应的地层单位是宇、界、系、统。如太古代形成的地层叫太古界，石炭纪形成的地层称为石炭系等。

另外，除上述地层单位外，还有按岩性特征来划分地层单位的，称为地方性地层单位，常用群、组、段表示。

表1-5 地质年代表

宙(宇)	代(界)	纪(系)	世(统)	国际代号		距今年龄(百万年)	植物	动物
显生宙	新生代(Kz)	第四纪	全新世	Q	Q_4	0.01~3	被子植物	人类
			更新世		$Q_{1\sim3}$			
		第三纪 晚第三纪	上新世	N	N_2	25		哺乳动物
			中新世		N_1			
		第三纪 早第三纪	渐新世	E	E_3	40		
			始新世		E_2	60		
			古新世		E_1	80		
	中生代(Mz)	白垩纪	晚白垩世	K	K_2	140	裸子植物	爬行动物
			早白垩世		K_1			
		侏罗纪	晚侏罗世	J	J_3	195		
			中侏罗世		J_2			
			早侏罗世		J_1			
		三叠纪	晚三叠世	T	T_3	230		
			中三叠世		T_2			
			早三叠世		T_1			
	古生代(Pz) 晚古生代	二叠纪	晚二叠世	P	P_2	280	蕨类植物	两栖类动物
			早二叠世		P_1			
		石炭纪	晚石炭世	C	C_3	350		
			中石炭世		C_2			
			早石炭世		C_1			
		泥盆纪	晚泥盆世	D	D_3	410		鱼类
			中泥盆世		D_2			
			早泥盆世		D_1			
	古生代(Pz) 早古生代	志留纪	晚志留世	S	S_3	440	孢子植物 高级藻类	海生无脊椎动物
			中志留世		S_2			
			早志留世		S_1			
		奥陶纪	晚奥陶世	O	O_3	500		
			中奥陶世		O_2			
			早奥陶世		O_1			
		寒武纪	晚寒武世	∈	$∈_3$	600		
			中寒武世		$∈_2$			
			早寒武世		$∈_1$			

续表 1-5

地质年代					国际代号	距今年龄（百万年）	生物界	
宙(宇)	代(界)		纪(系)	世(统)			植物	动物
隐生宙	元古代(Pt)	晚	震旦纪		Z	800	真核生物(绿藻)	
		中				1 900		
		早				2 500		
	太古代(Ar)					4 000	原核生物(菌藻类)	
	地球初期发展阶段					4 600	无生物	

2　岩层产状

2.1　岩层产状要素

岩层产状是指岩层在空间的位置。用走向、倾向和倾角表示，地质学上称为岩层产状三要素。

2.1.1　走向

岩层面与水平面的交线叫走向线（见图 1-17 中的 *AOB* 线），走向线两端所指的方向即为岩层的走向。走向有两个方位角数值，且相差 180°，如 NW350°和 SE170°。岩层的走向表示岩层的延伸方向。

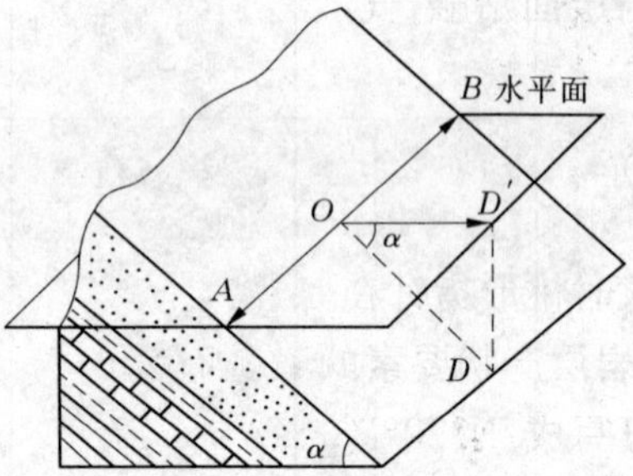

AOB—走向线；*OD*—倾向线；*OD*′—倾斜线在水平面上的投影，箭头方向为倾向；α—倾角

图 1-17　岩层产状要素图

2.1.2　倾向

层面上与走向线垂直并沿倾斜面向下所引的直线叫倾斜线（见图 1-17 中的 *OD*），倾斜线在水平面上投影（见图 1-17 中的 *OD*′）所指的方向就是岩层的倾向。对于同一岩层面，倾向与走向垂直，且只有一个方向。岩层的倾向表示岩层的倾斜方向。

2.1.3　倾角

倾角是指岩层面和水平面所夹的最大锐角（或二面角）（见图 1-17 中的 α 角）。

除岩层面外，岩体中其他面（如节理面、断层面等）的空间位置也可以用岩层产状三要素来表示。

2.2　岩层产状要素的测量

岩层产状要素测量工具及测量方法如下（见图 1-18）。

图1-18 地质罗盘及岩层产状要素测量

2.2.1 测量走向

将罗盘的长边与岩层面贴触，如罗盘无长边，则取与南北方向平行的边与层面贴触，并使罗盘放水平（水准气泡居中），此时罗盘长边（或S—N）与岩层的交线即为走向线，磁针（无论南针或北针）所指的度数即为所求的走向。

2.2.2 测量倾向

把罗盘的N极指向岩层层面的倾斜方向，同时使罗盘的短边（或与东西方向平行的边）与层面贴触，气泡居中，罗盘放水平，此时北针所指的度数即为所求的倾向。

2.2.3 测量倾角

将罗盘侧立，以其长边（NS边）紧贴层面，并与走向线垂直，然后转动罗盘背面的旋钮，使下刻度盘的活动水准泡居中，倾角指针所指的度数即为倾角大小。若是长方形罗盘，此时桃形指针在倾角刻度盘上所指的度数，即为所测的倾角大小。

岩层产状要素的表示方法：一组走向为北西320°，倾向南西230°，倾角35°的岩层产状，可写成：N320°W，S230°W，∠35°，也可记录成：SW230°∠35°。在地质图上，岩层的产状用符号350°表示，长线表示走向，短线表示倾向，数字表示倾角。长短线必须按实际方位画在图上。

3 水平构造、倾斜构造和直立构造

3.1 水平构造

岩层产状呈水平（倾角 $\alpha=0°$）或近似水平（倾角 $\alpha<5°$），如图1-15（a）和图1-19所示。岩层呈水平构造，表明该地区地壳相对稳定。

3.2 倾斜构造（单斜构造）

岩层产状的倾角 $0°<\alpha<90°$，岩层呈倾斜状（见图1-15（b）和图1-20）。岩层呈倾斜构造，说明该地区地壳不均匀抬升或受到岩浆作用的影响。

3.3 直立构造

岩层产状的倾角90°，岩层呈直立状（见图1-21）。岩层呈直立构造，说明岩层受到强有力的挤压。

图 1-19 水平岩层

图 1-20 倾斜岩层

图 1-21 直立岩层

4 褶皱构造

褶皱构造是指岩层受构造应力作用后产生的连续弯曲变形。绝大多数褶皱构造是岩层在水平挤压力作用下形成的,如图 1-22 所示。褶皱构造是岩层在地壳中广泛发育的地质构造形态之一,它在层状岩石中最为明显,在块状岩体中则很难见到。褶皱构造的每一个向上或向下弯曲称为褶曲,两个或两个以上的褶曲组合叫褶皱。褶皱构造的规模大小不一,大者可达几十至几百千米,小者手标本上可见。

4.1 褶皱要素

褶皱构造的各个组成部分称为褶皱要素(见图 1-23)。

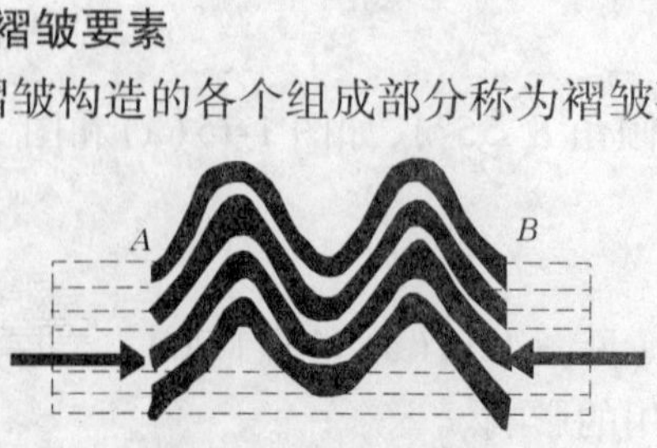

图 1-22 褶皱构造

图 1-23 褶皱要素示意图

4.1.1 核部

核部是褶曲中心部位的岩层。当风化剥蚀后,常把出露在地表最中心的岩层称为核部(见图1-23中被*ABGCD*包围的内部岩层)。

4.1.2 翼部

翼部是核部两侧的岩层,一个褶曲有两个翼(图1-23中*AB*、*CD*为翼部)。

4.1.3 翼角

翼角是翼部岩层的倾角。

4.1.4 轴面

轴面是对称平分两翼的假想面。轴面可以是平面,也可以是曲面。轴面与水平面的交线称为轴线,轴面与岩层面的交线称为枢纽(图1-23中*EFHI*为轴面,*EF*为轴线,*EG*为枢纽)。

4.1.5 转折端

转折端是从一翼转到另一翼的弯曲部分。在横剖面上,转折端常呈圆弧形(图1-23中*BGC*为转折端)。

4.2 褶皱的基本形态和特征

褶皱的基本形态是背斜和向斜(见图1-24)。

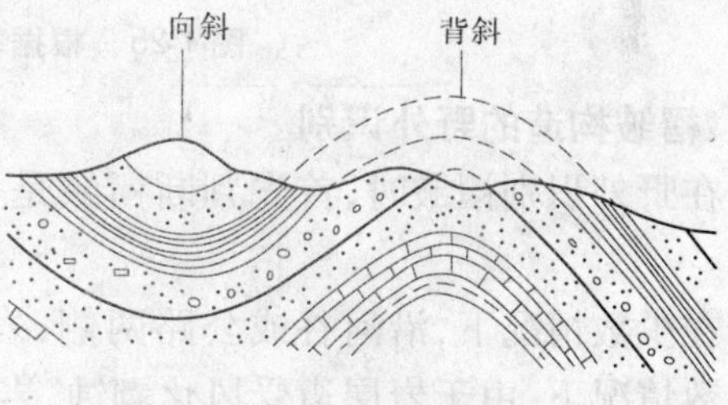

图1-24 背斜和向斜

4.2.1 背斜

背斜岩层向上弯曲,两翼岩层相背倾斜,核部岩层时代较老,两翼岩层依次变新并呈对称分布。

4.2.2 向斜

向斜岩层向下弯曲,两翼岩层相向倾斜,核部岩层时代较新,两翼岩层依次变老并呈对称分布。

4.3 褶皱的类型

根据轴面产状和两翼岩层的特点,将褶皱分为以下五种。

4.3.1 直立褶皱

直立褶皱是轴面直立,两翼岩层倾向相反,且倾角大小近似相等的褶皱(见图1-25(a))。

4.3.2 倾斜褶皱

倾斜褶皱是轴面倾斜,两翼岩层倾向相反,倾角大小不等的褶皱(见图1-25(b))。

4.3.3 倒转褶皱

倒转褶皱是轴面倾斜,两翼岩层向同一方向倾斜,倾角大小不等,其中一翼倒转,老岩层位于新岩层之上,另一翼层序正常的褶皱(见图1-25(c))。

4.3.4 平卧褶皱

平卧褶皱是轴面产状近于水平,一翼岩层层序正常,另一翼则倒转的褶皱(见图1-25(d))。

4.3.5　翻卷褶皱

翻卷褶皱是轴面弯曲的平卧褶皱(见图 1-25(e))。

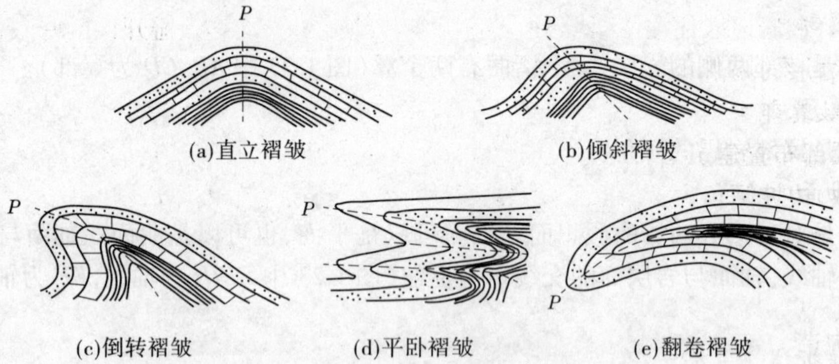

图 1-25　根据轴面产状褶皱的分类

4.4　褶皱构造的野外识别

在野外识别褶皱时,首先判断褶皱是否存在并区别背斜和向斜,然后确定其形态特征。

在少数情况下,沿河谷或公路两侧,岩层的弯曲常直接暴露,背斜或向斜易于识别。在多数情况下,由于岩层遭受风化剥蚀,岩层出露情况不好,无法看到它的完整形态。这时需按下列方法进行分析:

首先,垂直于岩层走向观察,若岩层对称重复出现,便可肯定有褶皱构造;否则,没有褶皱构造(见图 1-26)。

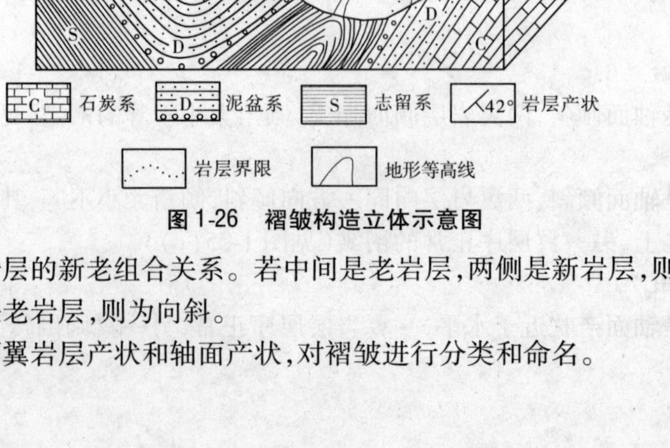

图 1-26　褶皱构造立体示意图

其次,分析岩层的新老组合关系。若中间是老岩层,两侧是新岩层,则为背斜;若中间是新岩层,两侧是老岩层,则为向斜。

最后,根据两翼岩层产状和轴面产状,对褶皱进行分类和命名。

4.5 褶皱构造对工程的影响

4.5.1 褶皱核部

褶皱核部岩层由于受水平挤压作用,节理发育、岩石破碎、易于风化、岩石强度低、透水性强、在石灰岩地区往往使岩溶较为发育,所以建筑工程应尽量避开该区域。若必须修建,须注意岩层的塌落、漏水及涌水问题。

4.5.2 褶皱翼部

褶皱翼部布置建筑工程时,如果开挖边坡的走向近于平行岩层走向,且边坡倾向与岩层倾向一致,边坡倾角大于岩层倾角,则容易造成顺层滑动现象。如果边坡与岩层走向的夹角在40°以上,或者两者走向一致,而边坡倾向与岩层倾向相反或两者倾向相同,但岩层倾角更大,则对开挖边坡的稳定较有利。

5 断裂构造

岩层受力后产生变形,当作用力超过岩石的强度时,岩石的连续性和完整性遭到破坏而发生破裂,形成断裂构造。断裂构造在地壳中广泛存在。毫无疑问,断裂构造的发生,必将对岩体的稳定性、透水性及其工程性质产生较大影响。

根据破裂之后的岩层有无明显位移,将断裂构造分为节理和断层两种形式。

5.1 节理

没有明显位移的断裂称为节理(或裂隙)。节理在岩层中广泛分布,且往往成组、成群出现,规模大小不一,可从几厘米到几百米。

节理按照成因分为三种类型:

(1)原生节理。岩石在成岩过程中形成的节理,如泥裂等。

(2)次生节理。风化、爆破等原因形成的裂隙,如风化裂隙等,这种节理产状无序、杂乱无章,通常只称为裂隙,不称为节理。

(3)构造节理。由构造应力所形成的节理。

上述三种节理中,构造节理分布最广,几乎所有的大型水利水电工程都会遇到,所以下面重点介绍构造节理。

5.1.1 构造节理的分类

构造节理按照形成的力学性质分为张节理和剪节理。

5.1.1.1 张节理

由张应力作用产生的节理,多发育在褶皱的轴部。具有如下特征:①节理面粗糙不平,无擦痕;②张节理多开口,一般被其他物质充填;③在砾岩或砂岩中的张节理常常绕过砾石或砂粒;④张节理一般较稀疏、间距大,而且延伸不远;⑤张节理有时沿先期形成的剪节理发育而成,被称为追踪张节理。

5.1.1.2 剪节理

由剪应力作用产生的节理,具有如下特征:①节理面平直光滑,有时可见擦痕;②剪节理一般是闭合的,没有充填物;③在砾岩或砂岩中的剪节理常常切穿砾石或砂粒;④剪节理产状较稳定,间距小、延伸较远;⑤发育完整的剪节理呈 X 型。若 X 型剪节理发育良好,则可将岩石切割成棋盘状,如图 1-27 所示。

5.1.2　节理的统计

节理在岩层中广泛分布，对工程的不良影响主要是水库的渗漏和岩体的稳定两个方面，但其影响程度取决于节理的成因、产状、数量、大小、连通以及充填等诸多因素。因而，在工程地质勘察中首先要查明这些特征，然后对其分析统计整理，以评价对工程造成的影响。

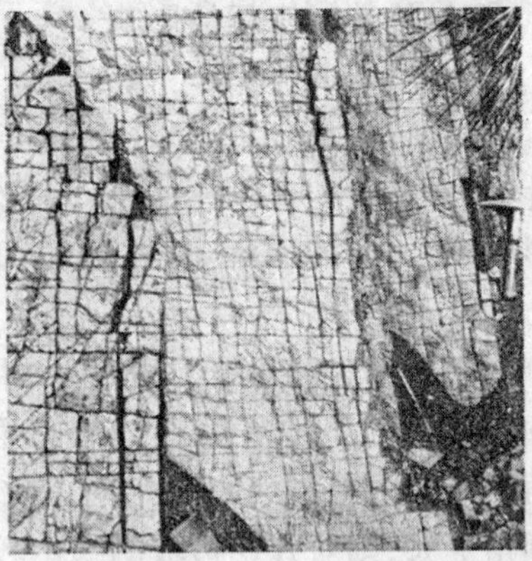

图 1-27　X 型剪节理

对节理观察统计方法如下：

(1)通常在一定的地质构造部位或建筑区，选择有代表性的地点，划出一定面积(1 m×1 m 或 2 m×2 m)，然后测量出该范围内所有不同性质节理的产状要素，并按表 1-6 的格式进行统计记录。

(2)以节理走向每 10°(或 5°)为一区间进行分组，统计整理填入表 1-7。

表 1-6　节理野外记录表

编号	节理类型	节理产状			长度	宽度	深度	充填情况	条数	其他
		走向	倾向	倾角						
1	剪	NW307°	NE	18°					2	
2	剪	NW332°	NE	10°					2	
3	剪	NW335°	NE	12°					1	
4	剪	NW336°	NE	15°					1	
5	剪	NW338°	NE	15°					1	
6	剪	NW325°	NE	22°					3	
7	剪	NW341°	SW	60°					1	
8	剪	NW344°	SW	62°					1	
9	剪	NW348°	SW	65°					1	
10	张	NW353°	NE	75°				夹泥	2	
11	张	NE7°	NW	80°				夹泥	4	
12	张	NE15°	SE	80°				夹泥	3	
13	张	NE26°	NW	73°				夹泥	1	
14	剪	NE33°	SE	70°					4	
15	剪	NE45°	NW	60°					2	
16	剪	NE52°	NW	55°					4	

表1-7 节理走向分组表

走向NE			走向NW		
走向区间	平均走向	条数	走向区间	平均走向	条数
1°~10°	5°	4	301°~310°	305°	2
1°~20°	15°	3	321°~330°	325°	3
21°~30°	25°	1	331°~340°	335°	5
31°~40°	35°	4	341°~350°	345°	3
41°~50°	45°	2	351°~360°	355°	2
51°~60°	55°	4			

(3)画一半圆,半圆的半径长度代表最发育一组节理的条数,把半径按比例分成等份,代表节理的条数。沿半圆周标出北、东、西三个方向,按方位角划分出刻度,表示节理走向。根据节理走向分组统计资料,把每组节理按平均走向的条数点绘在相应的位置上,将相邻区间的点用直线连接。若相邻区间没有点,则将点和圆心相连。把所构成的图形涂上颜色,即得节理走向玫瑰图(见图1-28)。

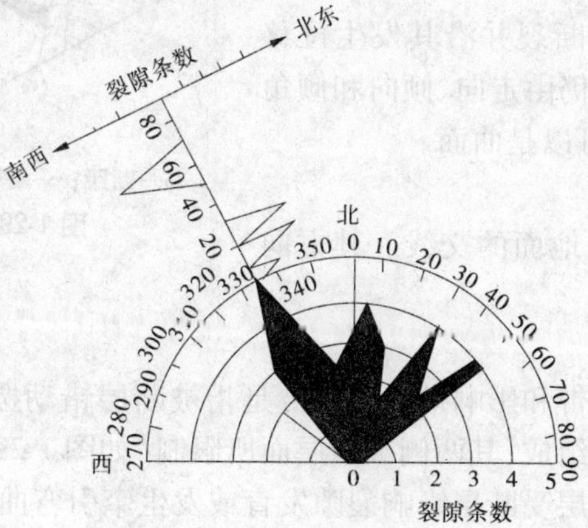

图1-28 节理玫瑰图

(4)若要表示最发育一组节理的倾向和倾角,可沿该组节理的平均走向方向画出延长线于半圆外,将直线等分为0°~90°,用来表示节理的倾角。在该线段顶端再作一垂线,垂线两端的方向代表节理的倾向,垂线长度按比例等分代表节理条数。所谓最发育一组节理,是指数量最多的一个区间或相邻几个走向区间的节理。表1-8是根据表1-6和表1-7所给资料统计的最发育一组节理的倾向与倾角分组,它包括了321°~330°、331°~340°、341°~350°三个相邻走向区间的11条节理。按表1-8资料可分别在倾角分组区间中值5°、15°、25°、55°及65°的位置上,根据节理倾向和条数点出一些点,将这些点分别与区间端点连线,分别画出三角形,即得节理玫瑰图(见图1-28)。

表 1-8　最发育节理倾向、倾角分组

倾向	走向 NW	
	倾角分组	条数
NE	1°～10°	2
	11°～20°	3
	21°～30°	3
SW	51°～60°	1
	61°～70°	2

5.2　断层构造

有明显位移的断裂称为断层。断层在岩层中也比较常见，其规模大小不一，可从几厘米到几千米，甚至达上百千米。

5.2.1　断层要素

断层的基本组成部分称为断层要素（见图 1-29）。断层要素包括断层面、断层线、断层带、断盘及断距。

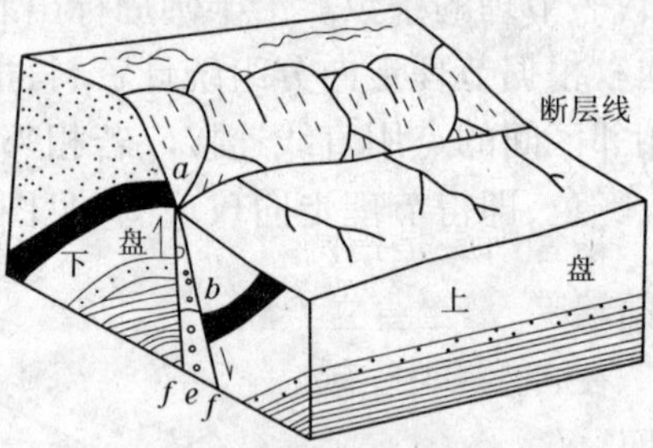

ab—断距；e—断层破碎带；f—断层影响带

图 1-29　断层要素图

5.2.1.1　断层面

断层面是指岩层发生断裂并沿其发生位移的破裂面。它的空间位置仍由走向、倾向和倾角表示。它可以是平面，也可以是曲面。

5.2.1.2　断层线

断层线是指断层面与地面的交线。其方向表示断层的延伸方向。

5.2.1.3　断层带

断层带包括断层破碎带和影响带。破碎带是指被断层错动搓碎的部分，常由岩块碎屑、粉末、角砾及黏土颗粒组成，其两侧被断层面所限制（如图 1-29 中的 *e* 所示）。影响带是指靠近破碎带两侧的岩层受断层影响裂隙发育或发生牵引弯曲的部分（如图 1-29 中的 *f* 所示）。断层带的宽度取决于断层的规模，一般为几厘米至数十米，少数达上百米。

5.2.1.4　断盘

断层面两侧相对位移的岩块称为断盘。其中，断层面之上的称为上盘，断层面之下的称为下盘。

5.2.1.5　断距

断层两盘沿断层面相对移动的距离称为断距。

5.2.2　断层的基本类型

按照断层两盘相对位移的方向，可将断层分为以下三种类型。

5.2.2.1　正断层

正断层是上盘相对下降，下盘相对上升的断层（见图 1-30（a））。正断层的断层线一般较为平直，破碎带较宽，断层面的倾角多大于 45°。

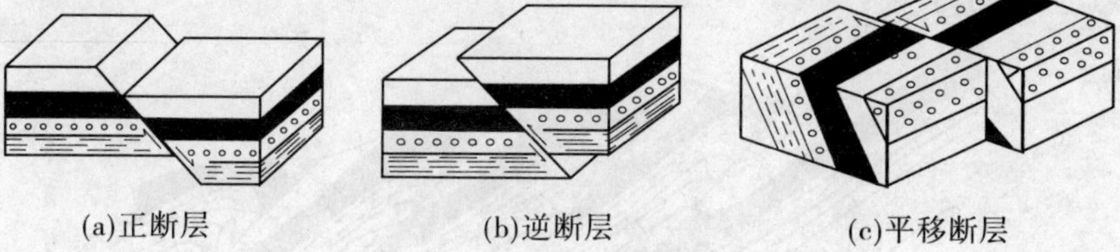

图1-30 断层类型示意图

5.2.2.2 逆断层

逆断层是上盘相对上升,下盘相对下降的断层(见图1-30(b))。逆断层的规模一般较大,断层破碎带宽度较小,断层面较为弯曲或波状起伏,常有上下方向的擦痕。逆断层一般在构造运动强烈的地区出现较多。按断层面倾角大小可将逆断层分为:

(1)冲断层。断层面倾角大于45°。

(2)逆掩断层。断层面倾角在25°~45°。

(3)辗掩断层。断层面倾角小于25°。

5.2.2.3 平移断层

平移断层是指两盘沿断层面作相对水平位移的断层(见图1-30(c))。平移断层的断层面较陡,甚至直立,且平直、光滑。

在自然界中,有时断层不是单独存在的,而是呈组合形式存在,常见的组合形式有以下四种(见图1-31):

(1)阶梯状断层。多个断层面倾向相同(或相近)而又相互平行的正断层,其上盘依次下降呈阶梯状。

(2)地堑。由两条正断层组合而成,两边岩层沿断层面相对上升,中间岩层相对下降。

(3)地垒。由两条正断层组合而成,与地堑相反,断层面之间的岩层相对上升,两边岩层相对下降。

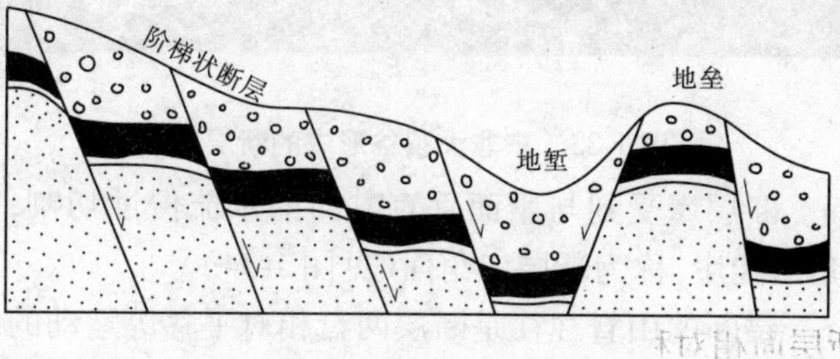

图1-31 阶梯状断层、地堑及地垒

(4)叠瓦式断层。由一系列产状平行的冲断层或逆掩断层组合而成(见图1-32)。各断层的上盘依次逆冲形成像瓦片般的叠覆。

5.2.3 断层的识别

断层的发生,必然会在地貌、地层及构造等方面得到反映,这就形成了所谓的断层标

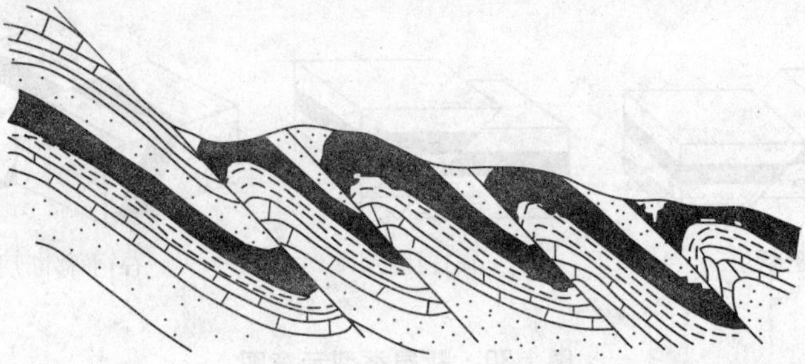

图 1-32　叠瓦式断层

志,也是我们识别断层的主要依据。

5.2.3.1　地貌标志

(1)断层崖。由于断层两盘的相对运动,常使断层的上升盘形成陡崖,称为断层崖。如东非大裂谷形成的断层崖(见图 1-33);太行山前断裂带使太行山拔地而起,成为华北平原的西部屏障等。但值得指出的是,并非任何陡崖都是断层所致。

图 1-33　东非大裂谷形成的断层崖

(2)断层三角面。断层崖受到与崖面垂直方向的水流侵蚀切割,便可形成沿断层走向分布的一系列三角形陡崖,称为断层三角面(见图 1-34)。

(3)错断的山脊。错断的山脊往往是断层两盘相对平移等运动的结果。

(4)串珠状湖泊洼地。这种洼地往往是大断层存在的标志。这些湖泊洼地主要是由断层引起的断陷或破碎带形成的。

(5)泉水的带状分布。泉水呈带状分布往往也是断层存在的标志。因为断层破碎带是地下水的良好通道。

需要说明的是,并非所有的断层都可造就上述地貌。

图 1-34 断层三角面

5.2.3.2 地层标志

地层标志是识别断层的可靠证据之一。

(1)岩层沿走向突然中断,而和另一岩层相接触,则说明有断层发生(见图 1-35)。

(a)正断层　(b)逆断层　(c)平移断层

图 1-35 断层造成岩层中断

(2)垂直岩层走向,若发现地层出现不对称的重复或缺失,则可判定有断层发生(见图 1-36)。

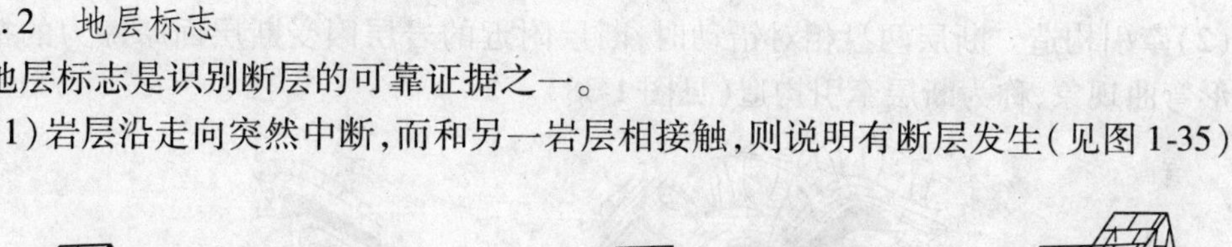

(a)　(b)　(c)　(d)

图 1-36 断层造成的地层重复和缺失

5.2.3.3 构造标志

由于构造应力的作用,沿断层面或断层破碎带及其两侧,常常出现一些伴生的构造变动现象。这些现象是识别和确定断层性质的又一重要标志。常见的这些现象有擦痕、阶步、牵引构造及构造岩等。

(1)擦痕和阶步。断层两盘相互错动时,在断层面上留下的摩擦痕迹称为擦痕。有时在断层面上存在垂直于擦痕方向的小台阶称为阶步(见图 1-37)。

图 1-37　擦痕和阶步

(2)牵引构造。断层两盘相对错动时,断层附近的岩层因受断层面摩擦力的拖拽发生弧形弯曲现象,称为断层牵引构造(见图 1-38)。

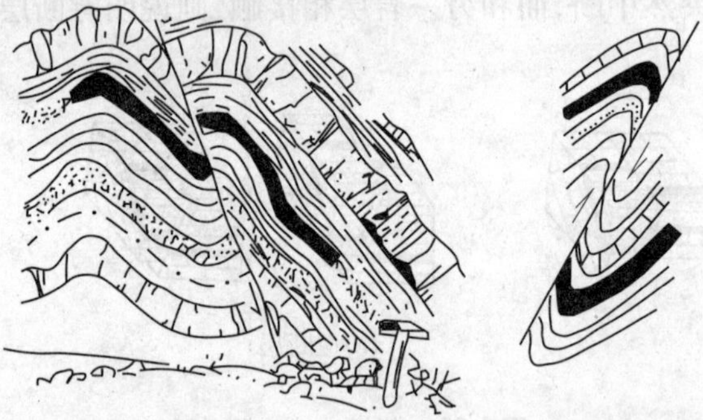

图 1-38　牵引构造

(3)构造岩。构造岩是指断层发生时,由于构造应力的作用,使断层带中岩石的矿物成分、结构、构造等发生强烈变化,甚至变质形成新的岩石。主要有断层角砾岩、断层泥、糜棱岩等。

在这里需要说明的是,并非每一条断层都具有上述特征,而且有些特征也并非是断层的专利。所以,在野外认识断层时,应多方面综合考察,才能得出可靠的结论。

5.3　断裂构造对工程的影响

节理和断层的存在,破坏了岩石的连续性和完整性,降低了岩石强度,增强了岩石的透水性,给水利工程建设带来很大影响。如节理密集带或断层破碎带,会导致水工建筑物的集中渗漏、不均匀变形,甚至发生滑动破坏,因此在选择坝址、确定渠道及隧洞线路时,要尽量避开大的断层和节理密集带,否则必须对其采取开挖、帷幕灌浆等方法进行处理,甚至调整坝或洞轴线的位置。不过这些破碎地带有利于地下水的运动和富集,因此断裂构造对于山区找水具有重要意义。

6　地震

6.1　地震的概念

地震是地球内部积聚的应力突然释放所引起的地球表层的快速震动。地震的破坏力极强，对人们的生产、生活及工程建设造成毁灭性的灾害。如1976年7月28日，唐山发生7.8级地震，造成24万人死亡，16万人受伤，直接经济损失达54亿元；2004年12月26日，印尼苏门答腊岛附近发生里氏7.9级地震，引发了波及印度洋沿岸十几个国家的巨大海啸，造成20余万人死亡或失踪；2008年5月12日，在四川汶川发生8.0级地震，造成近9万人死亡，直接经济损失高达8 451亿元。

地震发源于地下某一点，该点称为震源，震源在地面上的垂直投影称为震中，震源至震中的垂直距离称为震源深度(见图1-39)。

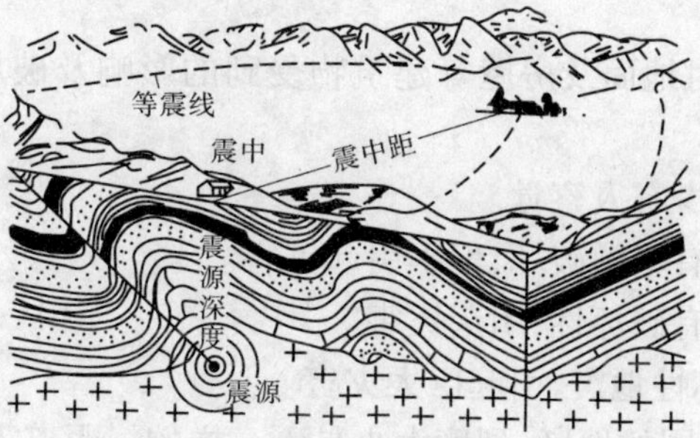

图1-39　震源、震中及震源深度示意图

地震按照震源深度可分为浅源地震(0～70 km)、中源地震(70～300 km)和深源地震(300～700 km)。

6.2　地震的成因类型

地震按照成因可分为构造地震、火山地震、塌陷地震、诱发地震和人工地震。

6.2.1　构造地震

地下深处岩层错动、破裂所造成的地震称为构造地震。这类地震发生的次数最多，破坏力也最大，约占全世界地震的90%以上。

6.2.2　火山地震

火山作用，如岩浆活动、气体爆炸等引起的地震称为火山地震。只有在火山活动区才可能发生火山地震，这类地震只占全世界地震的7%左右。

6.2.3　塌陷地震

地下岩洞或矿井顶部塌陷引起的地震称为塌陷地震。这类地震的规模比较小，次数也很少，即使有，也往往发生在溶洞密布的石灰岩地区或大规模地下开采的矿区。

6.2.4　诱发地震

水库蓄水、油田注水等活动引发的地震称为诱发地震。这类地震仅仅在某些特定的水库库区或油田地区发生。

6.2.5　人工地震

地下核爆炸、炸药爆破等人为引起的地面震动称为人工地震。

6.3　地震的震级与烈度

地球上的地震有强有弱。用来衡量地震强度大小有两个指标，一个是地震震级，另一个是地震烈度。举例来说，地震震级好像不同瓦数的电灯泡，瓦数越高，亮度越大；地震烈度好像屋子里受光亮的程度，对同一盏电灯来说，距离电灯越近，光度越大，离电灯越远，光度越小。

6.3.1 地震震级

震级是指一次地震时释放出的能量大小。震级用里氏震级表示,从0~9划分为10个等级。地震释放的能量越多,震级就越高,迄今为止世界上记录到的最大的地震震级为8.9级,是1960年发生在南美洲的智利地震。一般7级以上的浅源地震称为大地震,5级和6级的地震称为强震或中震,3级和4级的地震称为弱震或小震,3级以下的地震称为微震。每一次地震只有一个震级。

6.3.2 地震烈度

地震烈度是指地震时地面及房屋等建筑物受到的影响及破坏程度,地震烈度从1~12共分为12个等级。

1~3度:震动微弱,少有人察觉。

4~6度:震动显著,有轻微破坏,但不引起灾害。

7~9度:震动强烈,有破坏性,引起灾害。

10~12度:严重破坏性地震,引起巨大灾害。

对于同一次地震,不同的地区,烈度大小是不一样的。距离震源近,破坏就大,烈度就高;反之,距离震源远,破坏就小,烈度就低。

由上可见,6度以下的地震一般不会对建筑物造成破坏,无需设防;10度及其以上的地震造成的破坏是毁灭性的,难以有效预防。因此,对建筑物设防的重点是7、8、9度地震。在进行工程设计时,常用的地震烈度有基本烈度和设计烈度。

6.3.2.1 基本烈度

基本烈度是指某地区今后100年内,在一般场地条件下可能遭遇的最大烈度。基本烈度所指的地区,并非是一个具体的工程建筑物地区,而是指一个较大范围(如一个县、区或10 000 km^2)的地区。一般场地条件是指在上述地区范围内普遍分布的地层岩性、地形地貌、地质构造和地下水条件等。基本烈度由国家地震局编绘的《中国地震烈度区划图》及各省地震烈度区划图圈定。

6.3.2.2 设计烈度

根据建筑物的重要性和等级,针对不同的建筑物,将基本烈度加以调整,作为抗震设防的依据,也是建筑物设计的标准。水工建筑物已有专门的抗震设计规范《水工建筑物抗震设计规范》(SL 203—97),设计部门根据此规范确定设计烈度,并依据该规范对水工建筑物作防震设计。

7 阅读地质图

7.1 地质图

地质图是反映一个地区各种地质条件的图件,是将自然界的地质情况,用规定的符号按一定的比例缩小投影绘制在平面上的图件。通过对已有地质图的分析和阅读,就可帮助我们具体了解一个地区的地质情况。

工程地质图为各种工程建筑专用的地质图,如房屋建筑工程地质图、水库坝址工程地质图、铁路工程地质图、公路工程地质图等。

一幅完整的地质图应包括平面图、剖面图和柱状图。

平面图是反映地表地质条件的图，是最基本的图件。剖面图是反映地表以下某一断面地质条件的图。柱状图是综合反映一个地区各地质年代的地层特征、厚度和接触关系的图件。

7.1.1 地质图的规格和符号

7.1.1.1 地质图的规格

地质平面图应有图名、图例、比例尺、编制单位和编制日期等。

图例是用各种颜色和符号，说明地质图上所有出露地层的新老顺序、岩石成因和产状及其构造形态。图例通常放在图幅右侧，一般自上而下或自左而右按地层(上新下老或左新右老)、岩石、构造顺序排列，所用的岩性符号、地质构造符号、地层代号及颜色都有统一规定。

比例尺的大小反映地质图的精度，比例尺越大，图的精度越高，对地质条件的反映越详细。常用比例尺有1∶10 000、1∶5 000、1∶1 000、1∶500。比例尺的大小取决于地质条件的复杂程度和建筑工程的类型、规模及设计阶段。

7.1.1.2 地质图的符号

地质图是根据野外地质勘测资料在地形图上填绘编制而成的。它除应用地形图的轮廓和等高线外，还需要用各种地质符号来表明地层的岩性、地质年代和地质构造情况。所以，要分析和阅读地质图，了解地质图所表达的具体内容，就需要了解和认识常用的各种地质符号。

(1)地层年代符号。在小于1∶10 000的地质图上，沉积地层的年代是采用国际通用的标准色来表示的，在彩色的底子上，再加注地层年代和岩性符号。在每一系中，又用淡色表示新地层，深色表示老地层。岩浆岩的分布一般用不同的颜色加注岩性符号表示。在大比例尺的地质图上，多用单色线条或岩石花纹符号再加注地质年代符号的方法表示。当基岩被第四纪松散沉积层覆盖时，在大比例的地质图上，一般根据沉积层的成因类型，用第四纪沉积成因分类符号表示。

(2)岩石符号。岩石符号是用来表示岩浆岩、沉积岩和变质岩的符号，由反映岩石成因特征的花纹及点线组成。在地质图上，这些符号画在什么地方，表示这些岩石分布到什么地方。

(3)地质构造符号。地质构造符号，是用来说明地质构造的。组成地壳的岩层，经构造变动形成各种地质构造，这就不仅要用岩层产状符号表明岩层变动后的空间形态，而且要用褶曲轴、断层线、不整合面等符号说明这些构造的具体位置和空间分布情况。

7.1.2 地质现象在地质图上的表现

7.1.2.1 水平构造

在地质平面图上水平构造的地层分界线与地形等高线一致或平行，并随地形等高线的弯曲而弯曲(见图1-40)。

7.1.2.2 直立岩层

除岩层走向有变化外，直立岩层的界线在地质图上为一条与地形等高线相交的直线(见图1-41)。

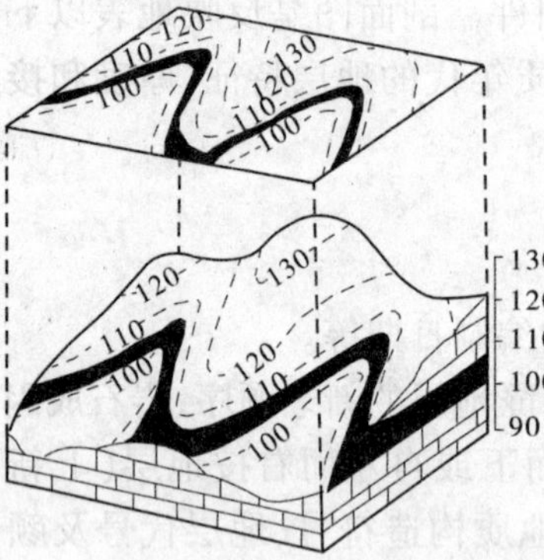

图 1-40　水平岩层的立体图及平面投影图

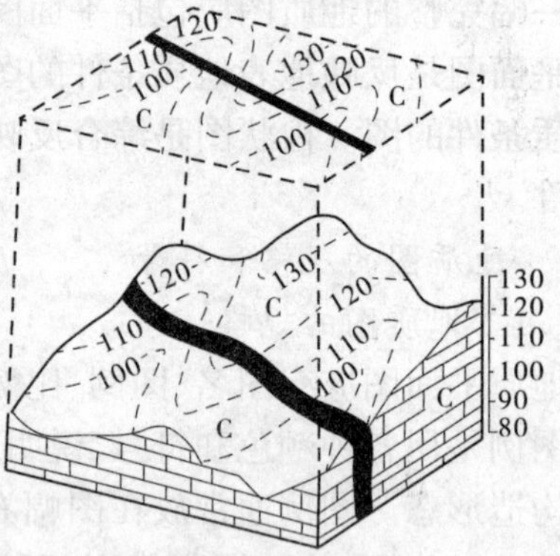

图 1-41　直立岩层的立体图及平面投影图

7.1.2.3　单斜构造

当岩层的倾向与地形倾斜的方向相反时,岩层界线的弯曲方向与等高线的弯曲方向相同,只是曲率要小(见图 1-42(a));当岩层的倾向与地形倾斜的方向一致,而倾角大于地形坡度时,岩层界线的弯曲方向与等高线的弯曲方向相反(见图 1-42(b));当岩层的倾向与地形倾斜的方向一致而倾角小于地形坡度时,岩层界线的弯曲方向与等高线的弯曲方向相同,但其曲率要比等高线的大(见图 1-42(c))。

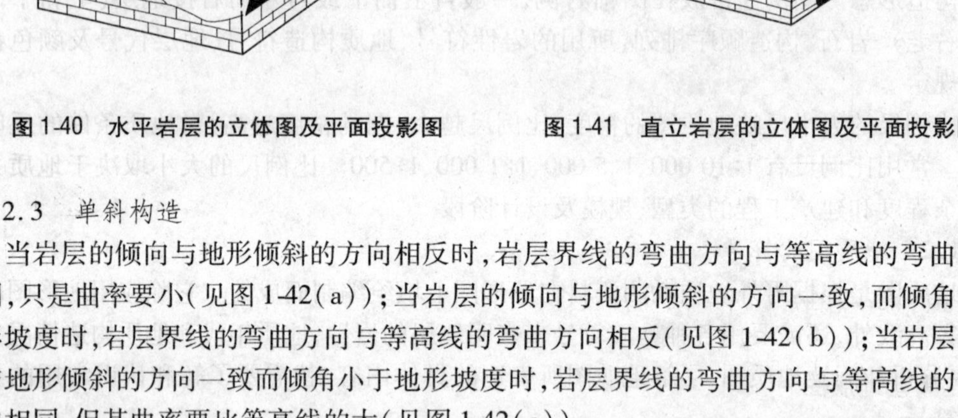

(a)　(b)　(c)

图 1-42　倾斜岩层的立体图及平面投影图

7.1.2.4　褶曲

水平褶曲地层分界线在地质平面图上呈带状对称分布(见图 1-43),中间新两边老则为向斜,反之为背斜。

7.1.2.5　断层

断层线在地质平面图上通常是一段直线或近于直线的曲线。在断层线的两侧存在着岩层中断、缺失、重复、宽窄变化及前后错动等现象。

7.1.2.6　地层接触关系

地层界线大致平行，没有缺层现象，则属整合关系；若上下两套岩层的产状一致，岩层分界线彼此平行，但地质年代不连续，此关系属于平行不整合，如图1-44中E与Q为平行不整合；若上下两套岩层之间的地质年代不连续，产状也不相同，属于角度不整合，如图1-44中T与E为角度不整合。

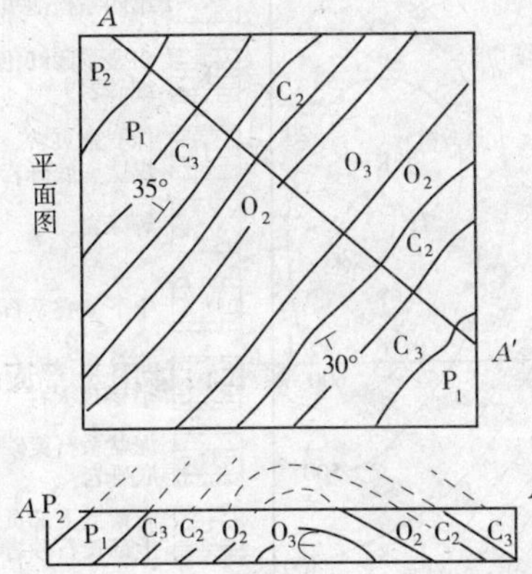

图1-43　褶曲形态在地质平面图上的表现

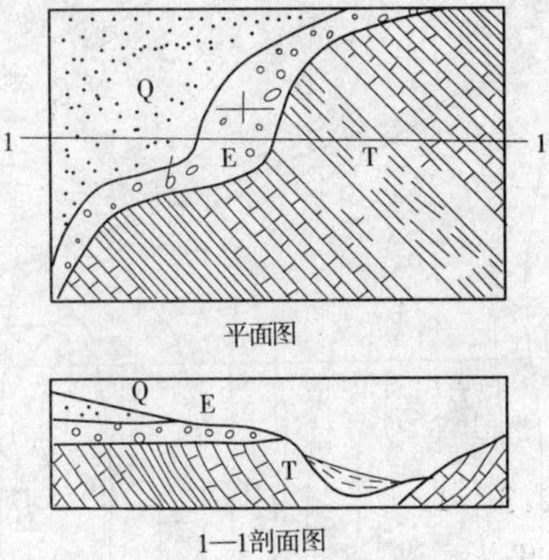

图1-44　不整合

7.2　阅读地质图

读图步骤及注意事项包括：

(1)读地质图时，先看图名和比例尺，了解图的位置及其精度等情况。

(2)阅读图例。图例自上而下，接从新到老的年代顺序，列出了图中出露的所有地层符号和地质构造符号，通过图例，可以概括了解图中出现的地质现象。在看图例时，要注意地层之间的地质年代是否连续，中间是否存在地层缺失现象。

(3)正式读图时先分析地形，通过地形等高线或河流水系的分布特点，了解地区的山川形势和地形高低起伏情况。

这样，在具体分析地质图所反映的地质条件之前，能使我们对地质图所反映的地区，有一个比较完整的概括了解。

(4)阅读岩层的分布、新老关系、产状及其与地形的关系，分析地质构造。地质构造有两种不同的分析方法：一种是根据图例和各种地质构造所表现的形式，先了解地区总体构造的基本特点，明确局部构造相互间的关系，然后对单个构造进行具体分析；另一种是先研究单个构造，然后结合单个构造之间的相互关系，进行综合分析，最后得出整个地区地质构造的结论。

这样，我们就可以根据自然地质条件的客观情况，结合工程的具体要求，进行合理的工程布局和正确的工程设计。

(5)读图示例。

现根据宁陆河地区地质图(见图1-45)，对该区地质条件分析如下：

本区最低处在东南部宁陆河谷，高程300多m，最高点在二龙山顶，高程达800多m，全区最大相对高差近500m。宁陆河在十里沟以北地区，从北向南流，至十里沟附近，折

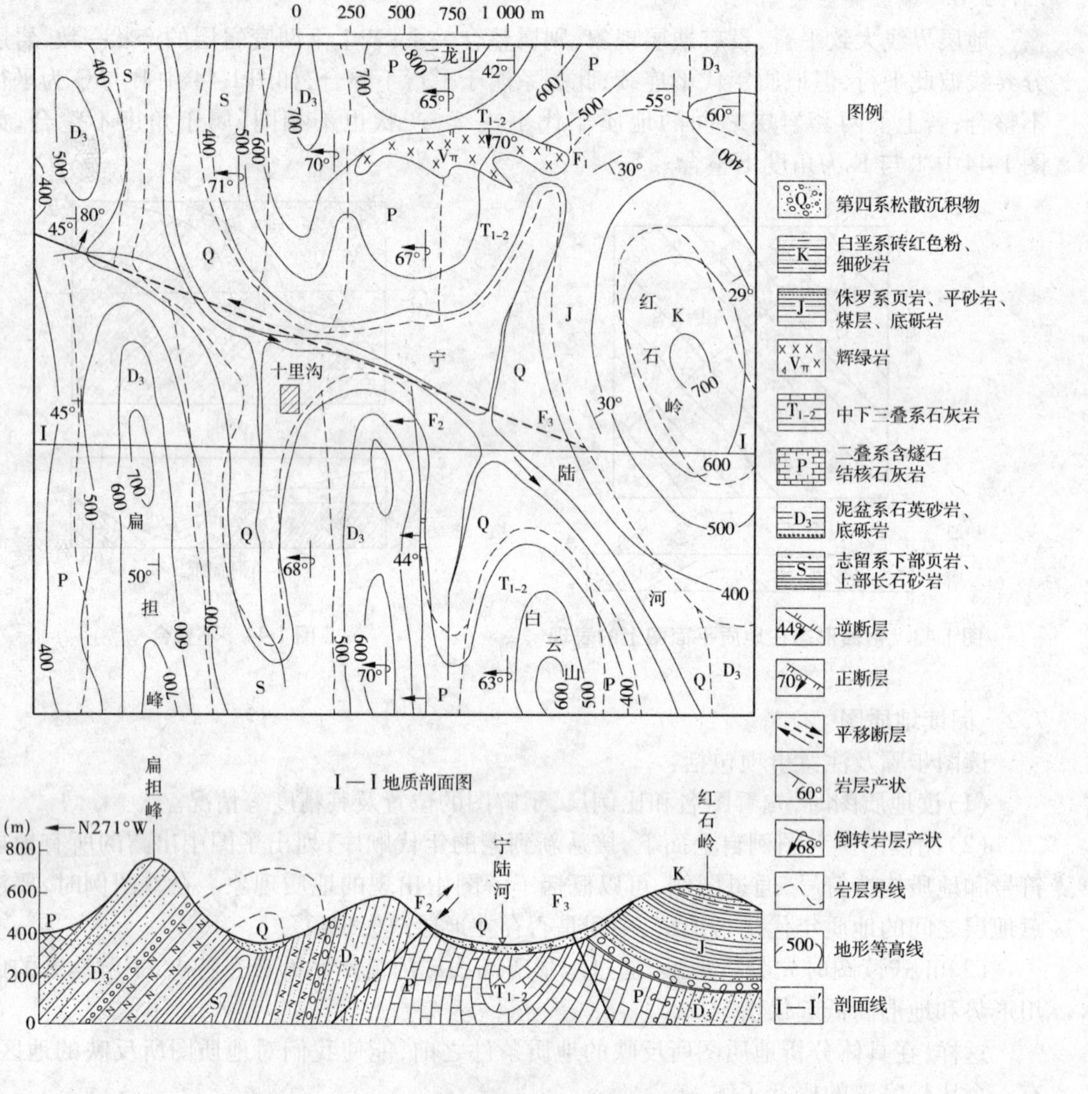

图 1-45 宁陆河地区地质图

向东南。区内地貌特征主要受岩性及地质构造条件的控制。一般在页岩及断层带分布地带多形成河谷低地，而在石英砂岩、石灰岩及地质年代较新的粉细砂岩分布地带则形成高山。山脉多沿岩层走向大体南北向延伸。

本区出露地层有：志留系(S)、泥盆系上统(D_3)、二叠系(P)、中下三叠系(T_{1-2})、辉绿岩墙(v_π)、侏罗系(J)、白垩系(K)及第四系(Q)。第四系主要沿宁陆河分布，侏罗系及白垩系主要分布于红石岭一带。

从图 1-45 中可以看出，本区泥盆系与志留系地层间虽然岩层产状一致，但缺失中下泥盆系地层，且上泥盆系底部有底砾岩存在，说明两者之间为平行不整合接触。二叠系与泥盆系地层之间缺失石炭系，所以也为平行不整合接触。图中的侏罗系与泥盆系上统、二叠系及中下三叠系三个地质年代较老的岩层接触，且产状不一致，所以为角度不整合接触。第四系与老岩层之间也为角度不整合接触。辉绿岩沿 F_1 张性断裂呈岩墙状侵入到二叠系及三叠系石灰岩中，因此辉绿岩与二叠系、三叠系地层为侵入接触，而与侏罗系间则为沉积接触。所以，辉绿岩的形成时代，应在中三叠世以后、侏罗世以前。

宁陆河地区有三个褶曲构造，即十里沟褶曲、白云山褶曲和红石岭褶曲。

十里沟褶曲的轴部在十里沟附近，轴向近南北延伸。轴部地层为志留系页岩、长石砂岩，上部广泛有第四纪松散沉积层覆盖，两翼对称分布的是泥盆系上统(D_3)、二叠系(P)、下中三叠系地层，但西翼只见到泥盆系上统和部分二叠系地层，三叠系已出图幅。两翼岩层走向大致南北，均向西倾，但西翼倾角较缓，为45°~50°，东翼倾角较陡，为63°~71°，所以十里沟褶曲为一倒转背斜。十里沟倒转背斜构造，因受 F_3 断裂构造的影响，其轴部已向北偏移至宁陆河南北向河谷地段。

白云山褶曲的轴部在白云山至二龙山附近，南北向延伸。褶曲轴部地层为中下三叠系，由轴部向翼部，地层依次为二叠系、泥盆系上统、志留系，其中西翼为十里沟倒转背斜东翼，东翼志留系地层已出图外，而二叠系与泥盆系上统因受上覆不整合的侏罗系与白垩系地层的影响，只在图幅的东北角和东南角出露。两翼岩层均向西倾斜，是一个倾角不大的倒转向斜。

红石岭褶曲由白垩系、侏罗系地层组成，褶曲舒缓，两翼岩层相向倾斜，倾角约30°，为一直立对称褶曲。

区内有三条断层。F_1 断层面向南倾斜，倾角约70°，断层走向与岩层走向基本垂直，北盘岩层分界线有向西移动现象，是一正断层。由于倾斜向斜轴部紧闭，断层位移幅度小，所以 F_1 断层引起的轴部地层宽窄变化并不明显。

F_2 断层走向与岩层走向平行，倾向一致，但岩层倾角大于断层倾角。西盘为上盘，一侧出露的岩层年代较老，且使二叠系地层出露宽度在东盘明显变窄，故为一压性逆掩断层。

F_3 为区内规模最大的一条断层。从十里沟倒转背斜轴部志留系地层分布位置可以明显看出，断层的东北盘相对向西北错动，西南盘相对向东南错动，是扭性平推断层。

任务3 认识地下水

地下水是赋存在地表以下岩土空隙(孔隙、裂隙、空洞等)中的水，主要来源于大气降水、冰雪融水、地面流水、湖水及海水等，经土壤渗入地下形成。地下水与大气水、地表水是统一的，共同组成地球水圈，在岩土空隙中不断运动，参与全球性陆地、海洋之间的水循环，只是其循环速度比大气水、地表水慢得多(见图1-46)。

地下水是宝贵的自然资源，可作为生活饮用水和工农业生产用水。一些含特殊组分的地下水称为矿泉水，具有医疗保健意义。含盐量多的地下水如卤水，可作为化工原料。地下热水可用来取暖和发电。

地下水是地质环境的组成部分之一，能影响地质环境的稳定性。地基土中的水能降低土的承载力，基坑涌水不利于工程施工，地下水常常是产生滑坡、地面沉降和地面塌陷的主要原因，一些地下水还腐蚀建筑材料。因此，如何利用地下水与防止其危害性，对经

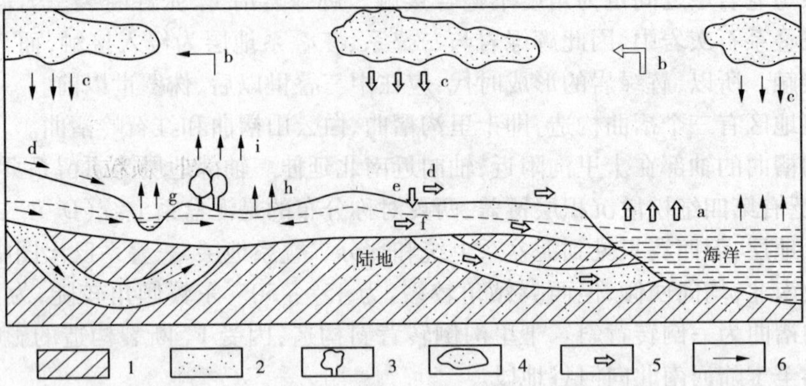

1—隔水层；2—透水层；3—植被；4—云；5—大循环各环节；6—小循环各环节；a—海洋蒸发；
b—大气中水汽转移；c—降水；d—地表径流；e—入渗；f—地下径流；g—水面蒸发；h—土面蒸发；i—叶面蒸发(蒸腾)

图 1-46 自然界水循环示意图

济建设具有极其重大的作用。

1 地下水储存

1.1 岩土的空隙

组成地壳的岩石，无论是松散沉积物还是坚硬的基岩，都有空隙。空隙的大小、多少、均匀程度和连通情况，决定着地下水的埋藏、分布和运动。因此，研究地下水必须首先研究岩土中的空隙。

将岩土空隙作为地下水储存场所和运动通道研究时，根据岩土空隙的成因不同，通常把空隙分为三类：松散沉积物颗粒之间的空隙称为孔隙；非可溶岩中的空隙称为裂隙；可溶岩产生的空隙小者称为溶隙，大者称为溶洞（见图 1-47）。

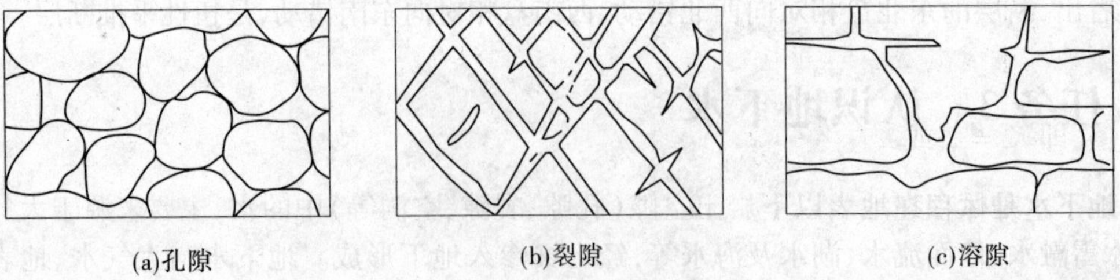

图 1-47 岩石中的空隙

1.1.1 孔隙

松散岩石是由大小不等的颗粒组成的，颗粒或颗粒集合体之间的空隙，称为孔隙。岩石中孔隙体积的多少是影响其储容地下水能力大小的重要因素。

1.1.1.1 孔隙度

孔隙体积的多少可用孔隙度表示。孔隙度是指某一体积岩石（包括孔隙在内）中孔隙体积所占的比例。

若以 n 表示岩石的孔隙度，V 表示包括孔隙在内的岩石体积，V_n 表示岩石中孔隙的体积，即 $n=\frac{V_n}{V}$ 或 $n=\frac{V_n}{V}\times100\%$。

孔隙度是一个比值，可用小数或百分数表示。

1.1.1.2 影响孔隙度的因素

孔隙度的大小主要取决于分选程度及颗粒排列情况。另外，颗粒形状及胶结充填情况也影响孔隙度。对于黏性土，结构及次生孔隙常是影响孔隙度的重要因素。

A. 岩土的密实程度

岩土越松散，孔隙度越大。然而松散与密实只是表面现象，其实质是组成岩土的颗粒的排列方式不同。不妨设想一种理想的情况，即颗粒为大小相等的球体，根据几何计算，当球作四面体形式排列（最密实状态）时，其孔隙度只有 25.95%。自然界中均匀颗粒的孔隙度大都为 30% ~35%。

B. 颗粒的均匀程度

颗粒的均匀性常常是影响孔隙度的主要因素，颗粒大小越不均匀，其孔隙度越小，这是由于大的孔隙被小的颗粒所填充的结果。

C. 颗粒的形状

一般松散岩土颗粒的浑圆度直接影响岩土的孔隙度。例如棱角状且排列疏松的黏土颗粒，其孔隙度 $n=40\%\sim50\%$，而颗粒近似圆形的砂，$n=30\%\sim35\%$。

D. 颗粒的胶结程度

当松散岩土被泥质或其他物质胶结时，其孔隙度就大幅度降低。

综上所述，岩土的孔隙度受多种因素影响，当岩土越松散、分选越好、浑圆度越好、胶结程度越差时，孔隙度越大；反之，孔隙度则越小。

1.1.2 裂隙

固结的坚硬岩石，包括沉积岩、岩浆岩和变质岩，一般不存在或只保留一部分颗粒之间的孔隙，而主要受构造运动及其他内外地质营力作用影响产生的空隙，称为裂隙。

1.1.2.1 裂隙率

裂隙的多少以裂隙率表示。裂隙率 K_r 是裂隙体积 V_r 与包括裂隙在内的岩石体积 V 的比值，即 $K_r=\frac{V_r}{V}$ 或 $n=\frac{V_r}{V}\times100\%$。

除了这种体积裂隙率，还可用面裂隙率或线裂隙率说明裂隙的多少。野外研究裂隙时，应注意测定裂隙的方向、宽度、延伸长度、充填情况等，因为这些都对水的运动具有重要影响。

1.1.2.2 裂隙的类型

按裂隙的成因可分成岩裂隙、构造裂隙和风化裂隙。

A. 成岩裂隙

成岩裂隙是岩石在成岩过程中由于冷凝收缩（岩浆岩）或固结干缩（沉积岩）而产生的。岩浆岩中成岩裂隙比较发育，尤以玄武岩中柱状节理最有意义。

B. 构造裂隙

构造裂隙是岩石在构造变动中受力而产生的。这种裂隙具有方向性，大小悬殊（由隐蔽的节理到大断层),分布不均一。构造裂隙按受构造力的不同,又可分为张裂隙和扭裂隙。张裂隙由张应力形成,常呈张开型,断面上呈锯齿状且延伸不远。扭裂隙由剪应力形成,常呈闭合型,断面上平直且延伸较远。

C. 风化裂隙

风化裂隙是风化营力作用下,岩石破坏产生的裂隙,主要分布在地表附近。岩石受风化时,一方面使岩石中原有的成岩裂隙和构造裂隙扩大变宽,另一方面沿着岩石的脆弱面产生新的裂隙。

1.1.3 溶隙

可溶的沉积岩,如岩盐、石膏、石灰岩和白云岩等,在地下水溶蚀下会产生空洞,这种空隙称为溶隙(穴)。

1.1.3.1 溶隙的形成

溶隙是具有溶解性质的水在不断的交替运动中,对透水的可溶性岩石进行溶解而形成空隙的地质现象。水中的二氧化碳与水化合形成碳酸,碳酸对石灰岩发生作用就形成易溶于水的重碳酸钙。因此,当水中含有二氧化碳时,水将对石灰岩产生溶蚀作用而形成溶隙。

1.1.3.2 溶隙率

溶穴的体积 V_k 与包括溶穴在内的岩石体积 V 的比值即为溶隙率 k_r,即 $k_r = \frac{V_k}{V}$或 $n = \frac{V_k}{V} \times 100\%$。

溶穴的规模十分悬殊,大的溶洞可宽达数十米,高数十米乃至百余米,长达几千米甚至几十千米,而小的溶孔直径仅几毫米。岩溶发育带岩溶率可达百分之几十,而其附近岩石的岩溶率几乎为零。

自然界岩石中空隙的发育状况远较上面所说的复杂。例如,松散岩石固然以孔隙为主,但某些黏土干缩后可产生裂隙,而这些裂隙的水文地质意义,甚至远远超过其原有的孔隙。固结程度不高的沉积岩,往往既有孔隙,又有裂隙。可溶岩石,由于溶蚀不均一,有的部分发育溶穴,而有的部分则为裂隙,有时还可保留原生的孔隙与裂缝。因此,在研究岩土的空隙时,不仅要研究空隙的多少,更重要的是要研究空隙本身的大小、空隙间的连通性和分布规律。松散土的孔隙大小和分布都比较均匀,且连通性好;岩石裂隙的宽度、长度和连通性差异均很大,分布不均匀;溶隙大小相差悬殊,分布很不均匀,连通性更差。

1.2 含水层和隔水层

可给出并透过相当数量水的岩层称含水层;不能给出或不透水的岩层称隔水层。含水层的形成,需要岩层具有蓄水的空间、存水的地质结构和充足的补给来源两个条件,缺一不可。

含水层与隔水层是相对而言的,其间并无截然的界限和绝对的定量指标。

在采取各种与地下水有关的兴利除害措施(如为供水目的抽取地下水,或者排除地下水以降低地下水位)时,或者对各种水文地质过程进行理论分析时,人们经常要用到含水层与隔水层的概念。然而,在各种不同情况下,人们所指的含水层与隔水层在涵义上有所不同。岩性相同、渗透性完全一样的岩层,很可能在有些地方被当作含水层,而在另一些地方却被当作隔水层。即使在同一个地方,渗透性相同的某一岩层,在涉及某些问题时被看作透水层,在涉及另一些问题时则可能被看作隔水层。含水层、隔水层与透水层的定义取决于运用它们时的具体条件。

在利用与排除地下水的实际工作中区分含水层与隔水层,应当考虑岩层所能给出水的数量大小是否具有实际意义。例如,利用地下水供水时,某一岩层能够给出的水量较小,对于水源丰沛、需水量很大的地区,由于远不能满足供水需求,而被视作隔水层。但在水源匮乏、需水量又小的地区,同一岩层便能在一定程度上满足,甚至充分满足实际需要;在后一地区,这种岩层便可看作含水层。

再如,某种岩层的渗透性比较低,从供水的角度,它可能被看作隔水层,而从水库渗漏的角度,由于水库的周界长,渗漏时间长,此类岩层的渗漏水量不能忽视,这时又必须将它看作含水层。

2 地下水的物理、化学性质

地下水形成以后,在岩石空隙中运动,经常与各种岩石相互作用,溶解和溶滤了岩石中的某些成分,如各种可溶盐类和细小颗粒,从而形成了一种成分复杂的动力溶液,并随着时间和空间的变化而变化。

2.1 地下水的物理性质

地下水的物理性质包括颜色、透明度、气味、味道、温度、密度、导电性和放射性等。

2.1.1 颜色

地下水一般是无色的,但由于化学成分和含量不同,以及悬浮杂质的存在,常常呈现出各种颜色(见表1-9)。

表1-9 地下水的颜色与水中存在物质的关系

水中存在的物质	硬水	低铁	高铁	硫化氢	锰的化合物	腐殖酸盐
颜色	浅蓝	淡灰	锈色	翠绿	暗红	暗黄或灰黑

2.1.2 透明度

常见的地下水多是透明的,但其中如含有一些固体和胶体悬浮物,则地下水的透明度会有所改变。为了测定透明度,可将水样倒入一高60 cm、带有放水嘴和刻度的玻璃管中,把管底放在1号铅字(专用铅字)的上面。打开放水嘴,一直到能清楚地看到管底的铅字为止,读出管底到水面的高度。根据这种观测方法可以把水的透明度划为四级(见表1-10)。

表 1-10 地下水透明度分级

分级	野外鉴别特征
透明	无悬浮物或胶体,60 cm 深可见 3 mm 的粗线
微浊	有大量悬浮物,30~60 cm 深可见 3 mm 的粗线
浑浊	有较多悬浮物,半透明状,小于 30 cm 深可见 3 mm 的粗线
极浊	有大量悬浮物或胶体,似乳状,水深很浅也不能清楚看见 3 mm 的粗线

2.1.3 气味

一般地下水是无味的,当其中含有某种气体成分和有机物质时,产生一定的气味,例如地下水含有硫化氢时,则有臭鸡蛋气味,有机质使地下水有鱼腥味。

2.1.4 味道

地下水的味道取决于它的化学成分及溶解的气体(见表 1-11)。

表 1-11 地下水味道与所含物质的关系

存在物质	氯化钠	硫酸钠	氯化镁及硫酸镁	大量有机质	铁盐	腐殖质	硫化氢与碳酸气同时存在	二氧化碳及适量重碳酸钙和重碳酸镁
味道	咸味	涩味	苦味	甜味	墨水味	沼泽味	酸味	可口

2.1.5 温度

地下水温度变化范围很大。地下水温度的差异,主要受各地区的地温条件所控制。通常地温随埋藏深度不同而异,埋藏越深,水温越高,而且具有不同的温度变化规律。地下水温度分类见表 1-12。

表 1-12 地下水温度分类

类别	非常冷的水	极冷的水	冷水	温水	热水	极热水	沸腾水
温度(℃)	<0	0~4	4~20	20~37	37~42	42~100	>100

2.1.6 密度

一般情况下,纯水的密度为 0.981 g/cm^3。地下水的密度取决于水中所溶盐分的含量。水中溶解的盐分越多,密度越大,有的地下水密度可达 1.2~1.3 g/cm^3。

2.1.7 导电性

地下水的导电性取决于其中所含电解质的数量和质量,即各种离子的含量。离子含量越多,离子价越高,则水的导电性越强。此外,水温对导电性也有影响。

2.1.8 放射性

地下水在特殊储藏条件下,受到放射性矿物的影响,具有一定的放射性。例如堆放废弃的核燃料,会引起周围岩土体及其中的水体也带有放射性。

2.2 地下水的化学性质

2.2.1 化学成分

地下水不是纯水,是化学成分十分复杂的天然溶液。组成地壳的 87 种稳定元素中,在地下水中已发现 70 余种。地下水中溶解的化学成分,常以离子、化合物、分子以及游离气体状态存在。地下水中常见的化学成分有以下几种。

2.2.1.1 主要的气体成分

地下水中常见的气体成分有 O_2、N_2、CO_2、CH_4 及 H_2S 等。通常情况下,地下水中气体含量不高,每升水中只有几毫克到几十毫克。但是,地下水中的气体成分却很有意义。一方面,气体成分能够说明地下水所处的地球化学环境;另一方面,地下水中的有些气体会增加水溶解盐类的能力,促进某些化学反应。

(1)氧(O_2)。

地下水中的氧主要来源于大气中的氧和水生植物光合作用析出的氧,它们随大气降水和地表水入渗补给地下水。浅层地下水中氧的含量较多,越往深处含量越少,以至消失。溶解氧含量多的地下水,其氧化作用强,能腐蚀、氧化金属建筑材料。

(2)硫化氢(H_2S)。

硫化氢一般存在于深部地下水中,是在微生物作用下由硫酸盐还原而成的。在地面局部地区如沼泽地区,可能存在缺氧封闭的还原环境,有机质分解生成 H_2S,因而也使局部浅层地下水含有较多的 H_2S,并呈酸性。这样的地下水对混凝土有侵蚀性。

(3)二氧化碳(CO_2)。

地下水普遍含有游离 CO_2。浅层地下水游离 CO_2 含量为 15 ~40 mg/L,很少超过 150 mg/L,主要来源于土壤中有机质氧化产生的 CO_2。另一部分来源于大气中的 CO_2。深层地下水 CO_2 的含量较高,每升可达数百毫克到数千毫克,它是碳酸盐类岩石经高温变质作用生成 CO_2 而进入水中的,即

$$CaCO_3 \rightarrow CaO + O_2$$

含二氧化碳的地下水有的具有侵蚀性,能腐蚀混凝土。

2.2.1.2 主要的离子成分

地下水中分布最广、含量较多的离子共七种,即氯离子(Cl^-)、硫酸根离子(SO_4^{2-})、重碳酸根离子(HCO_3^-)、钠离子(Na^+)、钾离子(K^+)、钙离子(Ca^{2+})及镁离子(Mg^{2+})。

(1)氯离子(Cl^-)。

氯离子在地下水中广泛分布,低矿化水中氯离子的含量可从每升数毫克到数百毫克,高矿化水中氯离子的含量可从每升数克到数十克。

在沉积岩地区,氯离子主要来源于岩盐或其他氯化物的溶解,在岩浆岩地区则来自含氯矿物的风化溶解。

(2)硫酸根离子(SO_4^{2-})。

低矿化水中硫酸根离子含量一般从每升数毫克到数百毫克,中等矿化水中硫酸根离子是含量最多的阴离子。

硫酸根离子来自含水石膏($CaSO_4 \cdot 2H_2O$)或其他含硫酸盐的沉积岩的溶解,硫化物如黄铁矿(FeS_2)的氧化能生成大量的 SO_4^{2-} 进入水中,其化学反应式为

$$2FeS_2 + 7O_2 + 2H_2O \rightarrow 2FeSO_4 + 4H^+ + 2SO_4^{2-}$$

因此,在含黄铁矿较多的煤系地层地区和金属硫化物矿床附近,地下水常含有大量的 SO_4^{2-}。SO_4^{2-} 含量大于 250 mg/L 的地下水,对混凝土具有结晶类腐蚀性作用。

(3)重碳酸根离子(HCO_3^-)。

重碳酸根离子广泛存在于地下水中,但含量不高,一般在 1 g/L 以内,是低矿化水中含量最多的阴离子。在沉积岩地区主要来源于碳酸类岩石如石灰岩、白云岩、泥灰岩的溶解,其化学反应式为

$$Ca(Mg)CO_3 + H_2O + CO_2 \rightarrow 2HCO_3^- + Ca^{2+}(+Mg^{2+})$$

在火成岩和变质岩地区,铝硅酸盐风化溶解也生成 HCO_3^-。

(4)钠离子(Na^+)。

钠离子在地下水中广泛分布。低矿化水中含量为每升数毫克至数十毫克,高矿化水中每升可达数十克,是其中最主要的阳离子成分。在沉积岩地区,钠离子主要来源于岩盐及其他钠盐的溶解;在火成岩和变质岩地区,则来自含钠矿物的风化溶解。

(5)钾离子(K^+)。

钾离子的来源与钠离子相似,但在地下水中的含量比钠离子少得多,仅为它的 4% ~ 10%。这是因为钾离子易被植物吸收,易被栽土吸附或生成不溶于水的次生矿物。

(6)钙离子(Ca^{2+})。

钙离子是低矿化水中最主要的阳离子,其含量每升一般不超过数百毫克。地下水中钙离子来源于碳酸盐类岩石及含石膏沉积物的溶解,以及岩浆岩、变质岩中含钙矿物的风化溶解。

(7)镁离子(Mg^{2+})。

地下水中镁离子的来源与钙离子相近。镁离子在低矿化水中的含量比钙离子少,部分原因是地壳组成中 Mg 元素比 Ca 元素少。

2.2.1.3　其他成分

地下水中以未离解的化合物构成的胶体,主要有 $Fe(OH)_3$、$Al(OH)_3$ 及 H_2SiO_3 等,有时可占到相当比例。

有机质也经常以胶体方式存在于地下水中。有机质的存在,常使地下水酸度增加,并有利于还原作用。地下水中还存在各种微生物,例如在氧化环境中存在硫细菌、铁细菌等,在还原环境中存在脱硫酸细菌等。此外,在污染水中还有各种致病细菌。

2.2.2　化学性质

2.2.2.1　矿化度(M)

地下水中各种离子、分子与化合物的总量称矿化度,以 g/L 或 mg/L 为单位,它表示水的矿化程度。矿化度通常以在 105 ~ 110 ℃下将水蒸干后所得的干涸残余物的质量表示,也可利用阴阳离子和其他化合物含量的总和概略表示,但其中重碳酸根离子含量只取一半计算。《国家饮用水卫生标准》(GB 5749—85)要求矿化度小于 1 g/L。

地下水按矿化度分类见表 1-13。

表 1-13　地下水按矿化度分类

水的类别	矿化度(g/L)	水的类别	矿化度(g/L)
淡水	<1	半咸水(中矿化水)	3 ~ 10
微咸水(低矿化水)	1 ~ 3	咸水(高矿化水)	>10

2.2.2.2 pH 值

地下水的酸碱度指的是氢离子浓度,常以 pH 值表示。pH 值是水的氢离子浓度以 10 为底的负对数值,即 $pH = -lg(H^+)$。地下水多呈弱酸性、中性和弱碱性,pH 值一般为 6.5 ~8.5。在煤系地层和硫化物矿床附近,地下水的 pH 值很小($pH < 4.5$),沼泽附近地下水的 pH 值为 4 ~6。

根据 pH 值,地下水的酸碱度可分为五类,见表 1-14。

表 1-14 地下水按 pH 值分类

水的类别	pH 值	水的类别	pH 值	水的类别	pH 值
强酸性水	<5	中性水	7	强碱性水	>9
弱酸性水	5 ~7	弱碱性水	7 ~9		

2.2.2.3 硬度

地下水的硬度可分为总硬度、暂时硬度和永久硬度。总硬度是指水中所含钙和镁的盐类的总含量。暂时硬度是指当水煮沸时,重碳酸盐分解破坏而析出的 $CaCO_3$ 和 $MgCO_3$ 的含量。而当水煮沸时,仍旧存在于水中的钙盐和镁盐(主要是硫酸镁和氯化物)的含量,称永久硬度。

总硬度为暂时硬度和永久硬度之和,一般用德国度或每升毫克当量来表示。一个德国度相当于在 1 L 水中含有 10 mg 的 CaO 或者 7.2 mg 的 MgO。1 毫克当量硬度等于 2.8 德国度,或等于 20.04 mg/L 的 Ca^{2+} 或 12.16 mg/L 的 Mg^{2+}。

地下水按硬度分类见表 1-15。

表 1-15 地下水按硬度分类

水的类别	德国度	毫克当量	水的类别	德国度	毫克当量
极软水	<4.2	<1.5	硬水	16.8 ~25.2	6 ~9
软水	4.2 ~8.4	1.5 ~3	极硬水	>25.2	>9
微硬水	8.4 ~16.8	3 ~6			

2.2.2.4 侵蚀性

硅酸盐水泥遇水后硬化,生成 $Ca(OH)_2$、水化硅酸钙 $2CaO \cdot SO_2 \cdot 12H_2O$(简称 C_2S)和水化铝酸钙 $2CaO \cdot Al_2O_3 \cdot 6H_2O$(简称 C_3A)等。有的地下水能化学腐蚀这些物质,使混凝土受到破坏。地下水的侵蚀类型有以下几种:

(1)溶出侵蚀。

地下水在流动过程中,特别是有压流动时,把混凝土中的 $Ca(OH)_2$ 和 C_2S、C_3A 中的 CaO 成分不断溶解带走,结果使混凝土强度下降。这种溶解作用不仅和混凝土的密度、厚度有关,还和地下水中 HCO_3^- 的含量关系很大。当水中 HCO_3^- 含量较高时,与 $Ca(OH)_2$ 发生如下反应:

$$Ca(OH)_2 + Ca^{2+} + 2HCO_3^- \rightarrow 2CaCO_3 + 2H_2O$$

生成 $CaCO_3$ 沉淀充填混凝土孔隙形成一层保护膜，能防止 $Ca(OH)_2$ 被溶出。因此，水中 HCO_3^- 含量越高，水的溶出侵蚀性越弱。当 HCO_3^- 含量低于 2 mg/L 或暂时硬度小于 3 度时，地下水具有溶出侵蚀性。

(2)碳酸侵蚀。

几乎所有的水中都含有以分子形式存在的 CO_2，称为游离 CO_2。地下水与混凝土接触时，发生如下化学反应：

$$CaCO_3 + CO_2 + H_2O \rightleftharpoons Ca^{2+} + 2HCO_3^-$$

上述反应是可逆的，反应的方向主要视 CO_2 的含量而定。当水中 CO_2 的含量超过平衡所需的数量时，混凝土中的 $CaCO_3$ 就被溶解。达到平衡浓度时所需的 CO_2 含量称平衡 CO_2。当游离 CO_2 超过平衡浓度所需的 CO_2 含量时，超出的部分称侵蚀性 CO_2。地下水中侵蚀性 CO_2 越多，对混凝土的侵蚀越强烈。水中侵蚀性 CO_2 的存在，是混凝土发生碳酸侵蚀的原因。

(3)硫酸盐侵蚀。

地下水中 SO_4^{2-} 能与混凝土中的 $Ca(OH)_2$ 及 C_3A 作用生成含水硫酸盐（如石膏），体积膨胀，使混凝土破坏，一般把这种现象称为水泥细菌。当水中 SO_4^{2-} 含量高于 3 000 mg/L时，具有硫酸盐侵蚀性。在可能发生硫酸盐侵蚀时，可使用 C_3A 含量极小的抗硫酸水泥，以提高混凝土抗硫酸盐侵蚀的能力。

3 地下水的类型及特征

根据含水情况不同，地面以下的岩土层可分为包气带和饱水带两个带。地面以下稳定地下水面以上为包气带，稳定地下水面以下为饱水带。

根据埋藏条件，可以把地下水划分为包气带水、潜水和承压水三类（见图 1-48）；根据含水层空隙性质不同，可以将地下水划分为孔隙水、裂隙水和岩溶水三类。按这两种分类，可以组合成九种不同类型的地下水，如表 1-16 所示。

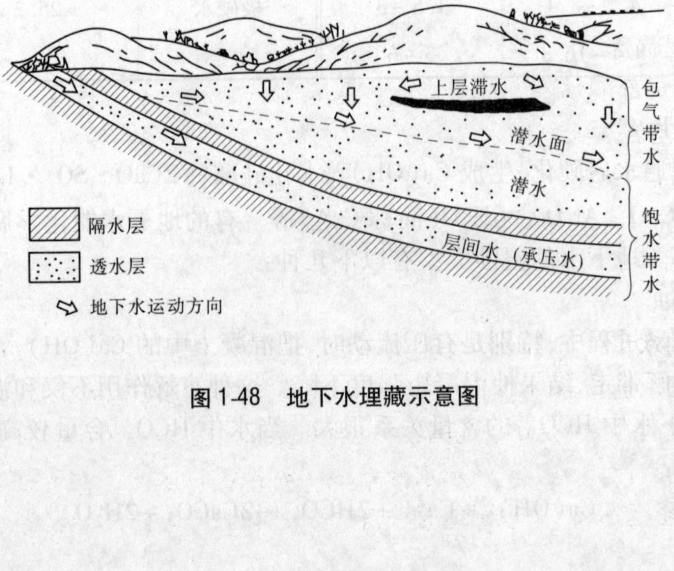

图 1-48 地下水埋藏示意图

表1-16 地下水分类

埋藏条件	含水介质类型		
	孔隙水	裂隙水	岩溶水
包气带水	土壤水 局部黏性土隔水层上季节性存在的重力水(上层滞水) 过路与悬留毛细水及重力水	裂隙岩层浅部季节性存在的重力水及毛细水	裸露岩溶化层上部岩溶通道中季节性存在的重力水
潜水	各类松散沉积物浅部的水	裸露于地表的各类裂隙岩层中的水	裸露于地表的岩溶化岩层中的水
承压水	山间盆地及平原松散沉积物深部的水	组成构造盆地、向斜构造或单斜断块的被掩覆的各类裂隙岩层中的水	组成构造盆地、向斜构造或单斜断块的被掩覆的岩溶化岩层中的水

3.1 地下水按埋藏条件分

3.1.1 包气带水

地表到地下水面之间的岩土空隙中既有空气,又含有地下水,这部分地下水称为包气带水。包气带水存在于包气带中,其中包括土壤水和上层滞水。

3.1.1.1 土壤水

土壤水位于地表以下的土壤层中,主要以结合水和毛细水的形式存在,靠大气降水渗入、水汽凝结及潜水补给。大气降水入渗,必须通过土壤层,这时渗入水的一部分就保持在土壤层里,多余部分的重力水下降补给潜水。土壤水主要排泄途径是蒸发。这种水不能直接被人们利用,它可以是植物生长的水源。

3.1.1.2 上层滞水

上层滞水是局部或暂时储存于包气带中局部隔水层或弱透水层之上的重力水(见图1-48)。这种局部隔水层或弱透水层在松散堆积物地区可能由黏土、亚黏土等组成的透镜体组成,在基岩裂隙介质中可能由局部地段裂隙不发育或裂隙被充填所造成,在岩溶介质中则可能是差异性溶蚀使局部地段岩溶发育较差或存在非可溶岩透镜体。

由于上层滞水的埋藏最接近地表,因而它和气候、水文条件的变化密切相关。上层滞水主要接受大气降水和地表水的补给,而消耗于蒸发和逐渐向下渗透补给潜水,其补给区与分布区一致。

上层滞水的水量一方面取决于补给来源,即气象、水文因素,另一方面取决于下伏隔水层的分布范围。通常其分布范围较小,因而不能保持常年有水,水量随季节性变化较大。但当气候湿润,隔水层分布范围较大、埋藏较深时,也可赋存相当水量。因此,在缺水地区可以利用它来作小型生活用水水源地或暂时性供水水源。由于距地表近,补给水入渗途径短,所以易受污染,作水源地时,应注意水质问题。另外,上层滞水危害工程建设,常突然涌入基坑危害施工安全，应考虑排水的措施。

3.1.2 潜水

3.1.2.1 潜水的特征

潜水主要是埋藏在地表以下第一个连续稳定的隔水层（不透水层）以上、具有自由水面的重力水（见图1-49）。一般存在于第四纪系散堆积物的孔隙中（孔隙潜水）及出露于地表的基岩裂隙和溶洞中（裂隙潜水和岩溶潜水）。

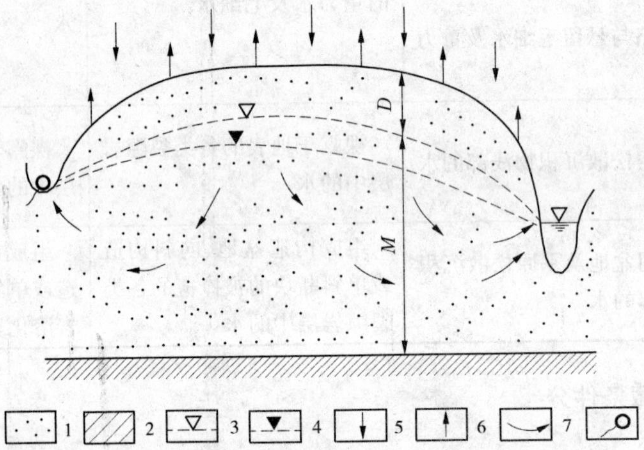

1—含水层；2—隔水层；3—高水位期潜水面；4—低水位期潜水面；
5—大气降水入渗；6—蒸发；7—潜水流向；8—泉

图1-49 潜水

潜水的自由水面称为潜水面。潜水面上每一点的绝对（或相对）高程称为潜水位。潜水面至地面的距离称为潜水的埋藏深度。由潜水面往下到隔水层顶板之间充满了重力水的岩层，称为潜水含水层，其间距离则为含水层厚度。

潜水的这种埋藏条件决定了潜水具有以下特征：

(1)由于潜水含水层上面不存在完整的隔水或弱透水顶板，与包气带直接连通，因而在潜水的全部分布范围都可以通过包气带接受大气降水、地表水的补给。潜水在重力作用下由水位高的地方向水位低的地方径流。潜水的排泄，除流入其他含水层外，泄入大气圈与地表水圈的方式有两类：一类是径流到地形低洼处，以泉、泄流等形式向地表或地表水体排泄，这便是径流排泄；另一类是通过土面蒸发或植物蒸腾的形式进入大气，这便是蒸发排泄。

(2)潜水与大气圈及地表水圈联系密切，气象、水文因素的变动，对它影响显著。丰水季节或年份，潜水接受的补给量大于排泄量，潜水面上升，含水层厚度增大，埋藏深度变小。干旱季节排泄量大于补给量，潜水面下降，含水层厚度变小，埋藏深度变大。潜水的动态有明显的季节变化特点。

(3)潜水积极参与水循环，资源易于补充恢复，但受气候影响，且含水层厚度一般比较有限，其资源通常缺乏多年调节性。

(4)潜水的水质主要取决于气候、地形及岩性条件。

(5)潜水的排泄(含水层失去水量)主要有两种方式:一是以泉的形式出露于地表或直接流入江河湖海中,这是潜水的一种主要排泄方式,称为水平方向的排泄;另一种是消耗于蒸发,称为垂直方向的排泄。湿润气候及地形切割强烈的地区,有利于潜水的径流排泄,往往形成含盐量不高的淡水。干旱气候下由细颗粒组成的盆地平原,以潜水的蒸发排泄为主,常形成含盐高的咸水,潜水容易受到污染,对潜水水源应注意卫生防护。

3.1.2.2　潜水等水位线图

潜水面反映了潜水与地形、岩性和气象水文之间的关系,表现出潜水埋藏、运动和变化的基本特点。为能清晰地表示潜水面的形态,通常采用两种图示方法,并配合使用。一种是以剖面图表示,即在具有代表性的剖面线上,绘制水文地质剖面,其中既表示出水位,也表示出含水层的厚度、岩性及其变化。也就是在地质剖面图上画出潜水面剖面线的位置,即成水文地质剖面图。另一种是以平面图表示,即用潜水面的等高线图(见图1-50)来表示水位标高(标于地形图上),画出一系列水位相等的线。潜水面上各点的水位资料是在大致相同的时间,通过测定泉、井和按需要布置的钻孔、试坑等的潜水面标高来获得的。由于潜水位随季节发生变化,所以等水位线图上应该注明测定水位的时期。通过不同时期等水位图对比,有助于了解潜水的动态,一般在一个地区应绘制潜水最高水位和最低水位时期的两张等水位线图。

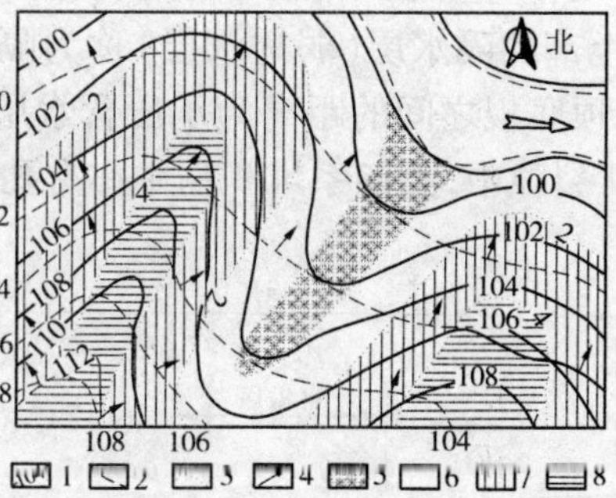

1—地形等高线;2—等水位线;3—等埋深线;4—潜水流向;5—埋深为0区(沼泽区);

6—埋深为0~2 m区;7—埋深为2~4 m区;8—埋深大于4 m区

图1-50　潜水等水位线图

根据潜水等水位线图,可以解决下列问题:

(1)潜水的流向。潜水是沿着潜水面坡度最大的方向流动的。因此,垂直于潜水等水位线从高水位指向低水位的方向,就是潜水的流向。

(2)潜水面的坡度(潜水水力坡度)。确定了潜水流向之后,在流向上任取两点的水位高差,除以两点的实际距离,即得潜水面的坡度。

(3)潜水的埋藏深度。将地形等高线和潜水等高线绘制于同一张图上,则地形等高线与等水位线相交之点,二者高程之差即为该点的潜水埋藏深度。若所求地点的位置不在等水位线与地形等高线的交点处,则可用内插法求出该点地面与潜水面的高程,潜水的埋藏深度即可求得。

(4)潜水与地表水之间的相互关系。在邻近地表水的地段编制潜水等水位线图,并测定地表水的水位标高,便可以确定潜水与地表水的相互补给关系。图1-51中,(a)为潜水补给河水,(b)为河水补给潜水,(c)右岸潜水补给河水,左岸河水补给潜水。

(5)利用等水位线图合理地布设取水井和排水沟。为了最大限度地使潜水流入水井和排水沟,一般应沿等水位线布设水井和排水沟。

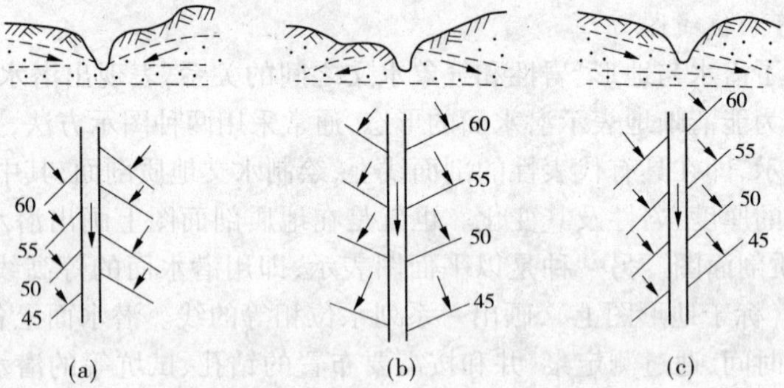

图1-51 潜水与地表水(河水)的关系

3.1.3 承压水

3.1.3.1 承压水的概念与特征

充满于两个隔水层(弱透水层)之间的含水层中承受水压力的地下水,称为承压水(见图1-52)。承压含水层上部的隔水层(弱透水层)称为隔水顶板,下部的隔水层(弱透水层)称为隔水底板。隔水顶底板之间的距离为承压含水层厚度。承压水多埋藏在第四系以前岩层的孔隙中或层状裂隙中,第四系堆积物中亦有孔隙承压水存在。

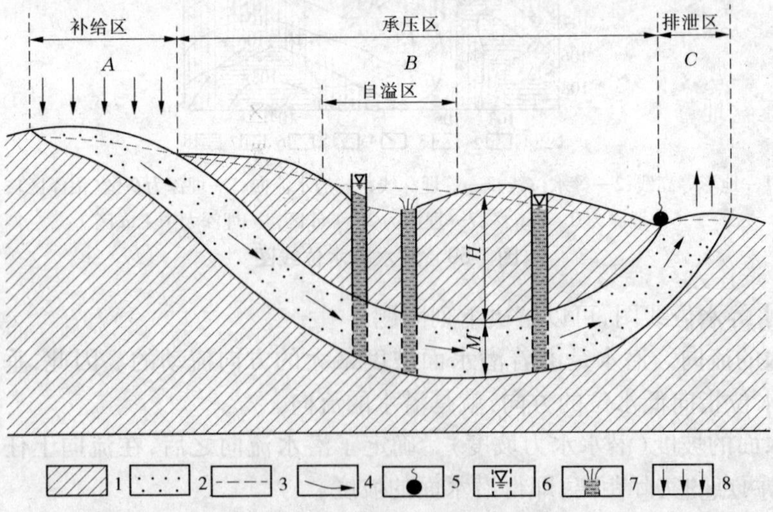

1—隔水层;2—含水层;3—潜水位及承压水测压水位;4—地下水流向;5—泉;6—钻孔;7—自喷井;8—大气降水补给;H—承压高度;M—含水层厚度

图1-52 承压剖面示意图

承压性是承压水的一个重要特征。图1-52表示一个基岩向斜盆地。含水层中心部分埋没于隔水层之下,是承压区;两端出露于地表,为非承压区。含水层从出露位置较高的补给区获得补给,向另一侧出露位置较低的排泄区排泄。由于来自出露区地下水的静水压力作用,承压区含水层不但充满水,而且含水层顶面的水承受大气压强以外的附加压强。当钻孔揭穿隔水顶板时,钻孔中的水位将上升到含水层顶部以上一定高度才静止下来。钻孔中静止水位到含水层顶面之间的距离称为承压高度,这就是作用于隔水顶板的以水柱高度表示的附加压强。井中静止水位的高程就是承压水在该点的测压水位。测压水位高于地表的范围是承压水的自溢区,在这里井孔能够自喷出水。

从图1-52可看出,承压水的埋藏条件是:上下均为隔水层,中间是含水层;水必须充满整个含水层;含水层露出地表吸收降水的补给部分,要比其承压区和泄水区的位置高。具备上述条件,地下水即承受静水压力。如果水不充满整个含水层,则称为层间无压水。

上述承压水的埋藏条件决定了它的下述特征:

(1)承压水的分布区和补给区是不一致的。

(2)地下水面承受静水压力,非自由水面。

(3)承压水的水位、水量、水质及水温等受气象水文因素季节变化的影响不显著。

(4)任一点的承压含水层的厚度稳定不变,不受降水季节变化的支配。

3.1.3.2 承压水的埋藏类型

综上所述可以看出,承压水的形成主要取决于地质构造。不同的地质构造决定了承压水埋藏类型的不同。这是承压水与潜水形成的主要区别。

在适当的地质构造条件下,无论孔隙水、裂隙水还是岩溶水,均能构成承压水。构成承压水的地质构造大体可以分为两类:一类是盆地或向斜构造,另一类是单斜构造。这两类地质构造在不同的地质发展过程中,常被一系列的褶皱或断裂所复杂化。埋藏有承压水的向斜构造和构造盆地,称为承压(或自流)盆地;埋藏有承压水的单斜构造,称为承压(或自流)斜地。

(1)承压盆地。

每个承压盆地都可以分成三个部分:补给区、承压区和排泄区(见图1-52)。盆地周围含水层出露地表,露出位置较高者为补给区(*A*),位置较低者为排泄区(*C*),补给区与排泄区之间为承压区(*B*)。在钻井时打穿上部隔水层,水即涌入井中,此高程(上部隔水层底板高程)的水位叫作初见水位。当水上涌至含水层顶板以上某一高度稳定不变时,称静止水位(承压水位);上部隔水层底板到下部隔水层顶板间的垂直距离,称为含水层厚度(*M*)。承压水含水层厚度是长期稳定的,而补给区含水层厚度则受水文气象因素影响而发生变化。

当有数个含水层存在时,各个含水层都有各自的承压水位。储水构造和地形一致的情况下称为正地形,此时,其下层的承压水位高于上层的承压水位。储水构造和地形不一致的情况下为负地形,其下层的承压水位低于上层的承压水位。这一点有助于初步判断各含水层发生水力联系的补给情况。如果用钻孔或井将两个承压含水层贯通,那么,在负地形的情况下,可以由上面的含水层流到下面的含水层;在正地形的情况下,下面含水层中的水可以流入上面的含水层。

(2)承压斜地。

由含水岩层和隔水岩层所组成的单斜构造,由于含水岩层岩性发生相变或尖灭,或者含水层被断层所切,均可形成承压斜地,如图1-53所示。

图1-53(a)所示的承压斜地内,补给区、承压区和排泄区各在一处,类似承压盆地;图1-53(b)所示的承压斜地内,补给区和排泄区是相邻近的,而承压区位于另一端,在含水层出露的地势低处有泉出现。此时,水自补给区流到排泄区并非必须经过承压区,这与上述的介绍显然有所不同。

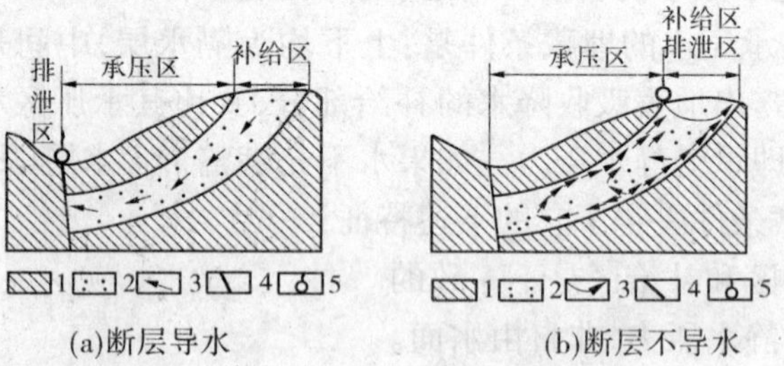

1—隔水层;2—含水层;3—地下水流向;4—断层;5—泉

图1-53　承压斜地示意图

济南承压水是自流斜地的典型实例。济南南部地区由寒武系、奥陶系石灰岩组成,总厚度为1 400 m,石灰岩上部岩溶发育,含有丰富的地下水,山区石灰岩出露处接受大气降雨补给,在济南附近,石灰岩受到后期入侵的闪长岩、辉长岩入侵体的阻挡,其透水性差,含水层逐渐尖灭,石灰岩上部除在北部局部地区有岩浆岩侵入体外,还有透水性较差的第四系山前洪积物覆盖,起着隔水顶板的作用,构成了岩溶岩自流斜地。济南泉水是奥陶系灰岩自流斜地的主要排泄方式之一。

3.1.3.3　等水压线图

等水压线图就是承压水含水层的承压水面的等高线图(见图1-54)。承压水面又称测压水面,不是实际存在的面,但它的特征可以反映承压水含水层岩性和构造的变化,以及承压水运动和变化的若干特点。

绘制等水压线图时,必须有一定数量的同一承压含水层的稳定水位、初见水位(或含水层顶板高程)等资料,这些资料是通过钻孔和井、泉(上升泉)等获得的。将各项资料一律换算成绝对标高,标在一定比例尺的地形图上,即可绘成等水压线图。其绘制方法与绘制等水位线图的方法相似。

根据等水压线图,可以分析出下列一些内容:

(1)确定地下水的流向。地下水的流向垂直于等水压线,常用箭头表示,箭头指向标高较低的等水压线。

(2)确定承压水面的水力坡度。在流向方向上,任意两点的承压水位差除以该两点间的水平距离,所得之商即为该两点间的平均水力坡度。

(3)确定承压水位距地表的深度。由地面标高减去承压水位标高即得。但此深度与潜水的埋藏深度有显著的区别,因潜水在其埋藏深度上实际存在,而承压水必须打穿其上部隔水层以后,水才可能上升到承压水位的高度上来。据此,可以选择开采承压水的地段。

(4)确定含水层的埋藏深度,即地面标高与含水层顶板标高之差。因此,等水压线图

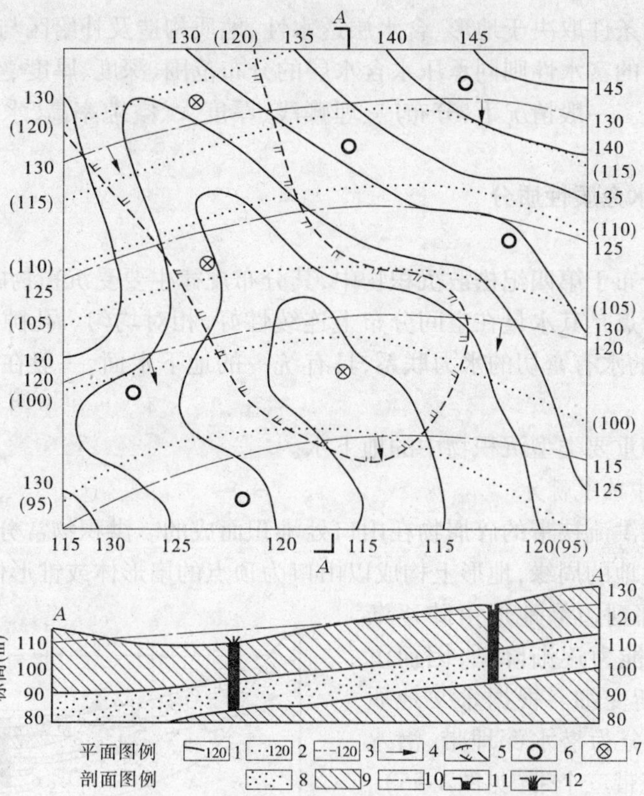

1—地形等高线；2—含水层顶板等高线；3—等测压水位线；

4—地下水流向；5—承压水自溢区；6—钻孔；

7—自喷钻孔；8—含水层；9—隔水层；

10—测压水位线；11—承压不自流井；12—自流井

图1-54　等水压线图

上必须有含水层顶板等高线。了解承压水的埋深情况有助于选择地下工程的位置及采取防护措施。

(5)确定水头的大小。承压水位标高与含水层顶板标高之差，即为承压水的水头。根据承压水水头，可以预测开挖基坑和硐室时水的压力，为防止发生冲溃事故、采取预防措施提供依据。

(6)分析含水层透水性和厚度的变化。根据等水压线的疏密分布情况即可分析，其方法与分析等水位线的方法相同。

3.1.3.4　承压水的补给、径流和排泄

承压水的补给区直接和大气相通，接受降水和地表水的补给(存在地表水时)。补给的强弱取决于包气带的透水性、降水特征、地表水流量及补给区的范围等。上下含水层之间也可以相互补给。

承压水的排泄有如下几种方式：当承压含水层排泄区裸露于地表时，以泉的形式排泄并可以补给地表水；当承压水位高于潜水时，承压水排泄于潜水，成为潜水的补给源。也

可以在正地形或负地形条件下,形成向上或向下的排泄。

承压水的径流条件取决于地形、含水层透水性、地质构造及补给区与排泄区的承压水位差。承压含水层的富水性则同承压水含水层的分布范围、深度、厚度、空隙率、补给来源的等因素密切相关。一般情况下,分布广、埋藏浅、厚度大、空隙率高,水量就较丰富且稳定。

3.2　地下水按含水介质性质分

3.2.1　孔隙水

孔隙水广泛分布于第四纪松散沉积物中,其分布规律主要受沉积物的成因类型控制。孔隙水最主要的特点是其水量在空间分布上连续性好,相对均匀。孔隙水一般呈层状分布,同一含水层中的水有密切的水力联系,具有统一的地下水面,一般在天然条件下呈层流运动。

下面介绍几种重要类型沉积物中的地下水。

3.2.1.1　洪积物中的孔隙水

洪积物是山区洪流挟带的碎屑物在山口处堆积而成的。洪积物常分布于山谷与平原交接部位或山间盆地的周缘,地形上构成以山口为顶点的扇形体或锥形体,故称洪积扇。

从洪积扇顶部到边缘地形由陡逐渐变缓,洪水的搬运能力逐渐降低,因而沉积物颗粒由粗逐渐变细。根据水文地质条件,可把洪积扇分为潜水深埋带、潜水溢出带和潜水下沉带三个带(见图1-55)。

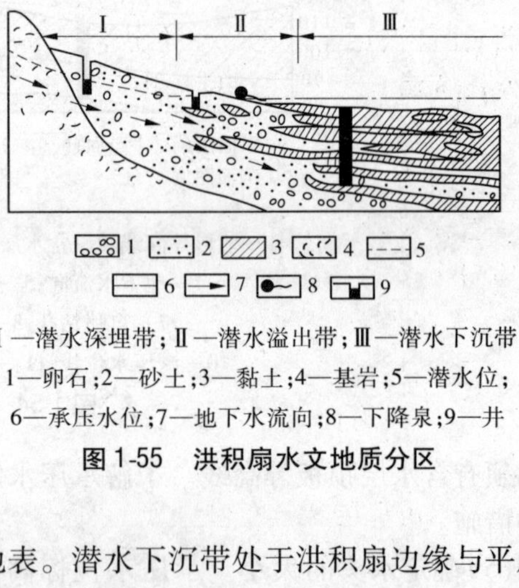

Ⅰ—潜水深埋带;Ⅱ—潜水溢出带;Ⅲ—潜水下沉带;
1—卵石;2—砂土;3—黏土;4—基岩;5—潜水位;
6—承压水位;7—地下水流向;8—下降泉;9—井

图1-55　洪积扇水文地质分区

潜水深埋带位于洪积扇的顶部,地形较陡,沉积物颗粒粗,多为卵石、粗砂,径流条件好,地下水埋藏深,水量丰富,水质好,是良好的供水水源。潜水溢出带位于洪积扇中部,地形变缓,沉积物颗粒逐渐变细,由砂砾变为粉砂、粉土,径流条件逐渐变差。此带上部为潜水,下部为承压水,潜水埋深变浅,常以泉或沼泽的形式送出地表。潜水下沉带处于洪积扇边缘与平原的交接处,地形平缓,沉积物为粉土、粉质黏土与黏土,潜水埋藏变深,径流条件较差,水矿化度高,水质也变差。

3.2.1.2　冲积物中的孔隙水

河流上游山间盆地常形成砂砾石河漫滩,厚度不大,由河水补给,水量丰富水质好,可作供水水源。河流中游河谷变宽,形成宽阔的河漫滩和阶地。河漫滩常沉积有上细(粉细砂、黏性土)下粗(砂砾)的二元结构。有时上层构成隔水层,下层为承压含水层。河漫滩和低阶地的含水层常由河水补给,水量丰富,水质好,是很好的供水水源。我国许多沿江城市多处于阶地、河漫滩之上,地下水埋藏浅,不利于工程建设。

河流下游为下沉积区,常形成滨海平原,松散沉积物很厚,常在100 m以上。滨海平原上部为潜水,埋藏很浅,不利于工程建设。滨海平原下部常为砂砾石与黏土互层,存在多层承压水,其中第二、第三承压含水层,由于埋深浅容易获得补给,水量丰富,水质好,是很好的开采层。

3.2.1.3 黄土中的孔隙水

黄土分布地区特定的地质和地理条件,加之黄土结构疏松,无连续隔水层,总的来说比较缺水。黄土塬宽阔平坦,补给面积较大,有相对隔水层蓄积潜水,地下水较丰富,而黄土梁、峁地形不利于地下水的富集。

3.2.2 裂隙水

埋藏于基岩裂隙中的地下水称为裂隙水。裂隙的密集程度、张开程度、连通情况和充填情况等直接影响裂隙水的分布、运动和富集。由于岩石中裂隙大小悬殊,分布不均匀,所以裂隙水的埋藏、分布和水动力性质都不均匀。在某些方向上裂隙的张开程度和连通性较好,那么这些方向上的裂隙导水性强,水力联系好,常成为裂隙水径流的主要通道。在另一些方向上裂隙闭合,导水性差,水力联系也差,径流不畅。所以,裂隙岩石的导水性呈现明显的各向异性。裂隙水的不均匀性是其同孔隙水的主要区别。

裂隙水根据裂隙成因不同,可分为风化裂隙水、成岩裂隙水与构造裂隙水。

3.2.2.1 风化裂隙水

一般分布于暴露基岩的风化带中,风化带厚度一般为20~30 m。在潮湿地区上部强风化带,由于被化学风化产生的次生矿物充填,其富水性反而比下部中等风化带差。风化裂隙水多为潜水,水质好,但水量不丰富,可作小型供水水源。地形低洼处,当风化带被不透水的土层覆盖时,常形成承压裂隙水,有时承压水头还比较高,对工程建设有危害。

3.2.2.2 成岩裂隙水

岩石在成岩过程中,由于冷凝、固结、脱水等作用而产生的原生裂隙,一般见于岩浆岩和变质岩中。成岩裂隙发育均匀,呈层状分布,多形成潜水。当成岩裂隙岩层上覆不透水层时,可形成承压水。如玄武岩成岩裂隙常以柱状节理形式发育,裂隙宽,连通性好,是地下水赋存的良好空间,水量丰富,水质好,是很好的供水水源。

3.2.2.3 构造裂隙水

岩石构造裂隙是在构造应力作用下产生的裂隙,存在于其中的地下水为构造裂隙水。构造裂隙水可呈层状分布,也可呈脉状分布,可形成潜水,也可形成承压水。断层带是构造应力集中释放造成的断裂。大断层常延伸数十千米至数百千米,断层带宽数百米。发育于脆性岩层中的张性断层,中心部分多为疏松的构造角砾岩,两侧张裂隙发育,具有良好的导水能力。当这样的断层沟通含水层或地表水体时,断层带兼具贮水空间、集水廊道与导水通道的能力,对地下工程建设危害较大,必须给予高度重视。

3.2.3 岩溶水

赋存并运移于岩溶化岩层(石灰岩、白云岩)中的水称岩溶水(喀斯特水),它可以是潜水,也可以是承压水。岩溶水的补给是大气降水和地面水,其运动特征是层流和紊流、有压流与无压流、明流与暗流、网状流与管道流并存。岩溶常沿可溶岩层的构造裂隙带发育,通过水的溶蚀,常形成管道化岩溶系统,并把大范围的地下水汇集成一个完整的地下河系。因此,岩溶水在某种程度上带有地表水系的特征——空间分布极不均匀,动态变化强烈,流动迅速,排泄集中。

岩溶水水量丰富,水质好,可作大型供水水源。岩溶水分布地区易发生地面塌陷,给工程建设带来很大危害,应予注意。

3.3 泉

3.3.1 泉的意义及一般特征

泉是地下水出露于地面的天然露头。有相当大一部分的地下水是以泉的形式排泄的,所以泉是地下水的一种重要排泄方式。它是反映岩石富水性和地下水的分布、类型、水质、补给、径流、排泄条件和变化的一项重要标志,是可以直接用于工农业和生活供水的重要水源。因此,泉是了解和研究地下水的重要依据之一。

泉是在一定的地形、地质和水文地质条件的结合下出现的。在山区、丘陵区的沟谷中和山坡脚,泉的分布最为普遍。在平原地区则很难找到泉。

我国有很多著名的大泉,如山东济南是著名的"泉城",云南洱源县有"泉县"之称,泉水都很丰富,同时供应城市的用水。我国有不少的泉其流量超过1 m^3/s,甚至达数十立方米每秒。

3.3.2 泉的类型

泉的类型很多,尚无统一的分类。根据泉的补给、出露等条件,对泉进行如下的分类。

3.3.2.1 根据水头性质分类

(1)上升泉。由承压水补给,在出露口附近,水是自下而上运动的。

(2)下降泉。由潜水及上层滞水补给,在出露口附近,水是自上而下运动的。

但是只根据在泉出口处的水流上升或下降来判断补给泉的含水层性质,往往比较困难。例如有些由自下而上运动水流补给的泉,由于排水畅通,在泉的出口处往往表现出下降性质。因此,在分析上升泉和下降泉时,不仅要注意出口处水流性质,而且要对泉的其他特征进行全面分析。

3.3.2.2 根据泉水补给来源分类

(1)上层滞水泉。上层滞水泉受上层滞水补给。泉的涌量、化学成分及水温度变化很大,有时这种泉完全消失。

(2)潜水泉。泉水受潜水补给(见图1-56)。水量比较稳定,但涌水量、水温和化学成分仍有明显的季节变化。依据出露条件可分为三类:

①侵蚀泉。当河流、冲沟切割到潜水含水层时,潜水即出露成泉,这种泉与侵蚀作用有关,因此称为侵蚀下降泉。当切穿承压含水层的隔水顶板时,承压水便喷涌成泉,称为侵蚀上升泉。

②接触泉。岩石透水性变弱或被阻水断层所隔,潜水因流动受阻而涌溢于地表成泉,此类泉称为溢出泉或回水泉。溢出泉的共同特点是:在出露口附近水的运动表现为上升运动,如果不仔细分析地质条件,很容易将它误认为是上升泉。

③溢出泉。承压含水层被断层切割,当断层导水时,地下水便沿断层上升,在地面标高低于承压水位处时出现泉。这种泉常沿断层分布,因此称为断层泉。

(3)自流泉。自流泉受自流水补给(见图1-57),其特点是水的动态最稳定。自流泉又可分为自流盆地泉和自流斜地泉。自流泉可以沿断层上升,也可以沿较深的构造裂隙出露。

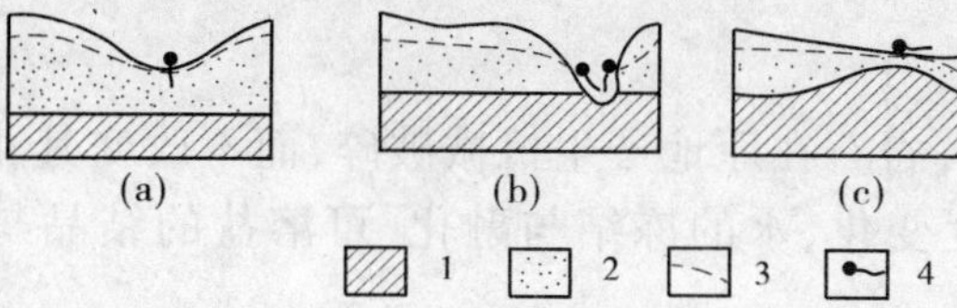

1—隔水层;2—含水层;3—地下水位;4—泉

图 1-56　潜水泉的形成条件示意图

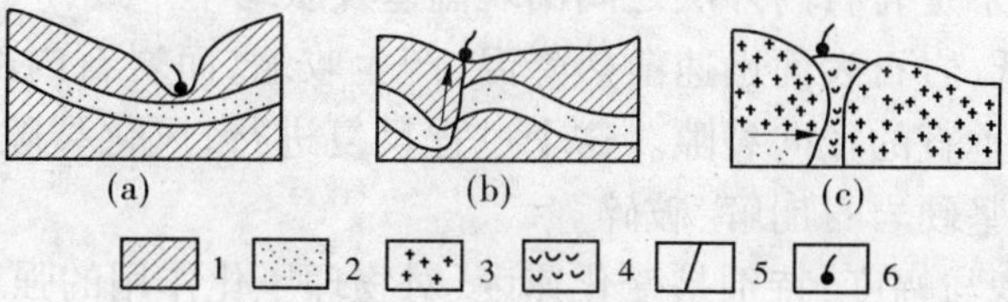

1—隔水层;2—含水层;3—基岩;4—岩脉;5—导水断裂;6—泉

图 1-57　自流泉的形成条件示意图

3.3.2.3　按泉水的温度分类

(1)冷泉。泉水温度大致相当或略低于当地年平均气温的泉称为冷泉,这种泉大多由潜水补给。

(2)温泉。泉水温度高于当地年平均气温的泉称为温泉,例如陕西临潼华清池温泉水温 50 ℃。形成温泉必须具备三个条件:一是地下有热源存在,二是岩层中具有裂隙让温泉涌出,三是地层中有储存热水的空间。

任务4　自然地质作用

在工程地质学中,对建筑物的稳定、安全及人类生活环境有影响的自然地质现象,称为自然地质作用。自然地质作用的类型很多,本任务的重点是认识风化作用,流水的地质作用,喀斯特作用,崩塌、滑坡、泥石流等地质作用;了解它们发生、发展的规律,预测它们对建筑物可能产生的危害。

1　风化作用

地表或接近地表的岩石,在大气、水和生物活动等因素的影响下,使岩石的结构、构造、化学成分发生改变,所发生的一系列崩解和分解作用,称为风化作用。风化作用是最普遍的一种地质作用。风化作用在地表最明显,随着深度的增加,其影响逐渐减小甚至消失。

风化作用使完整的岩石破坏,改变了岩石的成分、结构、构造,使岩石的强度和物理性质大为降低,给工程建设带来不利影响。另外,许多不良地质现象,如滑坡、崩塌、泥石流,基本上是在风化作用的基础上逐渐形成和发展起来的。

1.1　风化作用的类型

风化作用按作用因素与作用性质不同,分为物理风化、化学风化和生物风化三种类型。

1.1.1 物理风化

物理风化是指在外力作用下，岩石在原地产生机械破碎，而不改变其化学成分的过程。产生物理风化的原因有温度变化、水的冻结与融化、可溶盐的结晶与潮解和岩石释重。

1.1.1.1 温度变化

地球表面的昼夜与四季都有明显的温度变化。白天温度上升，岩石表面升温而膨胀，内部温度仍然较低，于是岩石内外层之间出现温差及胀缩不一致，产生与表面平行的风化裂隙。晚上温度降低，岩石表面迅速散热降温，产生收缩，而岩石内部仍在缓慢地升温膨胀，于是形成与表面垂直的径向裂隙。这个过程反复进行，风化裂隙日益扩大增多，使岩石表面成层状剥落，坚硬岩石崩解、破碎。

温度变化的速度与幅度，特别是变化速度，对物理风化作用的强度有重要影响。温度变化愈大，收缩与膨胀交替愈快，岩石风化愈剧烈。

1.1.1.2 水的冻结与融化

在一些高寒地区，进入岩石裂隙中的水，当温度降低到 0 ℃以下时，液态的水就变成固态的冰，体积膨胀。由于体积的增大，对岩石的裂隙可产生很大的压力，使岩石的裂隙加宽、加深，扩大了原有的裂隙。当温度升高至冰点时，冰又融化为水，体积减小，扩大的裂隙又有水进入。久而久之，就会使岩石逐渐崩解成碎块。

1.1.1.3 可溶盐的结晶与潮解

在干旱、半干旱地区，广泛分布着各种可溶盐类。有些盐类具有很大的吸湿性，能从空气中吸收大量的水分而潮解，最后成为溶液。温度升高，水分蒸发，盐分又结晶析出，体积显著增大。可溶性盐结晶时的撑裂作用，使岩石的裂隙逐渐扩大，导致岩石松散破坏。

1.1.1.4 岩石释重

在岩石地基、隧洞开挖过程中，由于施工开挖，破坏了原有的应力状态，岩层顶面遭受剥蚀卸荷，岩石释重，随之产生向上或向外的膨胀作用，形成裂隙。应力释放而产生的风化作用是十分巨大的，在矿山开挖施工时，可见工作面上的岩石炸裂飞出。在基坑周围可见平行于开挖面方向分布的裂隙都是岩石释重产生的。岩石释重所形成的裂隙为水和空气的活动提供了通路，使得风化作用更加剧烈。

物理风化的结果是产生许多岩石碎屑，大大增加了岩石与空气的接触面积，为化学风化、生物化学风化创造了条件。由于温度变化是物理风化的主要因素，所以干旱地区、高寒地区、缺少植被地区，物理风化特别盛行。

1.1.2 化学风化

在外界条件的影响下，岩石与水溶液和气体发生化学反应，改变了岩石的化学成分，形成新矿物的作用，称为化学风化作用。化学风化作用有溶解作用、氧化作用、水化作用、水解作用和碳酸化作用。

1.1.2.1 溶解作用

水在自然界的分布十分广泛，在化学风化中占有重要位置。水溶解岩石中矿物的作用称为溶解作用。溶解作用的结果，使岩石中的易溶物质被逐渐溶解而随水流失，难溶物质则残留于原地。岩石由于溶解作用，削弱了颗粒间的结合力，从而降低岩石的强度，使岩石遭受破坏。自然界最易溶解的是卤化盐类（岩盐、钾盐等），其次是硫酸盐（石膏、硬石膏），再次为碳酸盐类（石灰岩、白云岩、大理岩等）。岩石在水中的溶解作用一般比较缓慢，但在 CO_2、NO_2 和有机酸的作用下，水的溶解能力大大增加。在石灰岩地区，由于水对岩石的溶解作用，常形成溶洞、溶穴、石林等喀斯特地貌。

1.1.2.2 氧化作用

氧化作用是地表的一种普遍的自然现象，是化学风化作用的主要方式之一。

自然界的有机化合物、低价氧化物和硫化物最易遭受氧化作用，尤其低价铁最易氧化成高价铁，从而使结晶格架破坏，例如：

$$\underset{\text{黄铁矿}}{4FeS_2} + 14H_2O + 15O_2 \rightarrow \underset{\text{褐铁矿}}{2(Fe_2O_3 \cdot 3H_2O)} + 8H_2SO_4$$

黄铁矿经氧化形成褐铁矿，颜色由铜黄色变为褐黄色，硬度、比重都变小。同时产生的硫酸对岩石腐蚀性极强，可使建筑材料中混凝土、钢筋产生锈蚀，在工程中应予重视。

1.1.2.3 水化作用

水化作用是指无水矿物与水结合，成为含水矿物，例如：

$$\underset{\text{硬石膏}}{CaSO_4} + 2H_2O \rightarrow \underset{\text{石膏}}{CaSO_4 \cdot 2H_2O}$$

水化作用的结果是产生了含水矿物。含水矿物的硬度一般低于无水矿物，同时在水化过程中结合了一定数量的水分子进入物质中，引起体积增加，对岩石产生破坏作用。

1.1.2.4 水解作用

某些矿物溶解于水后，出现离解现象，其离解产物与水中的 H^+、OH^- 发生化学反应，形成新的矿物，这种作用称为水解作用，例如：

$$\underset{\text{正长石}}{4K(AlSi_3O_8)} + 6H_2O \rightarrow 4KOH + 8SiO_2 + \underset{\text{高岭石}}{Al_4(Si_4O_{10})(OH)_8}$$

正长石经水解作用后，形成的 K^+ 与水中的 OH^- 结合，形成 KOH 随水流走，析出一部分 SiO_2 呈胶体溶液随水流失，其余部分可形成难溶于水的高岭石残留在原地。如在炎热、潮湿的气候下，高岭石将进一步分解，形成铝土矿（$Al_2O_3 \cdot H_2O$）。

1.1.2.5 碳酸化作用

溶解在水中的 CO_2 成为 H_2CO_3，可以分解岩石，称为碳酸化作用。碳酸盐类岩石，如石灰岩、白云岩等，在碳酸化作用能够将比较难溶于水的碳酸盐转为易溶解的重碳酸盐，因而加强了水对岩石的溶解作用，例如：

$$\underset{\text{碳酸钙}}{CaCO_3} + H_2O + CO_2 \rightleftharpoons \underset{\text{重碳酸钙}}{Ca(HCO_3)_2}$$

以上化学反应为可逆的，当存在充足的 CO_2 时，反应可以一直向右进行；当水溶液蒸发干燥达到饱和时，可脱水并释放出 CO_2，再变成 $CaCO_3$ 沉淀，反应向左进行。这种反应在石灰岩地区非常普遍，如石灰岩溶洞内的钟乳石就是向左反应的结果。

1.1.3 生物风化

岩石在动植物及微生物影响下发生的破坏作用，称为生物风化作用。生物风化作用包括生物物理风化作用和生物化学风化作用。

1.1.3.1 生物物理风化作用

生物物理风化作用是生物的活动对岩石产生机械的破坏作用。例如,植物根系在岩石裂隙中生长,不断地撑裂岩石,从而引起岩石的崩解破碎。穴居动物的挖掘,也可以使岩石崩解。人类的各种建设活动,如开挖隧洞、修路、开矿、农业耕作等,也可以看成一种最剧烈的生物物理风化作用。

1.1.3.2 生物化学风化作用

生物化学风化作用是通过生物的新陈代谢和生物死亡后的遗体腐烂分解来进行的。例如,植物和细菌在新陈代谢过程中,通过分泌有机酸、碳酸、硝酸等溶液腐蚀岩石。动植物死后遗体腐烂,一方面可供给植物生长的钾盐、磷盐和各种碳水化合物;另一方面因含有机酸,对岩石和矿物也有腐蚀作用。

在自然界中,上述三种风化作用是彼此存在、相互影响的。在不同的地区,它们作用的强弱有主次之分,例如在干旱和高山地区,以物理风化为主,而在湿热多雨地区,则以化学风化和生物化学风化作用为主。

1.2 影响岩石风化的因素

岩石一经暴露地表,都会遭受不同程度的风化,但各种岩石性质不同及所处的环境条件不同,其风化程度是不相同的。影响岩石风化的因素很多,主要有岩性、气候、地形与植被等。

1.2.1 岩性

岩石性质是影响风化的重要因素,外界条件相同,岩性是造成风化程度差异的主要原因。岩性包括矿物成分、结构、构造、节理裂隙等方面。

1.2.1.1 矿物成分

各种造岩矿物对风化作用的抵抗能力是不相同的,主要取决于矿物的晶格稳定性,有些矿物的晶格很容易被破坏,有些则十分稳定,抗风化作用能力很强。一般情况下,矿物在风化中的稳定性由大到小的顺序是:氧化物 > 硅酸盐 > 碳酸盐和硫化物。当岩石中不稳定矿物含量较多时,其抗风化能力较弱;相反,当岩石中含稳定和极稳定矿物较多时,其抗风化能力较强。一般认为岩浆岩抗风化能力由大到小的顺序为:酸性岩(花岗岩) > 中性岩(闪长岩、安山岩) > 基性岩(玄武岩) > 超基性岩(橄榄岩);变质岩抗风化能力由大到小的顺序为:浅变质岩 > 中等变质岩 > 深变质岩;沉积岩中的页岩、泥岩的抗风化能力最差。

1.2.1.2 结构及构造

岩石的结构和构造是影响岩石风化的另一因素。岩石中矿物颗粒的粗细、均匀程度、胶结方式和胶结物的成分都影响着风化速度。

等粒结构岩石的胀缩性较均一,因而比斑状结构岩石抗风化能力强;块状构造的岩石,抗风化能力较强,而气孔状、杏仁状构造的岩石,与水分、空气接触面积大,容易进行风化;具有片理构造的片麻岩、片岩、板岩、千枚岩、页岩,水分和空气容易侵入片理裂隙中而加速其风化。

1.2.1.3 节理

岩石的风化与地质构造有着密切的联系。节理与断层使岩石破碎,是水、空气深入岩石内部的通道,能促使风化作用向岩石内部发展。因此,岩石节理密集处,往往风化最剧烈,尤其是几组节理交汇地带,常会形成风化深槽。如背斜的核部和断层破碎带,裂隙较发育,风化深度一般较裂隙不发育的岩石要深。

1.2.2 气候

气候是影响岩石风化的重要因素,包括温度、湿度、降水量、蒸发量和生物繁殖状况等因素。气温对于岩石的机械破坏程度、各种化学反应速度、生物界的生长有重大影响;降水量关系到水在风化作用中的活跃程度,直接或间接影响到风化速度;生物的繁殖状况直接关系到生物风化作用的进行,所以气候因素控制了风化作用类型和风化速度,在不同的气候区,风化作用类型、风化深度、残积物类型有显著的不同。气候明显地受纬度、地势等因素控制,具有分带性,在不同的气候区,岩石风化特点明显不同。

1.2.3 地形

地形可影响到风化作用的速度、深度、风化产物的厚度及分布情况。地形条件包括地势高度、地势起伏程度和山坡的方向。地势高度影响到气候,在同一地区,高山具有明显的气候分带,山顶气候寒冷,山麓气候炎热,其生物特征显著不同,因而风化作用的类型随高度而变化。地势起伏对风化作用更有普遍意义,地形起伏较大、陡峭、切割深度大的地区,以物理风化作用为主,岩石表面风化后岩屑不断崩落,使新鲜的岩石直接暴露表面而遭受风化,风化产物较薄;地势低缓地区,风化产物多留在原地或只经过短距离的搬运,风化产物较厚,加上地表植被覆盖,温度变化较小,物理风化作用较弱。山坡的方向涉及日照强度,阳坡光照时间长,平均气温高,昼夜温差大,因而风化作用较阴坡强。

1.3 岩石风化带的划分

岩石风化后,其物理性质和化学成分将有不同程度的改变。由于受岩性、地质构造及其他因素的影响,岩石的风化程度和风化深度因地而异,风化层在平面上分布往往不连续,在垂直方向上的变化很大,而且不同风化程度的岩石之间是渐变的,其间并无明显的界限。

在风化层内,岩石在不同深度的风化程度是不同的,一般随深度增加而减弱。工程上常根据不同风化程度的岩石特征(如风化岩石的颜色、结构、构造和矿物组成)和物理性质的变化来分带。不同建筑行业对岩石风化程度的划分标准有不同的规定,《水利水电工程地质勘察规范》(GB 50287—99)将岩石按风化程度分为全风化、强风化、弱风化和微风化四个等级,见表1-17。

通常在一个区域或一个剖面上从全风化到微风化均有发育,但并不是在任何地段、任何风化岩石的剖面上均存在四个连续的风化带,最常见的情况是缺失个别风化带或仅有一、两个风化带的情况。因此,在工程地质勘察中,必须做详细的原位测试试验和地质钻探工作,才能正确地划分风化带。

表1-17 岩石风化带的划分

风化带	主要地质特征	风化岩纵波速与新鲜岩纵波速比
全风化	全部变色，光泽消失；岩石的组织结构完全破坏，已崩解成松散的土状或砂状，有很大的体积变化，但未松动，仍残留有原始结构特征；除石英颗粒外，其余矿物大部分风化蚀变为次生矿物；锤击有松软感，有凹坑，矿物手可捏碎，用镐可以挖动	<0.4
强风化	大部分变色，只有局部岩块保持原有颜色；岩石的组织结构大部分破坏，小部分岩石已分解或崩解成土，风化裂隙发育，有时含有大量次生夹泥；除石英颗粒外，长石、云母已风化蚀变；锤击哑声，岩石大部分变酥，易碎，用镐可以挖动，坚硬部分需爆破	0.4~0.6
弱风化	岩石表面或裂隙面大部分变色，但断口保持新鲜岩石色泽；岩石原始组织结构清楚完整，但风化裂隙发育，裂隙壁风化剧烈；沿裂隙铁镁矿物氧化锈蚀，长石变得浑浊、模糊不清；锤击哑声，开挖需爆破	0.6~0.8
微风化	岩石表面或裂隙面有轻微褪色；岩石组织结构无变化，保持完整组织结构；大部分裂隙闭合，仅沿大裂隙有风化蚀变现象；锤击发音声脆，开挖需用爆破	0.8~1.0

1.4 残积物

地表岩石经过长期风化作用后，改变了矿物成分、结构和构造，形成的风化产物中一部分易溶物质被水溶液带走，大部分物质残留在原地，这种物质称为残积物(土)，这种土层称为残积层。残积物是一种重要的第四纪松散沉积物，用 Q^{el} 表示。

残积物向上过渡为土壤层，向下逐渐过渡为风化岩石。土壤层、残积物和风化岩层形成完整的风化壳。

残积物不具层理，碎屑物质大小不均匀，棱角分明，无分选，粒度成分受气候条件和母岩岩性控制。在干旱、寒冷地区，以物理风化为主，化学风化微弱，岩石风化多为棱角状的砂砾碎屑物质，缺少黏土矿物；在半干旱地区，除物理风化外，尚有化学风化作用，残积物中常形成黏土矿物、铁的氢氧化物和各种碳酸盐类；在气候湿润地区，化学作用活跃，物理风化不发育，残积物主要由黏土矿物组成，厚度较大；在炎热气候地区，由于高温多雨，残积物遭受强烈的溶解和淋滤作用，可溶性物质大量流失，残留下铝土矿和铁的氢氧化物等胶体。因为强烈的氧化作用，高价铁离子使残积物呈浅红色，形成红色的风化物，所以称为红土化作用。我国滇、黔、桂、粤等省市，在第四纪更新世时期，在湿热气候下化学风化和生物风化剧烈，形成广布大地的红土残积物。另外，在我国华南地区，白垩纪—第三纪的红色砂岩，在差异风化、重力崩塌、侵蚀、溶蚀等综合作用下形成红色风化层，即著名的丹霞地貌。

残积物成分与母岩岩性关系密切。花岗岩残积物中常含有由长石分解形成的黏土矿物,而石英则破碎成砂土;石灰岩的残积物往往成为红黏土;页岩的残积物为黏性土,土的颜色与母岩具有明显的一致性。

残积物的厚度与地形有关,在山顶部位常被剥蚀,厚度较小甚至没有;平缓的斜坡和低洼地带不易剥蚀,厚度较大。

残积物的工程地质性质,主要取决于矿物成分、结构和构造等因素。残积层的空隙较大,易遭受冲刷,强度和稳定性较差,压缩性高,透水性强,因此残积物一般不宜作为重型水工建筑物的地基。

2　流水的地质作用

陆地上,除气候极端寒冷或极端干燥的地区以外,几乎到处可见地面流水。地面流水的侵蚀、搬运、沉积作用,是常见的外力地质作用,是地壳变化、发展的强大地质动力。根据流动特点,地面流水可分为片流、洪流、河流三种类型。天然降水在地面形成径流时,成为薄薄的水层,或无固定流路的分散细流,称为片流,又叫坡面流水;片流在坡下汇集于沟谷中,形成急速流动的水流,称为洪流,又叫谷沟流水。片流和洪流仅出现在雨后或冰雪融化后的短暂时间内,因此它们都是暂时性流水;沿谷沟流动的经常性流水,称为河流。

三种不同流水形态,是流水不同的发展阶段,相互之间存在着密切联系,且在一定条件下可以相互转化,但又各有特点,其侵蚀作用、搬运作用、沉积作用是不同的。

2.1　暂时性流水的地质作用

2.1.1　片流的地质作用及坡积物

2.1.1.1　片流的侵蚀作用

片流的侵蚀称作片状侵蚀,分布面广,对坡面进行均匀的侵蚀,使斜坡均匀,常失去肥沃的表土。片状侵蚀与降雨强度、坡形、坡度、坡向等因素有关。斜坡侵蚀的强度和降雨强度有关,降雨强度大,径流系数大,则侵蚀作用加强;从坡形而言,凸形坡一般较直形坡、凹形坡易受侵蚀;坡度也直接影响斜坡水流的深度和速度,控制着冲刷能力。据统计,当坡度由0°增加到40°时,侵蚀强度随着增加;当坡度由40°增加到90°时,侵蚀强度就逐渐减小;坡向也与侵蚀有关,迎水坡的侵蚀强度一般较大,背水坡则小。此外,坡面组成的物质疏松、植被差,也会使侵蚀加强。

2.1.1.2　片流的堆积作用及坡积物

片流在侵蚀作用的同时,也有堆积作用。当坡地上端的分水岭以及坡面上受了片蚀作用后,被冲刷的碎屑物质搬运到坡脚下沉积下来,就成为坡积物(土),见图1-58。坡积物是另外一种第四纪松散沉积物,用Q^{dl}表示。它的形成动力以流水为主,但也有重力的因素。山麓下各处的坡积物常常相连,构成坡积裙。

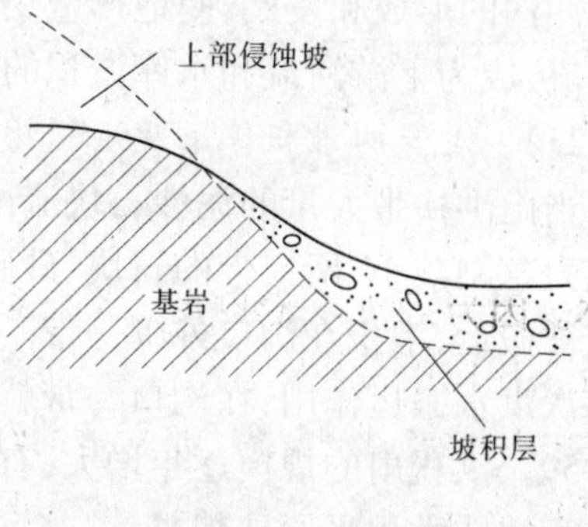

图1-58　坡积层

坡积层有以下特征:

(1)坡积层可分为山地坡积层和山麓坡积层两个亚组,其厚度变化较大,一般是中下部较厚,向山坡上部逐渐变薄甚至尖灭。

(2)由于搬运距离较短,故坡积层分选程度差,层理不明显,砂砾的磨圆度不高。

(3)坡积层多由碎石和黏性土组成,其成分与下伏的基岩无直接联系。山地坡积层一般以粉质黏土夹碎石为主,而山麓平原坡积层则以粉质黏土为主,夹少量的碎石。在我国干旱、半干旱地区的山麓平原坡积层,成分以粉土—粉质黏土为主,为次生黄土,常具有黄土的某些特征。

(4)坡积层与下伏基岩面是倾斜的,容易沿此面产生滑坡,在工程建设中应予重视。

坡积物常与其他类型沉积物相混合。如在分水岭与斜坡过渡的缓坡地带,残积物经过一定的重力搬运,向下逐渐与坡积物过渡,形成残积—坡积物 Q^{el+dl};在山麓地带坡积物与洪积物混合,构成坡积—洪积物 Q^{dl+pl}。

2.1.2 洪流的地质作用及洪积物

流水由坡面流水集中为谷沟流水后,由于水量大、流速高、谷底坡度大,因而具有较大的动能,其侵蚀、搬运作用显著增大。

2.1.2.1 洪流的侵蚀作用

山洪急流沿谷沟流动时,由于流速大,动能大,对沟谷的冲刷能力大为增加。由冲刷作用形成的沟底狭窄、两岸陡峭的沟谷叫冲沟。初始形成的冲沟在洪流的不断作用下,可以不断加深、拓宽和向沟头方向伸长,并可在冲沟沟壁上形成支沟。

冲沟的形成与降雨强度、地形和岩性有关。在松散土层覆盖地区,分布在斜坡上的小冲沟多是顺坡冲刷而成;在岩性均一和地形相同的坡面上,冲沟的间距大致相等,其排列方式主要由坡度所决定,一般在大于30°的坡地上多呈平行排列;在小于30°的坡地上,由于冲沟之间相互兼并而呈树枝状排列;在基岩裸露地区,冲沟除沿原始凹地发育外,常沿不同的构造线,如断层带、褶皱轴部和裂隙面发育。因此,冲沟的延伸方向、排列形式和密度,往往与地质构造和岩性特征密切相关。

在降水量集中、植被贫乏地区及有第四纪松散堆积物的地区,冲沟极易形成。如我国西北黄土地区,由于黄土的垂直节理发育,冲沟的沟头往往形成陡坎。当水流流过时,在坎底淘空引起顶部崩塌,使陡坎不断后退,冲沟不断伸长,有时每年可延伸数米至十余米以上。由于强烈的下切作用,冲沟的横剖面呈 V 形,沟坡常处于不稳定状态,滑坡、崩塌时有发生。

冲沟的形成和发展,使地形遭受强烈的分割,蚕食耕地,破坏道路,同时将大量泥沙带入河流,成为下游河流和水库淤积的主要来源。

2.1.2.2 洪流的堆积作用及洪积物

当山洪挟带大量的泥沙石块流出沟口时,由于沟床纵坡变缓,地形开阔,流速降低,搬运能力急剧减小,所挟带的石块、砂砾等粗大碎屑先在沟口堆积下来,较细的泥沙继续随水流被搬运,堆积在沟口外围一带。这种由洪流搬运并堆积的土层,称为洪积物 Q^{pl}。经过多次洪水搬运作用,在沟口一带就形成了扇形展布的堆积体,在地貌上称为洪积扇,见图1-59。洪积扇的规模逐年增大,有时与相邻沟谷的洪积扇相互连接起来,形成规模更大的洪积裙或洪积平原地貌。

洪积物是第四纪另一种松散堆积物,有以下特征:

(1)组成物质分选不良,粗细混杂,碎屑物质多带棱角,磨圆度不佳。

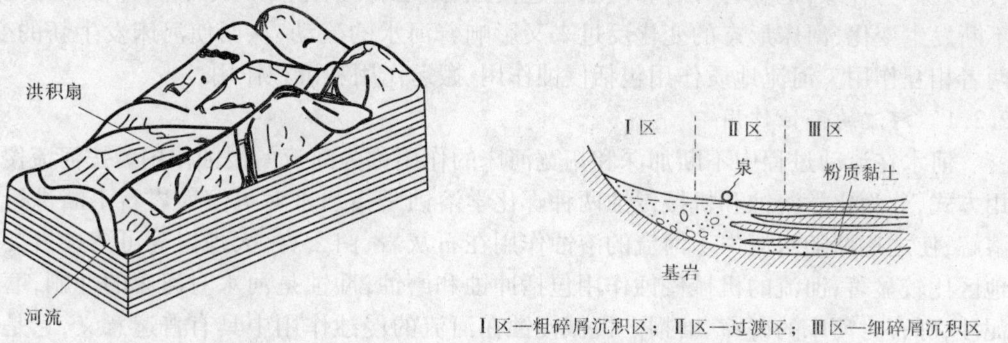

(a)鸟瞰图　(b)剖面图

图1-59　洪积扇示意图

(2)由于洪流的间歇性,洪积物有不规则的交错层理、透镜体、夹层和尖灭层。

(3)山前洪积层由于周期性的干燥作用,常含有可溶性岩类,在土粒间形成软弱结晶联结,但遇水后结晶联结马上破坏。

规模很大的洪积扇一般可分为三个工程地质单元,靠近沟口为粗碎屑沉积区(Ⅰ区),颗粒粒径较大,以漂卵石为主,孔隙大,地下水埋藏深,地基承载力高,是良好的天然地基。对于水工建筑物来讲,应注意渗漏问题;洪积扇的边缘地带为细碎屑沉积区(Ⅲ区),颗粒粒径较细,主要以粉砂和黏性土为主,如果受到周期性的干燥作用,土中颗粒发生凝聚并析出可溶性盐类,洪积层结构较牢固,地基承载力也较高;扇的中间为过渡区(Ⅱ区),由于经常有地下水出露,水文地质条件不良,对工程不利。

洪积扇的堆积结构与水文地质关系密切,雨季大量流水形成洪积扇,旱季断流,地表水下渗到洪积扇内。新疆吐鲁番盆地的坎儿井就是利用洪积扇内的地下水。

2.2　河流的地质作用

河流是改造地表的主要地质营力之一。由河流作用所形成的谷地称为河谷。河谷的形态要素包括谷坡和谷底两大部分,见图1-60。

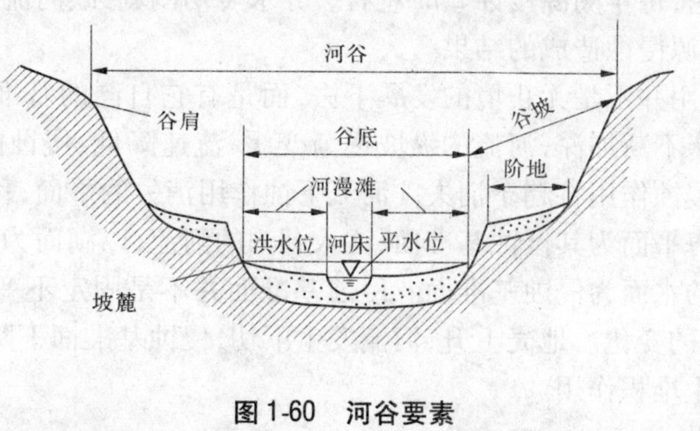

图1-60　河谷要素

谷底包括河床和河漫滩。河床是指平水期河水所占的谷底,也称河槽。河漫滩是洪水淹没的谷底部分。谷坡是河谷两侧因河流侵蚀而形成的岸坡。古老的谷坡上常发育洪水不能淹没的阶地,阶地是被抬升的河谷谷底。谷坡与谷底的交界为坡麓,谷坡与山坡的转折处称为谷缘,也称为谷肩。河水通过侵蚀、搬运、沉积作用形成河床,并使河床的形态不断发生变化,河床形态的变化反过来又影响着河水的流动,从而使河床发生新的变化,两者相互作用。河流地质作用包括侵蚀作用、搬运作用和沉积作用。

2.2.1 河流的侵蚀作用

河水在流动过程中不断加深和拓宽河床的作用称为河流的侵蚀作用。按河流侵蚀作用方式,分为化学溶蚀和机械侵蚀两种。化学溶蚀是指河水对可溶性岩石不断进行化学溶解,使之逐渐随水流失。河流的溶蚀作用在石灰岩、白云岩、大理岩等可溶性岩类分布地区比较显著;河流的机械侵蚀作用包括冲蚀和磨蚀,冲蚀是河水对河床的冲刷,磨蚀是泥沙、砾石对河床的碰撞、磨损。机械侵蚀在河流的侵蚀作用中具有普遍意义,它是山区河流的一种主要侵蚀方式。

河流的侵蚀作用,按照河床不断加深和拓宽的发展过程,分为下蚀作用和侧蚀作用。这两种侵蚀作用在任一河段上都是同时存在的,只不过在河流的不同地段,由于河水动力条件的差异,会表现出不同的特征。一般来讲,在河流的中上游地区,以下蚀作用为主;在中下游地区,以侧蚀作用为主。

2.2.1.1 下蚀作用

河水在流动过程中使河床逐渐下切加深的作用,称为河流的下蚀作用。河流下蚀作用的强弱主要取决于流速和流量、构成河床的岩性和地质构造、河流含沙量大小等。当河水的流速和流量很大时,则下蚀作用能量大,如果组成河床的岩石坚硬而无构造破坏现象,则会限制河水对河床的下切速度。反之,如在岩性松软地区,下蚀速度快。

在河流的上游地区,河谷坡度大,流速大,河流下切剧烈,常形成深而窄的V形峡谷。例如,长江上游金沙江的虎跳峡,江面宽度最窄处仅50 m,谷深达3 000 m;长江三峡,谷深达1 500 m;滇西北的金沙江河谷,平均每千年下蚀60 cm;美国的科罗拉多河谷,平均每千年下蚀40 cm。

下蚀作用在加深河谷的同时,又使河流向源头方向延长,河流的这种溯源推进的侵蚀过程称为溯源侵蚀。北美尼亚加拉瀑布位于石灰岩与页岩交界处,随着河流下蚀作用的发展,瀑布逐渐后退,每年溯源侵蚀2 m左右。分水岭切割剥蚀、河流长度增加、河流的袭夺现象都是河流溯源侵蚀造成的结果。

河流的下蚀作用并不是无止境的发展下去,而是有它自己的基准面的。因为随着下蚀作用的发展,河床不断加深,河流的纵坡逐渐变缓,流速降低,侵蚀能量减弱,达到一定基准面后,河流的侵蚀作用将趋于消失。河流下蚀作用消失的平面,称为侵蚀基准面。通常入海的河流,以海平面为其侵蚀基准面;注入湖泊的河流,以湖面为侵蚀基准面;注入主流的支流,以主流的水面为侵蚀基准面。侵蚀基准面并不是固定不变的,由于构造运动,将引起侵蚀基准面的变化。地壳上升,河流发生下切,侵蚀基准面下降;地壳下降,侵蚀基准面上升,河流发生堆积作用。

2.2.1.2 侧蚀作用

河水在流动过程中,一方面不断冲刷河床,另一方面不断冲刷河床两岸,使河床不断加宽的作用,称为河流的侧蚀作用。河流的中下游及平原地区的河流,由于河床坡度较缓,侧蚀作用占主导地位。

由于受河床岩性、地质构造和地球自转影响，自然界的河道很少是笔直的，当水流经过弯曲的河段时，由于离心力的作用，使主流偏向河流的凹岸，并形成倾斜的水面，靠近凹岸的水面比凸岸的水面高，水流在横断面上产生横向环流。横向环流运动的特点是：表层水流流速大，流向凹岸，后潜入河底朝凸岸流去；而底层水流流速低，流向凸岸，后翻至水面流向凹岸。横向环流运动的水流在凹岸顺坡而下流动，不断对凹岸进行冲刷，使凹岸岸壁崩塌后退，并将冲刷下来的碎屑物质由底层水流带到凸岸堆积下来，如图 1-61 所示。这样使凹岸更加凹进，凸岸更加凸出，整个河流的弯曲程度越来越大，形成河曲，见图 1-62(a)。

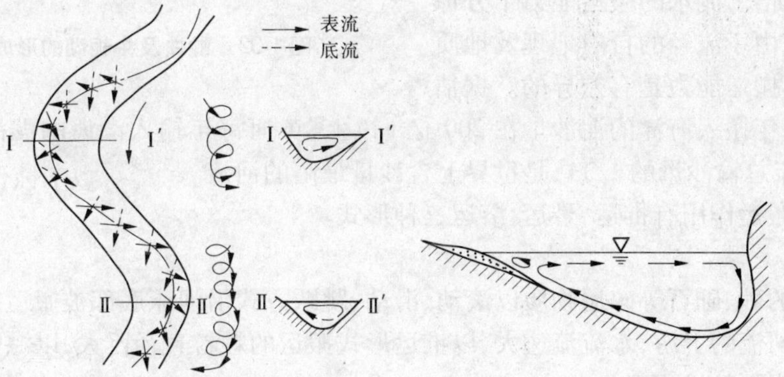

(a)河流弯道及横向环流　　(b)弯道处横向环流断面

图 1-61　横向环流示意图

现将凹岸和凸岸的情况列表对比如下，见表 1-18。在水利工程中常利用弯道水流的特性，在稳定的凹岸布设取水口，以取得表层清水，防止底沙进入渠道。

表 1-18　河流凹岸和凸岸的比较

河岸类别	水流流速	水深	主流方向	水面状况	岸形	地质作用
凹岸	急	深	紧靠河岸	略高	陡	侵蚀
凸岸	缓	浅	远离河岸	略低	缓	堆积

河曲进一步发展，河床愈来愈弯曲，河长也随之增加，坡度变缓，流速降低，动能减小，河流的侧蚀作用减弱，这时河流所特有的平面形态，称为蛇曲，见图 1-62(b)。

有些处于蛇曲形态的河湾，彼此之间十分靠近，一旦流量增大，洪水便冲出河槽，裁弯取直。被抛弃的旧河道的两端因逐渐淤塞而与原河道隔离，形成状似牛轭的静水湖泊，称为牛轭湖，见图 1-62(c)。

曲流、河道的裁弯取直和牛轭湖在各大河流的下游地区十分普遍，它是河流长期自然演变的结果。如不加以人工控制，常会造成河流的决口泛滥。我国著名的河曲很多，例如，重庆至广元间的直线距离 200 km，但嘉陵江的水程却延长了 3 倍；长江在汉口至岳阳之间竟绕了 25 km 的一个大圆弧。长江荆江段在近 200 年中，自然裁弯取直留下的牛轭湖有十余处之多。

2.2.2　河流的搬运作用

河水将进入水中的各种物质离开原地的移动作用，称为搬运作用。河水搬运能力的大小，取决于河水的流量和流速。在一定的流量条件下，流速是影响搬运能力的主要因素。流水的搬运能力与流速的6次方成正比，即流速增加1倍，搬运力就增加64倍。流水的搬运能力十分惊人，各条河流由于流经的自然地理及地质条件不同，其搬运能力是有差异的。据估计，地球上每年搬入海洋的泥沙量在200亿t以上，黄河每年输入渤海的泥沙有18.8亿t，占世界河流总输沙量的1/11，是世界上含沙量最高的河流。

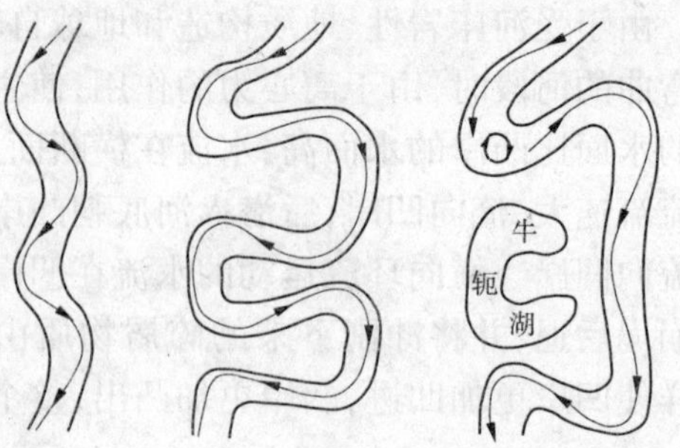

图1-62　蛇曲及牛轭湖的形成图

河流的搬运作用有推运、悬运、溶运三种形式。

2.2.2.1　推运

河水中的砂、砾石等碎屑物质以滚动、滑动、跳跃方式沿河床底部被搬运的方式，称为推运。山区河流的上游，水流流速大，以推运形式搬运的颗粒直径巨大，以漂卵石为主，构成洪积扇的粗颗粒堆积区。

2.2.2.2　悬运

一些颗粒细和比重小的砂粒、粉粒、黏粒，离开河底，悬浮于水中，随水流一起运动而到下游，这种搬运方式称为悬运。如我国黄河中的大量黄土物质就是主要通过悬浮的方式进行搬运的。

2.2.2.3　溶运

河水对可溶性物质和胶体物质的搬运，称为河流的溶运。河流溶运能力的大小取决于河流流量及河水的化学性质。溶运的可溶性物质主要是呈离子状态的K^+、Na^+、Ca^{2+}、Mg^{2+}和呈胶体状态的铁、铝、硅等元素的氧化物、氢氧化物。据估计，地球上的河流，每年带入海洋的可溶盐类，高达49亿t。河流下游平原地区的盐碱地、地下水矿化度的升高，都是河流溶运的结果。

2.2.3　河流的沉积作用及冲积物

2.2.3.1　河流的沉积作用

河流在河床坡度平缓地带及河口附近，河水的流速变缓，水流所搬运的物质在重力作用下逐渐沉积下来，形成河流沉积物。这种作用称为河流的沉积作用。由于河流中的溶运物质远没有达到饱和，所以河流基本上不发生化学沉积，而仅有机械沉积，河流沉积物几乎全部由泥沙、砾石等碎屑物质组成，而化学溶解的物质多在进入湖盆或海洋等特定环境下才开始发生沉积。

2.2.3.2　河流冲积物

由河流的沉积作用所形成的堆积物，称为河流冲积物，用Q^{al}表示。河流沉积物是最重要的第四纪沉积物的一种类型。

A. 河流冲积物类型

河流冲积物按其沉积环境不同分为以下几种：

(1)河床冲积物。水流在河床内的沉积物，称为河床冲积物。河床内的沉积作用随水位呈季节性变化，在洪水期，大而重的碎屑物质被搬运，在平水期又沉积下来，所以河床的沉积作用是动态变化的。

(2)河漫滩冲积物。在洪水期，河水漫出河床，流速减小，较粗的颗粒便沉积下来，形成河漫滩冲积物。河漫滩沉积物多由较细的粉砂、黏土、淤泥组成，其内部结构明显分为上下两层，下层颗粒较粗的河床相冲积物，上层是较细的河漫滩相冲积物，这种在垂直剖面上上细下粗的结构，称为河漫滩的二元结构。

河床冲积物、河漫滩冲积物在河流的纵向以及垂直剖面上，岩性变化很大，作为水工建筑物地基应注意渗漏问题。

(3)牛轭湖冲积物。在牛轭湖范围内形成的沉积物，主要为静水环境沉积，一般多由富含有机质的淤泥、泥炭组成，天然含水量大，抗剪强度低，为不良地基。

(4)三角洲冲积物。在河流入海或入湖的地段，称为河口。河口是河流沉积的主要场所。由于河流流入河口处水域骤然变宽，流速大减，河流搬运物便大量沉积下来。另外，河水中大量的黏土颗粒，遇到湖泊、海洋中的盐分，发生凝聚作用也会迅速沉淀，形成三角洲冲积物。三角洲冲积物面积广，厚度大，能达几百至几千米。如我国的长江、黄河、珠江都形成了广阔的三角洲平原。

三角洲冲积物的颗粒较细，以粉砂、淤泥为主，含水量大，有机质含量大，压缩性高，承载力低，作为建筑物地基应进行地基处理。

B. 河流冲积物特征

河流冲积物受河流类型、流速和被搬运物质质量的影响，主要有以下特征：

(1)分选性较好。碎屑物质在搬运过程中，粗大的碎屑物质先沉积，细小的碎屑能搬运比较远的距离再沉积。河流在搬运、沉积过程中的机械分异作用，称为分选作用。由于分选作用，河流上游的沉积物比较粗大，下游沉积物粒径逐渐减小；流速较大的河床部分沉积物的粒径比较粗大，河床外围沉积物的粒径逐渐减小。在同一环境条件下，冲积物可能是比较均一的，这是冲积物与坡积物、洪积物所不同的特点之一。

(2)磨圆度较好。河流沉积物经过长距离的搬运，碎屑物质相互碰撞，并与河底岩石相互摩擦，于是颗粒失去棱角，磨圆度较好。搬运距离越远，磨圆度越好。如南京雨花台附近的雨花石就是河流长途搬运、磨圆而成的河流冲积物。

(3)层理较清晰。由于沉积作用规律性的变化，如洪水期沉积物粗而数量多，枯水期沉积物细而数量少；夏季沉积物色淡，冬季沉积物色深；不同时期沉积物的成分有差别，使河流沉积物在剖面上具有明显的层理特征。由于河流冲积物是流水状态下的产物，所以沉积物很少为水平层理，表现为斜层理、透镜体、尖灭等产状，只有在广阔的河漫滩和较大的河流三角洲地带，才会形成水平层理。

2.2.4 河流阶地

河流两岸由流水作用所形成的狭长而平坦的阶梯状平台，称为河流阶地。一般沿河流两岸对称分布，有时不对称，或仅一岸存在，沿河流分布往往不连续。它是河流侵蚀、沉积和地壳升降等地质作用的共同产物。

2.2.4.1　阶地的成因

当地壳处于相对稳定时期，河流的侧蚀和沉积作用显著，塑造了宽阔的河床和河漫滩。然后地壳上升，河流的下蚀作用加强，使河床下切，将原来的河漫滩抬高，形成阶地。在长期的地质历史过程中，如地壳发生多次的升降运动，则会引起河流侵蚀、堆积交替发生，在河谷中形成多级阶地。因此，河流阶地的存在就成为地壳新构造运动的有力证据。阶地的级别由下向上编号，除去河漫滩不算，自河漫滩向上依次为Ⅰ，Ⅱ，Ⅲ，…级阶地。不难理解，Ⅰ级阶地年代最晚，保存最完好；依次向上，阶地的年代愈老，保存愈不完整。

2.2.4.2　阶地类型

按照阶地的组成物质与形成过程，阶地分为以下三种。

A. 堆积阶地

当河流侧蚀拓宽河谷后，由于地壳下降，形成厚度较大的冲积物；地壳上升，河流在堆积物中下切，但下切深度较小，没有切到前期堆积物厚度。故阶地全部由河流冲积物组成，又称为冲积阶地或沉积阶地（见图1-63中的Ⅰ）。堆积阶地一般分布在河流的中下游或平原河流中。

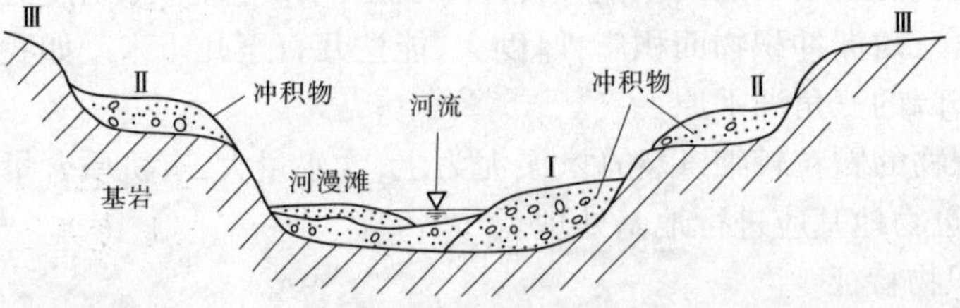

图1-63　河流阶地类型

B. 侵蚀阶地

侵蚀阶地的特点是阶地面由裸露的基岩组成，没有或有少量的河流冲积物，有时由少量的残积物、坡积物组成。侵蚀阶地出现在新构造运动中地壳强烈上升的地方，一般分布在山区河谷或河流上游地区（见图1-63中的Ⅲ）。

C. 基座阶地

阶地上部是河流冲积物，下部由基岩构成。基座阶地的出现，是在新构造运动中，地壳先是少量下沉，后经大幅度上升造成的（见图1-63中的Ⅱ）。基座阶地在河流中比较常见，如前述南京的雨花台就是长江的Ⅳ级基座阶地。

阶地分布于河床的两侧，地形平坦，土地肥沃，是人类居住、农业生产、工程建设的重要场所。铁路、公路、渠道常沿阶地选线，在水工建筑中常利用阶地作为库房、施工场地。堆积阶地一般具有二元结构，应注意下层砾石的渗漏问题。另外，应注意阶地内斜坡的稳定性，防止崩塌、滑坡等不良地质现象的发生。

3　岩溶作用（喀斯特作用）

岩溶是地表水和地下水对可溶性岩石所进行的一种以化学溶蚀为主、机械剥蚀为辅的地质作用及所产生的各种现象的总称。岩溶往往形成各种奇特的地貌形态，这种地貌形态最初在南斯拉夫的喀斯特高原发现，故又称喀斯特。

我国由石灰岩构成的岩溶分布很广，仅地表出露面积就有120万km^2，约占全国领土面积的12.5%，其中我国西南部的岩溶地区总面积达55万km^2，尤其以桂、黔、滇最广泛，另外湘、粤、浙、鲁也有分布。

岩溶的发育、形成始终伴随着地球的地质发展史，我国主要的岩溶期有震旦纪、寒武纪、奥陶纪、泥盆纪、石炭纪、二叠纪、三叠纪、白垩纪、第三纪和第四纪。其中，第三纪以前发育的岩溶称为古岩溶，古岩溶形态多已被剥蚀破坏或为后期沉积覆盖与充填。

岩溶对工程建设的影响很大。岩溶的发育使岩石产生孔洞，成为水库渗漏的通道；在岩溶地区修建隧洞，会遇到各种岩溶涌水地质问题；在各种桩基础工程中，岩溶的存在会降低岩石的完整性，大大降低岩石的强度和稳定性，影响建筑物的安全；抽取大量岩溶水，会产生地面塌陷、地裂缝等地质灾害。因此，对岩溶地貌形态、岩溶发育条件、岩溶发育规律的研究具有重要意义。

3.1 岩溶的形态

岩溶的形态多种多样，常见的形态有岩石表面的溶沟、石芽，地形上的峰林、石林和溶蚀洼地，地表通向地下的落水洞、竖井和溶蚀漏斗，地下的溶孔、溶洞、地下暗河，以及岩溶堆积的石笋、石柱、钟乳石和石帷幕等。

3.1.1 溶沟与石芽

地表水沿着可溶性岩石表面的裂隙进行溶蚀和冲蚀，使岩石表面形成一些细小的沟槽，称为溶沟。其深度由几厘米至几十厘米，最大不超过数米，长度差别较大。溶沟不断发育，沟槽之间的岩石成为锥状柱体，称为石芽。

3.1.2 峰林与石林

峰林与石林都是石灰岩遭受强烈的溶蚀作用所形成的地貌。地面上形成的无数孤峭的石峰或石柱，前者称为峰林，后者称为石林，在我国广西、云南地区分布普遍。如广西的桂林为峰林地形，云南的路南为石林地形。

3.1.3 落水洞、竖井

落水洞由岩石中陡立的裂隙受水的溶蚀扩大而成，深度可达百余米，一般是地表水流入地下暗河的通道。无水流入的竖向溶洞，称为竖井。

3.1.4 溶蚀漏斗

溶蚀漏斗是岩石被溶蚀倒塌而形成的圆形或椭圆形、上大下小的漏斗或碟状地形，直径一般几米至百余米，其底部常有落水洞与地下溶洞相连。

3.1.5 溶蚀洼地

溶蚀洼地指溶蚀作用所形成的宽阔的、不规则的封闭洼地，面积一般为几平方千米至数十平方千米，平面形态多呈圆形或椭圆形，其长轴一般沿构造线发育。洼地四周被陡壁包围，而底部平坦，其上覆盖着厚度不等的黏性土或碎石。当通道被堵塞而积水时，便形成岩溶湖。

3.1.6 溶孔和溶洞

溶孔在岩石中呈蜂窝状分布，直径一般为数毫米至数厘米，主要在地下深处形成。溶洞是近似水平或倾斜的大型空洞,溶洞一般沿层面裂隙、断层或其他构造带发育,它是水平循环带的产物,是地下暗河的水平通道。溶洞形成后,洞内开始产生碳酸钙的重新沉积,形成各种洞穴堆积地貌,如钟乳石、石笋、石柱和石幔等。

3.2 岩溶发育的基本条件

岩溶的发生与发展受多种因素的影响。总的来说,岩溶发育的基本条件有:岩石的可溶性、岩石的透水性、水的溶解性和水的流动性。前两项是产生岩溶的内在因素,后两项是岩溶发生的外部条件。

3.2.1 岩石的可溶性

岩石的可溶性主要取决于岩石的成分、结构。

3.2.1.1 岩石的成分

岩石的成分不同,其溶解度也不一样。按成分可分为卤化盐类岩石(岩盐、钾盐等)、硫酸盐类岩石(石膏、硬石膏等)、碳酸盐类岩石(石灰岩、白云岩、白云质灰岩、大理岩等)。这三类岩石中,卤化盐类岩石溶解度最大,其次是硫酸盐类岩石,碳酸盐类岩石的溶解度最低。但是在自然界中,卤化盐类岩石和硫酸盐类岩石不常见,远不如碳酸盐类岩石分布普遍,对岩溶现象来讲,碳酸盐类岩石的实际意义最大。

碳酸盐类岩石由不同比例的方解石和白云石组成,并含有泥质、硅质等杂质。研究资料表明:方解石的溶解速度比白云石快得多,因此石灰岩比白云岩更容易被溶蚀;白云质灰岩和石灰质白云岩,首先被溶解的是方解石,白云石被残留下来,阻塞洞隙,使岩溶作用减弱;泥灰岩含有许多黏土矿物,经过溶蚀作用后,其表面残余的黏土颗粒也能堵塞洞隙,妨碍水流运动,影响岩溶作用的继续进行。故一般质纯的石灰岩,岩溶较发育,而泥灰岩、硅质灰岩等,岩溶发育较差。例如,我国南方分布的泥盆系、石炭系、二叠系、三叠系和北方的中奥陶统石灰岩,一般岩性较纯,岩溶较发育;而北方震旦系的硅质灰岩、下奥陶统的白云质灰岩,岩溶发育较差。

3.2.1.2 岩石的结构

岩石的结构对岩溶影响较大。矿物颗粒的大小、形状和结晶状况都控制着岩石的孔隙率。一般晶粒粗大或不等粒结构,由于抗风化能力差,节理裂隙发育,易于溶蚀;而晶粒较细、均匀致密的岩石,则不易溶蚀;对于生物碎屑岩和鲕状灰岩,它主要由生物碎屑组成,孔隙大,岩溶最发育;经过重结晶的亮晶灰岩,孔隙度小,最不易溶蚀。如我国山东省,有些白云岩和泥质白云岩比纯灰岩的岩溶发育,这是因为这些岩石的结构主要是生物碎屑灰岩和鲕粒灰岩,其孔隙率高,溶孔发育。

3.2.2 岩石的透水性

岩石的透水性加大了岩石与水的接触空间,使岩溶作用不仅限于岩石的表面,还能向深处发展。岩石的透水性取决于岩石的裂隙和孔隙度,其中裂隙比孔隙更为重要。岩石的裂隙由于成因不同,其性质和分布特点各不相同,其影响的岩溶发育部位也不相同。构造裂隙是水流的主要通道,因此岩溶发育的程度和分布方向,往往与地质构造关系密切。一般在断层带、裂隙密集带、褶皱轴部等部位,岩石破碎,地下水容易进行循环交替,岩溶最为发育;风化裂隙的存在,使地表附近的岩石破碎,有利于地下水的运动,因此在地表附近岩溶一般也比较发育。层间裂隙也是地下水进入岩石的通道,在可溶性与非可溶性岩石的界面上,由于地下水的流动、富集,岩溶往往也较发育。

可溶性岩石的孔隙度一般比较小,但在贝壳灰岩、珊瑚礁灰岩、生物碎屑灰岩中,孔隙大而多,对岩溶发育影响很大。

3.2.3 水的溶解性

自然界的水是不纯的,含有许多化学成分。水对碳酸盐类岩石的溶解能力,主要取决于水中多余的 CO_2 的含量,即所谓的侵蚀性 CO_2。其含量越多,溶解能力越强。水中的 CO_2,主要是雨水溶解空气中的 CO_2 形成的。此外,土壤和地表附近强烈的生物化学作用也是水中 CO_2 的重要来源。

在地下水向深处运动的过程中,由于不断溶解岩石,水中侵蚀性 CO_2 含量逐渐减少,地下水的溶蚀能力也随之下降;水温也影响水的溶解能力,温度越高,溶解能力越大;当水中含有 Cl^-、SO_4^{2+} 时,水对碳酸盐类岩石的溶解能力将增强。

3.2.4 水的流动性

水的溶蚀能力与水的流动性关系密切。在水流停滞的情况下,随着水中 CO_2 不断消耗,水溶液达到饱和状态而丧失溶蚀能力。只有当地下水不断流动,源源不断地补充富含 CO_2 的水时,岩溶才能继续进行。

地下水的流动性主要取决于降水量、水位差和岩石的透水程度。降水量和地下水循环系统的水位差越大,水的流动越快。所以,多雨的湿润地区和新构造运动上升强烈地区,溶蚀作用比较强烈。

3.3 影响岩溶发育的因素

岩溶地貌的发育,除上述四个基本条件外,气候、地质构造、地形、地貌、植被等因素对岩溶发育也有不同影响。其中,气候与地质构造的影响最明显。

3.3.1 气候

气候是岩溶地貌发育的一个重要因素,气候因素主要包括降水量和气温的变化。降水量越大,下渗量越大,水流交替条件越好,越有利于溶蚀作用,岩溶越发育。在气候湿润区,植被茂盛,形成大量有机酸,加之土壤中微生物和有机质的分解,为入渗水流提供了大量的 CO_2,使水流经常保持很强的溶蚀性;在内陆和高山、高纬度地区,由于气候干燥寒冷,不利用岩溶发育。据统计,广西中部年溶蚀量为 0.12 ~ 0.3 mm,而河北地区的年溶蚀量为 0.02 ~ 0.03 mm,两者相差 6 ~ 10 倍。气候是我国南北方岩溶地貌发育不同的主要原因。

3.3.2 地质构造

岩溶发育与地质构造关系密切,很多典型的岩溶区均受构造体系的控制。裂隙节理、断层破碎带、褶皱轴部、可溶性岩石与不可溶性岩石的界面等,这些部位岩层破碎,水流汇集,交换和运动条件好,溶蚀作用进行顺利而迅速,因而岩溶地貌发育。

(1)断层构造。断层是地下水的良好通道,所以沿断层带岩溶特别发育。断层的规模、性质、走向、断裂带的破碎程度及填充方式,都和岩溶发育密切相关。正断层属于张性断层,岩体破碎,破碎带一般为断层角砾岩,透水性强,有利于岩溶发育,断层的上盘一般比下盘发育;逆断层一般为压性断层,破碎带一般为大量的碎裂岩和糜棱岩,胶结好,孔隙率小,呈致密状态,不利于岩溶发育。平推断层介于两者之间。

(2)褶皱构造。不同的褶曲形态,岩溶发育程度、部位也不相同。在背斜构造区,背斜轴部,张裂隙发育,有利于地下水向下渗流,岩溶发育常比其他部位高,形成一系列沿轴向分布的岩溶形态。背斜的两翼地段,裂隙岩溶发育较差;在向斜构造区,地下水富集于轴部,沿轴向排水,可形成暗河。

(3)单斜构造和水平构造。岩层倾角的大小不同,地下水流速和循环不相同。倾角越大,地下水循环越剧烈,岩溶作用越强;水平构造或缓倾斜构造区,同一岩层在地表面积分布,促使岩溶均匀发育,形成单一的地貌景观,岩溶发育情况多由层面裂隙控制。

3.3.3 地形、地貌

在不同地貌条件下,岩溶发育程度是不相同的。地面坡度的大小直接影响渗流量的大小,在比较平缓的地方,地表径流速度慢,渗透量大,地下水运动和循环迅速;反之,地面坡度大,地表径流大,地下入渗量小,地下水运动和循环缓慢,影响岩溶发育强度。

在不同地貌部位或不同的地貌单位,岩溶发育强度也不相同。如高山、低山、平原地区的水动力条件不同,地下水的垂直分带也有很大变化。

4 自然地质灾害

我国山区面积大,在各种工程建设中都会遇到挠曲、倾倒、崩塌、滑坡、泥石流等地质灾害,对交通、建筑物、农田等破坏性很大,因此研究重力地质作用及重力地貌类型,在生产实践中具有很大意义。本节重点介绍崩塌、滑坡、泥石流等地质灾害。

4.1 崩塌

斜坡上的土体、岩体在重力作用下,突然向下崩落,称为崩塌。崩塌的运动速度很快,一般可达 5 ~200 m/s,多发生在 45°以上的陡坡上。岩土体以跳跃、滚动的形式运动,直接落于地面,在坡上方形成陡坎,称为崩塌崖;在坡的下方形成碎石舌、倒石堆等。风化作用按作用因素与作用性质的不同,分为物理风化、化学风化和生物风化三种类型。崩塌运动时没有固定的滑动面,其地质营力主要是重力地质作用,一般没有流水作用的参与,崩落物质主要由土和岩块组成。崩塌是斜坡破坏的一种形式,对水利、铁路、公路线的危害严重。因此,对崩塌类型、崩塌产生的原因和崩塌堆积物的研究具有重大意义。

4.1.1 崩塌类型

崩塌可分为山崩、崩岸、岩崩和岩屑崩落等类型。

4.1.1.1 山崩

山崩是山区发生大规模崩塌的现象。在边坡很陡的地区,在岩石的释重作用、冰劈作用、温差作用等物理风化作用下,沿陡坡边缘产生一系列的张裂隙,使边坡处于极不稳定状态。当遇到地震、爆破或人工开挖等触发因素时,岩体产生崩塌。山崩的规模可大可小,大规模的山崩破坏力巨大。如 1911 年帕米尔高原巴尔坦格河谷的一次巨大山崩,崩落体积达 36 亿 ~48 亿 m^3。在几秒钟内,岩体从 600 m 的高处塌落下来,堵塞了河流,形成了长 75 km、深 262 m 的堰塞湖。

4.1.1.2 崩岸

在河岸、湖岸和海岸,由于河流的侧蚀作用,湖岸、海岸的浪蚀作用,导致底部被掏空,上方岩体失去支撑而发生崩岸。

4.1.1.3 岩崩

陡岸整块岩体直接坠落或滚落称为岩崩。崩落的岩体散落于山坡下方的缓坡地带。

4.1.1.4 岩屑崩落

岩屑顺斜坡作跳跃式的滚动称为撒落，它比山崩和岩崩的速度慢，常形成倒石堆。

4.1.2 崩塌产生的原因

崩塌产生的原因主要与气候、地形、地质因素等有关。

4.1.2.1 气候

气候是影响风化作用的主要因素，而风化作用的类型决定了岩石风化产物的类型、性质。在干旱、半干旱地区和高寒的山区，由于温差作用、冰劈作用、岩石释重和盐的结晶与潮解作用，产生强烈的物理风化作用，促使岩石破碎，加速其向下崩落；而在湿热多雨地区，则以化学风化和生物化学风化作用为主，其风化产物为黏性土，不易产生崩塌。如兰新铁路上一些新开挖的花岗岩路堑，不到五年就遭受强烈的风化，而暴雨、冰雪融化往往是崩塌的触发原因。

4.1.2.2 地形

地面坡度与坡地的相对高差影响山坡的稳定性。山坡坡度超过临界坡度时，坡面上的物质就会下滑崩落。一般松散岩屑坡的临界坡度为30°~35°，黏土为40°，故陡坡是形成崩塌的重要条件。因此，崩塌一般发生在高山峡谷、河流强烈的下切地段。

4.1.2.3 地质因素

岩石的岩性和地质构造是发生崩塌的直接因素。崩塌一般发生在块状或厚层状坚硬岩体中。这类岩体能形成陡峻的斜坡，斜坡前缘由于应力重分布和卸荷等原因，产生深而长的张裂隙，并与其他结构面组合，逐渐形成结构体，在触发因素作用下发生崩塌。组成这类岩体的岩石有花岗岩、砂岩、石灰岩、片麻岩和石英岩等；而平缓的层状或软硬互层状岩体斜坡，由于平缓的软弱面对陡倾的拉裂面起了一定的阻隔作用，不易使拉裂面向深处发展，经长期的表层风化作用，边坡表面呈片状、层状剥落，堆积于坡脚，一般不会产生崩塌，有时表现为坠石；新构造上升的山区、垂直节理发育的岩坡、陡峭的黄土坡，其边坡都不稳定，而地震常常是不稳定山坡发生崩塌的触发因素。

另外，人工爆破、开挖边坡、农业开垦等都是造成崩塌的重要原因。

4.1.3 崩塌堆积物

由重力作用所形成的堆积物称为崩塌堆积物 Q^{col}，简称崩积物。这类堆积物常组成三角形、半圆形的锥形体分布。崩积物的岩性与斜坡上部岩石基本一致。其岩性单一，由未经分选、棱角分明的碎石组成，颗粒大小混杂，排列不规则。当崩积物在垂直剖面上时，呈下粗上细现象；在纵向上，近陡坡处颗粒细小，坡麓处粗大。当崩落比较活跃时，岩壁陡而新鲜。

4.2 滑坡

滑坡是斜坡上的土体和岩体在重力作用下沿一定滑动面整体下滑的现象。滑坡体一般为缓慢地、长期地、间歇性地滑动，它可以延续几年、几十年，甚至上百年。有的滑坡，开始运动缓慢，以后突然变快，形成巨大灾害。

4.2.1 滑坡的形态

滑坡在平面上的边界和形态受滑坡的规模、类型与所处的发育阶段有关。一个完整的滑坡,一般由以下要素组成(见图1-64)。

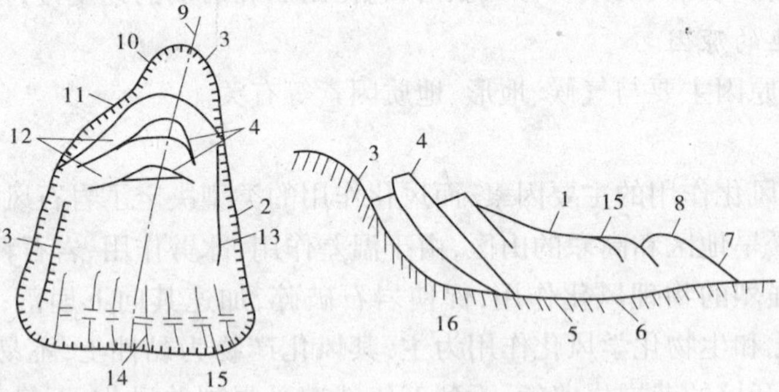

1—滑坡体;2—滑坡周界;3—破裂壁;4—滑坡台阶;5—滑动面;
6—滑动带;7—滑坡舌;8—滑动鼓丘;9—滑动轴;10—破裂缘;
11—封闭洼地;12—拉张裂隙;13—剪切裂隙;14—扇形裂隙;15—鼓张裂隙;16—滑坡床

图1-64 滑坡要素及滑坡形态特征示意图

4.2.1.1 滑坡体

滑坡体简称滑体,是滑坡发生后与母体脱离开的滑动部分。由于滑坡体是整体滑动,其内部基本上保留原有的层位关系以及结构、构造特征。滑坡体的表面起伏不平,裂隙纵横;原有的树木倾斜或倒伏,形成醉汉林、马刀树。滑坡体与周围不动土体的分界线,称为滑坡周界。滑坡体的规模大小不一,从几十立方米到几万立方米不等。

4.2.1.2 滑坡床

滑坡床是滑坡体以下未滑动的部分。它保持原有的结构、构造特征,只是靠近滑坡体部位有些破碎。

4.2.1.3 滑动面和滑坡带

滑坡体与周围未滑动岩土体之间的分界面称滑动面。滑动面的形状与滑坡体的成分、结构、构造有关。在均质的黏性土和软岩中,滑动面近于圆弧面;当滑坡体沿岩层层面、结构面滑动时,滑动面为直线或折线。由于滑动时的摩擦,滑动面比较光滑,有时可见滑动擦痕和磨光面。在滑动面上下所形成的碾压破碎带,称为滑坡带。滑坡带内的土体受到揉皱、碾磨作用,岩石产生糜棱岩化现象,在石灰岩内可见大理岩化现象。它往往由碎裂岩、糜棱岩、岩粉、岩屑和黏土组成。

4.2.1.4 滑坡壁

滑坡体滑落后,滑床上方未滑动部分岩土体所形成的弧形陡壁称为滑坡壁。平面上多呈圈椅状,高数厘米至数十米,坡度一般60°~80°,形成陡壁。

4.2.1.5 滑坡台阶

由于各阶段滑体运动的差异,在滑坡体上形成的滑坡错台,每一错台都形成一个陡坎和平缓台面,称为滑坡台阶。

4.2.1.6 滑坡舌

滑坡舌又称滑坡前缘或滑坡头，位于滑坡的前部。滑坡舌的隆起部分称为滑坡鼓丘。

4.2.1.7 滑坡洼地与滑坡湖

滑坡体与滑坡壁之间的月牙形洼地称为滑坡洼地。此洼地往往由于地下水在此出露或地表水的汇集，形成湿地、水塘、滑坡湖。如陇海铁路宝鸡附近卧龙寺滑坡，切割了含水层，有泉水涌出，形成了宽40 m、深10 m的滑坡湖。

4.2.1.8 滑坡裂缝

滑坡体在滑动过程中，由于各部位的移动速度不均匀，在滑坡体内部、表面产生的裂缝称为滑坡裂缝。按受力状况及分布部位不同，可分为：

(1)张拉裂缝。分布在滑坡体的上部，由于下滑时的张拉作用产生的，和滑坡壁的方向大致平行或吻合。

(2)剪切裂缝。分布在滑坡体中部的两侧，由滑动土体与不滑动土体相对位移而产生的，常伴有羽状裂隙。

(3)鼓胀裂缝。指滑坡舌上，因土体隆起形成的张裂缝，其方向一般垂直于滑动方向。

(4)扇状张裂缝。分布于滑坡体的中下部，以滑坡前缘最多，是由于滑坡体下部向两侧扩散而形成的，呈放射状分布。

4.2.2 滑坡的分类

由于自然条件千变万化，滑坡的成因、形态、滑动各有特点，为了反映滑坡的工程地质特征及其发展规律，从而有效地预测和预防滑坡的发生，各国学者和工程部门对滑坡提出了各种分类方案。

4.2.2.1 按滑动面与岩土层面关系分类

这是应用较广泛的一种分类，可分为均质滑坡、顺层滑坡、切层滑坡三类。

(1)均质滑坡。这是发生在均质、无明显层理的岩土体中的滑坡。滑动面不受层面控制，一般呈圆弧形，在黏土、黄土和黏土岩中较常见。

(2)顺层滑坡。发生在非均质的成层岩体中，沿岩层面发生滑动的滑坡。这类滑坡多发生在岩层倾向与斜坡倾向一致、但倾角小于坡角的条件下。当岩层中存在原生或次生的软弱夹层时，夹层的抗剪强度较低，很容易沿该层面滑动。另外，当坡积物与下伏基岩的交界面较陡时，坡积物的下滑也属于顺层滑坡。顺层滑坡的滑动面一般为平面，也可以是波状或倾斜阶梯形。

顺层滑坡在自然界分布广泛，而且规模较大，我国三峡工程库区云阳到奉节一带有多处这种类型的大型滑坡。

(3)切层滑坡。滑动面切过岩层面的滑坡，称为切层滑坡。切层滑坡多发生在岩层产状平缓、坡面与岩层面反倾向的非均质岩层中。滑动面在顶部常是陡直的，沿裂隙面发育，下部的滑动面一般为圆弧形或对数螺线形。

4.2.2.2 按滑坡的滑动力学特征分类

这种分类对滑坡防治有很大意义，一般可分为推动式滑坡、牵引式滑坡和混合式滑坡三类。

(1)推动式滑坡。推动式滑坡是指滑坡的上部不稳定,以致上部边坡始滑而使下部滑动,主要是由于坡顶堆积荷载或进行工程建设引起的。另外,坡顶的垂直裂隙在雨后积水产生的水压力,也会增加坡顶的下滑力,产生滑坡。

(2)牵引式滑坡。由于坡脚受河流冲刷或人工开挖,又在其他因素作用下,首先在边坡下部开始滑动,引起由下而上依次下滑。

(3)混合式滑坡。由于坡顶堆荷或坡下河流冲刷、人工开挖产生的滑坡,始滑位置不固定,边坡的上缘和下缘均存在始滑点,这种情况比较常见。

4.2.2.3 按滑坡的岩土类型分类

边坡的地层、岩性是决定边坡工程性质特征的基本因素之一。边坡的岩性不同,则滑坡的滑动力学特征、形态特征、滑动面形状及发育规模有所不同。滑坡按岩土种类分为堆积层滑坡、黄土滑坡、黏土滑坡、岩层滑坡四类。

4.2.2.4 按发生后的活动性分类

滑坡按发生后的活动性分为:

(1)活滑坡。发生后仍在活动的滑坡。滑坡壁及两侧有新鲜的擦痕,滑坡体上有新产生的鼓胀裂缝、张拉裂缝和剪切裂缝,滑坡体上分布有醉汉林和马刀树等特征。活滑坡对工程建设影响较大,工程上必须重点研究。

(2)死滑坡。发生滑动后已稳定,并停止发展。一般情况下不可能重新活动,坡上植被茂盛,常有居民点等。

4.2.2.5 按滑坡的发展阶段分类

按滑坡的发展阶段,可分为幼年期、青年期、壮年期和老年期。这对滑坡的预测和调查,研究滑坡的发生发展规律有重要意义。

4.2.2.6 按滑坡体的厚度、体积分类

工程上常根据滑坡体的厚度、体积进行分类。

按滑坡体的厚度分为:

(1)浅层滑坡。滑坡体的厚度小于5 m。

(2)中层滑坡。滑坡体的厚度为5~20 m。

(3)深层滑坡。滑坡体的厚度超过20 m。

按滑坡体的体积大小分为:

(1)小型滑坡。滑坡体的体积小于5 000 m^3。

(2)中型滑坡。滑坡体的体积为5 000~50 000 m^3。

(3)大型滑坡。滑坡体的体积为50 000~100 000 m^3。

(4)巨型滑坡。滑坡体的体积大于100 000 m^3。

4.2.3 影响边坡稳定性的因素

影响边坡稳定性的因素复杂多样,主要包括岩土类型和性质、岩体结构和构造、风化作用、水的作用、地震和人类活动等。在这些因素中有自然的,也有人为的;有内在的,也有外在的。可将它们分为两类:一类为主导因素,是长期起作用的因素,包括岩土类型和性质、地质构造、岩体结构、风化作用、地下水活动等;另一类为触发因素,是临时起作用的,有地震、洪水、暴雨、堆载、人工爆破等。正确分析各种因素的作用,是边坡稳定性评价

的工作之一,为预测边坡破坏、发展演化以及有效防治措施提供依据。

4.2.3.1 岩土类型及性质

岩土类型及性质是影响边坡的稳定性的根本因素。岩性控制着斜坡破坏的形式和类型,在黄土地区,边坡在干燥时,可以直立陡峻,但一经水浸,土的强度大减,变形急剧,形成大的滑坡;在花岗岩、厚层石灰岩地区,则以崩塌为主;在片岩、板岩、千枚岩等变质岩地区,往往以表层挠曲、倾倒等蠕动破坏形式为主。在坡高和坡角相同的情况下,岩体愈坚硬,抗变形能力愈强,边坡的稳定性愈好;反之,边坡稳定性差。所以,坚硬完整的岩石(如花岗岩、石英砂岩、石灰岩等)能形成稳定的高陡斜坡,而软弱岩石和土体则只能维持低缓的斜坡。近年来,我国学者根据不同的岩性组合,归纳出了以下容易滑动地层,简称易滑地层,如砂泥岩互层、砂页岩互层、灰页岩互层、黏土岩、板岩、软弱片岩、凝灰岩等。

4.2.3.2 地质构造和岩体结构的影响

地质构造因素对边坡稳定性,特别是岩质边坡稳定性的影响十分明显。在区域构造比较复杂、褶皱比较强烈、新构造运动比较活动的地区,边坡稳定性差,如我国西南横断山脉地区,金沙江地区深切河谷,边坡的崩塌、滑坡、泥石流等极其发育,常出现巨大型滑坡和滑坡群。

对岩质边坡来讲,边坡的破坏形式受岩体中的结构面控制。结构面的成因、性质、延展、产状对边坡的稳定有很大影响。其中,软弱结构面的走向与边坡走向的关系、倾向与边坡倾向的关系,决定了边坡的稳定性。

对于软弱结构面的走向与边坡走向一致的情况,有以下几种类型:

(1)平迭坡。软弱结构面是水平的。这种边坡稳定性较好,但如存在陡倾的节理裂隙,则容易产生崩塌和剥落。

(2)顺向坡。软弱结构面的倾向与斜坡面的倾向相同,即岩层倾向外坡。根据软弱结构面的倾角 α 和坡角 β 的关系又分为两种情况:①坡角 β 大于软弱结构面倾角 α,即 $\beta > \alpha$,这种情况斜坡稳定性最差,极易产生顺层滑坡;②坡角 β 小于软弱结构面倾角 α,即 $\beta < \alpha$,斜坡比较稳定。

(3)逆向坡。软弱结构面的倾向与斜坡面的倾向相反,即岩层倾向内坡。这种斜坡是最稳定的,有时有崩塌发生,很少产生滑坡。

以上三种情况,是指软弱结构面的走向与斜坡的走向相同,对于走向斜交情况,则称为斜交坡。

(4)斜交坡。软弱结构面的走向与斜坡的走向斜交,这类斜坡当软弱面倾向外坡,且交角小于40°时稳定性较差,否则较稳定。

4.2.3.3 水的作用

地表水和地下水是影响边坡稳定性的重要因素,不少滑坡的实例都与水的作用有关。水对边坡的影响是多方面的,有软化作用、冲刷作用、静水压力作用、动水压力作用和浮托力作用。

(1)软化作用。是指水的活动使岩土的强度降低的作用。对黏性土和黄土等土质边坡,遇水后土的抗剪强度降低,抗滑力减小,软化现象明显;对岩质边坡,岩体中的软弱夹层和泥化夹层,亲水性强,出现崩解泥化现象,降低抗剪强度,影响边坡稳定性。

(2)冲刷作用。河谷岸坡因水流冲刷而使斜坡变高、变陡，不利于斜坡的稳定。冲刷还可使坡脚临空，易产生滑坡。

(3)静水压力作用。岩质斜坡上的张裂隙，因降水或地下水活动使裂隙充水，则裂隙将承受静水压力。静水压力的方向与裂隙面垂直，指向斜坡的临空面，对边坡稳定是不利的。雨季使一些斜坡产生崩塌或滑坡，往往与裂隙静水压力的作用有关。

(4)动水压力作用。如果斜坡上岩土体是透水的，地下水在渗流作用下，产生了动水压力。动水压力方向与渗流方向一致，指向临空面，因而对边坡稳定不利。在河谷地带，当洪水过后河水位迅速下降时，河岸内的水缓慢地流出，因而产生的动水压力指向坡外，可能产生滑坡。当库水位急剧下降时，库岸也会因较大的动水压力而失稳破坏。

(5)浮托力作用。处于地下的透水斜坡，将承受浮托力的作用，使坡体的有效重量减轻，对斜坡稳定不利。一些由松散堆积物组成库岸的水库，当蓄水时岸坡发生变形破坏，原因之一就是浮托力的作用。

4.2.3.4 地震的影响

地震对边坡稳定性影响较大。在地震作用下，边坡岩体的结构首先发生破坏变化，出现新的结构面，原有结构面张裂、松弛，饱和砂层出现震动液化，地下水状态发生较大变化，在地震力的反复作用下，边坡沿结构面发生位移变形，直至破坏。

强烈地震引起山崩、滑坡破坏的实例，国内外都有大量记载。如1933年8月25日四川迭溪大地震，引起大滑坡和山崩，摧毁了迭溪镇。滑坡和崩塌将岷江堵塞形成4亿~5亿 m^3 的堰塞湖。10月9日溃口，湖水急剧下泄，造成下游2 500人死亡。

4.2.3.5 工程荷载的影响

在水利水电工程建设中，工程荷载的作用影响边坡的稳定性。如拱坝坝肩承受的拱端推力、边坡坡肩附近的堆载、压力隧洞的内水压力、加固岩体的预应力等外荷载作用，都会对边坡的稳定性产生影响。

除上述因素外，坡脚的人工开挖、爆破影响、引水产生的黄土湿陷性等，均可以引起边坡的变形与破坏。

4.3 泥石流

泥石流是发生在山区的一种含有大量泥沙和石块的暂时性洪流。泥石流与一般的洪流的主要区别是，它是由固体和液体两相物质组成的，固体物质含量较大，一般在15%左右，重度大于13 kN/m^3。在特殊情况下，固体成分占到80%以上，重度可达23 kN/m^3。它的特点是：突然爆发，能量巨大，历时短暂，且复发频繁，因此破坏力巨大。

泥石流的地理分布广泛，据不完全统计，全世界约有近70个国家不同程度地遭受泥石流的袭击。我国山地面积大，自然地理条件和地质条件复杂，所以是世界上泥石流灾害最严重的国家之一。因此，对泥石流的组成特征、发生条件、类型的研究，具有重要意义。

4.3.1 泥石流的形成条件

泥石流的形成，必须同时具备三个基本条件，即地形条件、地质条件和气候条件。

4.3.1.1 地形条件

泥石流总是发生在陡峻的山区，在这里河床坡度陡，地表水迅速集中并沿着沟谷急速流动。典型的泥石流流域，一般可分为形成区、流通区和堆积区三个区段(见图1-65)。

(1)形成区。泥石流的形成区一般位于河谷的上游地区,地形上是三面环山一面有出口的半圆形,周围山坡陡峻,多为30°~60°的陡坡。坡上有大量松散物质,植被较差,分布有冲沟,且滑坡、崩塌发育。这样的地形条件有利于汇集周围的水流和固体物质。

(2)流通区。流通区是泥石流搬运通过的地段,多为狭窄而深切的峡谷或冲沟,谷坡陡,河床坡度大,且多为陡坎和跌水。

(3)堆积区。泥石流的堆积区是泥石流的堆积场所,一般位于山口外或山间盆地边缘,地形上比较平缓。由于地形豁然开阔平坦,泥石流的流速减小,并最终沉积下来,形成扇形、锥形的堆积体。堆积区地面上往往垄岗起伏,大小石块混杂。如果泥石流多次活动,还会使堆积扇呈叠套现象。

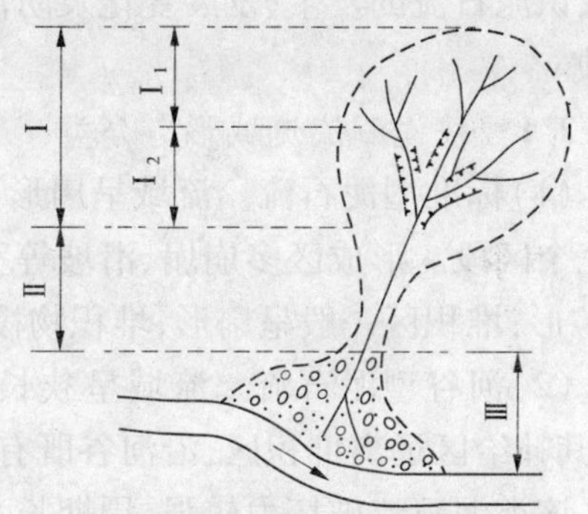

Ⅰ—形成区($Ⅰ_1$—汇水动力区,$Ⅰ_2$—固体物质补给区);Ⅱ—流通区;Ⅲ—堆积区

图1-65 泥石流流域示意图

上述是典型泥石流流域的情况,由于泥石流流域的地形地貌条件不同,有些泥石流流域上述三个区段就不易区分开来,甚至缺失流通区或堆积区。

4.3.1.2 地质条件

凡是泥石流发育的地方,都是岩性软弱,岩石风化破碎,地质构造复杂,褶皱、断裂发育,新构造运动活跃,地震频繁的地区。这样的地段,既为泥石流活动提供了丰富的固体物质来源,又因地形陡峻,高差大,具有强大的动能。我国一些著名的泥石流发育区,如云南东川、四川西昌、甘肃武都大都是沿着构造断裂带分布的。

4.3.1.3 气候条件

泥石流形成条件必须有强烈的地表径流,地表径流水不仅是泥石流的组成部分,也是泥石流活动的搬运介质。泥石流的地表径流来源于暴雨、冰雪融化和水体溃决等,由此将泥石流划分为暴雨型、冰雪融化型和水体溃决型等类型。

我国大部分地区由于受热带、亚热带气候气团的影响,由季风气候控制,降水特点是:降水历时短,降水量集中,降水强度大,易形成暴雨或特大暴雨。如云南东川地区一次暴雨6 h降水量180 mm,形成了历史上罕见的暴雨型泥石流。暴雨型泥石流是我国最主要的泥石流。

有冰川分布和大量积雪的高山区,当夏季冰雪融化时,可为泥石流提供丰富的地表径流。西藏东部的波密地区、新疆的天山山区产生的泥石流,属于冰雪融化型。在这些地区,泥石流的形成还与冰川湖的突然溃决有关。

另外,土壤、植被和人类活动对泥石流的形成也有一定影响。人类不合理的耕种、砍伐森林,破坏了地表结构;严重的水土流失也会加剧泥石流的形成。如四川省1981年特大暴雨,使全省1 060处发生泥石流,其原因之一是近30年来森林覆盖率由35%减少到18%,造成大面积的山区裸露,使风化剥蚀作用加剧。

4.3.2 泥石流分类

泥石流在形成、运动、性质和物质组成等方面存在着差别,研究这些差别并进行分类,对认识泥石流的发生、发展变化及防治措施具有重大意义。目前,对泥石流的分类有以下几种。

4.3.2.1 按泥石流流域形态分类

(1)标准型泥石流。流域呈扇形,流域面积大,能明显地划分出形成区、流通区、堆积区三个区段。形成区多崩塌、滑坡等不良地质现象,地面坡度陡;流通区较稳定,沟谷断面呈V形;堆积区一般呈扇形,堆积物棱角分明。标准型泥石流破坏力强,规模大。

(2)河谷型泥石流。流域呈狭长形,其形成区多为河流上游的沟谷,固体来源较分散,其补给区远离堆积区,沿河谷既有堆积,又有冲刷,流通区与堆积区往往不能明显区分开。该类泥石流破坏力较强,周期长,规模较大。

(3)山坡型泥石流。流域呈斗状,流域面积较小,无明显的流通区,形成区与堆积区直接相连。堆积物棱角尖锐、明显,冲击力大,沉积速度快,但规模较小。

4.3.2.2 按泥石流的物质组成分类

根据泥石流的物质组成,有泥流、泥石流和水石流。

(1)泥流。固体物质主要由细粒的泥沙组成,含少量的岩屑和碎石。黏度比较大,呈稠糊状。此类泥石流主要分布在黄土高原地区。

(2)泥石流。它既有很不均匀的粗碎屑物质,又含有相当多的细粒物质,具有一定的黏性,是一种典型的泥石流,主要分布在西藏波密、四川西昌、云南东川等地。

(3)水石流。固体物质是一些坚硬的石块、漂砾、岩屑,粉土、黏性土等细粒物质含量较少,一般少于10%,多发生在石灰岩、花岗岩、大理岩等地区。如陕西华山、山西太行山、北京西山等地泥石流多属此类。

4.3.2.3 按泥石流的结构和流动性分类

A. 黏性泥石流

这类泥石流含有大量细粒黏土物质,固体物质含量占40%~60%,最高可达80%。水和泥沙、石块凝聚成一个黏稠的整体,以同样的速度流动,流速较慢,具有层流性质,因而具有较大的黏性和结构性。它的密度大(1.6~2.4 g/cm^3),上浮力强,在流动过程中遇到弯道时,有明显的爬高和裁弯取直作用,并不一定沿沟床运动。流动前锋常形成高大的龙头,具有很大的惯性,冲刷作用强烈。

流体到达堆积区后仍不扩散,固液两相物质不分离,而是以狭窄条带状下泄和堆积,堆积物的地面坎坷不平,堆积物无分选性,颗粒具棱角,仍保持运动时的结构特征,故又称为结构型泥石流。

B. 稀性泥石流

这类泥石流的固体体积一般少于40%,粉土、黏性土等细粒含量一般少于5%,水的含量较大。因此,在搬运过程中,搬运介质为浑水或稀泥浆,石块、砂粒以跃移、滚动形式运动,由于泥浆的运动速度远大于石块的速度,在运动过程中发生垂直交换,水流具有紊流特性,故又称为紊流型泥石流。

稀性泥石流在堆积区呈扇形散流,固液相物质分离,有一定的分选性,堆积地形比较平坦。

4.3.2.4 泥石流工程分类

《岩土工程勘察规范》(GB 50021—2001)根据泥石流特征和流域特征将泥石流分为高频率泥石流沟谷Ⅰ和低频率泥石流沟谷Ⅱ两类，每一类又根据流域面积、固体物质一次冲出量、流量、堆积面积和破坏程度分为三个亚类。

A. 高频率泥石流沟谷Ⅰ

基本上每年均有泥石流发生，固体物质主要来源于沟谷的滑坡、崩塌。一般位于强烈抬升区，风化强烈，岩性破碎，山体稳定性差，植被稀少，崩塌、滑坡发育；堆积物新鲜，无植被或仅有稀疏草丛。高频率泥石流沟谷又分为以下三个亚类：

$Ⅰ_1$(严重)：流域面积大于 5 km^2，固体物质一次冲出量大于 5×10^4 m^3，流量大于 100 m^3/s，堆积区面积大于 1 km^2。

$Ⅰ_2$(中等)：流域面积为 1～5 km^2，固体物质一次冲出量为 $(1\sim5)\times10^4$ m^3，流量为 30～100 m^3/s，堆积区面积小于 1 km^2。

$Ⅰ_3$(轻微)：流域面积小于 1 km^2，固体物质一次冲出量小于 1×10^4 m^3，流量小于 30 m^3/s。

B. 低频率泥石流沟谷Ⅱ

泥石流爆发周期一般在 10 年以上，固体物质主要来源于河床。一般分布于各类构造区的山地。山体稳定性好，无大型的滑坡、崩塌。植被较好，河床内灌木丛密布，扇形地已多开垦为农田。低频率泥石流沟谷又分为以下三个亚类：

$Ⅱ_1$(严重)：流域面积大于 10 km^2，固体物质一次冲出量大于 5×10^4 m^3，流量大于 100 m^3/s，堆积区面积大于 1 km^2。

$Ⅱ_2$(中等)：流域面积为 1～10 km^2，固体物质一次冲出量为 $(1\sim5)\times10^4$ m^3，流量为 30～100 m^3/s，堆积区面积小于 1 km^2。

$Ⅱ_3$(轻微)：流域面积小于 1 km^2，固体物质一次冲出量小于 1×10^4 m^3，流量小于 30 m^3/s。

技能训练

1 常见造岩矿物的肉眼鉴定

1.1 试验要求与目的

认识造岩矿物的目的在于认识水利工程建设中常见的各种岩石，并为分析这些岩石的工程性质打下基础。本试验要求如下：

(1)通过对造岩矿物的标本的观察，认识常见造岩矿物的形态、光学性质、力学性质、碳酸盐矿物的“盐酸反应”等主要特征。

(2)学习根据造岩矿物的形态和物理特性，用肉眼鉴定常见造岩矿物的实际技能和描述矿物的基本方法。

1.2 试验内容

认识和熟悉常见的造岩矿物，如石英、长石、云母、辉石、角闪石、方解石、白云石、高岭石、滑石、黄铁矿等。

1.3 试验方法与步骤

无论是在实验室内，还是在野外地质工作中，我们都需要准确地认识矿物和鉴定矿物。目前，鉴定矿物的方法很多，但最基本的是肉眼鉴定。造岩矿物的肉眼鉴定法实质是凭借肉眼和一些简单的工具，如小刀、放大镜、条痕板、摩氏硬度计等，来分辨矿物的外表特征（有时也配合一些简易的化学方法），从而对矿物进行鉴定。这种方法简便，可借以正确地鉴别许多常见的矿物。

矿物的肉眼鉴定法通常可按下列步骤进行：

（1）观察矿物的光泽。确定它是金属光泽，还是非金属光泽，借以确定是金属矿物还是非金属矿物。

（2）试验矿物的硬度。确定它的硬度是大于还是小于指甲的硬度，是大于还是小于小刀的硬度。

（3）观察矿物的颜色。如已确定被鉴定的矿物硬度大于小刀的硬度，为金属光泽，而且呈黄铜色，那么就容易确定它是黄铁矿而非黄铜矿，然后检查一下其他特征就可以确定下来。如果被鉴定的矿物硬度小于小刀的而大于指甲的，并属于玻璃光泽，那么决不会是石英、长石（硬度都大于小刀），也不可能是辉石、角闪石（呈黑色）。

（4）观察矿物的形态和其他物理性质。针对有限的几种可能性，逐步缩小范围，认真观察，仔细分析，最终鉴定出矿物，定出矿物名称。

1.4 鉴定和描述

观察和描述造岩矿物标本，参照主要造岩矿物鉴定特征表，结合标本，在教师指导下自行学习。在独立的观察基础上，总结出各矿物的鉴定特征。填写试验报告表1-19。

表1-19 常见造岩矿物的肉眼鉴定报告

编号	颜色	硬度	解理断口	其他性质	+HCL	鉴定特征	命名

班级：________ 姓名：________ 学号：________ 日期：________

2 常见岩浆岩的肉眼鉴定

2.1 试验目的与要求

（1）通过对岩浆岩标本的观察，熟悉其结构、构造特征。

（2）运用肉眼鉴定造岩矿物的方法，分析常见火成岩的矿物组成。

（3）学习岩浆岩的简易分类和肉眼鉴定方法。

2.2 试验内容

认识和熟悉常见岩浆岩中的花岗岩、花岗斑岩、流纹岩、正长岩、正长斑岩、粗面岩、闪长岩、闪长玢岩、安山岩、辉长岩、辉绿岩、玄武岩、花岗细晶岩、伟晶岩、浮岩、黑曜岩。

2.3 试验方法与步骤

用肉眼鉴定火成岩的主要依据是岩石的产状(野外产出形态)、结构、构造、矿物组成和颜色等,鉴定时可参考以下步骤:

(1)根据野外产状、岩石的结构和构造,区分出深成岩、浅成岩和喷出岩。其特征如表1-2所示。注意深成岩、浅成岩、喷出岩的产状结构、构造间的区别。

(2)观察岩石的颜色。火成岩的颜色在很大程度上反映了其化学和矿物组成。火成岩可根据化学成分中二氧化硅的含量分为超基性岩(<45%)、基性岩(45%~52%)、中性岩(52%~65%)、酸性岩(>65%),二氧化硅的含量肉眼是不可能分辨的,但其含量多少往往反映在矿物成分上。一般情况下,岩石中二氧化硅含量高,浅色矿物就多,暗色矿物则相对较少。反之,二氧化硅含量低,浅色矿物就少,暗色矿物则相对较多。矿物颜色是构成岩石颜色的主导因素。所以,颜色可作为肉眼鉴定火成岩的特征之一。通常由超基性岩到酸性岩,颜色由深变浅。如超基性岩呈黑色—绿黑色—暗黑色;基性岩呈灰黑色—灰绿色;中性岩呈灰色—灰白色;酸性岩呈肉红色—淡红色—白色。

(3)观察火成岩的矿物成分。先观察岩石中有无石英(含有石英时,要观察其数量),其次观察有无长石(含有长石时,要尽量区分是正长石还是斜长石),继而观察有无橄榄石存在。这些矿物是判别不同岩石的指示性矿物。此外,尚要注意黑云母,它经常出现在酸性岩中。

(4)火成岩常以所含主要矿物成分命名,如辉长岩(主要含斜长石和辉石)、闪长岩(主要含斜长石和角闪石)、正长斑岩(具有以正长石为主的斑晶)、闪长玢岩(具有以斜长石、角闪石为主的斑晶)等。

2.4 鉴定和描述

观察和描述造岩矿物标本,参照岩浆岩分类表,结合标本,在教师指导下自行学习。在独立的观察基础上,总结出各岩浆岩的鉴定特征。填写试验报告表1-20。

表1-20 常见岩浆岩的肉眼鉴定报告

编号	颜色	主要矿物	结构	构造	化学分类	鉴定特征	命名

班级:________ 姓名:________ 学号:________ 日期:________

3 常见沉积岩的肉眼鉴定

3.1 试验目的与要求

(1)熟悉沉积岩的结构、构造及物质组成特征。

(2)掌握常见沉积岩的基本分类和肉眼鉴定方法。

3.2 试验内容

认识和熟悉常见岩浆岩中的砾岩、角砾岩、砂岩、粉砂岩、泥质岩石、石灰岩、白云岩及生物化学岩。

3.3 试验方法

由于沉积岩是经过沉积作用形成的,所以绝大多数沉积岩都具有明显的层状构造特征,在鉴定时(尤其是在野外现场)要予以充分注意。此外,通过对沉积岩自身特点的观察与分析,正确区分是碎屑岩、泥质岩,还是化学岩。凭肉眼或借助放大镜能分辨出碎屑颗粒占组成物质50%以上者,属于碎屑岩类;只能分辨少量极为细小的矿物或碎屑颗粒,整体岩石具细腻感,质地均一,可塑性及吸水性很强,干燥时色浅,质较硬,潮湿时色深,质变软,吸水后体积增大者为泥质岩类;完全分辨不出颗粒,整体岩不具致密感或组成物质具一定的结晶形态者为化学岩类。在此基础上,再进一步区分和命名。

在鉴定碎屑岩时,除观察颜色、碎屑成分及含量外,尚需注意观察碎屑的形状、大小、胶结物的成分和胶结类型。

在鉴定泥质岩时,则应着重观察它们的构造特征。页岩具有沿层面分裂成薄片或页片的性质,常可见显微层理,称为页理(页岩因此而得名)。而黏土岩则往往层理不发育,具块状构造。有些沉积岩中常含有机质成分,如炭质页岩、油页岩等。

在鉴定化学岩时,除观察其颜色、物质成分外还需判别其结构、构造特征,并辅以简单的化学试验,如用稀盐酸检验是否有起泡反应。鉴定报告见表1-21。

表1-21　常见沉积岩的肉眼鉴定报告

编号	颜色	主要成分	结构	构造	胶结物	鉴定特征	岩石命名

班级:________　姓名:________　学号:________　日期:________

4　常见变质岩的肉眼鉴定

4.1 试验目的与要求

(1)通过对变质岩标本的观察,学习变质岩的结构、构造和矿物组成特征。

(2)学习常见变质岩的命名和肉眼鉴定方法。

4.2 试验内容

认识和熟悉常见岩浆岩中的大理岩、石英岩、片麻岩、片岩、板岩、千枚岩。

4.3 试验方法与步骤

肉眼鉴定变质岩的主要依据是构造特征和矿物成分。在矿物成分中,应特别注意那些为变质岩所特有的变质矿物,如绢云母、石榴子石、红柱石、硅灰石等。

根据变质岩所具有的构造特征,可将其分为两类:一类是具有片理构造的岩石,包括板岩、千枚岩、各种结晶片岩和片麻岩;另一类是不具片理构造的块状岩石,主要包括大理岩、石英岩等。

最常用的对具有片理构造变质岩的命名是“附加名称+基本名称”。其中,“基本名称”可以其片理构造类型表示,如具板状构造者,可定名为板岩;具片状构造者,可定名为片岩。附加名称可以特征变质矿物、主要矿物成分或典型构造特征表示,如对一块具明显片麻状构造的岩石,可初定为“片麻岩”(基本名称),若其矿物组成中含有特征变质矿物石榴子石,则在“片麻岩”前冠以“石榴子石”(附加名称),即将该标本定名为“石榴子石片麻岩”。同样,对含滑石和绿泥石较多的片岩,可分别命名为“滑石片岩”和“绿泥石片岩”。其他如眼球状片麻岩等的命名亦然。

对具有块状构造变质岩的命名,则应考虑其结构及成分特征,如粗粒大理岩,硅灰石大理岩等。鉴定报告见表1-22。

表1-22 常见变质岩的肉眼鉴定报告

编号	颜色	主要矿物	结构	构造	原岩	鉴定特征	命名

班级:________ 姓名:________ 学号:________ 日期:________

思考与练习题

1. 什么是矿物和造岩矿物?矿物有哪些鉴定特征?常见的造岩矿物有哪几种?
2. 什么是岩石?它同矿物有何区别?构成地壳的岩石有哪几类?
3. 什么是岩浆岩?它有哪些主要结构和构造类型?常见岩浆岩有哪些?
4. 沉积岩是如何形成的?它的组成成分、结构、构造特征有哪些?常见沉积岩有哪些?
5. 什么是变质岩?变质岩有哪些构造类型?常见变质岩有哪些?
6. 解理、层理、片理及流纹构造有何区别?
7. 岩石的工程地质性质的指标有哪些?
8. 评价三大类岩石的工程地质性质。
9. 地质构造的基本类型有哪些?
10. 简述地层相对年代的确定方法。
11. 岩层产状要素有哪些?怎样测定?
12. 褶皱的基本形态有哪些特征?在野外如何识别褶皱?
13. 张节理和剪节理有何特征?
14. 断层的基本类型有哪些?各有何特征?野外如何识别断层?
15. 什么是地震的震级和烈度?二者有何区别?
16. 阅读一幅地质图。
17. 根据埋藏条件和含水层空隙成因,地下水分为哪些基本类型?
18. 什么是上层滞水?有何特点?
19. 什么是潜水?什么是承压水?试比较它们之间在基本特征上的异同。
20. 怎样表示潜水面的形状?等水位线图如何绘制?它的用途有哪些?
21. 什么样的地质构造条件适宜储存承压水?试绘图并说明。

22. 什么是孔隙水？有何基本特征？
23. 什么是泉？泉是怎样形成的？绘图说明泉的主要类型。
24. 什么是风化作用？风化作用有哪些主要类型？
25. 产生物理风化的因素主要有哪几种？
26. 影响风化作用的主要因素是什么？如何划分岩石的风化带？
27. 简述风化残积层的特征。
28. 简述洪积扇的工程分区及地质条件。
29. 河流有哪几种地质作用？各有何不同特点？
30. 什么是溯源侵蚀？什么是侵蚀基准面？
31. 河曲的凹岸和凸岸有什么特征？
32. 什么是河流阶地？河流阶地是如何形成的？阶地有哪些类型？
33. 河流的搬运作用主要有哪些类型？
34. 简述洪积层与冲积层的联系与区别。
35. 什么是岩溶地貌？主要有哪些类型？
36. 岩溶发育的基本条件是什么？
37. 影响岩溶发育的因素有哪些？
38. 崩塌产生的主要原因是什么？
39. 简述滑坡的各种分类体系。
40. 影响滑坡的因素有哪些？
41. 什么是泥石流？简述泥石流的分区特征。
42. 产生泥石流的条件是什么？
43. 简述泥石流的分类体系。

项目2　工程地质勘察方法与勘察成果应用

【学习目标】　通过本项目的学习，了解工程地质勘察方法及各个勘察阶段的任务和要求、工程地质勘察的基本内容，能正确应用工程地质勘察成果。

【重点】　各勘察阶段的任务与要求。

【难点】　工程地质勘察报告的阅读应用。

工程地质勘察是工程规划、设计、施工中极为重要的前期工作和基础工作之一，直接关系到工程的运行安全、建设周期和工程造价。工程地质勘察是研究、评价建设场地的工程地质条件所进行的地质测绘、勘探、室内试验、原位测试等工作的统称。

工程地质勘察工作通常根据工作任务要求，针对需要查明的工程地质问题，因地制宜地运用不同勘察方法和手段，包括工程地质测绘、工程地质勘探（含地球物理勘探）、工程地质试验和工程地质监测等。布置勘察工作，遵循点、线、面结合，由地表到地下，由宏观到微观，由定性到定量的原则，先测绘后勘探、试验的工作顺序，以免遗漏重要的地质现象而做出错误的分析和判断，同时可避免盲目布置勘探工作而造成浪费。

本项目主要介绍工程地质勘察的目的和内容、工程地质勘察方法、工程地质勘察报告的编写与阅读。

任务1　工程地质勘察的内容与方法

1　水利工程地质勘察的内容

1.1　水利水电工程地质勘察大纲

勘察单位在开展野外工作之前，应收集和分析已有的地质资料，进行现场踏勘，了解自然条件和工作条件，结合工程设计方案和任务要求，编制工程地质勘察大纲。勘察大纲在执行过程中应根据客观情况变化适时调整。工程地质勘察大纲应包括下列内容：

（1）任务来源、工程概况、勘察阶段、勘察目的和任务。

（2）勘察地区的地形地质概况及工作条件。

（3）已有地质资料，前阶段勘察成果的主要结论及审查、评估的主要意见。

（4）勘察工作依据的规程、规范及有关规定。

（5）勘察工作关键技术问题和主要技术措施。

（6）勘察内容、技术要求、工作方法和勘探工程布置图。

（7）计划工作量和进度安排。

（8）资源配置及质量、安全保证措施。

(9)提交成果内容、形式、数量和日期。

1.2　水利水电工程地质勘察阶段的划分

水利水电工程地质勘察应分为规划、可行性研究、初步设计、招标设计和施工详图设计等阶段。项目建议书阶段的勘察工作宜基本满足可行性研究阶段的深度要求。各勘察阶段的基本要求和内容如下。

1.2.1　规划阶段工程地质勘察

规划阶段工程地质勘察应对规划方案和近期开发工程选择进行地质论证,并提供工程地质资料。规划阶段勘察应包括下列内容:

(1)了解规划河流、河段或工程的区域地质和地震概况。

(2)了解规划河流、河段或工程的工程地质条件,为各类型水资源综合利用工程规划选点、选线和合理布局进行地质论证。重点了解近期开发工程的地质条件。

(3)了解梯级坝址及水库的工程地质条件和主要工程地质问题,论证梯级兴建的可能性。

(4)了解引调水工程、防洪排涝工程、灌区工程、河道整治工程等的工程地质条件。

(5)对规划河流(段)和各类规划工程天然建筑材料进行普查。

1.2.2　可行性研究阶段工程地质勘察(选址勘察)

可行性研究阶段工程地质勘察应在河流、河段或工程规划方案的基础上选择工程的建设位置,并应对选定的坝址、场址、线路等和推荐的建筑物基本形式、代表性工程布置方案进行地质论证,提供工程地质资料。可行性研究阶段勘察应包括下列内容:

(1)进行区域构造稳定性研究,并对工程场地的构造稳定性和地震危险性作出评价。

(2)初步查明工程区及建筑物的工程地质条件、存在的工程地质问题,并作出初步评价。

(3)进行天然建筑材料初查。

(4)进行移民集中安置点选址的工程地质勘察,初步评价新址区场地的整体稳定性和适宜性。

1.2.3　初步设计阶段工程地质勘察

初步设计阶段工程地质勘察应在可行性研究阶段选定的坝(场)址、线路上进行。查明各类建筑物及水库区的工程地质条件,为选定建筑物形式、轴线、工程总布置提供地质依据。对选定的各类建筑物的主要工程地质问题进行评价,并提供工程地质资料。

(1)根据需要复核或补充区域构造稳定性研究与评价。

(2)查明水库区水文地质、工程地质条件,评价存在的工程地质问题,预测蓄水后的变化,提出工程处理措施的建议。

(3)查明各类水利水电工程建筑物区的工程地质条件,评价存在的工程地质问题,为建筑物设计和地基处理方案提供地质资料和建议。

(4)查明导流工程及其他主要临时建筑物的工程地质条件。根据需要进行施工和生活用水水源调查。

(5)进行天然建筑材料详查。

(6)设立或补充、完善地下水动态观测和岩土体位移监测设施,并应进行监测。

(7)查明移民新址区工程地质条件,评价场地的稳定性和适宜性。

1.2.4 招标设计阶段工程地质勘察

招标设计阶段工程地质勘察应在批准审查的初步设计报告基础上,复核初步设计阶段的地质资料与结论,查明遗留的工程地质问题,为完善和优化设计及编制招标文件提供地质资料。招标设计阶段勘察应包括下列内容:

(1)复核初步设计阶段的主要勘察成果。

(2)查明初步设计阶段遗留的工程地质问题。

(3)查明初步设计阶段工程地质勘察报告审查中提出的工程地质问题。

(4)提供与优化设计有关的工程地质资料。

1.2.5 施工详图设计阶段工程地质勘察

施工详图设计阶段工程地质勘察应在招标设计阶段基础上,检验、核定前期勘察的地质资料与结论,补充论证专门性工程地质问题,进行施工地质工作,为施工详图设计、优化设计、建设实施、竣工验收等提供工程地质资料。施工详图设计阶段工程地质勘察应包括下列内容:

(1)对招标设计报告评审中要求补充论证的和施工中出现的工程地质问题进行勘察。

(2)水库蓄水过程中可能出现的专门性工程地质问题。

(3)优化设计所需的专门性工程地质勘察。

(4)进行施工地质工作,检验、核定前期勘察成果。

(5)提出对工程地质问题处理措施的建议。

(6)提出施工期和运行期工程地质监测内容、布置方案和技术要求的建议。

1.3 水利工程地质勘察的工作程序

工程地质勘察的工作程序见图 2-1。

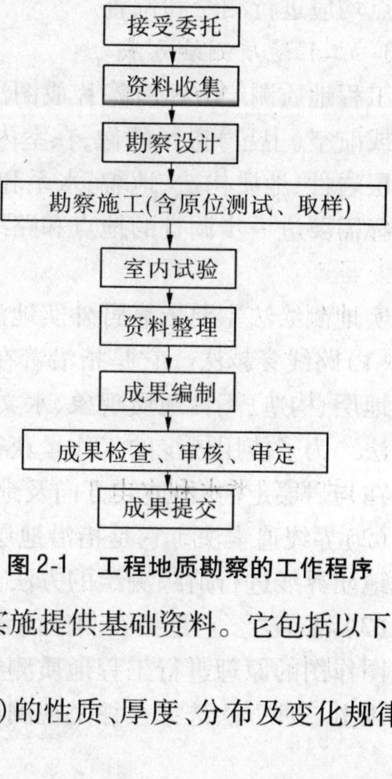

图 2-1 工程地质勘察的工作程序

2 勘察方法

工程地质勘察的基本方法有工程地质测绘、工程地质勘探与取样、工程地质测试与长期观测、工程地质资料室内整理等。

2.1 工程地质测绘和调查

2.1.1 工程地质测绘和调查的任务

工程地质测绘和调查是工程地质勘察的早期工作,它的任务是在综合分析测区内已有的地形地质、工程地质、水文地质等地质资料的基础上,编制测区的工程地质测绘工作底图,再利用工作底图填绘出测区内的地表工程地质图,为工程地质勘探、取样、试验、监测等的规划、设计和实施提供基础资料。它包括以下几项内容:

(1)地层岩性。查明测区范围内地表地层(岩层)的性质、厚度、分布及变化规律,并确定其地质年代、成因类型、风化程度及工程地质特性等。

(2)地质构造。研究测区范围内各种构造形迹的产状、分布、形态、规模及其结构面的物理力学性质,明确各类构造岩的工程地质特性,并分析其对地貌形态、水文地质条件、岩石风化等方面的影响,以及构造活动尤其是地震活动的情况。

(3)地貌条件。调查地表形态的外表特征,如高低起伏、坡度陡缓和空间分布等;进而从地质学和地理学的观点分析地表形态形成的地质原因和年代,以及其在地质历史中不断演变的过程和将来的发展趋势;研究地貌条件对工程建设总体布局的影响。

(4)水文地质。调查地下水资源的类型、埋藏条件、渗透性,分析水的物理性质、化学成分、动态变化,研究水文条件对工程建设和使用期间的影响。

(5)地质灾害。调查测区内边坡稳定状况,查明滑坡、崩塌、泥石流、岩溶等地质灾害分布的具体位置、规模及发育规律,并分析其对工程结构的影响。

(6)建筑材料。在建筑场地或线路附近寻找可以利用的石料、砂料、土料等天然建筑材料,查明其分布位置、大致数量和质量、开采运输条件等。

2.1.2 工程地质测绘和调查的精度

工程地质测绘和调查的精度可以通过测绘的比例尺与地质界限及地质点的测绘精度来控制。

(1)测绘的比例尺。一般根据工程地质勘察的阶段来确定。在可行性研究勘察阶段可选用1:5 000~1:50 000,在初步勘察阶段可选用1:2 000~1:10 000,详细勘察和施工勘察阶段可选用1:500~1:2 000。

对于工程地质条件复杂和对工程有重要影响的地质单元,可适当加大比例尺。

(2)测绘和调查的精度。对于图上尺寸不小于3 mm地质单元体的地质界线和地质观测点均应进行测绘和调查。

2.1.3 工程地质测绘方法

工程地质测绘方法有像片成图法和实地测绘法等多种方法。像片成图法是利用地面摄影或航空(卫星)摄影的像,在室内根据判释标志,结合所掌握的区域地质资料,把判明的地层岩性、地质构造、地貌、水系和不良地质现象等,转绘在图纸上,并在新绘成的图纸上选择需要进一步调查的地点和路线进行实地调查,对图纸进行修正和补充,得到工程地质图。

实地测绘法主要依靠野外实地测绘来完成。实地测绘法有三种:

(1)路线穿越法。它是指沿着在测区内选择的一些路线,穿越测绘场地,将沿线所遇到的地层、构造、不良地质现象、水文地质、地形、地貌等界线和特征点填绘在工作底图上的方法。为了能用较少的工作量获得较多工程地质资料,提高工作效率,测绘线路应尽量选择在与岩层走向、构造线方向及地貌单元相垂直,且露头多、覆盖层薄的方向上。

(2)界线追索法。它是指沿地层走向线、地质构造线、不良地质现象边界线等重要的工程地质界线进行追踪测绘的方法。

(3)测点法。它是指在测区内设若干观测点,再根据这些观测点的记录资料和工程地质图作图的原理进行工程地质测绘的方法。

以上三种方法选择往往是视测区内的地形、地质条件分布而定。由于路线穿越法具有工作量少、效率高的特点,因此在有条件的地区应首先选用。尤其是当地势较为平坦、布设测绘线路较为方便时,一般选用路线穿越法。测点法由于其不利于测区内地质模型的判断或建立,一般仅用于地形复杂、不宜布置测绘线路的地区,或作为测绘线路附近的特殊观测点的补充使用。界线追索法则适用于重要的地质界线的专门测绘,多作为路线穿越法的补充。当然,在实际工程中测区内的地形、地质条件是千变万化的,常常需要将三种方法灵活运用。一般采用以路线穿越法为基础,对测绘线路附近的特殊观测点增加临时测点,对测绘线路附近的重要的地质界线采用临时增加追索线路的办法可以取得较为理想的效果。

2.2 开挖勘探

开挖勘探是指将局部地质条件直接开挖,进行详细观察和描述的勘探方法。根据开挖体的空间形状的不同,开挖勘探可分槽探、坑探、井探和硐探等几种类型。

2.2.1 槽探

槽探是在地表挖掘成长条形的沟槽(通常称探槽)进行地质观察和描述的勘探方法。它主要用于地层分界线、地质构造线或断裂破碎带、岩脉比较集中的地质剖面的测绘。

探槽的开挖深度一般小于 3 m,其断面有矩形、梯形和阶梯形等多种形式。一般采用矩形,当探槽深度较大时常用梯形,当探槽深度很大且探槽的两壁地层的稳定性较差时则需要阶梯形来保证探槽的两壁地层的稳定。

2.2.2 坑探

凡揭露勘探挖掘空间的三向尺寸相差不大时称挖掘空间为探坑,与之相应的勘探称为坑探(见图2-2)。坑探主要用于非常局部的地质现象的重点勘探,深度一般为 1 ~ 2 m。

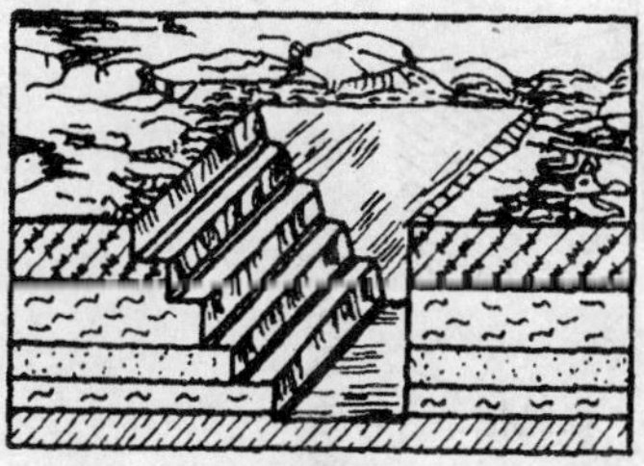

(a)探井

(b)在探井中取原状土样

(c)原状土样

图2-2 坑探示意图

2.2.3 井探

凡揭露勘探挖掘空间的平面长度和宽度相差不大,而深度远大于长度和宽度时称挖掘空间为探井,与之相应的勘探称为井探。井探主要用于局部地质现象随深度变化情况的重点勘探。探井深度一般为 3 ~ 15 m,断面形状有方形、矩形和圆形等。当在易坍塌的地层中开挖时,要采取支护措施。

2.2.4 硐探

当需要对坡体以下某一标高的某一水平方向的工程地质条件进行重点勘探时,常采用在指定标高的指定方向开挖地下硐室的方法来完成。此种勘探方法称为硐探,所开挖的地下硐室称为探硐。

由上所述可以看出，开挖勘探，特别是井探和硐探的成本是比较高的，为了提高资金的使用效率，工程中除利用开挖勘探掌握勘探区域的工程地质现象外，还常利用开挖过程进行试验取样、现场试验等工作。

2.3 钻探

工程地质钻探是利用钻进设备，通过采集岩芯或观察井壁（见图2-3），以探明地下一定深度内的工程地质条件，补充和验证地面测绘资料的勘探工作。工程地质钻探既是获取地表下准确的地质资料的重要方法，也是采取地下原状岩土样和进行多种现场试验及长期观测的重要手段。目前，国内的土木工程的工程地质钻探工作主要按《建筑工程地质钻探技术标准》（JGJ 87—92）进行。

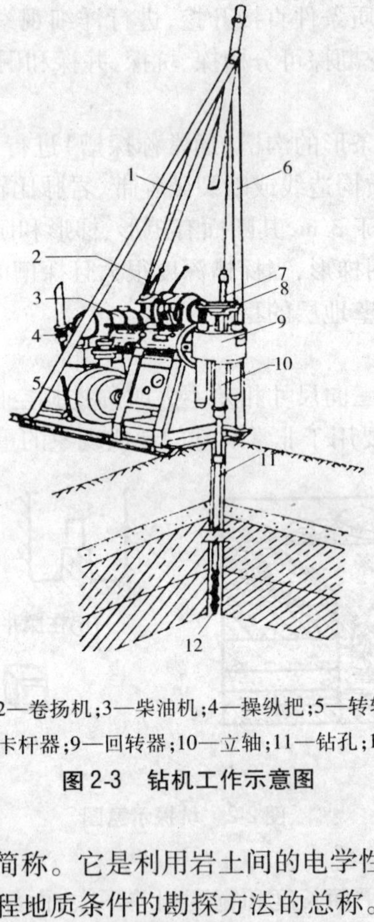

1—钢丝绳；2—卷扬机；3—柴油机；4—操纵把；5—转轮；6—钻架；
7—钻杆；8—卡杆器；9—回转器；10—立轴；11—钻孔；12—螺旋钻头

图2-3 钻机工作示意图

2.4 物探

物探是地球物理勘探的简称。它是利用岩土间的电学性质、磁性、重力场特征等物理性质的差异探测场区地下工程地质条件的勘探方法的总称。其中，利用岩土间的电学性质差异而进行的勘探称电法勘探；利用岩土间的磁性变化而进行的勘探称磁法勘探；利用岩土间的地球引力场特征差异而进行的勘探称重力勘探；利用岩土间传播弹性波的能力差异而进行的勘探称地震勘探。此外，还有利用岩土的放射性、热辐射性质的差异而进行的地球物理勘探方法。

物探虽然具有速度快、成本低的优点，但由于其仅能对物理性质差异明显的岩土进行辨别，而且勘察过程中无法对岩土进行直接的观察、取样及其他的试验测试，因而一般岩土工程主要用于特定的工程地质环境中精度要求较低的早期勘察阶段的大型构造、采空区、地下管线等的探测。

2.5 岩土工程测试

岩土工程测试是在工程地质勘探的基础上，进一步研究勘探区内岩土的工程地质性质而进行的试验和测定，故也称岩土测试。测试方法分原位测试和室内测试两种。原位测试是在现场岩土体中对不脱离母体的“试样”进行的试验和测定，室内测试则是将从野外或钻孔采取的试样送到实验室进行的试验和测定。原位测试是在现场条件下直接测定岩土的性质，避免了岩土样在取样、运输及室内试验准备过程中被扰动，因而所得的指标参数更接近于岩土体的天然状态，一般在重大工程中采用；室内测试的方法比较成熟，所取试样体积小，与自然条件有一定的差异，因而结果不够准确，但能满足一般工程的要求。

原位测试主要有三大任务：一是测定岩土体（地基土）的力学性质和承载力强度，方法主要有静荷载试验、触探试验、标准贯入试验、十字板剪切试验等；二是水文地质试验，主要有渗水试验、压水试验和抽水试验等；三是地基及基础工程试验，主要有不良地基灌浆补强试验和桩基础承载力试验等。

室内试验主要测定岩土体的物理性质指标（密度、界限含水率、含水率、饱和度、孔隙度、孔隙比等）和力学性质指标（压缩变形参数、抗剪强度、抗压强度等）。以下介绍静荷载试验、静力触探试验、标准贯入试验和十字板剪切试验几种常用测试方法。

2.5.1 静载荷试验

静载荷试验是在现场试坑或钻孔内放一载荷板，在其上依次分级加压 p，测得各级压力下土体的最终沉降值 s，直到承压板周围的土体有明显的侧向挤出或发生裂纹，即土体已达到极限状态。由此可以确定地基土的允许承载力和变形模量，研究地基变形范围和应力分布规律等。

2.5.2 静力触探试验

静力触探试验的仪器设备包括探杆、带有电测传感器的探头、压入主机、数据采集记录仪等，常将全部仪器设备组装在汽车上，制造成静力触探车。试验方法是用压入装置，以 20 mm/s 的匀速静力，将探头压入被试验的土层，用电阻应变仪测量出不同深度土层的贯入阻力等，以确定地基土的物理力学性质及划分土类。根据目前的研究和经验，静力触探试验成果可以用来划分土层，评定地基土的强度、变形参数和承载力等。静力触探试验适用于软土、黏性土、粉土、砂土和含少量碎石的土。

2.5.3 标准贯入试验

标准贯入试验是用63.5 kg 的穿心锤，以 76 cm 的落距反复提起和自动脱钩落下，锤击一定尺寸的圆筒形贯入器，将其打入，测定每贯入 30 cm 厚土层所需的锤击数（$N_{63.5}$），以此确定该深度土层性质和承载力的一种动力触探方法。

标准贯入试验的主要成果有标准技术 N 与深度 H 的关系曲线和标贯孔工程地质柱状图，可以用来判断土的密实度和稠度、估算土的强度与变形指标、判别砂土液化、确定地基承载力、划分土层等。

2.5.4 十字板剪切试验

十字板剪切试验是采用十字板剪切仪，在现场测定饱和软黏土的抗剪强度的一种原位测试方法。试验时将十字板头压入被测试土层中，或将十字板头装在钻杆前端压入打好的钻孔底以下0.75 m左右的被测试的土层中,然后缓慢匀速摇动手柄旋转(大约每转或每度10 s的速度转动),每转1转(1度)记录钢环变形的百分表读数一次,直到读数不再增加或开始减小(即土体已经被剪切破坏)。试验一般要求在3~10 min内把土体剪切破坏,以免在剪切过程中产生孔隙压力消散。

2.6 工程地质长期观测

工程地质长期观测是指在工程规划、勘察、施工阶段以至完工以后,对某些工程地质条件和某些工程地质问题进行长期观测,以了解其随时间变化的规律及发展趋势,从而验证、预测、评价其对工程建筑和地质环境的影响。工程地质长期观测的内容有地下水动态(水位、水量、水质),各种物理地质现象,如滑坡动态、斜坡岩土体变形、水库坍岸、地基沉降速度及各部分沉降差异、建筑物变形等。观测时间分为定期或不定期,其间隔和长短视观测内容需要和变化特点而定。

任务2 阅读工程地质勘察报告

岩土工程勘察报告是工程地质勘察的最终成果,是工程设计和施工的重要依据。报告是否正确反映工程地质条件和岩土工程特点,关系到工程设计和建筑施工能否安全可靠、措施得当、经济合理。当然,不同的工程项目,不同的勘察阶段,报告反映的内容和侧重有所不同;有关规范、规程对报告的编写也有相应的要求。

岩土工程勘察成果是对岩土工程勘察工作的说明、总结和对勘察区域内的工程地质条件的综合评价及相应图表的总称。它一般由岩土工程勘察报告及附件两个部分组成。

1 工程地质勘察成果内容

1.1 岩土工程勘察报告的要求及内容

1.1.1 要求

岩土工程勘察报告是岩土工程勘察成果中的文字说明部分,主要对岩土工程勘察工作进行说明和总结,并对勘察区域内的工程地质条件进行综合评价。它应达到以下要求:

(1)原始资料应进行整理、检查、分析,并确认无误后方可使用。

(2)内容完整、真实,数据正确,图表清晰,结论有据,建议合理,重点突出,有明确的工程针对性。

(3)便于使用和长期保存。

1.1.2 内容

岩土工程勘察报告的内容应根据任务要求、勘察阶段、工程特点和地质条件等具体情况编写,通常包括:

(1)勘察目的、任务要求和依据的技术标准。

(2)拟建工程概况。

(3)勘察方法和勘察工作布置。

(4)场地的地形、地貌、地层、地质构造特征,岩土的类别、地下水、不良地质作用的描述和对工程危害程度的评价。

(5)岩土的物理力学性质指标及地基承载力的建议值。

(6)地下水埋藏情况、类型和水对工程材料的腐蚀性。

(7)场地稳定性和适宜性的评价。

(8)岩土利用、整治和改造方案的分析论证。

(9)工程施工和使用期间可能发生的岩土工程问题的预测,以及监控和预防措施的建议。

(10)成果报告应附下列必要的图表:①勘察点平面布置图;②工程地质柱状图;③工程地质剖面图;④原位测试成果图表;⑤室内试验成果图表;⑥岩土利用、整治、改造方案的有关图表;⑦岩土工程计算简图及计算成果图表。

1.2 工程地质报告的编写格式

1.2.1 绪论

绪论主要是说明勘察工作的任务、勘察阶段和需要解决的问题、采用的勘察方法及其工作量,以及取得的成果,附以实际材料图。为了明确勘察的任务和意义,应先说明建筑的类型和规模,以及国民经济意义。

1.2.2 通论

通论是阐明工作地区的工程地质条件,所处的区域地质地理环境,以明确各种自然因素,如大地构造、地势、气候等,对该区工程地质条件形成的意义。通论一般可分为区域自然地理概述,区域地质、地貌、水文地质概述,以及建筑地区工程地质条件。概述等章节的内容,应当既能阐明区域性及地区性工程地质条件的特征及其变化规律,又须紧密联系工程目的,不要泛泛而论。在规划阶段的工程地质勘察中,通论部分占有重要地位,在以后的阶段中其比重愈来愈小。

1.2.3 专论

专论一般是工程地质报告书的中心内容,因为它既是结论的依据,又是结论内容选择的标准。专论的内容是对建设中可能遇到的工程地质问题进行分析,并回答设计方面提出的地质问题与要求,对建筑地区做出定性、定量的工程地质评价,作为选定建筑物位置、结构形式和规模的地质依据,并在明确不利的地质条件的基础上,考虑合适的处理措施。专论部分的内容与勘察阶段的关系特别密切,勘察阶段不同,专论涉及的深度和定量评价的精度也有差别。专论还应明确指出遗留的问题,进一步明确勘察工作的方向。

1.2.4 结论

结论的内容是在专论的基础上对各种具体问题做出简要、明确的回答。态度要明朗,措辞简练,评价要具体,问题不彻底的可以如实说明,但不要含糊其词、模棱两可。

工程地质报告必须与工程地质图一致,互相照映,互为补充,共同达到为工程服务的目的。

1.3 水利工程地质勘察报告

一个完整的工程地质勘察报告应由报告正文和报告附件组成。具体分述如下。

1.3.1 工程地质勘察报告正文

报告正文应全面论述本阶段勘察工作获得的各项成果并进行工程地质评价,提出结论和建议,要求内容客观真实,论述重点突出,形式务求实用,且应做到文字简练、条理清晰、论证有据、图文相符。正文一般包括以下几个部分。

1.3.1.1 绪论(前言、概况)

绪论主要包括以下内容:勘察的目的、任务与要求,即接受任务时下达的设计书指标内指出的拟建筑物的项目内容、区域地质条件、场地位置、面积范围;钻孔布置及钻探施工的具体要求、施工注意事项;工作概况,应叙述钻机进退场时间、室内分析试验和报告编制时间;钻探过程中使用的钻机型号、钻进方法及冲洗液类型、岩土芯采取率;勘察项目完成的实际工作量(钻孔进尺、钻孔试验及取样等),钻探质量是否达到勘察设计规范要求,勘察过程中主要执行的规范和规程。

1.3.1.2 区域地质概况

区域地质概况决定了一项工程的场地条件和地基岩土条件,应从以下三个方面加以论述:

(1)地貌。包括勘察场地的地貌部位、主要形态、次一级地貌单元划分。如果场地小且地貌简单,应着重论述地形的平整程度、相对高差。

(2)地质构造。主要阐述的内容是:地层(岩石)、岩性、厚度;勘察场地所在的构造部位,有无活动断层通过,附近有无发震断层;岩层中节理、裂隙发育情况和风化、破碎程度。如果勘察场地大多地处平原,应划分第四系的成因类型,论述其分布埋藏条件、土层性质和厚度变化。

(3)不良地质现象。包括勘察场地及其周围有无滑坡、崩塌、塌陷、潜蚀、冲沟、地裂缝等不良地质现象。如在碳酸盐岩类分布区,则要叙述岩溶的发育及其分布、埋藏情况。如果勘察场地较大,地质地貌条件较复杂,或不良地质现象发育,报告中应附地质地貌图或不良地质现象分布图;如场地小且地质地貌条件简单又无不良地质现象,则在前述钻孔位置平面图上加地质地貌界线即可。当然,倘若地质地貌单一,则可免绘界线。

(4)地震基本烈度,地震动峰值加速度。

1.3.1.3 工程地质条件

这一部分是工程地质勘察报告着重论述的问题,是进行工程地质评价的基础。

1.3.1.4 水文地质条件

工程地质勘察报告中应叙述施工场地的含水层,地表水及地下水(孔隙水、裂隙水、潜水)的性质,影响地下水位发生变化的因素,地下水的补给方式、埋藏状态,地下水水质对混凝土的侵蚀性,要结合场地的地质环境,列出据以判定的主要水质指标,即 H^+、HCO_3^-、SO_4^{2-}、侵蚀 CO_2 的分析结果,并附水样化验报告说明场地的地表水及地下水情况,或按要求阐明水文地质条件。对于小场地或水文地质条件简单的勘察场地,论述的内容可以简化。

1.3.1.5 天然建筑材料

天然建筑材料是工程施工过程中必不可少的一部分,主要包括土料、砂砾料和石料等。应叙述勘察任务,各料场的勘探和取样情况、储量和质量评价及开采、运输条件等。

1.3.1.6 结论与建议

结论是勘察报告的精华,它不是前文已论述的重复归纳,而是简明扼要的评价和建议。一般包括以下几点:

(1)对场地条件和地基岩土条件的评价。

(2)结合工程的类型及荷载要求,论述各层地基岩土作为基础持力层的可能性和适宜性。

(3)选择持力层,建议基础形式和埋深。若采用桩基础,应建议桩型、桩径、桩长、桩周土摩擦力和桩端土承载力标准值。

(4)地下水对基础施工的影响和防护措施。

(5)基础施工中应注意的有关问题。

(6)建筑是否作抗震设防。

(7)其他需要专门说明的问题。

1.3.2 工程地质勘察报告的附件

工程地质勘察报告的附件主要是指报告附图、附表和照片图册等。一般包括以下内容。

1.3.2.1 工程地质图

以地形图或地形地质图为底图,标明地貌单元,各类勘探点,剖面线的位置和编号,地层的时代,岩土性质和产状,构造的位置、产状和性质,不良地质现象的位置和性质,工程地质分区,图例,比例尺等。有时还附有综合地层柱状图表等,并附勘探点坐标、高程数据表。

1.3.2.2 工程地质剖面图

图上画出该剖面的岩土单元体的分布、地下水位、地质构造、标准贯入试验击数、静力触探曲线等。

1.3.2.3 钻孔柱状图

钻孔柱状图表示该钻孔所穿过的地层面综合成图表。图中表示有地层的地质年代、埋藏深度、厚度、顶和底标高、特征描述、取样和测试的位置、实测标准贯入击数、地下水水位标高和测量日期,以及有关的物理力学指标随钻孔深度的变化曲线等。

柱状图的比例尺一般为1:100~1:500。

1.3.2.4 有关图表

标准贯入试验、静力触探试验、动力触探试验、十字板剪切试验、旁压试验、载荷试验、波速试验、水底地层剖面仪探测等原位测试的成果图表,试验图表,岩芯照片图册等。

2 工程地质勘察报告的阅读应用

工程地质勘察报告的内容根据勘察阶段、任务要求和工程地质条件而有所不同,阅读时从文字和图表两方面入手。

2.1 阅读钻孔平面位置图

了解钻探的工作量和工程场地的基本情况,包括钻孔数量、孔深、场地的地形地貌条件、地质构造、不良地质现象及地震基本烈度。

2.2 阅读钻孔柱状图

了解场地内每个钻孔沿深度方向岩性的变化厚度、取样深度、现场试验及地下水的埋藏条件。

2.3　阅读工程地质剖面图

了解场地内纵横方向岩性在深度上的变化和地下水的埋藏条件，继而确定厚度大且相对稳定的地层作为可选基础持力层。

2.4　阅读岩土试验成果表和土的主要物理力学性质一览表

了解场地的地层分布、岩石和土的均匀性、物理力学性质和其他设计计算指标，为基础选择良好的地基提供依据。

2.5　阅读场地的综合工程地质评价

了解场地的稳定性和适宜性，可能存在的问题，有关地基基础方面的建议等。

3　某水库工程地质勘察报告实例

3.1　绪论

该水库位于某市东约 34 km 的龙头岙山涧溪流上，坝址有沿海南线及简易公路相连接，交通较便利。于 1970 年 8 月动工，至 1982 年上半年竣工蓄水。水库大坝为黏土心墙砂壳坝，坝长 215 m，坝高 26.0 m（本次勘探揭露最大坝高为 33.20 m），坝顶高程约 48.7 m（1985 国家高程基准，下同），库区集水面积 2.8 km^2，正常库容为 122.0 万 m^3，总库容为 160.1 万 m^3，是一座以灌溉为主，结合防洪、发电等综合利用的小型水库。

该水库建库前没有做过地质勘察工作，建库后已运行 30 余年。按大坝安全鉴定的相关规程规范要求，本次勘察工作共布置 9 个钻孔：坝顶布置 6 个钻孔（其中 1 个植物胶取样孔），迎水坡布置 1 个钻孔，背水坡布置 2 个钻孔。现场勘察手段以钻探和水文地质试验为主，结合工程地质测绘，本阶段勘察工作的主要目的有：

(1) 查明坝基覆盖层、坝肩的工程地质条件和水文地质条件。

(2) 对坝体心墙土质量及心墙与下伏基岩、砂砾石层接触段进行水文地质评价。

(3) 对左坝头溢洪道进口东侧的滑坡体进行工程地质测绘，提出工程治理建议。

本次工程地质勘察工作主要依据《水利水电工程地质勘察规范》（GB 50487—2008）、《中小型水利水电工程地质勘察规范》（SL 55—2005）、《水利水电工程钻孔压水试验规程》（SL 30—2003）、《土工试验规程》（SL 237—1999）、《土工试验方法标准》（GB/T 50123—1999）、《碾压式土石坝设计规范》（SL 274—2001）进行。

勘察外业自 7 月 5 日开始，8 月 29 日结束。完成的勘察工作量见表 2-1。

3.2　区域地质及库区工程地质条件

3.2.1　地形地貌

库区属浙东低山丘陵区，山势北高南低，区内植被茂盛，山涧沟谷深切，群山环抱，以构造侵蚀地貌为主，坝址南面紧临象山港。

3.2.2　地层岩性

库区出露的基岩为单一的侏罗系上统西山头组（J_3x）熔结凝灰岩，新鲜岩石呈青灰色，块状结构。第四系覆盖层主要为第四系全新统冲洪积（Q_4^{al+pl}）砂砾卵石层、第四系上更新统冲洪积（Q_3^{al+pl}）含泥砂砾卵石层，坝址处总厚度大于 25 m，分布于溪流河谷；第四系全新统残坡积（Q_4^{el+pl}）、崩坡积（Q_4^{col+dl}）粉质黏土夹碎石，主要分布于山坡坡麓及坡脚。

表2-1 勘察工作量一览

<table>
<tr><th colspan="2">项目</th><th>单位</th><th colspan="2">工作量</th></tr>
<tr><td colspan="2">坝址区工程地质测绘(1:1 000)</td><td>km²</td><td colspan="2">0.10</td></tr>
<tr><td rowspan="2">钻探</td><td>1. 常规钻孔</td><td>m/孔</td><td>354.75/8</td><td rowspan="2">411.75/9</td></tr>
<tr><td>2. 植物胶取样孔</td><td>m/孔</td><td>57.0/1</td></tr>
<tr><td rowspan="3">现场试验</td><td>1. 注水试验</td><td>段次</td><td colspan="2">73</td></tr>
<tr><td>2. 压水试验</td><td>段次</td><td colspan="2">5</td></tr>
<tr><td>3. 重型圆锥动力触探试验</td><td>次</td><td colspan="2">17</td></tr>
<tr><td rowspan="4">室内试验</td><td>1. 原状土样常规试验</td><td>个</td><td colspan="2">55</td></tr>
<tr><td>2. 原状土样分散度试验</td><td>个</td><td colspan="2">12</td></tr>
<tr><td>3. 砂砾石颗分析</td><td>个</td><td colspan="2">3</td></tr>
<tr><td>4. 水质分析</td><td>个</td><td colspan="2">1</td></tr>
</table>

3.2.3 地质构造与地震

工程区位于华南褶皱系(Ⅰ$_2$)浙东南褶皱带(Ⅱ$_3$)中丽水—宁波隆起(Ⅲ$_7$)的新昌—定海断隆带(Ⅳ$_9$)的北段,区内构造以断裂为主,褶皱不发育,地质构造较为简单,以北东向、北北东向压性、压扭性断裂为主。

本区区域构造稳定,根据《中国地震动参数区划图》(GB 18306—2001),工程区设防标准为50年超越概率10%的地震动参数:地震动峰值加速度为0.05g(相应地震基本烈度值为6度),地震动反应谱特征周期为0.35 s(按1区中硬场地考虑),设计地震分组为第一组。

3.2.4 水文地质条件

本区属亚热带季风气候,气候温暖,雨量充沛。地下水主要受大气降水补给,向河流排泄。地下水类型有第四系松散堆积物孔隙潜水和基岩裂隙水。局部(含泥)砂砾卵石层可能分布有孔隙性承压水,但水头很小,本次勘探期间坝址区钻孔中未见承压水。

孔隙潜水地下水位埋深浅,水位受季节变化,透水性大,水量相对丰富。基岩裂隙水富水性主要受岩石的风化程度和地质构造控制,水量贫乏。

3.2.5 水库区工程地质条件

3.2.5.1 水库渗漏

水库库周群山环抱,分水岭宽厚,组成库周的岩石为抗渗性良好的火山碎屑岩,库周未见渗透性良好的区域性断层通过,故水库渗漏问题不存在。

3.2.5.2 库岸稳定

水库已运行30余年,库周除左坝头溢洪道进口东北侧山体存在滑坡体外,水库其余库周岩土体完整性较好,自然边坡整体稳定性尚好,未发生大范围的库岸再造问题。

3.3 坝址区工程地质条件

3.3.1 坝体填筑料及物理力学指标

水库大坝为心墙砂壳坝,坝体填筑材料由心墙防渗体、坝壳、护坡块石等组成。坝体填筑材料分别描述如下：

I_1：碎石土，由碎石及少量粉质黏土组成，厚 0.65 ~ 0.9 m，分布于坝顶表面。

I_2：干砌护坡块石，以块石为主，底部有少量碎石，厚 0.5 ~ 0.6 m，分布于迎水坡、背水坡表面。

II_1（心墙防渗体）：主要为含砾粉质黏土，局部为粉质黏土、砾砂，以灰黄、棕黄色为主，粉质黏土呈可塑—硬塑状。心墙土局部夹风化碎石，碎石粒径一般为 0.5 ~ 5 cm，大者大于 10 cm。坝顶处心墙最厚达 32.55 m。

心墙土主要物理力学指标如下：

黏粒含量 10.9% ~ 43.4%，平均值 29.15%，$\omega = 20.1\% \sim 37.0\%$，$\rho_d = 1.36 \sim 1.69\ \mathrm{g/cm^3}$，$e = 0.615 \sim 1.011$，$a_v = 0.144 \sim 0.432\ \mathrm{MPa^{-1}}$，$E_s = 4.21 \sim 11.35\ \mathrm{MPa}$，$k_h = 4.22 \times 10^{-7} \sim 2.77 \times 10^{-4}\ \mathrm{cm/s}$（室内试验，下同），$k_v = 5.77 \times 10^{-8} \sim 1.50 \times 10^{-4}\ \mathrm{cm/s}$，$C_{快} = 7.9 \sim 31.6\ \mathrm{kPa}$，$\varphi_{快} = 14.8° \sim 25.7°$，$C_{固} = 18.6 \sim 43.5\ \mathrm{kPa}$，$\varphi_{固} = 19.1° \sim 27.5°$。

ZK2、ZK3 孔各取 1 组心墙土样进行击实试验，最大干密度 $\rho_{dmax} = 1.63 \sim 1.67\ \mathrm{g/cm^3}$，平均 $1.65\ \mathrm{g/cm^3}$；最优含水率 $\omega_{op} = 20.0\% \sim 21.5\%$，平均 20.7%。

本次勘察共取了 12 组心墙土样进行分散度试验，分散度为 0 ~ 8.3%，均为非分散性土。分散度试验结果见表 2-2。

表 2-2　心墙土分散度试验成果汇总

土样编号	钻孔位置	孔口高程(m)	取样深度(m)	分散度 D(%)	类别
ZK1 - 2	坝轴线桩号 0 + 020 m	48.80	4.45 ~ 4.70	4.0	非分散性土
ZK1 - 4			9.85 ~ 10.10	0	
ZK1 - 6			17.45 ~ 17.70	1.5	
ZK2 - 2	坝轴线桩号 0 + 072 m	48.65	6.00 ~ 6.25	1.8	
ZK2 - 4			12.00 ~ 12.25	2.6	
ZK2 - 6			18.20 ~ 18.45	0	
ZK2 - 8			24.25 ~ 24.50	1.6	
ZK2 - 10			30.40 ~ 30.65	8.3	
ZK3 - 5	坝轴线桩号 0 + 107 m	48.60	16.20 ~ 16.45	0	
ZK3 - 8			26.25 ~ 26.50	0.3	
ZK4 - 3	坝轴线桩号 0 + 140 m	48.60	10.25 ~ 10.50	0	
ZK4 - 7			22.70 ~ 22.95	0.4	

II_2、II_3（坝壳）：坝壳填筑料可分为 II_2 层砂砾土和 II_3 层堆石两个亚层。II_2 层砂砾土由残坡积、全风化层填筑而成，主要由黏土质砾砂及少量粉质黏土组成，局部偶夹碎块石。II_2 层砂砾土主要物理力学指标如下：

$\omega = 20.0\% \sim 28.9\%$，$\rho_d = 1.49 \sim 1.69\ \mathrm{g/cm^3}$，$e = 0.599 \sim 0.833$，$a_v = 0.144 \sim 0.249\ \mathrm{MPa^{-1}}$，$E_s = 6.86 \sim 11.16\ \mathrm{MPa}$，$C_{固} = 29.5\ \mathrm{kPa}$，$\varphi_{固} = 27.7°$。

Ⅱ$_3$层堆石主要由碎石组成,含少量块石,碎石粒径一般5～10 cm,大者大于15 cm。该层主要分布在迎水坡及背水坡一级马道以下坝体上部。背水坡ZK7、ZK8钻孔揭露该层。

Ⅱ$_1$层砾粉质黏土、Ⅱ$_2$层砂砾土物理力学指标统计值和建议值略。

3.3.2 坝基工程地质条件

坝基覆盖层为第四系全新统冲洪积(Q_4^{al+pl})砂砾卵石层、上更新统冲洪积(Q_3^{al+pl})含泥砂砾卵石层,基岩为侏罗系上统西山头组(J_3x)熔结凝灰岩。ZK7钻孔揭露坝基覆盖层埋藏最深达-4.85 m高程。坝基地层自上而下分别描述如下:

Ⅲ$_1$:粉质黏土层(Q_4^{al+pl}),灰色,稍湿,可塑。该层为原坝基地表耕植土,本次勘探仅背水坡第二级别马道ZK8钻孔揭露,厚0.45 m。上游坝基部位施工时已将该层全部挖除。

Ⅲ$_2$:砂砾卵石层(Q_4^{al+pl}),灰黄色,稍密—中密,卵石粒径一般为2～5 cm,少数大于10 cm,局部见漂石,砾卵石成分以火山岩为主,次圆—次棱角状,分选性较差,厚4.8～6.0 m。水库建坝时,坝轴线心墙齿槽部位已将该层全部挖除。

Ⅲ$_3$:含泥砂砾卵石层(Q_3^{al+pl}),灰黄色—黄褐色,中密—密实,泥质胶结,卵石粒径一般2～10 cm,少数大于10 cm,局部见漂石,钻孔中见漂石最大直径达1.35 m;砾卵石表面已风化,部分砾卵石呈全强风化,砾卵石成分以火山岩为主,次圆—次棱角状,泥质胶结程度、密实度随埋深增大而提高。ZK7钻孔揭露该层最大厚度达23.45 m。不均匀系数C_u=190.17～3 471.0,曲率系数C_c=5.162～124.28。ZK9钻孔中原状砂砾石样品,颗粒分析成果见表2-3。根据ZK9孔级配曲线分析,细颗粒含量P_c均小于25%,坝基含泥砂砾卵石的渗透变形类别为管涌。

表2-3 钻孔ZK9坝基含泥砂砾卵石颗粒分析成果

样品编号	取样高程(m)	d_{60}(mm)	d_{30}(mm)	d_{10}(mm)	C_u	C_c
ZK9-1	10.0～15.0	38.182	7.225	0.011	3 471.0	124.28
ZK9-2	5.0～10.0	54.580	11.352	0.287	190.17	8.227
ZK9-3	0～5.0	55.460	6.873	0.165	336.12	5.162

Ⅳ:基岩,岩性为侏罗系上统西山头组(J_3x)熔结凝灰岩,青灰色,块状构造。左岸强风化带厚0～4.0 m,弱风化带厚7.0～12.0 m;河床段强风化带厚0.8～1.1 m;右岸强风化带厚1.0～1.5 m。

3.3.3 地质构造

坝址区地质构造简单,两岸地表及钻孔中均未见断层通过。发育的节理以中等—陡倾角为主,节理面较平直,多充填铁锰质、方解石薄膜。大坝左岸主要发育两组节理:①N35°～40°E/SE∠80°,②N60°～65°W/SW∠75°;大坝右岸主要发育两组节理:①N15°～20°E/NW∠85°,②N60°～65°W/SW∠55°。

3.3.4 物理地质作用

左坝头溢洪道进口东北侧山体曾多次发生滑坡,该滑坡体若再次滑动,极有可能堵塞溢洪道进口，严重影响溢洪道的正常行洪功能，进而威胁水库大坝及下游村庄的安全。为查明滑坡体的工程地质条件，北仑区春晓镇政府于2004年6月委托浙江省工程勘察院对该滑坡体进行了勘察，并提交了《北仑区春晓镇红山水库左坝肩山体滑坡地质灾害勘查与方案设计》。因此，本次安全鉴定地质勘察工作，未针对该滑坡体布置钻探工作，仅以现场工程地质测绘为主，分析评价时结合利用前期的滑坡勘察资料。

该滑坡体地表为较松散的第四系全新统残坡积(Q_4^{el+dl})灰黄色含碎石粉质黏土覆盖，下伏基岩为侏罗系上统西山头组(J_3x)青灰色熔结凝灰岩。根据滑坡体附近基岩露头调查成果及前期钻孔资料，下伏基岩无不利于山体稳定的结构面组合，基岩整体稳定。

滑坡体后缘边界呈近直立的弧形，局部折线形，后缘高程74～84 m，前缘高程43 m，滑坡体纵向长度约58 m，最大横向宽度约100 m，经钻孔揭露平均厚度约12 m，总体积约6万余m^3。滑坡体地表多处发育拉张、剪切陡坎，剪切、鼓丘裂缝。

3.3.5 工程地质评价

3.3.5.1 心墙土填筑质量评价

坝体心墙由非分散性的含砾粉质黏土填筑而成，土料主要来源于残坡积土，土质不均匀，性质差异较大，局部含较多碎石、砾砂。

本次勘察共进行了48组心墙土干密度试验，心墙土干密度$\rho_d = 1.36 \sim 1.69\ g/cm^3$，平均干密度$\rho_d = 1.50\ g/cm^3$。心墙土击实试验平均最大干密度$\rho_{dmax} = 1.65\ g/cm^3$，计算可得坝体心墙土的平均压实度为91%，低于现行规范要求的标准。48组土样中仅有6组土样压实度大于96%，仅占取样总数的12.5%。

3.3.5.2 心墙土防渗性能评价

坝体$Ⅱ_1$层心墙土现场注水试验渗透系数$k = 2.2 \times 10^{-5} \sim 1.4 \times 10^{-3}$ cm/s，属弱—中等透水性；室内土工试验水平渗透系数$k_h = 4.22 \times 10^{-7} \sim 2.77 \times 10^{-4}$ cm/s，属极微—中等透水性，垂直渗透系数$k_v = 5.77 \times 10^{-8} \sim 1.50 \times 10^{-4}$ cm/s，属极微—中等透水性。

心墙土现场32段注水试验渗透系数均大于1.0×10^{-5} cm/s，18组土样室内渗透试验中，亦有10组土样水平渗透系数大于1.0×10^{-5} cm/s，8组土样垂直渗透系数大于1.0×10^{-5} cm/s，不能满足现行规范要求的心墙防渗体渗透系数不大于1×10^{-5} cm/s的要求，建议进行防渗处理。

3.3.5.3 坝基渗漏与渗透稳定评价

坝基为深厚的(含泥)砂砾卵石层。水库动工至今已44年，蓄水运行也已30余年，坝体、坝基压缩沉降变形已基本趋于稳定，坝基的主要工程地质问题是心墙土与坝基接触带、坝基深厚覆盖层的渗漏与渗透稳定问题。

大坝基础开挖时虽已挖除表部强透水的$Ⅲ_2$层砂砾卵石，将防渗心墙齿槽设置在$Ⅲ_3$层含泥砂砾卵石上，但坝轴线位置$Ⅲ_3$层含泥砂砾卵石上部(厚度4.7～5.6 m，底部高程10.5～10.9 m)仍属中等透水性，存在渗漏及渗透稳定问题。心墙齿槽与坝基接触带属中等透水性，存在接触渗流问题。坝轴线处$Ⅲ_3$层含泥砂砾卵石与基岩接触带属弱透水性，不存在接触渗流问题。建议对心墙齿槽地基$Ⅲ_3$层上部中等透水的含泥砂砾卵石层进行渗透稳定分析，必要时进行防渗处理。

3.3.5.4 坝肩渗漏与渗透稳定评价

左岸坡基岩风化较深,浅部基岩及坝体与基岩接触带均为相对透水层,存在接触冲刷和浅部绕坝渗漏问题,建议进行帷幕灌浆处理,防渗帷幕应与坝基防渗体相连。右岸坡基岩风化浅,岩体完整性相对较好,且坝体与基岩接触带透水性弱,工程地质条件较左岸好,不存在接触冲刷和绕坝渗漏问题。

3.3.5.5 左岸滑坡体工程地质评价

据现场工程地质测绘及浙江省工程勘察院的专题报告,溢洪道进口东北侧滑坡体主要由残坡积的灰黄色含碎石粉质黏土组成,滑坡体主要沿着土体与下伏基岩的接触面滑动。由于滑坡体土质较松散,且下伏基岩面倾角较陡,因而在持续强降雨作用下,土体浸润饱和导致自身抗剪强度降低。同时,在强降雨形成的土体渗流作用下,土体与下伏基岩接触面摩擦系数亦降低。两者同时作用导致了土体沿基岩面滑动。

总之,该滑坡体是持续强降雨作用诱发的沿下伏基岩面的顺层滑坡。目前,该滑坡体由蠕动进入滑动阶段,在持续强降雨作用下有可能再次发生滑动,建议对该滑坡体采取削坡卸荷处理措施,同时加强坡面排水和植被保护的综合治理措施。

3.3.5.6 建议参数

$Ⅲ_2$层砂砾卵石:干密度 $\rho_d = 2.0\ g/cm^3$、$E_s = 35\ MPa$、$\varphi = 33°$、$J_{允} = 0.10 \sim 0.12$;$Ⅲ_3$层含泥砂砾卵石层:干密度 $\rho_d = 1.90\ g/cm^3$、$E_s = 40\ MPa$、$\varphi = 35°$、$J_{允} = 0.30 \sim 0.40$。

3.4 结论及建议

(1)水库区域构造稳定,根据《中国地震动参数区划图》(GB 18306—2001),工程区设防水准为50年超越概率10%的地震动参数:地震动峰值加速度为0.05g(相应地震基本烈度值为6度),地震动反应谱特征周期为0.35 s,设计地震分组为第一组。

(2)大坝心墙防渗体由非分散性的含砾粉质黏土填筑而成,局部含较多砾砂、碎石,土质均匀性较差,部分物理力学指标,如压实度、渗透系数等大多不能满足现行规范要求,建议进行防渗处理。

(3)坝基覆盖层为深厚的(含泥)砂砾卵石层。坝基的主要工程地质问题是心墙土与坝基接触带存在接触渗流,心墙齿槽地基$Ⅲ_3$层上部中等透水的含泥砂砾卵石存在渗漏与渗透稳定问题。建议对心墙齿槽地基$Ⅲ_3$层上部中等透水的含泥砂砾卵石层进行渗透稳定分析,必要时进行防渗处理。

(4)大坝右岸工程地质条件较左岸好。左岸浅部基岩及坝体与基岩接触带为相对透水层,存在接触冲刷和浅部绕坝渗漏问题,建议进行帷幕灌浆处理。

(5)左坝头溢洪道进口东北侧滑坡体主要是持续强降雨作用诱发的沿下伏基岩面的残坡积土体顺层滑坡,建议对该滑坡体采取削坡卸荷处理措施,同时加强坡面排水和植被保护的综合治理措施。

思考与练习题

1. 工程地质勘察的目的是什么?
2. 工程地质勘察应查明的工程地质条件有哪些?

3. 岩土工程地质勘察如何分级?

4. 勘察为什么要分阶段进行? 详细勘察阶段应完成哪些工作?

5. 工程地质勘察的方法有哪些?

6. 工程地质勘察报告应包括哪些内容?

7. 工程地质勘察报告的附件应包括哪些内容?

8. 如何阅读工程地质勘察报告?

项目3　水利工程常见工程地质问题处理

【学习目标】　了解岩体、结构面、结构体的概念，掌握岩体的结构特征及结构类型，了解库区、大坝、引水建筑物的工程地质问题并掌握相关的防治措施。

【重点】　岩体的结构特征及结构类型，库区、大坝、引水建筑物的工程地质问题。

【难点】　岩体的结构特征及结构类型。

任何工程建设都是在各种地质环境中进行的，工程建筑物与地质环境之间必然产生相互制约和影响。为保证建筑物的安全与正常运行，建筑物的地基及其附近岩体的稳定是先决条件。实践证明，工程地质资料是水工建筑物设计依据的重要基础资料，必须在设计前首先进行工程地质勘探。反之，如果不重视地质勘探，则会给工程带来巨大危险，严重时会造成灾难性事故。

任务1　坝区工程地质问题及处理

水工建筑物主要由挡水建筑物、泄水建筑物、取水和输水建筑物三大部分组成。其中，拦河大坝是水利水电工程中最主要的挡水建筑物，它拦蓄水流，抬高水位，承受着巨大的水平推力和其他荷载。为了维持平衡、稳定，坝体又将水平压力和荷载及本身的重量传递到坝基或两岸岩体上。因此，大坝建筑对地基岩体的稳定条件有着很高的要求。在大坝的设计和施工过程中，对坝基的岩体进行工程地质分析是十分必要的。

1　岩体概念理解

在20世纪以前，由于生产规模和科学水平的限制，人们对于在岩基上修建建筑物，只注意研究岩石的软硬以区别场地的好坏，很少怀疑其整体稳定性。近百年来，随着生产和科学技术的发展，修建在岩基上的工程项目日益增多，规模也越来越大，对岩基提出了严格的要求。岩石地基的好坏不仅取决于岩石本身的强度，而且与岩石的完整性、地下水的作用等多种因素有关，从而提出了岩体的概念。

通常将工程影响范围内的岩石综合体称为岩体。岩体的规模大小，可视所研究的工程地质问题所涉及的范围和岩体的特点而定。工程岩体通常有地基岩体、边坡岩体和地下硐室围岩三种类型。

岩体和岩石的概念是不同的。岩石是矿物的集合体，其特征可以用岩块来表征。岩体则是由一种岩石或多种岩石组成，甚至可以是不同成因岩石的组合体。岩体在形成过程中，还经受了构造变动、风化作用及荷载作用等各种内外力地质作用的破坏与改造，因此各岩体经常被节理、断层、层面及片理面等所切割，使其成为具有一定结构的多裂隙体。

影响岩体稳定的因素有地形地貌条件、岩性、地质构造、岩体的结构特征、地应力、地下水的作用等地质因素，以及建筑物的规模、类型和施工方法等工程因素。岩体在工程荷载作用下的变形与破坏，主要受各种结构面性质及其组合关系的控制。因此，研究岩体的工程地质性质，首先必须研究岩体的结构特征。

1.1　结构面

岩体是由结构面和结构体两部分组成的(见图3-1)。切割岩体的各种地质界面统称为结构面，结构面也称不连续面，它们是一些具有一定方向、延展较广、厚度较小的二维地质界面，如层面、沉积间断面、节理、断层等，也包括厚度较薄的软夹层。结构面在空间按不同组合，可将岩体切割成不同形状和大小的块体，这些被结构面所围限的岩块称为结构体。岩体的结构特征，就是指岩体中结构面和结构体的形状、规模、性质及其组合关系的特征。结构面是在岩体形成过程中产生的，由于岩体的成因、时代和形成以后所处的自然环境不同，结构面的类型和特征也不同。根据成因，结构面有原生和次生两大类，其基本类型如表3-1所示。

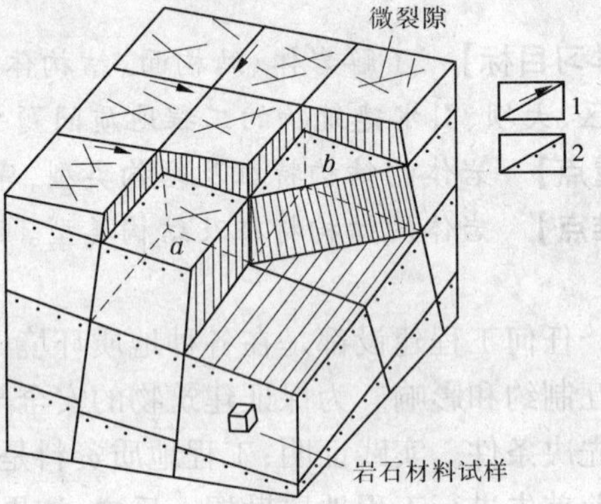

1—剪切节理；2—层面；
a—方块状结构体；*b*—三棱柱状结构体

图3-1　岩石结构示意图

表3-1　结构面的基本类型

成因类型	原生结构面			次生结构面		
	沉积结构面	火成结构面	变质结构面	内动力形成的结构面	外动力形成的结构面	综合形成的结构面
地质类型	层理、层面、沉积间断面、沉积软弱夹层	侵入体与围岩的接触面、火山熔岩层面、冷凝节理	变余层理、片理	构造节理、断层劈理、层间错动面	风化裂隙、卸荷裂隙、爆破裂隙、次生充填软弱夹层	泥化夹层

1.1.1　原生结构面

原生结构面是在岩石成岩过程中形成的，有以下三类。

1.1.1.1　沉积结构面

沉积岩的层理、层面、沉积间断面及沉积软弱夹层等都属于沉积结构面。一般说来，沉积结构面延展性强，产状随岩层的变化而变化。海相沉积结构面分布稳定而清晰。在陆相岩层中结构面常发生尖灭或互相交错。一般层理和层面的强度不一定很低，但由于构造作用产生的层间错动或后期的风化作用会降低其强度。

沉积间断面包括假整合面和不整合面,这些面一般起伏不平,并有古风化残积物,常构成一个形态多变的软弱带。

1.1.1.2 火成结构面

岩浆侵入、喷溢及冷凝过程中形成的结构面,如流层、冷凝节理、侵入体与围岩的接触面及岩浆间歇喷溢所形成的软弱接触面等。

冷凝节理一般具张性特征,对岩体稳定和渗漏有重要影响。侵入体与围岩的接触面,有时形成破碎带或围岩蚀变带成为一种软弱结构面。有时侵入体与围岩间熔合得很好,强度高,可不作结构面看待。

1.1.1.3 变质结构面

变质结构面可分为残留的变余结构面和变成的重结晶结构面两种。前者为沉积岩浅变质所具有,层面仍保留,但在层面上有绢云母、绿泥石等鳞片状矿物密集并呈定向排列。重结晶结构面主要有片理和片麻理等,由于片状或柱状矿物富集并高度定向排列,对岩体特性常起控制性作用。

变质岩中的云母片岩、绿泥石片岩和滑石片岩等,由于片理发育、岩性软弱、易于风化,常构成相对的软弱夹层。

1.1.2 次生结构面

1.1.2.1 内动力形成的结构面

内动力形成的结构面包括节理、劈理、断层、层间剪切带等,也称构造结构面。

这类结构面除已胶结者外,绝大部分都是开裂的。其中的断层及由于层间错动所造成的层间剪切带规模大,并充填有厚度不等、性质各不相同的充填物,有的已泥化,其工程地质性质很差。节理、劈理等一般无充填或有厚度较薄的充填,它们主要影响岩体的完整性及力学性质。

1.1.2.2 外动力形成的结构面

这主要是由风化作用、卸荷及人类活动所形成的结构面,其共同特点是只分布在地表或地表以下数十米的范围内。

风化裂隙一般呈无序状,连续性不强并多为碎屑或泥质填充。风化有时还沿原生的构造结构面发育,可形成风化夹层、风化槽或风化囊等。

卸荷裂隙是由于岩体受到剥蚀或人工开挖,引起垂直方向卸荷和水平应力释放所形成的破裂面,如在河谷斜坡上发育的顺坡向裂隙及谷底的近水平裂隙等。

次生充填软弱夹层,主要是由流水或重力搬运的黏土物质充填在已有裂隙中形成的。

爆破裂隙分布范围有限,其分布密度通常随距爆破点的距离增加而迅速降低。

由于结构面是控制岩体工程地质性能的重要结构因素,因此在工程实践中非常重视对结构面规模及特征的研究。

结构面的规模大小相差悬殊,大者可延展数十千米,宽度可达数十米。规模小者延展仅数十厘米或数十米,甚至可以是很微小的不连续裂隙。很明显,结构面规模不同,它们对岩体稳定渗漏的影响是不一样的。

结构面的特征是影响结构面强度及其他性能的重要因素。国际岩石力学学会实验室和野外试验标准化委员会于 1978 年提出了《岩体不连续面定量描述的建议方法》,规定从方位、间距、延续性、粗糙度、侧壁强度、张开度、充填物、渗流、节理组数、块体大小十个方面进行研究。现结合我国水利水电建设的实际情况，简述如下：

(1)方位。即结构面的产状。

(2)间距。指相邻结构面间的垂直距离，通常是指一组结构面的平均间距。它是反映岩体的完整程度和岩块大小的重要指标。

(3)延续性。它是表征结构面延伸长度和展布范围的指标。在隧洞或地下室的围岩中，如果存在延伸长度为5~10 m的平直结构面，对围岩稳定就有很大的影响。然而，这样规模的结构面，对于边坡或坝基的稳定则影响很小。所以，在实际工程中应注意查明结构面的延续性，再结合工程的类型评价及其对岩体稳定的影响程度。

(4)粗糙度。结构面的平整光滑程度不同，抗剪强度也不同。结构面的形态有平直的、波状的、锯齿状的、台阶状的和不规则状的几种。结构面的起伏程度可用起伏差及起伏角表示，结构面的粗糙程度可用粗糙度系数(JRC)表示。

(5)结构面侧壁强度。它可以反映结构面经受风化的程度，可用施密特回弹仪或点荷载仪测定节理壁的强度。

(6)张开度。指结构面两臂间的垂直距离。结构面的张开度通常不大，一般小于1 mm。国际岩石力学学会将张开度分成闭合的、裂开的、张开的三类九个等级。我国通常将张开度分成下述四级：闭合的小于0.2 mm，微张的为0.2~1.0 mm，张开的为1.0~5.0 mm，宽张的大于5.0 mm。

(7)填充物。结构面内常见的填充物有砂、黏土、角砾、岩屑及硅质、钙质、石膏质沉淀物。结构面经胶结后强度低，填充物厚度不同时，结构面的变形与强度也不同。

(8)渗流。结构面内有无渗流及流量的大小，对结构面的力学性质、有效应力的大小及施工的难易程度均有重要的影响。

(9)节理组数。节理组数的多少，决定着岩石块体的大小及结构类型。我国关于坝基岩体质量分类标准中，根据节理组数划分的结构面发育程度分级见表3-2。

表3-2 结构面发育程度等级分类

等级	特征
不发育	1~2组规则节理，一般延伸长度小于3 m，多闭合、无填充
较发育	2~3组规则节理，延伸长度小于10 m，多闭合、无填充或有方解石等细脉，少量有岩粉或碎屑充填
发育	一般规则节理多于3组，或有较多不规则裂隙，延伸长度不均匀，多数超过10 m，风化者多张开、夹泥
很发育	规则节理多于3组，并有很多不规则裂隙，杂乱无章，裂隙多张开、夹泥，并有延伸较长的大裂隙

1.2 结构体

由数组结构面切割而成的岩石块体，称为结构体。自然界中结构体的形状非常复杂，它们的基本形状有块状、柱状、板状、楔形、菱形及锥形等六种(见图3-2)。

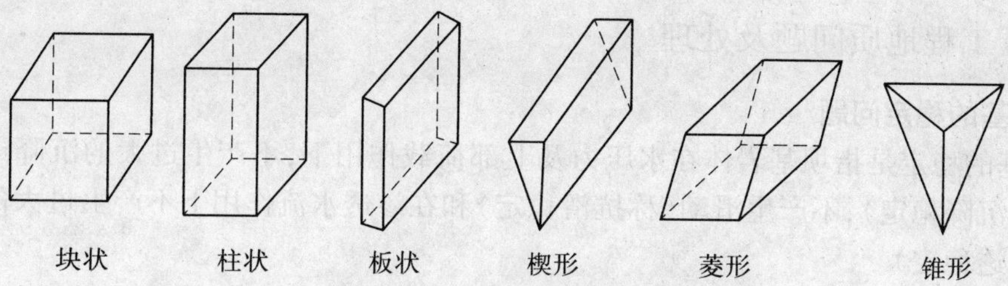

图 3-2 结构体的基本形状

有时由于岩体强烈变形和破坏，也可形成片状、碎块等形状。尽管在岩体稳定分析中，结构面起着控制性的作用，但是结构体的作用也是不容忽视的。工程实践证明，单个结构面有时不一定对岩体稳定构成威胁，只有几组结构面组成的具有一定形状的结构体，才容易影响岩体稳定。不同形状的结构体对岩体稳定的影响是不同的。一般板状、柱状结构体的稳定性比块状结构体差，锥形、楔形结构体当具有临空条件时稳定性很差。此外，结构体与受力方向之间的关系、埋藏深度、临空条件等均对岩体稳定有一定影响。

1.3 岩体结构类型

为概括岩体的变形破坏机理及评价岩体稳定性的需要，可根据岩体的节理化程度，划分岩体的结构类型。《水利水电工程地质勘察规范》(GB 50287—99)将岩体结构划分为4个大类和11个亚类，其基本特征见表3-3。

表 3-3 岩体结构分类

类型	亚类	岩体结构特征
整体块状结构	整体状结构	岩体完整，呈巨块状，结构面不发育，间距大于 100 cm
	块状结构	岩体较完整，呈块状，结构面较发育，间距一般 50 ~ 100 cm
	次块状结构	岩体较完整，呈次块状，结构面较发育，间距一般 30 ~ 50 cm
层状结构	整体层状结构	岩体完整，呈巨厚层状，结构面不发育，间距大于 100 cm
	块层状结构	岩体较完整，呈厚层状，结构面较发育，间距一般 50 ~ 100 cm；呈中厚层状，结构面间距一般 30 ~ 50 cm
	互层状结构	岩体较完整或完整性差，呈互层状，结构面较发育或发育，间距一般 10 ~ 50 cm
	薄层状结构	岩体完整性差，呈薄层状，结构面发育，间距一般 10 ~ 30 cm
碎裂结构	镶嵌碎裂结构	岩体完整性差，岩块镶嵌紧密，结构面发育，间距一般 10 ~ 30 cm
	碎裂结构	岩体较破碎，结构面很发育，间距一般小于 10 cm
散体结构	碎块状结构	岩体破碎，岩块夹层屑或泥质物
	碎屑状结构	岩体破碎，岩屑或泥质物夹岩块

岩体的结构特征，不仅控制了岩体的变形、破坏及应力传播等岩体力学作用，也控制了地下水渗流等规律。一般来说，当岩体结构类型不同时，其破坏失稳的方式也不同，大致有脆性破裂、块体滑移、层状弯折、追踪破裂、塑性流动等几大类。

2 坝区工程地质问题及处理

2.1 坝基的稳定问题

坝基的稳定是指坝基岩体在水压力及上部荷载作用下，不产生过大的沉降或不均匀沉降（称沉降稳定），不产生滑动（称抗滑稳定）和在渗透水流作用下不产生过大的渗透变形（称渗透稳定）。

2.1.1 坝基的沉降稳定问题

坝基在垂直压力作用下，产生的竖向压缩变形称为坝基沉降。显然，沉降量过大或产生不均匀沉降，会使坝体产生裂缝或破坏，影响坝体正常使用。

由坚硬岩石构成的坝基强度高、压缩性低，不会产生过大的沉降。但当坝基岩体中存在软弱夹层、断层破碎带、节理密集带、较厚的强风化岩层、溶蚀洞穴时，则有可能产生较大的沉降或不均匀沉降，甚至导致破坏。

影响沉降的因素，除岩性和地质构造外，还要考虑软弱夹层的存在位置和产状。如图3-3所示，当软弱夹层在坝基中呈水平时，有可能产生沉降变形（见图3-3（a））；当软弱夹层位于下游坝址处时，易使坝体向下游倾覆（见图3-3（b））；当软弱夹层位于坝的上游坝踵处时，沉降影响较小（见图3-3（c））。

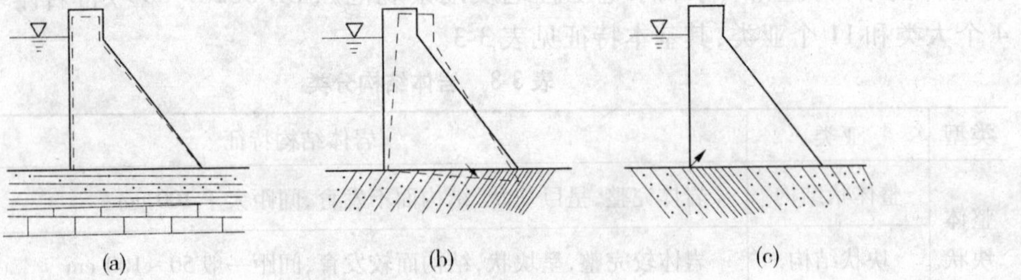

图3-3 软弱夹层的产状和分布位置与沉降稳定示意图

选择坝址时，应尽量避开软弱岩石分布地带。当不能避开时，应采取加固措施，如固结灌浆和开挖回填混凝土等。

为了保证建筑物的安全和正常运用，应将地基沉降变形量限制在一定容许范围内，工程中通常用地基容许承载力来表示。岩基的容许承载力是指岩基在荷载作用下，不产生过大的变形、破裂所能承受的最大压强。岩石地基承载力的确定方法主要有现场荷载试验、经验类比及根据抗压强度进行折减等三种方法。

2.1.1.1 现场荷载试验

现场荷载试验符合实际情况，试验可以准确地测出岩体的弹性模量、变形模量及泊松比等指标，便于计算坝基沉陷量。这种方法准确可靠，但试验过程较复杂，大多在大型工程中采用。

2.1.1.2 试验类比

这是根据已建成的工程经验数据、工程特征和地质条件进行比较，再参考相应规范，根据规范中列举的经验系数进行承载力的计算。

2.1.1.3 根据抗压强度进行折减

以岩石单轴饱和抗压强度 R_b 乘以折减系数 ψ 确定承载力，该法应用广泛，计算公式如下：

$$f = \psi R_b \tag{3-1}$$

式中 ψ——折减系数，大小要根据岩石的坚硬、完善程度、风化程度以及基岩形态等因素而定，可参考有关设计规范。

岩基的承载力一般较高，多数能满足筑坝要求。故[R]往往不是设计中的控制性指标。对于建筑在较软弱、破碎地基上的大型重要建筑物，为了正确确定地基的承载力，应在现场进行荷载试验。

2.1.2 坝基的抗滑稳定分析

坝基岩体在大坝重量及水压力的共同作用下产生的滑动，是重力坝破坏的主要形式。坝基的抗滑稳定分析是大坝设计中的一个重要因素。

2.1.2.1 坝基岩体滑动破坏的类型

按滑动面发生位置的不同，坝基岩体滑动破坏可分为如下几类：

(1)表层滑动。表层滑动是指坝体混凝土底面与基岩接触面之间的剪断破坏现象。一般发生在基岩比较完整、坚硬的坝基，上部坝体与下部基岩的抗剪强度都比较大，只有在二者的接触面，基础处理，特别是清基工作质量欠佳，致使浇筑的坝体混凝土与开挖的基岩面黏结不牢，抗剪强度未能达到设计要求而形成(见图3-4(a))。

(2)浅层滑动。浅层滑动是指沿坝基深度较浅处岩体表层的软弱结构面而发生的滑动(见图3-4(b))。浅层滑动往往发生在施工中对风化岩石的清除不彻底、基岩本身比较软弱破碎，或在浅部岩体中有软弱夹层未经有效处理等情况下。

(3)深层滑动。当坝基岩体某一深度处存在一组软弱结构面或多组结构面的不利组合时，软弱结构面上覆岩体和坝体本身的抗剪强度都较高，而组成软弱结构面的物质的抗剪强度却相对较低，这时坝体和软弱面上覆岩体作为一个整体，在水平推力的作用下，就可能沿该软弱结构面(或结构面的不利组合)形成滑动。这种滑动称为深层滑动(见图3-4(c))。

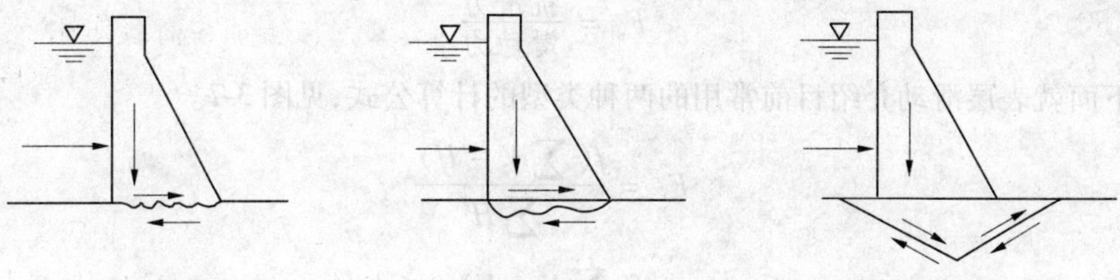

(a)表层滑动 (b)浅层滑动 (c)深层滑动

图3-4 坝基滑动破坏的形式

2.1.2.2 坝基滑动的边界条件

坝基岩体的深层滑动，是因为坝基下岩体四周为结构面所切割，形成可能滑动的滑动体，且该滑动体由可能成为滑动面的软弱结构面、与四周岩体分离的切割面，以及具有自由空间的临空面构成(见图3-5)。滑动面、切割面、临空面构成了坝基岩体滑动的边界条件，它们可以组成各种形状，构成可能产生滑动的结构体，一般常见的结构体形状有楔形体、棱形体、锥形体、板状体四类(见图3-6)。

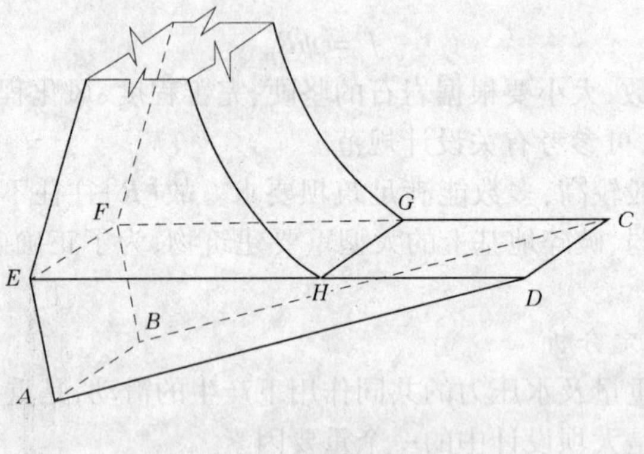

ABCD—滑动面；ADE、BCF、ABEF—切割面；CDHG—临空面

图3-5　坝基滑动边界条件

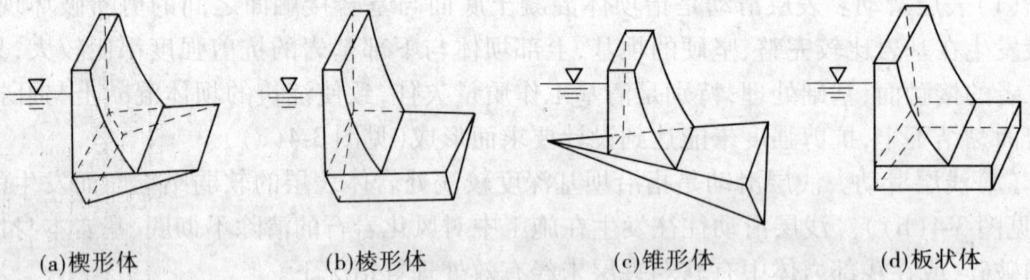

图3-6　坝基滑动体类型

2.1.2.3　坝基抗滑稳定计算公式

在坝基抗滑稳定验算中，通常采用静力极限平衡原理方法，将作用在坝基岩体上的各种力均投影到同一可能的滑动面上，并按其性质分为滑动力与抗滑力两部分，抗滑力与滑动力的比值称为抗滑稳定性系数 F_s，即

$$F_s = \frac{\text{抗滑力}}{\text{滑动力}} \tag{3-2}$$

下面就表层滑动介绍目前常用的两种类型的计算公式，见图3-7。

$$F_s = \frac{f(\sum V - U)}{\sum H} \tag{3-3}$$

$$F'_s = \frac{f(\sum V - U) + CA}{\sum H} \tag{3-4}$$

式中　F_s、F'_s——抗滑稳定安全系数，一般 F_s 取值为1.0~1.1，F'_s 取值为3.0~5.0；

$\sum V$——作用在滑动面上的竖向力之和，kN；

$\sum H$——作用在滑动面上的水平力之和，kN；

U——作用在滑动面上的扬压力，kN；

C——滑动面的黏聚力,kPa;

A——滑动面的面积,m^2;

f——摩擦系数。

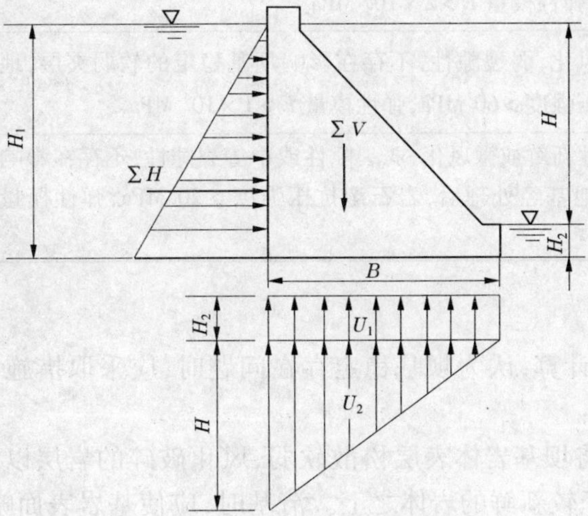

图3-7 表层滑动稳定性计算示意图

式(3-3)和式(3-4)的区别在于是否考虑黏聚力 C 的作用。式(3-3)不考虑黏聚力 C,主要是由于 C 值受很多因素(如风化程度、清基质量以及作用力的大小等)影响,正确选择 C 值有困难。因此,可以不考虑它,并将其作为安全储备,这样可以降低 F_s 值。式(3-4)考虑了 C 值,是认为滑动面处于胶结状态,适用于混凝土与基岩的胶结面及较完整的基岩。

2.1.2.4 抗滑稳定计算中主要参数的确定

从式(3-3)、式(3-4)中可以看出,f、C 值的大小对岩体稳定性影响很大。如果选值偏大,则坝基稳定性没有保证;反之,则会造成工程上的浪费。

目前对抗剪强度指标的选定,一般采用以下三种方法:

(1)经验数据法。对无条件进行抗剪试验的中小型水利水电工程,可在充分研究坝基工程地质条件的基础上,参考经验数据确定 f、C 值。表3-4是根据我国经验得出的摩擦系数 f 值,可供参考。

(2)工程地质类比法。此法是参考工程地质条件相似且运转良好的已建工程所采用的 f、C 值,作为拟建工程的设计指标。这种方法实质上也是经验数据法,但由于条件相似,则更接近实际情况,适用于中小型工程采用。

(3)试验法。试验法是通过室内与现场试验求得抗剪强度指标 f、C 值。采用试验法确定抗剪强度指标时,通常分三步选定。即由试验人员通过试验、整理后提出试验指标;再由地质人员根据工程地质条件等因素予以调整后提出建议指标;最后设计人员根据工程特点对建议指标进行适当调整,提出设计时采用的计算指标。

表 3-4 坝基岩体摩擦系数(f)经验数据

岩体特征	摩擦系数 f
极坚硬、均质、新鲜岩石,裂隙不发育,地基经过良好处理,湿抗压强度 > 100 MPa,野外试验所得弹性模量 $E > 2 \times 10^4$ MPa	0.65 ~ 0.75
岩石坚硬、新鲜或微风化,弱裂隙性,不存在影响坝基稳定的软弱夹层,地基经处理后,岩石湿抗压强度 > 60 MPa,弹性模量 $E > 1 \times 10^4$ MPa	0.65 ~ 0.70
中等硬度的岩石,岩性新鲜或微风化,弱裂隙性或中等裂隙性,不存在影响坝基稳定的软弱夹层,地基经处理后,岩石湿抗压强度 > 20 MPa,弹性模量 $E > 0.5 \times 10^4$ MPa	0.50 ~ 0.60

2.1.2.5 坝基处理

经过以上分析和计算,认为坝基稳定存在问题时,应采取措施,以保证工程的安全。常用的处理措施如下:

(1)清基。是指将坝基岩体表层松散软弱、风化破碎的岩层以及浅部的软弱夹层等开挖清除,使基础位于较新鲜的岩体之上。清基时,应使基岩表面略有起伏,并使之倾向上游,以提高抗滑性能。

(2)岩体加固。可通过固结灌浆,将破碎岩体用水泥胶结成整体,以增加其稳定性。对软弱夹层可采用锚固处理,即用钻孔穿过软弱结构面,进入完整岩体一定深度,插入预应力钢筋,用以加强岩体稳定。

2.2 坝区渗漏问题

水库蓄水后,在大坝上、下游水头差的作用下,库水将沿坝基岩体中存在的渗漏通道向下游渗漏。库水由坝基岩体渗向下游称坝基渗漏,由两岸坝肩岩体的渗漏称绕坝渗漏,两者统称坝区渗漏。坝区渗漏和水库渗漏一样,主要沿透水层(如砂、砾石)和透水带(断层、溶洞)渗漏。

2.2.1 基岩地区渗漏分析

岩浆岩(包括变质岩中的片麻岩、石英岩)区的坝基一般较为理想,对基岩来说,可能渗漏的通道主要是断层破碎带、岩脉裂隙发育带和裂隙密集带,以及表层风化裂隙组成的透水带。只要这些渗漏通道从库区穿过坝基,就有可能导致渗漏。

喷出岩区的渗漏主要是通过互相连通的裂隙、气孔以及多次喷发的间歇面渗漏,具有层状性质。

沉积岩地区除上述断层破碎带和裂隙发育带构成的渗漏通道外,最常见的是透水层(胶结不良的砂砾岩和不整合面)漏水,只要它们穿过坝基,就可成为漏水通道。在岩溶地区应查明岩溶的分布规律和发育程度,当岩溶区一旦发生渗漏,就会使水库严重漏水,甚至干涸。

2.2.2 松散沉积物地区的渗漏分析

松散沉积物地区坝基渗漏主要是通过古河道、河床和阶地内的砂卵砾石层。其颗粒粗细变化较大,出露条件也各异,这些均影响渗漏量的大小。如果砂卵石层上有足够厚度、分布稳定的黏土层时，就等于是天然铺盖，可起防渗作用。因此，在研究松散层坝区渗漏问题时，应查清土层在垂直和水平方向的变化规律。

2.2.3 坝区渗漏量的计算

坝区渗漏量包括坝基渗漏量和绕坝渗漏量两部分，常见的计算方法有以下几种。

2.2.3.1 坝基渗漏量计算

(1)坝基为均值岩层。即坝基由单一透水岩层组成。在其厚度等于或小于坝底宽度且坝身不透水的情况下，可用卡明斯基公式计算：

$$q = k\frac{HT}{L+T} \tag{3-5}$$

式中 q——单宽坝基的渗漏量，$m^3/(m \cdot d)$；

k——土层的渗透系数，m/d；

H——坝上下游水位差，m；

L——坝底宽度，m；

T——透水层厚度，m。

坝基渗漏总量按下式计算：

$$Q = qb \tag{3-6}$$

式中 q——单宽坝基的渗漏量，$m^3/(m \cdot d)$；

b——坝轴线方向渗漏带的宽度，m；

Q——坝基渗漏量，m^3/d。

以上公式的适用条件是 $T \leqslant L$。当 $T > L$ 时，计算结果偏小。

(2)双层透水坝基。即坝基由二元结构的双层透水岩层组成，上部为黏性土层，厚度为 T_1，渗透系数为 k_1；下部为砂砾石层，厚度为 T_2，渗透系数 k_2；在 $k_2 > k_1$ 的情况下，按下式计算单宽坝基的渗漏量 q：

$$q = \frac{H}{\dfrac{L}{k_2 T_2} + 2\sqrt{\dfrac{T_1}{k_1 k_2 T_2}}} \tag{3-7}$$

式中符号意义同前。

当上部为砂砾石透水岩层，下部为黏性土隔水层，$k_2 < k_1$ 时，可按单层透水层计算，下层视为相对隔水层。

【例3-1】 已知坝长350 m，坝下水平岩层的渗透系数 $k = 0.9$ m/d，坝底宽15 m，上游水头6 m，下游水头2 m，坝下含水层厚度 $T = 15$ m，求平底坝坝下渗漏量。

解 已知 $L = 15$ m，$H = H_1 - H_2 = 4$ m，$T = 15$ m，$k = 0.9$ m/d，$b = 350$ m，按式(3-5)、式(3-6)算得

$$Q = kbH\frac{T}{L+T} = 0.9 \times 350 \times 4 \times \frac{15}{15+15} = 630(m^3/d)$$

在实际工作中，往往遇到较复杂的坝基地质剖面，此时应根据地质条件，分段计算出单宽坝基的渗漏量 q，再按公式计算出总渗漏量 Q：

$$Q = \frac{1}{2}[q_1 l_1 + (q_1 + q_2)l_2 + \cdots + (q_{n-1} + q_n)l_n + q_n l_{n+1}] \tag{3-8}$$

式中　$q_1, q_2, \cdots, q_n$ ——断面 1,2,…,n 的单宽渗漏量,$m^3/(d \cdot m)$;

$l_1, l_2, \cdots, l_n$ ——相邻两断面间的距离,m。

由此可见,坝基渗漏量的大小主要取决于岩层透水性的大小。此外,岩层的组合情况、各层的厚度及相对位置对坝基渗漏量也有很大影响,坝的高度和基础宽度也有影响,因此在对坝基渗漏进行评价及采取防渗措施时应全面考虑这些因素。

2.2.3.2　绕坝渗漏量计算

若在坝肩地带存在沟通上下游的渗漏通道,则可形成绕坝渗漏。当坝肩地带由均质岩体组成,且地下水位低于河床水位时,其渗漏量的计算步骤是:先根据坝肩上下游的地形特征,绘出渗透水流的流网图,按流线把渗透范围分成若干个小的渗流带,再按公式计算每一条渗流带的渗漏量 ΔQ,最后求出总的绕坝渗漏量 Q:

$$\Delta Q = k\Delta b\left(\frac{H_1 + H_2}{2}\right)\frac{H}{L} \tag{3-9}$$

$$Q = \sum \Delta Q = \Delta Q_1 + \Delta Q_2 + \cdots + \Delta Q_n \tag{3-10}$$

式中　k——岩土的渗透系数,m/d;

Δb——某一渗流带的宽度,m;

L——某一渗流带的长度,m;

H_1——水库正常高水位至隔水层顶板的高差,m;

H_2——水库下游水位至隔水层顶板的高差,m;

H——水库上下游水位差,m。

绕坝渗漏的流线不会无止境地向岸内扩展,随着至坝肩距离的增大,渗透途径加长,水力坡降降低,单宽渗漏量减小。其中,单宽渗漏量小于允许值,且距坝肩最近的断面构成绕渗边界。

对于非均质岩体组成的坝肩和有集中渗漏带,如果坝肩地带的地下水在水库蓄水前是补给河水的,水库蓄水后绕渗带的宽度则受岸坡原来地下水流状况和库水绕渗水流的共同作用所制约,此时渗漏带的宽度取决于水库壅水高度和地下水回水后的坡降。如果水库壅水高度 H 增加,绕渗带的宽度 b 亦相应增大;同时,岸坡原来的地下水流的坡降越小,则绕渗带宽度越大。如断层破碎带、岩溶通道存在的坝肩,则应根据地质条件划分渗漏带,分别予以计算。

任务 2　库区工程地质问题与处理

由于水库的兴建,改变了水库周围地区的水文地质条件,因此常引起一些地质问题。如渗漏、浸没、淤积、坍岸等,如果不对这些地质问题给予解决,一旦问题严重,后果将不堪设想。

1　库区渗漏问题

水库渗漏包括暂时渗漏和永久渗漏。暂时渗漏只发生在水库蓄水初期,库水不漏出库外,仅饱和库水位以下岩土的孔隙、裂隙和空洞,水量损失是暂时的。永久渗漏是库水通过分水岭向邻谷或洼地，以及经库盆底部向远处低洼排水区渗漏。

水库渗漏受库区地形、岩性、地质构造和水文地质条件所控制。在分析渗漏时，不能只强调某一方面而忽视别的因素，必须全面考虑，综合判断，否则不可能得出正确结论。

1.1 地形地貌

在库岸透水地段，分水岭越单薄，岭谷或洼地下切越深，则库水向外漏失的可能性就越大。若邻谷或洼地底部高程比水库正常蓄水位高，库水就不会向邻谷渗透(见图3-8)。

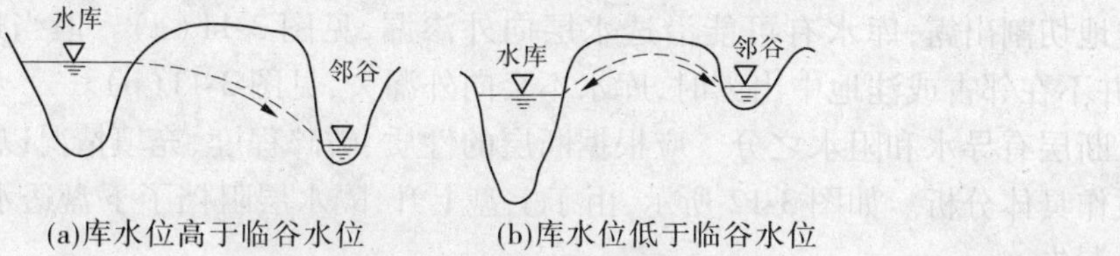

图3-8 临谷高程与水库渗漏的关系

平原地区河谷切割较浅，库水透过岸地带向低处渗漏是不容易的。但河曲地段的河间地带较为单薄，应予注意。尤其是古河道，从库内通向库外更不能忽视(见图3-9)。例如十三陵水库，右岸有一条古河道沟通库内外，当水库蓄水到一定高程时，库水就沿古河道向外大量漏失。

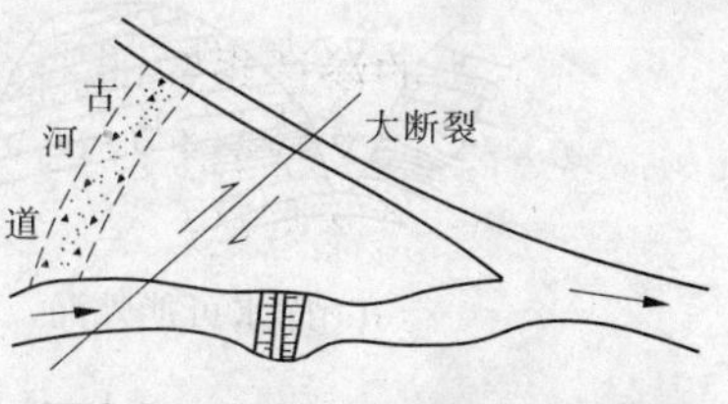

图3-9 库水沿古河道向外渗漏

山区河谷应注意分水岭上的垭口，垭口底部必须高于水库正常蓄水位。垭口一侧或两侧山坡若有冲沟分布，则地形显得相对单薄，库水就会沿冲沟取捷径向外漏失。此外，垭口和冲沟往往是地质上的薄弱地带(断层破碎带、节理密集带等)，可能是库水漏失的隐患之处。

1.2 岩性和地质构造

当渗漏通道的一端在库水位以下出露，另一端穿过分水岭到达岭谷或洼地，且高程低于库水位时，则库水可能沿该通道漏向库外。在第四系松散岩层分布区，能够成库区渗漏通道的，主要是不同成因类型的卵砾石和砂土。非可溶岩的透水性一般较弱，水库漏水的可能性小，但存在贯通库内外的古风化壳、多气孔构造的岩浆岩、结构松散的砂砾岩、不整合面、彼此串连的裂隙密集带时，库水向外漏失就比较明显。在岩溶地区，库水外漏直接受岩溶通道的影响。岩溶通道主要有以下三种类型：

(1)大型集中渗漏带。通过溶洞、暗河、落水洞等外漏。

(2)中型溶蚀断裂带。被溶蚀而扩大空隙的断层和较大的溶隙，该带也会形成集中渗漏，但其规模较大型的小。

(3)小型溶隙孔带。岩溶化程度较弱，其渗漏形式类似于非可溶岩，渗漏规模较中型的小，多为面状或带状形式渗漏。

库区为纵向河谷或横向河谷时，应注意沿地层倾向或走向向邻谷或洼地渗漏的可能性。处于向斜河谷的水库，若隔水层将整个水库包围起来，即使库内有强透水岩层分布，库水也不会向外漏出(见图3-10)。若无隔水层阻挡，或隔水层遭到破坏，且与邻谷或洼

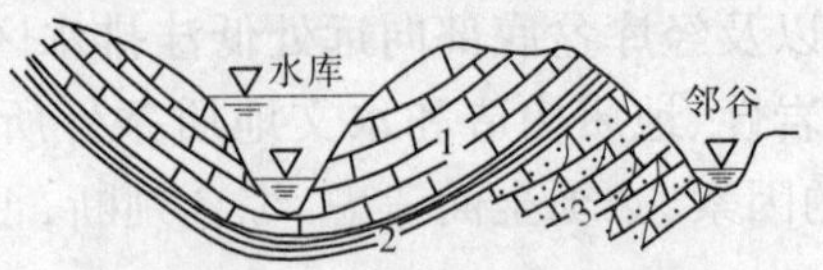

1—透水层;2—隔水层;3—弱透水层

图 3-10　有隔水层阻水的向斜结构

地切割相通,则库水可能漏出库外。水库为背斜河谷时,若透水岩层倾角较小,且被邻谷或洼地切割出露,库水有可能沿透水层向外渗漏,见图 3-11(a)。但当透水岩层倾角较大,并不在邻古或洼地中出露时,库水不会向外漏失,见图 3-11(b)。

断层有导水和阻水之分。应根据断层的性质、破碎程度、充填情况以及上下两盘岩石性质作具体分析。如图 3-12 所示,由于上盘上升,隔水层阻挡了下盘透水层,使库水难以向外漏失。

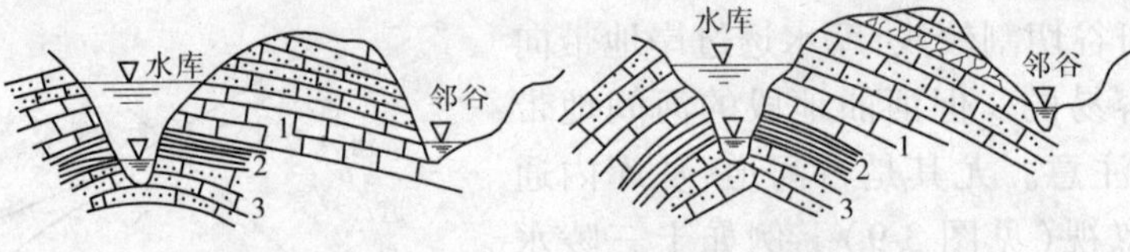

(a)库水可能外漏　(b)库水不会外漏

1—透水层;2—隔水层;3—弱透水层

图 3-11　透水岩层倾角不一的背斜构造

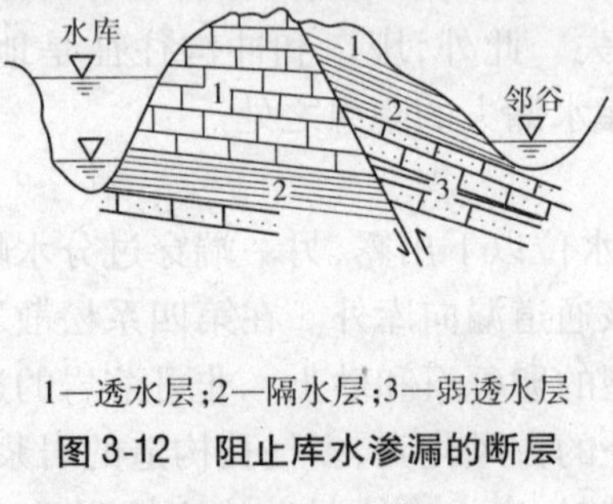

1—透水层;2—隔水层;3—弱透水层

图 3-12　阻止库水渗漏的断层

1.3　水文地质条件

当水库具备可能引起渗漏的地形、岩性、地质构造条件后,库水不一定就会漏失,这时要结合水文地质条件进行综合分析,才能确定渗漏是否存在。例如,新安江水库地处中地山峡谷地带,库区为石炭系、二叠系石灰岩,地质构造条件复杂。经勘探发现,石灰岩中地下水分水岭的高程大大高于水库正常蓄水位。尽管石灰岩中岩溶比较发育,但库水不会漏向邻谷。

当分水岭地带的地下水为潜水时,根据地下水分水岭与水库正常蓄水位的关系,可以判断库水是否向库外渗漏。

(1)水库蓄水前,地下水分水岭高于水库正常蓄水位时,库水不会渗漏,见图 3-13

(a)。例如,那岸水电站建库前河水位为180 m,水库蓄水位为227 m,而库岸泉水出露高程最低也有230 m,因此水库运行十余年未发生漏水问题。

(2)水库蓄水前,若地下水分水岭稍低于水库正常蓄水位,且水库正常蓄水位以下没有强烈渗漏通道存在,蓄水时由于库水的顶托作用,地下水分水岭随之升高,并高于库水位,库水也不会产生渗漏,见图3-13(b)。

(3)水库蓄水前,地下水分水岭低于水库正常蓄水位,水库蓄水后,由于库岸岩石透水性强,地下水分水岭逐渐消失,库水向外渗漏,见图3-13(c)。

(4)水库蓄水前,原河水向邻谷或洼地渗漏,蓄水后则渗漏越发剧烈(见图3-13(d))。例如,云南水槽水库,建库前河水就通过层间裂隙向那姑盆地渗漏,水库蓄水后,水位增高,水压力加大,渗漏量也随之加大,使那姑盆地东北部一带到处冒水,以致造成部分民房倒塌,农作物浸水受害的严重后果。

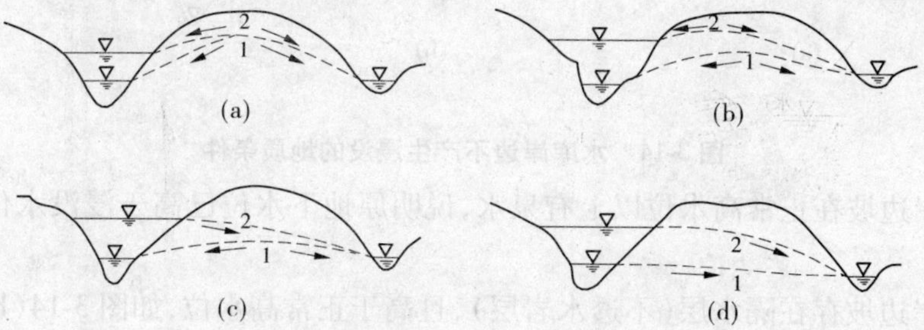

1—水库蓄水前地下水分水岭;2—水库蓄水后地下水分水岭

图3-13 分水岭地带水库渗漏示意图

当分水岭地带有承压水存在时,应对承压水进行具体分析。只要承压含水层穿过分水岭,其两端分别在库区和邻谷、洼地出露且其出露高程低于水库正常蓄水位,则库水就会沿承压含水层漏向邻谷。当水库蓄水前库岸有上升泉时,只要泉水出露高程超过水库正常蓄水位,库水就不会沿承压层漏失。

地下水分水岭的高程,可根据地形分水岭两侧泉水出露的高程加以判断。如无泉、井,则需布置钻探了解地下水位的变化情况。

有些水库渗漏明显,在邻谷、洼地和下游河谷地带泉水流量增大,或出现新泉点,其流量动态与库水位紧密相关。另外,在邻谷村庄,农田地下水位显著抬高,甚至出现沼泽化地带。有的水库渗漏不明显,除不具渗漏通道外,一般是由于水库建在透水层上,且透水层很厚,库水渗向地下深部,成为区域性含水层补给来源。

2 库区浸没问题

水库蓄水后,库区周围地下水位相应抬高,发生壅水。上升后的地下水可能接近或高出地面,导致地面盐渍化、沼泽化及建筑物地基条件恶化。

2.1 浸没发生条件

2.1.1 地形

水库蓄水位上下一定高程范围内,地形坡度平缓,特别是有封闭或半封闭的洼地顺河坝或围堤的外侧，地面高程低于河床的库岸地段。

2.1.2 地质结构

组成库岸为松散体结构，易透水，下部有相对不透水层，地表或地下排泄不畅。

2.1.3 地下水位

蓄水前的地下水位埋藏不深，蓄水后地下水壅高。

2.1.4 水库运行情况

例如运行不当，超过正常高水位运行。

在下列条件下，水库边岸不会产生浸没问题(见图3-14)：

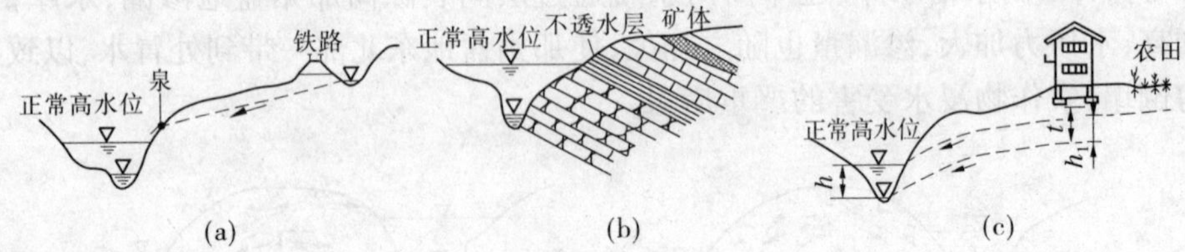

图3-14 水库岸边不产生浸没的地质条件

(1)库岸边坡在正常高水位以上有泉水，说明原地下水位已高于浸没水位，如图3-14(a)所示。

(2)库岸边坡存在隔水层(不透水岩层)，且高于正常高水位，如图3-14(b)所示。

(3)水库蓄水前，建筑物基础或植物根系至地下水位的距离 t 大于水库回水高度 h，如图3-14(c)所示(由于水库蓄水导致的地下水壅高值 h_1 小于高度 h，当 $t>h$ 时，$t>h_1$)。

2.2 **浸没预测**

(1)浸没地区预测。首先应具备地质图、地貌图、地下水位等深线图等基本资料，结合当地的气候条件及地质上的各种因素，圈出可能浸没的范围。

(2)对浸没区应进行水文地质勘探，了解岩层结构及水文地质情况，地层分层特性，含水层均一性；地下水埋藏条件、动态变化，泉、池沼、沟的高程；岩层的水文地质参数，如透水性、毛细管上升高度；建筑物地段的岩土力学性质。

(3)确定浸没范围前，应与有关部门共同研究浸没标准。所谓浸没标准，是指地下水对市镇建筑、工矿企业、道路和各种农作物等的安全埋藏深度。

建筑物的浸没标准，为基础埋置深度加基础下土的毛细管上升高度。农作物的浸没标准是农作物根系深度(一般不超过0.5 m)加根系下土的毛细管上升高度。如果壅水后的实际地下水位线达不到浸没水位，则不会产生浸没；超过上述水位，则可能产生浸没。

一般将产生浸没的地下水埋藏深度称为地下水临界深度。地下水临界深度与地下水的矿化度和岩性有关。

3 库岸稳定问题

水库蓄水后或在蓄水过程中破坏了河谷岸坡的自然平衡条件，可能会造成坍岸。坍岸会引起下列问题：

(1)近坝库区的大规模坍塌和滑坡,将产生冲击大坝的波浪,直接影响坝体安全。

(2)危及河岸主要城镇及工矿企业等建筑物的安全。

(3)坍塌物产生大量固体径流,使水库迅速淤积,失去效益。

3.1 水库坍滑因素

(1)地形条件。山区和平原河流,水库坍岸所造成的影响有很大的差异。低平的平原岸坡因有植物覆盖,坡度近似于水库天然冲刷坡的坡度,所以很少有坍岸发生。而山区坍滑是很普遍的,尤其当紧靠水库的正常蓄水位以下边坡较陡,并且有大量松散物质或岩体结构面组合的不稳定体时,崩塌滑坡问题更加严重,特别是在水库蓄水初期。

(2)水库岸坡的地层、岩性、地质构造条件是影响坍滑的内因。各种岩土边坡具有不同的抗剪强度和抗冲刷能力,它们决定着最终坍滑的范围、作用强度和坍塌类型。松散沉积物(黄土、砂质黏土、砂)地段岸坡,由于受到地下水作用和水库波浪冲刷作用,使岸坡的坡度很缓,其坍岸现象最严重;基岩岸坡,由于前缘临空,有时两侧冲沟深切、后缘又有断裂切割,易形成滑移边界条件。

(3)库岸坍滑的外因是,水库水位升降幅度大,水文地质条件改变,岩土物理力学性质恶化,岩体内的抗剪强度降低,浮托力增大。此外,岸坡受水流冲刷、波浪对岸边的冲蚀作用也往往会破坏边坡的稳定。

3.2 水库坍滑的类型

总的来看,水库坍滑有两种类型:第一种是由于水库蓄水而产生整体滑坡,一般规模较大,可危及建筑物的稳定,并将危及下游安全;第二种为松散堆积物由于蓄水和风浪影响而引起坍岸,给库岸居民、农田及工程设施带来危害。

4 库区淤积问题

4.1 研究水库淤积问题的重要性

水库形成以后,水库上游河流挟带的悬浮质或推移质泥沙,除一部分可随洪水泄向水库下游外,绝大部分沉积在库底,天长日久,越积越多,若无有效的工程措施,最终将淤满水库。因此,淤积问题不仅影响水库正常效益,而且直接关系到水库使用寿命。如美国和日本的学者对部分水库(256 座)资料的分析表明,水库的平均寿命分别只有 137 年和 53 年。我国北方黄土分布地区的淤积问题也很严重,如黄河年总输沙量达 16 亿 t,河水最大含沙量为 933 kg/m^3,在全世界河流含沙量中名列前茅。

4.2 水库淤积问题的工程地质勘察

水库淤积问题一般是水文及水工技术人员专门研究的课题,工程地质勘测的主要任务是查明固体径流(淤积物质)的来源——调查库区上游,包括干流和支流范围内可能形成固体径流的各种地质地貌条件及自然地质现象,如基岩风化带、断层破碎带、冲沟、滑坡、泥石流,以及第四系松散沉积层(河流冲积洪积层、冰川和冰水沉积层、黄土和黄土类土等)的分布位置、范围、数量,确定侵蚀模数,为分析水库淤积提供依据,即查明淤积物的来源、范围、岩性及其风化程度以及斜坡稳定性等,为论证水库的运用方式及使用寿命提供资料。

防治水库淤积的措施主要是在上游开展水土保持工作。

任务3　引水建筑工程地质问题与处理

渠道是城市工矿企业供水、引水发电或为通航运河整个引水建筑物的一部分。在大量的农田水利工程中,渠道是重要的引水及排水建筑物。如已建成的四川都江堰灌区、陕西宝鸡引渭灌溉工程、河南林县的红旗渠工程、湖南韶山灌溉工程、宁夏的引黄灌区工程、天津的引滦入津工程、南水北调工程。

渠道的工程地质问题主要有渠道渗漏、渠道边坡稳定和渠道两侧的自然地质现象,如冲沟、崩塌、滑坡、泥石流对渠道的威胁。

渗漏问题是渠道设计的关键,因为渗漏问题处理不好,渠道就不能达到引水或输水的目的。我国的灌区渠系利用系数一般很低,北方较好的灌区渠系利用系数为0.55～0.65,差的仅为0.24～0.32。如陕西一般为0.6左右;甘肃河西走廊一些渠道,渗漏损失占引水量的60%～70%;山西估算每年渗漏的灌溉水20多亿m^3,占全部灌溉用水的2/5。

1　渠道选线工程地质问题

渠道与道路相似,要穿越不同的地形地貌单元,遇到不同的地层岩性,可能跨越不同的构造活动带和地震区。但它与道路的营运条件不同,水流要自流,就不能有倒坡。但又不能使渠道的纵坡过陡或过缓;否则渠道将遭受冲刷和淤积。

在以引水为目的的线路方案选线工作中,沿线的工程地质条件占有重要地位,从工程地质角度研究渠道选线,应注意以下几点。

1.1　合理地利用地形地貌条件

一般来说,线路尽量绕避高山深谷,以及地形切割破碎的山区和丘陵地带,应充分利用较平坦的浅谷阶地、开阔的斜坡、宽缓的山梁、低平分水岭等地段。

1.1.1　岭脊线

沿山顶或分水岭选线。这种线路控制面积大,配水方便,交叉建筑物少,易于看护,土石方少,节省工料。这种线路适用于山脊地形起伏不大的丘陵区。

1.1.2　山腹线

在半山坡且平等山坡的盘山渠道,这种线路可根据控制面积的大小,选择不同的高程布置。土石方的开挖和填方量较大,且易产生塌方、漏水、暴雨冲刷、淤塞等地质问题。为防止这些不良地质现象,常需修建挡土墙、高架渡槽、隧洞、过水涵洞等附属建筑物,因此费工费料,还要经常维修看护。

1.1.3　谷底线

在山谷底部或山麓上开渠,这种线路因控制面积小,一般易施工,多为土方工程。土石方开挖量较少,但过沟谷建筑物(渡槽、倒虹吸、涵洞)往往增多,故工程造价相应较高。

1.1.4　横切岭底线

为缩短线路,采取直接切穿山脊分水岭和沟底的布置形式。这种线路短,但往往要开凿较深的地堑或陡坡及隧洞,在岩石条件较好的条件下,这种方案比山腹及谷底线省工省料。

1.1.5 平原线

此种布置适用于地势平坦的山前平原及平原区，这种线路多数为土方工程，易施工及便于机械化施工，选线尽量选在地势最高处，而且要控制适当纵坡降(0.5%左右)，以控制自流灌溉面积。

1.2 岩土类型及其工程性质对选线的影响

在基岩区选线应注意岩石的类型、风化程度及水理性质。坚硬半坚硬岩石一般适于建渠；但对裂隙发育的石英岩、玄武岩等，则施工困难且易漏水；岩溶发育地区及风化很深的花岗岩、片麻岩等也易形成渗漏段；软弱的黏土岩石隔水性好，但易软化或膨胀，直接影响渠道边坡的稳定性。

松散沉积物地区的选线，要查明沉积物成因类型、埋藏深度和分布规律，尽量避开渗透性大的厚层砂砾石、卵石层等。某些特殊类型土层(湿陷性黄土等)可能导致渠道渗透和边坡失稳，应做特殊的地基处理。

1.3 地质构造条件

水平或近水平岩层，且断裂较少的地区，渗漏性小，稳定性高，有利于选线；构造复杂、断裂发育地段，特别是规模较大的断裂构造带、强烈褶皱带、地震带的活动断裂，应尽量避开。

1.4 水文地质条件

对于灌溉渠道沿线，主要是查明地下水的埋藏深度及动态变化规律等因素。地下水埋深大，上部土层渗透性强且较厚，则可能导致渠道大量渗漏；反之，地下水埋藏较浅，高于渠底设计高程，则将形成水下开挖，造成施工困难，且建成后还可能渗漏使地下水位抬高。当地下水位接近地面高程时，就可能形成土壤盐碱化，在低洼地区就会形成沼泽化。

1.5 不良物理地质现象

滑坡区、崩塌区、泥石流区、强风化区等区域对线路方案的确定具有重要影响。一般来说应该尽量避开这些区域，如不能避开，应采取工程措施防治，以保证渠系建筑物的畅通无阻。

1.6 天然建筑材料

渠道选线应查明沿线天然建筑材料的分布、储量和质量，以及开采运输条件，以便更大限度地充分利用当地建筑材料修建渠系工程。如在山区，多是半挖半填的傍山渠，填方渠应采用浆砌石。

总之，渠系工程具有线路长、项目多、通过工程地质不同的区域等特点，因此在线路选择时，根据规划及设计要求，对工程地质条件全面调查，综合分析，通过技术及经济比较才能找出最优的线路方案。

2 渠道渗漏的地质条件分析

山区傍山渠道多通过基岩地区，由于绝大多数岩石的透水性很弱，所以一般渗漏不严重。但要注意渠线是否穿越强透水层或强透水带(如断层破碎带、节理密集带、岩溶发育带、强烈风化带等)，这些地段可产生大量渗漏。

平原线及谷底线的渠道，多通过第四系的松散沉积层，渠道渗漏主要取决于其透水性的强弱。如砂、砾石、碎石等，透水性强，因而渠道渗漏严重；黏性土透水性微弱，甚至不透水，则很少渗漏。

3 渠道渗漏的防治措施

渠道渗漏防治措施主要有三个方面：

(1) 绕避。在渠道选线时尽可能避开强透水地段、断层破碎带和岩溶发育地段。

(2) 防渗。采用不透水材料护面防渗，如黏土、浆砌石、混凝土、土工布等。

(3) 灌浆、硅化加固等。但价格昂贵，较少采用。

4 地下硐室围岩的地质问题

当渠道穿越山岭和谷地时，环山渠道往往由于线路太长，且要增加较多的附属建筑物（如渡槽、倒虹吸、挡土墙等），此时可经过经济方案比较而选用穿山隧洞的形式。其优点是线路短，水头损失小，便于管理养护，还可避开一些不良地质地段。

由于隧洞修建在地下岩体中，所以地质条件对隧洞影响很大，隧洞的主要工程地质问题是洞身围岩（洞的周围岩体）的稳定性和围岩作用于支撑、衬砌上的山岩压力，以及地下水对围岩稳定的影响。

5 围岩工程地质分类

我国的《水利水电工程地质勘察规范》(GB 50487—2008) 将围岩按围岩总评分、围岩强度应力比分为5类，见表3-5。

表3-5 围岩工程地质分类

围岩类别	围岩稳定性	围岩总评分 T	围岩强度应力比 S	支护类型
Ⅰ	稳定，围岩可长期稳定，一般无不稳定块体	$T>85$	$S>4$	不支护或局部锚杆或喷薄层混凝土，大跨度时，喷混凝土，系统锚杆加钢筋网
Ⅱ	基本稳定，围岩整体稳定，不会产生塑性变形，局部可能产生掉块	$65<T\leqslant 85$	$S>4$	
Ⅲ	局部稳定性差，围岩强度不足，局部会产生塑性变形，不支护可能产生塌方或变形破坏，对于完整的较软岩，可能暂时稳定	$45<T\leqslant 65$	$S>2$	喷混凝土，系统锚杆加钢筋网，跨度为20～25 m时，浇筑混凝土衬砌
Ⅳ	不稳定，围岩自稳时间很短，规模较大的各种变形和破坏都可能发生	$25<T\leqslant 45$	$S>2$	喷混凝土，系统锚杆加钢筋网，并浇筑混凝土衬砌
Ⅴ	极不稳定，围岩不能自稳，变形破坏严重	$T\leqslant 25$		

注：对于Ⅱ、Ⅲ、Ⅳ类围岩，当其强度应力比小于本表规定时，围岩类别宜相应降低一级。

围岩强度应力比 S 可根据下式求得：

$$S = \frac{R_b \times K_v}{\sigma_m} \tag{3-11}$$

式中 R_b——岩石饱和单轴抗压强度,MPa;

K_v——岩体完整性系数;

σ_m——围岩的最大主应力,MPa。

围岩总评分为以控制围岩稳定的岩石强度、岩体完整程度、结构面状态、地下水和主要结构面产状五项因素之和,详见《水利水电工程地质勘察规范》(GB 50487—2008)。

6 隧洞的工程地质条件

6.1 洞口位置的选择

选择洞口位置时,应该考虑山坡坡度、岩层倾角、洞口顶板的稳定性和水流影响等因素。许多工程实践证明:洞口位置地形地貌条件不利,往往导致迟迟不能清理出稳定的洞脸而无法进洞。

山坡宜下陡上缓,无滑坡、崩塌等存在。山坡下部坡度最好大于60°,一般不宜小于40°。洞口处岩石应直接出露或坡积层较薄,岩石比较新鲜,尽量选在岩层倾角与坡向相反的山坡(反向坡),或选择岩层倾角小于20°或大于75°的顺向坡。

选择完整、厚度大的岩层作顶板。洞口位置不应选在冲沟或溪流的源头、旁河山嘴和谷地口部受水流冲蚀地段。在地貌上应避开滑坡、崩塌、冲沟、泥石流等不良自然地质现象。

6.2 隧洞选线的工程地质评价

(1)隧洞选线时应充分利用地形,方便施工。如利用深切的河谷,使隧洞出现明段,便于分段施工。有压隧洞上覆岩体应大于0.2~0.5倍的压力水头,无压隧洞也不小于3倍洞的跨度。

(2)选择洞线时,应充分分析沿线地层的分布和各种岩石的工程性质,尽量使洞身在完整坚硬的岩体中穿过。

(3)洞线在褶皱岩层和断裂地带穿过时,应尽量使其垂直于岩层和断层的走向,并应避开褶曲核部,以陡倾角的翼部为佳。

(4)对隧洞沿线的水文地质条件应进行预测性调查,对易透水的岩层和构造,特别是岩溶地区,要密切注意其分布规律和发育程度,并分析评价地下水涌水的可能性和涌水量。

(5)在隧洞位置选择时,岩体中的初始应力状态对围岩稳定性的影响不可忽视。当岩体中水平主应力较大时,洞线应平行于最大主应力方向布置。

7 山岩压力及弹性抗力

7.1 山岩压力

隧洞的开挖破坏了围岩原有的应力平衡条件,引起围岩中一定范围内的岩体向洞内松动或坍塌。因此,必须尽快支撑和衬砌,以抵抗围岩的松动或破坏。这时围岩作用于支撑和衬砌上的压力称为山岩压力(也称围岩压力)。显然,山岩压力是隧洞设计的主要荷载。若山岩压力很小或没有，可认为隧洞是稳定的，可以不支撑；当山岩压力很大时，则必须考虑衬砌和支撑，所以正确估计山岩压力的大小，将是直接影响隧洞安全和经济的问题。

工程上常用的两种确定山岩压力的方法为：其一，用平衡拱理论，将围岩视为松散介质；其二，用岩体结构分析，将围岩视为各种结构面组合而成的塌落体，塌落体的滑动力减去抗滑力即为山岩压力。但由于确定山岩压力的大小和方向是一个极为复杂的问题，到目前为止，山岩压力的计算还没有得到圆满解决。

7.2　围岩的弹性抗力

岩体的弹性抗力是指在有压隧洞的内水压力作用下向外扩张，引起围岩发生压缩变形后产生的反力。围岩的弹性抗力与围岩的性质、隧洞的断面尺寸及形状等有关。当洞壁围岩在内水压力作用下向外扩张了 y（见图 3-15），则围岩产生的弹性抗力 P 为

$$P = Ky \tag{3-12}$$

式中　P——岩体的弹性抗力，MPa；

y——洞壁的径向变形，cm；

K——围岩的弹性抗力系数，MPa/cm。

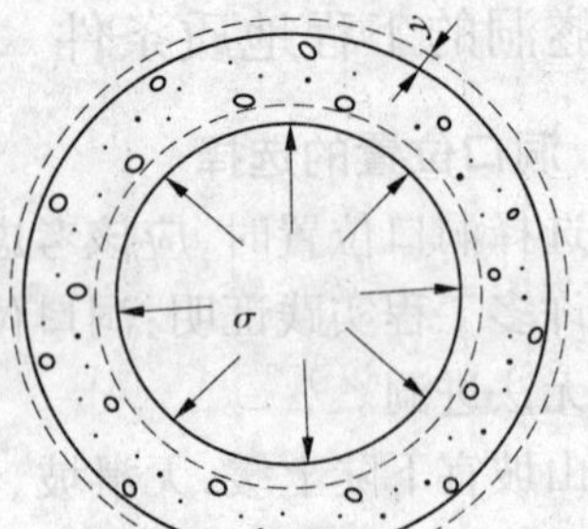

图 3-15　内水压力作用下的围岩

弹性抗力系数 K 的物理意义是迫使围岩产生一个单位的径向变形所需施加的压力值。

岩体的弹性抗力系数反映了岩体的抗力特征。K 值愈大，岩体承受的内水压力就愈大，相应的衬砌承担的内水压力就小些，衬砌可以做得薄一些。但 K 值选得过大，将使工程不安全，因此正确选择岩体的弹性抗力系数具有很大意义。

弹性抗力系数 K 与隧洞的直径有关，以圆形隧洞为例，隧洞的半径愈大，K 值愈小，故 K 值不为常数。为了便于对比使用，隧洞设计中常采用单位弹性抗力系数 K_0（隧洞半径为 100 cm 时的岩体弹性抗力系数），即

$$K_0 = K\frac{R}{100} \tag{3-13}$$

式中　R——隧洞半径，cm。

常用的单位弹性抗力系数见表 3-6，以供参考。

表 3-6　岩石抗力系数

岩石坚硬程度	代表的岩石名称	节理裂隙多少或风化程度	有压隧洞单位弹性抗力系数 K_0（MPa/cm）	无压隧洞单位弹性抗力系数 K_0（MPa/cm）
坚硬岩石	石英岩、花岗岩、流纹斑岩、安山岩、玄武岩、厚层硅质灰岩等	节理裂隙少、新鲜	100～200	20～50
		节理裂隙不太发育、微风化	50～100	12～20
		节理裂隙发育、弱风化	30～50	5～12

续表 3-6

岩石坚硬程度	代表的岩石名称	节理裂隙多少或风化程度	有压隧洞单位弹性抗力系数 K_0(MPa/cm)	无压隧洞单位弹性抗力系数 K_0(MPa/cm)
中等坚硬岩石	砂岩、石灰岩、白云岩、砾岩等	节理裂隙少、新鲜 节理裂隙不太发育、微风化 节理裂隙发育、弱风化	50~100 30~50 10~30	12~20 8~12 2~8
较软岩石	砂页岩互层、黏土质岩石、致密的泥灰岩	节理裂隙少、新鲜 节理裂隙不太发育、微风化 节理裂隙发育、弱风化	20~50 10~20 <10	5~12 2~5 <2
松散岩石	严重风化及十分破碎的岩石、断层破碎带等		<5	<1

8　提高围岩稳定的措施

(1)支撑。它是在硐室开挖过程中,用以稳定围岩用的临时性措施。按照选用材料的不同,用木支撑、钢支撑及混凝土支撑等。在不太稳定的岩体中开挖时,需及时支撑以防止围岩早期松动。

(2)衬砌。衬砌是加固围岩的永久性工程结构。衬砌的作用只要是承受围岩压力及内水压力,在坚硬完整的岩体中,围岩的自稳能力高,也可以不衬砌。衬砌有单层混凝土及钢筋混凝土衬砌,也可以用浆砌条石衬砌。双层的联合衬砌,一般内环用钢筋混凝土或钢板,外环用混凝土,多用于岩体破碎、水头高的隧道。

(3)喷锚支护。近几十年来,喷锚支护在国内外的地下工程中获得了广泛的应用,它是稳定围岩的一种有效的工程措施。当地下硐室开挖后,围岩总是逐渐地向洞内变形。喷锚支护就是在硐室开挖后,及时向围岩表面喷一薄层混凝土(一般厚度为 5~20 cm),有时再增加一些锚杆,从而部分地阻止围岩洞内变形,以达到支护的目的。

思考与练习题

1. 在中小型水利水电工程建设中,经常会遇到哪些主要工程地质问题?
2. 坝的工程地质问题有哪些? 如何评价坝基的抗滑稳定?
3. 坝基抗滑稳定计算中主要参数是如何确定的? 对水利工程有什么影响?
4. 水库库区有哪些主要工程地质问题?
5. 如何分析水库的渗漏问题? 水库的渗漏必须具备哪些地质条件?
6. 水库渗漏的防治措施有哪些?
7. 如何计算坝基渗流和绕坝渗流的渗流量?
8. 试阐述坝基岩体滑动破坏的类型及特征。

9. 渠道选线应注意哪些工程地质问题?
10. 渠道渗漏的原因是什么?
11. 渠道渗漏防治措施主要有哪些?
12. 渠道选线应注意哪些工程地质问题?
13. 地形、岩性、地质构造、地下水及地应力等对隧道和地下硐室选址有何影响?
14. 洞口位置应如何选择?
15. 为什么要确定岩体的山岩压力和弹性抗力系数?
16. 影响硐室围岩稳定性的因素有哪些?
17. 围岩变形破坏的类型及特点是什么?
18.《水利水电工程地质勘察规范》(GB 50487—2008)是如何对围岩进行分类的?

项目4　土的物理性质测试及工程分类

【学习目标】　了解土的生成与成因类型，掌握土的颗粒级配曲线的应用，掌握土的结构及构造类型，熟练掌握土的物理性质指标的定义及计算，掌握土的液限、塑限、塑性指数、液性指数的测定及计算，掌握砂土密实度的判别方法，掌握土的压实机理、最优含水率的概念及确定方法，掌握土的工程分类。

【重点】　土的物理性质指标的定义及计算，土的液限、塑限、塑性指数、液性指数的测定及计算，砂土密实度的判别方法，土的压实机理，土的工程分类。

【难点】　土的物理性质指标的定义、测定、换算和应用，土的液限、塑限、塑性指数、液性指数的测定及计算，砂土密实度的判别方法。

自然界中的岩石，在风化作用下形成大小不等、形状各异的碎屑，这些碎屑颗粒经过风或水的搬运沉积下来（或者原地堆积），形成松散沉积物，即工程上所称的土。由此可见，土是由碎屑颗粒堆积而成的，土粒之间没有联结，或者联结力较弱，而且土粒之间存有大量的孔隙，这就是土的散体性和多孔性。这些特性决定了土与一般的固体材料相比较，具有压缩性大、强度低及透水性强等特点。

任务1　土的物理性质指标测定

1　土的形成与组成

1.1　土的形成

"土"一词在不同的学科领域有其不同的涵义。就土木工程领域而言，土是指覆盖在地表的没有胶结和弱胶结的颗粒堆积物。土与岩石的区分仅在于颗粒间胶结的强弱，所以有时也会遇到难以区分的情况。

土在地表分布极广，成因也很复杂。不同成因的沉积物，各具有一定的分布规律、地形形态及工程性质，下面简单介绍几种主要类型。

1.1.1　残积土

地表岩石经过风化、剥蚀以后，残留在原地的碎屑物，称为残积土（见图4-1）。它的分布受地形的控制。在宽广的分水岭上，由于地表水流速很小，风化产物能够留在原地，形成一定的厚度。在平缓的山坡或低洼地带也常有残积土分布。

图4-1　残积土

残积土中残留碎屑的矿物成分,在很大程度上与下卧基岩一致,这是它区别于其他沉积土的主要特征。例如,砂岩风化剥蚀后生成的残积土多为砂岩碎块。由于残积土未经搬运,其颗粒大小未经分选和磨圆,故其颗粒大小混杂,均质性差,土的物理力学性质各处不一,且其厚度变化大。因此,在进行工程建设时,要注意残积土地基的不均匀性,防止建筑物的不均匀沉降。我国南部地区的某些残积土,还具有一些特殊的工程性质。如由石灰岩风化而成的残积红黏土,虽然其孔隙比较大,含水率高,但因其结构性强而承载能力高。又如由花岗岩风化而成的残积土,虽室内测定的压缩模量较低,孔隙也比较大,但其承载力并不低。

1.1.2　坡积土

高处的岩石风化产物,由于受到雨水、融雪水流的搬运,或由于重力的作用而沉积在较平缓的山坡上,这种沉积物称为坡积土。它一般分布在坡腰或坡脚,其上部与残积土相接(见图 4-2)。

坡积土随斜坡自上而下逐渐变缓,呈现由粗而细的分选现象,但层理(层理是由于沉积物的物质成分、颜色、颗粒大小不同而在垂直方向上表现出来的成层现象)不明显。其矿物成分与下卧基岩没有直接关系,这是它与残积土明显区别之处。

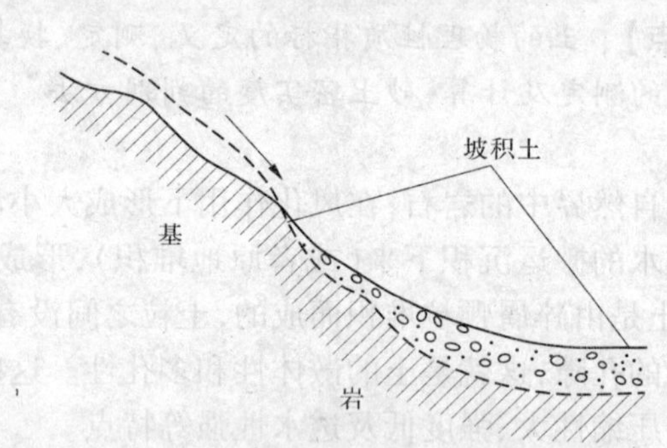

图 4-2　坡积土

坡积土底部的倾斜度取决于下卧基岩面的倾斜程度,而其表面倾斜度则与生成的时间有关。时间越长,搬运沉积在山坡下部的物质越厚,表面倾斜度也越小。在斜坡较陡地段的坡积土常较薄,而在坡脚地段的坡积土则较厚。

由于坡积土形成于山坡,故较易沿下卧基岩倾斜面发生滑动。因此,在坡积土上进行工程建设时,要考虑坡积土本身的稳定性和施工开挖后边坡的稳定性。

1.1.3　洪积土

由暴雨或大量融雪骤然集聚而成的暂时性山洪急流,将大量的基岩风化产物或基岩剥蚀、搬运、堆积于山谷冲沟出口或山前倾斜平原而形成洪积土。由于山洪流出沟谷口后,流速骤减,被搬运的粗碎屑物质先堆积下来,离山渐远,颗粒随之变细(见图 4-3),其分布范围也逐渐扩大。

从工程观点可把洪积土分为三个部分:靠近山区(见图 4-3 中的Ⅰ地段)的洪积土,颗粒较粗,所处的地势较高,而地下水位低,且地基承载力较高,常为良好的天然地基;离山区较远地段(见图 4-3 中的Ⅲ地段)洪积土多由粉粒、黏粒组成,由于形成过程受到周期性干旱作用,土体被析出的可溶盐胶结而较坚硬密实,承载力较高;中间过渡地段(见图 4-3 中的Ⅱ地段)常常由于地下水溢出地表而造成宽广的沼泽地,土质较弱而承载力较低。

1.1.4　冲积土

由河流的水流将岩屑搬运、沉积在河床较平缓地带,所形成的沉积物称为冲积土。河

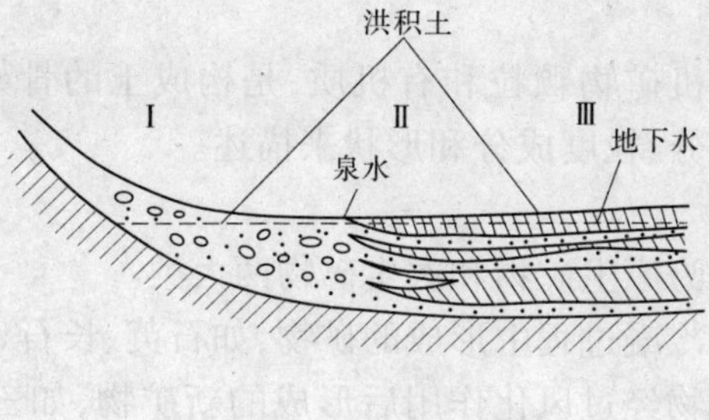

图4-3　洪积土

流冲积土在地表的分布很广,主要类型如下。

1.1.4.1　平原河谷冲积土

平原河谷冲积土包括下列几种:

(1)河床沉积土。上游河床颗粒粗,下游河床颗粒细。因岩屑经长距离搬运,颗粒具有一定的磨圆度。粗砂与砾石的密度较大,为良好的天然地基。

(2)河漫滩沉积土。此种沉积土常为上下两层结构,下层为粗颗粒土,上层为洪水泛滥时的细粒土,并且往往夹有局部的有机土、淤泥和泥炭。

(3)河流阶地沉积土。由地壳的升降运动与河流的侵蚀、沉积作用形成的狭长台地,称为河流阶地。由河漫滩向上,依次称为一级阶地、二级阶地、三级阶地。阶地的位置越高,它的形成年代越早,通常土质较好。一级阶地可能是粉土或粉砂。

(4)古河道沉积土。这是蛇曲的河流裁弯取直改道以后的牛轭湖逐渐淤塞而成的。这种沉积土通常存在于较厚的淤泥、泥炭土中,压缩性高,强度低,为不良地基。

1.1.4.2　山区河谷冲积土

山区河流坡度大、流速高,因而河谷冲积土多为粗粒的漂石、卵石与圆砾。冲积土的厚度一般不超过10~15 m。山间盆地和宽谷中有河漫滩冲积土,主要为含泥的砾石,具有透镜体和倾斜层理构造。

1.1.4.3　山前平原冲积洪积层

山前平原沉积土有分带性:近山一带,为冲积和部分洪积的粗粒物质组成;向平原低地,逐渐变为砂土和黏性土。

1.1.4.4　三角洲沉积土

河流搬运的大量泥砂,在河口沉积而成三角洲沉积土,其厚度可达数百米以上,面积也很大。水上部分为砂土或黏性土,水下部分与海、湖堆积物混合组成。此种沉积土为新近沉积土,含水率大,压缩性高,承载力低。

除上述沉积土外,还有湖积土、风成黄土、冰碛土等。

1.2　土的组成

自然界的土是由岩石经风化、搬运、堆积而形成的。因此,母岩成分、风化性质、搬运过程和堆积的环境是影响土的组成的主要因素,而土的组成又是决定地基土工程性质的基础。土是由固体颗粒、水和气体三部分组成的,通常称为土的三相组成,随着三相物质的质量和体积的比例不同,土的性质也就不同。因此,首要的问题是要了解土是由什么物质组成的。

1.2.1 土的固体颗粒

土的固相颗粒包括无机矿物颗粒和有机质，是构成土的骨架最基本的物质，称为土粒。对土粒应从其矿物成分、粒度成分和形状来描述。

1.2.1.1 土的矿物成分

土的矿物成分可以分为原生矿物和次生矿物两大类。

原生矿物是指岩浆在冷凝过程中形成的矿物，如石英、长石、云母等。

次生矿物是由原生矿物经过风化作用后形成的新矿物，如三氧化二铝、三氧化二铁、次生二氧化硅、黏土矿物以及碳酸盐等。次生矿物按其与水的作用可分为易溶的、难溶的和不溶的，次生矿物的水溶性对土的性质有重要的影响。黏土矿物的主要代表性矿物为高岭石、伊利石和蒙脱石，由于其亲水性不同，当其含量不同时土的工程性质就各异。

在以物理风化为主的过程中，岩石破碎而并不改变其成分，岩石中的原生矿物得以保存下来；但在化学风化的过程中，有些矿物分解为次生的黏土矿物。黏土矿物是很细小的扁平颗粒，表面具有极强的和水相互作用的能力。颗粒愈细，表面积愈大，这种亲水的能力就愈强，对土的工程性质的影响也就愈大。

1.2.1.2 土的粒度成分

天然土是由大小不同的颗粒组成的，土粒的大小称为粒度。土颗粒的大小相差悬殊，从大于几十厘米的漂石到小于几微米的胶粒。同时，由于土粒的形状往往是不规则的，很难直接测量土粒的大小，只能用间接的方法来定量地描述土粒的大小及各种颗粒的相对含量。常用的方法有两种，对粒径大于0.075 mm的土粒常用筛分析法，而对小于0.075 mm的土粒则用沉降分析法。工程上常用不同粒径颗粒的相对含量来描述土的颗粒组成情况，这种指标称为粒度成分。

A. 粒组划分

天然土的粒径一般是连续变化的，为了描述方便，工程上常把大小相近的土粒合并为组，称为粒组。粒组间的分界线是人为划定的，划分时应使粒组界限与粒组性质的变化相适应，并按一定的比例递减关系划分粒组的界限值。

对粒组的划分，各个国家，甚至一个国家的各个部门有不同的规定。从20世纪70年代末到80年代末这10年中，我国的粒组划分标准出现了一些变化。《建筑地基基础设计规范》(GB 50007—2002)和《岩土工程勘察规范》(GB 50021—2001)在修订和编制过程中经过充分论证，将砂粒粒组与粉粒粒组的界限从0.05 mm改为0.075 mm。我国上述规范采用的粒组划分标准见表4-1。《土的工程分类标准》(GB/T 50145—2007)在砂粒粒组与粉粒粒组的界限上取与上述规范相同的标准，但将卵石粒组与砾石粒组界限改为60 mm，其粒组划分标准见表4-2。

表4-1 粒组划分标准(GB 50021—2001)

粒组名称	粒组范围(mm)	粒组名称	粒组范围(mm)
漂石(块石)粒组	>200	砂粒粒组	0.075～2
卵石(碎石)粒组	20～200	粉粒粒组	0.005～0.075
砾石粒组	2～20	黏粒粒组	<0.005

表4-2　粒组划分(GB/T 50145—2007)

粒组统称	粒组名称		粒组范围(mm)
巨粒	漂石(块石)粒组		>200
	卵石(碎石)粒组		60~200
粗粒	砾粒	粗砾	20~60
		细砾	2~20
	砂粒		0.075~2
细粒	粉粒		0.005~0.075
	黏粒		<0.005

B. 粒度成分及其表示方法

土的粒度成分是指土中各种不同粒组的相对含量(以干土质量的百分比表示),它可用以描述土中不同粒径土粒的分布特征。常用的粒度成分的表示方法有表格法、累计曲线法和三角坐标法。

(1)表格法。以列表形式直接表达各粒组的相对含量。它用于粒度成分的分类是十分方便的,例如表4-3给出了三种土样的粒度成分分析结果。表格法能很清楚地用数量说明土样的各粒组含量,但对于大量土样之间的比较就显得过于冗长,且无直观概念,使用比较困难。

表4-3　土的粒度成分分析结果

土样编号	土粒组成(%)				d_{60} (mm)	d_{30} (mm)	d_{10} (mm)	C_u	C_c
	2~10 mm	0.05~2 mm	0.005~0.05 mm	<0.005 mm					
A	0	99	1	0	0.165	0.15	0.11	1.5	1.24
B	0	66	30	4	0.115	0.044	0.012	9.6	1.40
C	44	56	0	0	3.00	0.25	0.15	20	0.14

(2)累计曲线法。这是一种图示的方法,通常用半对数纸绘制,横坐标(按对数比例尺)表示某一粒径,纵坐标表示小于某一粒径的土粒的百分含量。累计曲线法能用一条曲线表示一种土的粒度成分,而且可以在一张图上同时表示多种土的粒度成分,能直观地比较其级配状况。表4-3中的三种土的累计曲线如图4-4所示。

根据曲线形态,可以评定土颗粒大小的均匀程度。如曲线平缓,表示粒径大小相差悬殊,颗粒不均匀,级配良好(见图4-4中的曲线*B*);反之,则颗粒均匀,级配不良(见图4-4中的曲线*A*、*C*)。为了定量说明问题,工程中常用不均匀系数C_u和曲率系数C_c来描述土的级配状况。C_u和C_c可以借助累计曲线确定:

$$C_u = \frac{d_{60}}{d_{10}} \tag{4-1}$$

$$C_c = \frac{d_{30}^2}{d_{60}d_{10}} \tag{4-2}$$

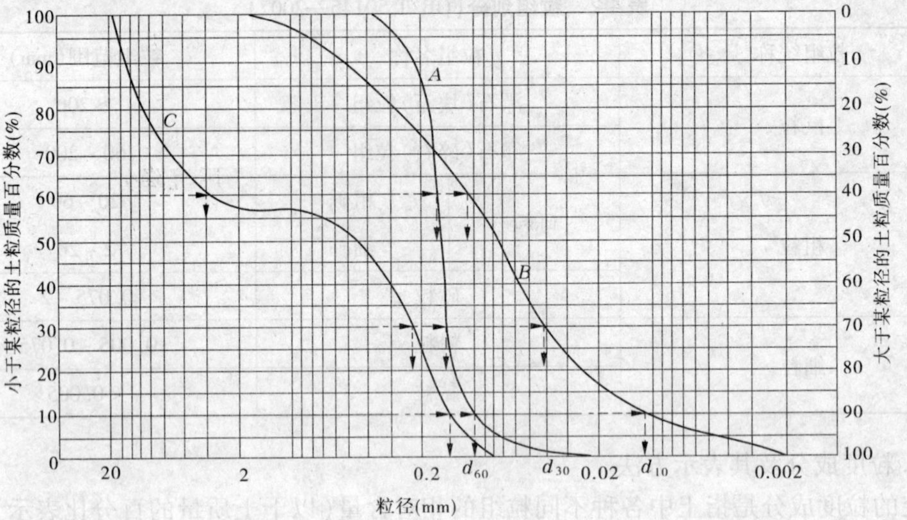

图 4-4 土的累计(颗粒级配)曲线

式中 d_{60}、d_{30}、d_{10}——相当于小于某粒径土粒累计百分含量为60%、30%和10%的粒径,其中 d_{10} 称为有效粒径,d_{60} 称为限制粒径。

不均匀系数 C_u 反映大小不同粒组的分布情况,$C_u<5$ 的土称为匀粒土,级配不良;C_u 越大,表示粒组分布范围比较广,$C_u>5$ 的土级配良好。但如果 C_u 过大,表示可能缺失中间粒径,属不连续级配,故需同时用曲率系数来评价。曲率系数 C_c 则是描述累计曲线整体形状的指标。

《土工试验方法标准》(GB/T 50123—1999)中规定:对于纯净的砾、砂,当 $C_u\geqslant5$ 且 $C_c=1\sim3$ 时,级配良好,若不能同时满足上述条件,则级配不良。

(3)三角坐标法。这也是一种图示法,它利用等边三角形内任意一点至三个边的垂直距离的总和恒等于三角形之高的原理,用来表示组成土的三个粒组的相对含量,即图中的三个垂直距离可以确定一点的位置。三角坐标法只适用于划分为三个粒组的情况。

三角坐标法可以用一点表示一种土的粒度成分,在一张图上能同时表示许多种土的粒度成分,便于进行土料的级配设计。三角坐标图中不同的区域表示土的不同组成,因而还可以用来确定按粒度成分分类的土名。

C. 粒度成分分析方法

粒度成分分析方法目前有筛分析法和沉降分析法两种。

(1)筛分析法。适用于土粒直径 $d>0.075$ mm 的土。筛分析法的主要设备为一套标准分析筛,筛子孔径分别为 20 mm、10 mm、5 mm、2.0 mm、1.0 mm、0.5 mm、0.25 mm、0.1 mm、0.075 mm。

取样数量:粒径 $d\approx20$ mm,可取 2 000 g;$d<10$ mm,可取 500 g;$d<2$ mm,可取 200 g。

将干土样倒入标准筛中,盖严上盖,置于筛析机上震筛 10~15 min。由上而下顺序称各级筛上及底盘内试样的质量。少量试验可用人工筛。

(2)沉降分析法。沉降分析法是根据土粒在悬液中沉降的速度与粒径的平方成正比的司笃克斯公式来确定各粒组相对含量的方法($d^2 = 1.268v$ 或 $d = 1.126\sqrt{v}$,推导略)。但实际上,土粒并不是球形颗粒,因此用上述公式计算的并不是实际土粒的尺寸,而是与实际土粒有相同沉降速度的理想球体的直径,称为水力直径。用沉降分析法测定土的粒度成分可用两种方法,即比重计法和移液管法。比重计法是用来测定液体密度的一种仪器,对于不均匀的液体,从比重计读出的密度只表示浮泡形心处的液体密度。移液管法是用一种特定的装置在一定深度处吸出一定量的悬液,用烘干的方法求出其密度。用上述两种方法都可以求出土粒的粒径和累计百分含量。

1.2.2 土中水

通常认为水是中性的,在0 ℃时冻结,但实际上土中的水是一种成分非常复杂的电解质水溶液,它和亲水性的矿物颗粒表面有着复杂的物理化学作用。按照水与土相互作用程度的强弱,可将土中水分为结合水和自由水两大类。

1.2.2.1 结合水

结合水根据水与土颗粒表面结合的紧密程度又可分为吸着水(强结合水)和薄膜水(弱结合水),如图4-5所示。

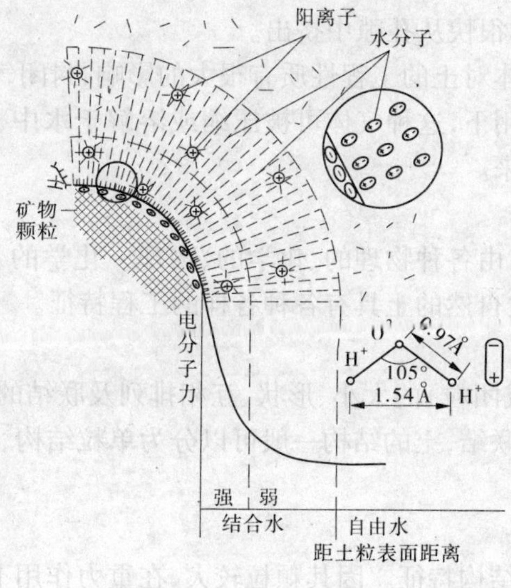

图4-5 黏土矿物与水分子的相互作用

A. 吸着水

试验表明,极细的黏粒表面带有负电荷,由于水分子为极性分子,即一端显正电荷(H^+),一端显负电荷(O^{2-}),水分子就被颗粒表面电荷引力牢固地吸附,在其周围形成很薄的一层水,这种水就称为吸着水。其性质接近于固态,不冻结,相对密度(比重)大于1,具有很大的黏滞性,受外力不转移。这种水的冰点很低,沸点较高,-78 ℃才冻结,在105 ℃以上才蒸发。吸着水不传递静水压力。

B. 薄膜水

薄膜水是位于吸着水以外，但仍受土颗粒表面电荷吸引的一层水膜。显然，距土粒表面愈远，水分子引力就愈小。薄膜水也不能流动，含薄膜水的土具有塑性。它不传递水压力，冻结温度低，已冻结的薄膜水在不太大的负温下就能融化。

1.2.2.2 自由水

自由水包括毛细水和重力水。

毛细水不仅受到重力的作用，还受到表面张力的支配，能沿着土的细孔隙从潜水面上升到一定的高度。这种毛细上升现象对于公路路基土的干湿状态及建筑物的防潮有重要影响。

重力水在重力或压力差作用下能在土中渗流，对于土颗粒和结构物都有浮力作用，在土力学计算中应当考虑这种渗流及浮力的作用力。

另外，土中还存在着气态水和固态水。气态水即水汽，对土的性质影响不大。当气温降至0 ℃以下时，液态的自由水结冰形成固态水。由于水的密度在4 ℃时为最大，低于0 ℃的冰，不是冷缩，反而膨胀，使基础发生冻胀，寒冷地区基础的埋置深度要考虑冻胀问题。

1.2.3 土中气

土中的气体包括与大气连通的自由气体和与大气隔绝的封闭气体两类。

与大气连通的自由气体对土的工程性质没有多大的影响，它的成分与空气相似，当土受到外力作用时，这种气体很快从孔隙中挤出。

与大气隔绝的封闭气体对土的工程性质有很大的影响，封闭气体的成分可能是空气、水汽或天然气。在压力作用下，这种气体可被压缩或溶解于水中，而当压力减小时，气泡会恢复原状或重新游离出来。

1.3 土的结构和构造

在漫长的地质年代里，由各种物理的、化学的、物理－化学的及生物的因素综合作用形成土的各种结构，使得大自然的土具有各种各样的工程特征。

1.3.1 土的结构

土的结构是指土粒（或团粒）的大小、形状、互相排列及联结的特征。

根据土颗粒的排列和联结，土的结构一般可以分为单粒结构、蜂窝结构和絮状结构三种基本类型。

1.3.1.1 单粒结构

这是碎石土和砂土的结构特征。因其颗粒较大，在重力作用下落到较为稳定的状态，土粒间的分子引力相对很小，所以颗粒之间几乎没有联结。单粒结构土粒排列可以是疏松的，也可以是密实的（见图4-6）。呈密实状态单粒结构的土，强度较高，压缩性较小，是较为良好的天然地基。具有疏松单粒结构的土，土粒间的空隙较大，其骨架是不稳定的，当受到振动及其他外力作用时，土粒易于发生相对移动，引起很大的变形。因此，这种土层如未经处理一般不宜作为建筑物地基。

1.3.1.2 蜂窝结构

这是以粉粒为主的土的结构特征，粒径为0.005～0.075 mm的土粒在水中沉积时，基本上是单个颗粒下沉，在下沉过程中碰上已沉积的土粒时，如土粒间的引力相对自重而

(a)疏松排列　　(b)密实排列

图 4-6　土的单粒结构

言已经足够地大，则此颗粒就停留在最初的接触位置上不再下沉，形成大孔隙的蜂窝状结构(见图 4-7)。

1.3.1.3　絮状结构

絮状结构也称为绒絮结构，这是黏土颗粒特有的结构，悬浮在水中的黏土颗粒当介质发生变化时，土粒互相聚合，以边—边、面—边的接触方式形成絮状物下沉，沉积为大孔隙的絮状结构(见图 4-8)。

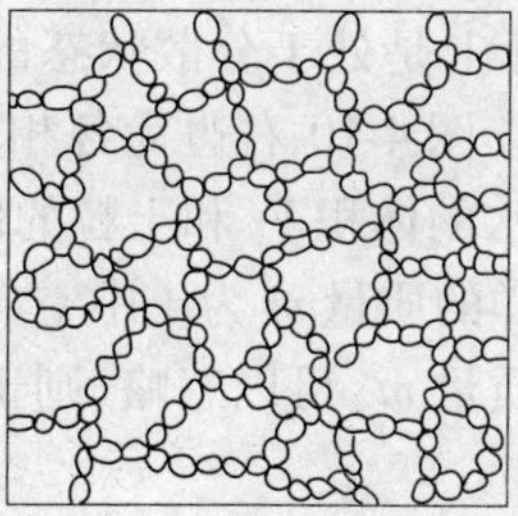

图 4-7　土的蜂窝结构

图 4-8　土的絮状结构

具有蜂窝结构和絮状结构的土，其土粒之间有着大量的孔隙，结构不稳定，当其天然结构被破坏后，土的压缩性增大而强度降低，故也称为有结构性土。

土的结构形成以后，当外界条件变化时，土的结构会发生相应变化。例如，土层在上覆土层作用下压密固结时，结构会趋于更紧密的排列；当卸载时，土体的膨胀(如钻探取土时土样的膨胀或基坑开挖时基底的隆起)会松动土的结构；当土层失水干缩或介质变化时，盐类结晶胶结能增强土粒间的联结；在外力作用下(如施工时对土的扰动或剪应力的长期作用)会弱化土的结构，破坏土粒原来的排列方式和土粒间的联结，使絮状结构变为平行的重塑结构，降低土的强度，增大压缩性。因此，在土工试验或施工过程中都必须尽量减少对土的扰动，避免破坏土的原状结构。

1.3.2　土的构造

同一土层中，土颗粒之间相互关系的特征称为土的构造。常见土的构造包括层状构造、分散构造、结核状构造和裂隙状构造。

1.3.2.1　层状构造

土层由不同颜色或不同粒径的土组成层理，一层一层互相平行。这种层状构造反映不同年代不同搬运条件形成的土层，为细粒土的一个重要特征。

1.3.2.2　分散构造

土层中土粒分布均匀，性质相近，如砂与卵石层为分散构造。

1.3.2.3　结核状构造

在细粒土中混有粗颗粒或各种结核，如含姜石的粉质黏土、含砾石的冰碛黏土等，均属结核状构造。

1.3.2.4　裂隙状构造

土体中有很多不连续的小裂隙，某些硬塑或坚硬状态的黏土为此种构造。

通常分散构造的工程性质最好。结核状构造工程性质好坏取决于细粒土部分。裂隙状构造中，因裂隙强度低、渗透性大，工程性质差。

2　土的物理性质指标及测定

如前所述，土是由固体颗粒、水和气体所组成，并且各种组成成分是交错分布的（见图 4-9）。三相物质在体积上和质量上的比例关系可以用来描述土的干湿、疏密、轻重、软硬等物理性质。土的物理性质指标就是表示三相比例关系的一些物理量。

为了推导土的物理性质指标，通常把在土体中实际上是处于分散状态的三相物质理想化地分别集中在一起，构成如图 4-10 所示的三相图。图 4-10 右边为各相的体积，左边为各相的质量。土样的体积 V 为土中空气的体积 V_a、水的体积 V_w 和土粒的体积 V_s 之和；孔隙体积 V_v 为空气的体积 V_a 与水的体积 V_w 之和；土样的质量 m 为土中空气的质量 m_a、水的质量 m_w 和土粒的质量 m_s 之和，通常认为空气的质量 m_a 可以忽略，则土样的质量就为水和土粒质量之和，即

$$V = V_s + V_w + V_a = V_s + V_v$$
$$m = m_a + m_w + m_s = m_w + m_s$$

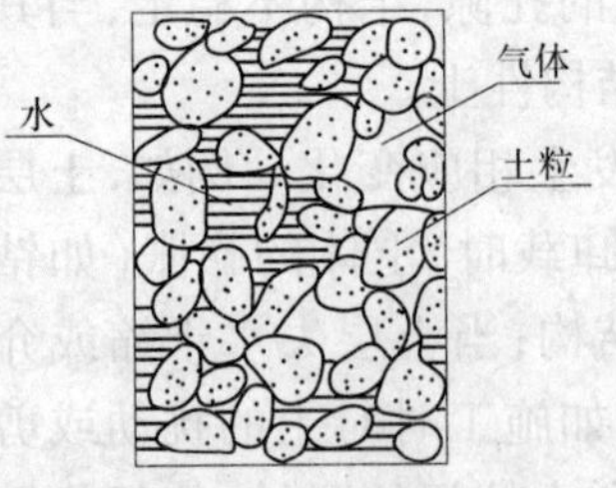

图 4-9　实际土体组成示意图

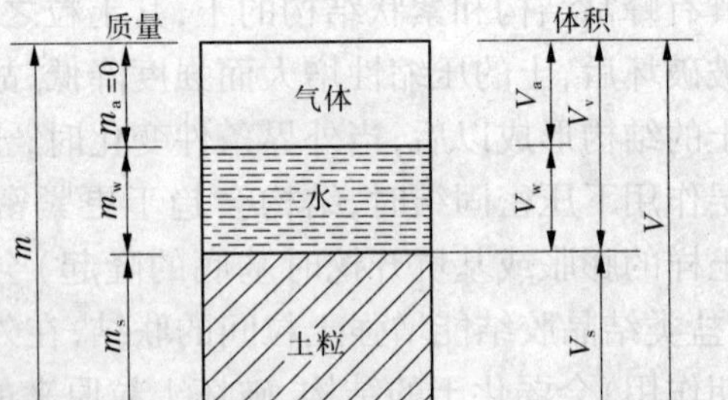

图 4-10　土的三相图

土的物理性质指标可以分为两种：一种是基本指标，另一种是推算指标。

2.1 土的基本物理性质指标

2.1.1 天然密度与天然重度

2.1.1.1 天然密度 ρ

在天然状态下,单位体积土的质量称为土的天然密度,也称为土的质量密度,简称为土的密度,可用下式表示:

$$\rho = \frac{m}{V} \tag{4-3}$$

式中 m——土的总质量,t、kg 或 g;

V——土的总体积,cm^3 或 m^3。

土的密度随着土的矿物成分、孔隙大小和水的含量不同而不同,天然状态下土的密度一般为 1.60~2.20 t/m^3($1\ g/cm^3 = 1\ t/m^3$)。

土的天然密度通常采用环刀法测定,即用一定容积的环刀切取土样,称量后算得。

2.1.1.2 天然重度 γ

在天然状态下,单位体积土所受的重力称为土的天然重度,也称为土的重力密度,简称为土的重度,可用下式表示:

$$\gamma = \frac{G}{V} = \frac{mg}{V} = \rho g \approx 10\rho \tag{4-4}$$

式中 γ——土的重度,kN/m^3 或 N/m^3;

其他符号意义同前。

2.1.2 天然含水率 ω

在天然状态下,土中水的质量与土粒质量之比,称为土的天然含水率,可用下式表示:

$$\omega = \frac{m_w}{m_s} \times 100\% \tag{4-5}$$

天然含水率通常以百分数表示。含水率常用烘干法测定,是把一定量的土样放入烘箱内,在 105~110 ℃的恒温下烘干(通常需 8 h 左右),取出烘干后的土样,冷却后再称质量,计算而得。天然含水率是描述土的干湿程度的重要指标,土的天然含水率变化范围很大,从干砂的含水率接近于零到蒙脱土的含水率可达百分之几百。

2.1.3 土粒比重 G_s

土粒质量与同体积 4 ℃时水的质量之比称为土粒比重,也称土粒相对密度,可用下式表示:

$$G_s = \frac{m_s}{V_s(\rho_w)_{4℃}} \tag{4-6}$$

土粒比重经常采用比重瓶法测定。事先将比重瓶注满蒸馏水,称瓶加水的质量,然后把烘干土若干克装入该空比重瓶内,注入半瓶蒸馏水,放在砂浴煮沸(砂土 30 min,黏性土 1 h),冷却至室温后再加蒸馏水至满,称瓶加土加水的质量,按照下式求土粒比重:

$$G_s = \frac{m_s}{m_1 + m_s - m_2} \tag{4-7}$$

式中 m_1——瓶加水的质量;

m_2 ——瓶加土加水的质量；

m_s ——烘干土的质量，即土粒质量。

由式(4-7)可知，土粒比重与土粒密度数值相同，但无量纲。土粒比重的数值大小主要取决于土的矿物成分，一般土的土粒比重参考值见表4-4。

表4-4　土粒比重参考值

土的类别	砂土	粉土	黏性土	
			粉质黏土	黏土
土粒比重	2.65～2.69	2.70～2.71	2.72～2.73	2.73～2.74

上述三个物理性质指标 ρ 、ω 、G_s 是直接用试验方法测定的，通常又称为室内土工试验指标。根据这三个基本指标，可以求出以下几个推算指标。

2.2　土的推算指标(换算指标、计算指标)

2.2.1　干密度 ρ_d

土的单位体积内的土粒质量称为土的干密度，可用下式表示：

$$\rho_d = \frac{m_s}{V} \tag{4-8}$$

干密度越大，土越密实，强度越高。干密度通常作为填土密实度的施工控制指标。如果已知土的天然密度 ρ 和天然含水率 ω ，就可以得到计算干密度的推导公式，即

$$\rho_d = \frac{m_s}{V} = \frac{m_s}{m/\rho} = \frac{m_s\rho}{m_s + m_w} = \frac{\rho}{1 + m_w/m_s} = \frac{\rho}{1 + \omega} \tag{4-9}$$

相应地，土的单位体积内土粒所受的重力称为干重度，$\gamma_d = \rho_d g$ 。

2.2.2　饱和密度 ρ_{sat}

土中孔隙完全被水充满时土的密度称为土的饱和密度，即全部充满孔隙的水的质量与固相质量之和与土的总体积之比，可用下式表示：

$$\rho_{sat} = \frac{m_w + m_s}{V} = \frac{\rho_w V_v + m_s}{V} \tag{4-10}$$

相应地，土中孔隙完全被水充满时土的重度称为饱和重度，$\gamma_{sat} = \rho_{sat} g$ 。

2.2.3　有效密度 ρ'

土的有效密度是指土粒质量与同体积水的质量之差与土的总体积之比，也称为浮密度，可用下式表示：

$$\rho' = \frac{m_s - \rho_w V_s}{V} \tag{4-11}$$

如果已知土的饱和密度 ρ_{sat} ，就可以得到计算有效密度的推导公式，即

$$\rho' = \frac{m_s - \rho_w V_s}{V} = \frac{m_s - \rho_w(V - V_v)}{V} = \frac{m_s + \rho_w V_v - \rho_w V}{V} = \rho_{sat} - \rho_w \tag{4-12}$$

当土体浸没在水中时,土的固相要受到水的浮力的作用。在计算地下水位以下土层的自重应力时,应考虑浮力的作用,采用有效重度。扣除浮力以后的固相重力与土的总体积之比称为有效重度,也称为浮重度,$\gamma' = \rho' g = (\rho_{sat} - \rho_w) g = \gamma_{sat} - \gamma_w$,式中 γ_w 为水的重度,$\gamma_w = 10\ kN/m^3$。

2.2.4 孔隙比

土中孔隙体积与土粒体积之比称为孔隙比,可用下式表示:

$$e = \frac{V_v}{V_s} \tag{4-13}$$

孔隙比是反映土的密实程度的物理指标,用小数来表示。一般 $e < 0.6$ 的土是密实的低压缩性土,$e > 1$ 的土是疏松的高压缩性土。

如果已知土粒比重 G_s 、土的天然含水率 ω 和天然密度 ρ,就可以得到计算孔隙比的推导公式:

$$e = \frac{V_v}{V_s} = \frac{V - V_s}{V_s} = \frac{G_s \rho_w (1 + \omega)}{\rho} - 1 \tag{4-14}$$

2.2.5 孔隙率

土中孔隙体积与土的总体积之比称为孔隙率,可用下式表示:

$$n = \frac{V_v}{V} \times 100\% \tag{4-15}$$

孔隙率一般用百分数表示。通过推导,可得孔隙率与孔隙比的关系:

$$n = \frac{V_v}{V} = \frac{V_v}{V_v + V_s} = \frac{e}{1 + e}$$

2.2.6 饱和度

土中孔隙水的体积与孔隙体积之比称为饱和度,可用下式表示:

$$S_r = \frac{V_w}{V_v} \times 100\% \tag{4-16}$$

饱和度是衡量土体潮湿程度的物理指标,用百分数来表示。若 $S_r = 100\%$,土中孔隙全部充满水,土体处于饱和状态;若 $S_r = 0$,则土中孔隙无水,土体处于干燥状态。

如果已知土的天然含水率 ω 、土粒比重 G_s 和孔隙比 e,就可以得到计算饱和度的推导公式:

$$S_r = \frac{V_w}{V_v} = \frac{m_w/\rho_w}{V_v} = \frac{m_w/m_s}{\rho_w V_v/m_s} = \frac{\omega}{\frac{\rho_w V_v}{\rho_s V_s}} = \frac{\omega \rho_s}{\rho_w \frac{V_v}{V_s}} = \frac{\omega G_s}{e} \tag{4-17}$$

为了便于查阅,现将各物理性质指标之间的关系归纳如下,见表4-5。

表 4-5 土的三相比例指标换算公式

名称	符号	基本公式	常用换算公式	单位	常见的数值范围
天然含水率	ω	$\omega=\frac{m_w}{m_s}\times 100\%$	$\omega=\frac{S_r e}{G_s}$，$\omega=\frac{\rho}{\rho_d}-1$	%	20 ~ 60
土粒比重	G_s	$G_s=\frac{\rho_s}{\rho_w}$	$G_s=\frac{S_r e}{\omega}$		黏性土:2.72 ~ 2.75 粉 土:2.70 ~ 2.71 砂 土:2.65 ~ 2.69
天然密度	ρ	$\rho=\frac{m}{V}$	$\rho=\rho_d(1+\omega)$ $\rho=\frac{G_s(1+\omega)}{1+e}\rho_w$	g/cm³ 或 t/m³	1.6 ~ 2.0
天然重度	γ	$\gamma=\rho g$	$\gamma=\frac{G_s+S_r e}{1+e}\gamma_w$	kN/m³	16 ~ 20
干密度	ρ_d	$\rho_d=\frac{m_s}{V}$	$\rho_d=\frac{\rho}{1+\omega}=\frac{G_s}{1+e}\rho_w$	g/cm³ 或 t/m³	1.3 ~ 1.8
干重度	γ_d	$\gamma_d=\rho_d g$	$\gamma_d=\frac{\gamma}{1+\omega}=\frac{G_s}{1+e}\gamma_w$	kN/m³	13 ~ 18
饱和密度	ρ_{sat}	$\rho_{sat}=\frac{\rho_w V_v+m_s}{V}$	$\rho_{sat}=\frac{G_s+e}{1+e}\rho_w$	g/cm³ 或 t/m³	1.8 ~ 2.3
饱和重度	γ_{sat}	$\gamma_{sat}=\rho_{sat}g$	$\gamma_{sat}=\frac{G_s+e}{1+e}\gamma_w$	kN/m³	18 ~ 23
有效密度	ρ'	$\rho'=\frac{m_s-\rho_w V_s}{V}$	$\rho'=\rho_{sat}-\rho_w$ $\rho'=\frac{G_s-1}{1+e}\rho_w$	g/cm³ 或 t/m³	0.8 ~ 1.3
有效重度	γ'	$\gamma'=\frac{m_s g-\gamma_w V_s}{V}$	$\gamma'=\gamma_{sat}-\gamma_w$ $\gamma'=\frac{G_s-1}{1+e}\gamma_w$	kN/m³	8 ~ 13
孔隙比	e	$e=\frac{V_v}{V_s}$	$e=\frac{G_s\rho_w}{\rho_d}-1=\frac{G_s\rho_w(1+\omega)}{\rho}-1$		黏性土和粉土: 0.4 ~ 1.2 砂土:0.3 ~ 0.9
孔隙率	n	$n=\frac{V_v}{V}\times 100\%$	$n=\frac{e}{1+e}=1-\frac{\rho_d}{G_s\rho_w}$	%	黏性土和粉土: 30 ~ 60 砂土:25 ~ 45
饱和度	S_r	$S_r=\frac{V_w}{V_v}\times 100\%$	$S_r=\frac{\omega G_s}{e}=\frac{\omega\rho_d}{n\rho_w}$	%	0 ~ 100

【例4-1】 在击实筒(其体积为1 000 cm^3)内装有击实过的湿土1 870 g,当把这些土烘干后得干土重为1 677 g,已知土粒比重 $G_s=2.66$,试求其含水率 ω、重度 γ、干重度 γ_d、孔隙比 e、孔隙率 n、饱和重度 γ_{sat}、有效重度 γ' 和饱和度 S_r。

解 已知 $V=1\ 000\ cm^3$, $m=1\ 870\ g$, $m_s=1\ 677\ g$, $m_w=1\ 870-1\ 677=193(g)$,则

含水率 $$\omega=\frac{m_w}{m_s}\times100\%=\frac{193}{1\ 677}=11.5\%$$

密度 $$\rho=\frac{m}{V}=\frac{1\ 870}{1\ 000}=1.87(g/cm^3)$$

重度 $$\gamma=\rho g=1.87\times10=18.7(kN/m^3)$$

孔隙比 $$e=\frac{G_s(1+\omega)\rho_w}{\rho}-1=\frac{2.66\times(1+0.115)\times1}{1.87}-1=0.586$$

孔隙比 $$n=\frac{e}{1+e}\times100\%=\frac{0.586}{1+0.586}\times100\%=36.9\%$$

干重度 $$\gamma_d=\frac{\gamma}{1+\omega}=\frac{18.7}{1+0.115}=16.8(kN/m^3)$$

饱和重度 $$\gamma_{sat}=\frac{G_s+e}{1+e}\gamma_w=\frac{2.66+0.586}{1+0.586}\times10=20.5(kN/m^3)$$

有效重度 $$\gamma'=\gamma_{sat}-\gamma_w=20.5-10=10.5(kN/m^3)$$

饱和度 $$S_r=\frac{\omega G_s}{e}=\frac{0.115\times2.66}{0.586}=52.2\%$$

任务2 土的物理状态判定

土的物理状态即反映土的松密程度和软硬程度,对于无黏性土,其主要的物理状态指标是密实度;对于黏性土,状态指标是稠度(软硬程度)。

1 无黏性土的密实度判定

无黏性土主要包括砂土和碎石土。这类土中缺乏黏土矿物,呈单粒结构,土的密实度对其工程性质具有重要的影响。当为松散状态时,尤其是饱和的松散砂土,其压缩性与透水性较高,强度较低,容易产生流砂、液化等工程事故;当为密实状态时,具有较高的强度和较低的压缩性,为良好的建筑物地基。

1.1 砂土的密实度判定

1.1.1 采用天然孔隙比法

孔隙比反映土的孔隙大小,对同一种土,土的天然孔隙比愈大,土愈松散;反之愈密实。根据孔隙比 e 的大小,将砂土划分为密实、中密、稍密、松散四类,见表4-6。

表 4-6　砂土的密实度

砂土类别	密实	中密	稍密	松散
砾砂、粗砂、中砂	$e<0.60$	$0.60\leqslant e\leqslant 0.75$	$0.75<e\leqslant 0.85$	$e>0.85$
细砂、粉砂	$e<0.70$	$0.70\leqslant e\leqslant 0.85$	$0.85<e\leqslant 0.95$	$e>0.95$

天然孔隙比判别土的密实度,方法简单,没有考虑土的级配情况影响。对于两种土,孔隙比相同,其密实度不一定相同,孔隙比大的土,其密实度反而较好。为了同时考虑孔隙比和级配的影响,引入砂土相对密实度的概念。

1.1.2　采用相对密度法

砂土相对密度的表达式为

$$D_r = \frac{e_{max} - e}{e_{max} - e_{min}} \tag{4-18}$$

式中　e_{max}——砂土处于最疏松状态时的孔隙比,称为最大孔隙比;

e_{min}——砂土处于最密实状态时的孔隙比,称为最小孔隙比;

e——砂土的天然孔隙比。

砂土的相对密度是通过砂土的最大干密度、最小干密度试验测定的。砂土的最小干密度测定是将松散的风干砂样,通过长颈漏斗轻轻地倒入容器,求出最小干密度 ρ_{dmin};砂土的最大干密度是采用振动锤击法测定的,求出最大干密度 ρ_{dmax},e_{max}、e_{min} 按下式计算

$$e_{max} = \frac{\rho_w G_s}{\rho_{dmin}} - 1,\quad e_{min} = \frac{\rho_w G_s}{\rho_{dmax}} - 1 \tag{4-19}$$

从式(4-19)可以看出,当砂土的天然孔隙比接近于最小孔隙比时,相对密度 D_r 接近于1,表明砂土接近于最密实的状态;而当天然孔隙比接近于最大孔隙比时则表明砂土处于最松散的状态,其相对密度 D_r 接近于0。根据砂土的相对密度可以将砂土划分为密实、中密和松散三种密实度,见表4-7。

表 4-7　砂土密度

密实度	密实	中密	松散
相对密度	0.67~1.0	0.33~0.67	0~0.33

【例4-2】　某砂土天然状态下的密度为1.8 g/cm³,含水率为20%,颗粒比重为2.65,最大干密度 $\rho_{dmax}=1.7\ g/cm^3$,最小干密度 $\rho_{dmin}=1.42\ g/cm^3$,求相对密度,并判别密实度。

解　(1)砂土的天然孔隙比为

$$e = \frac{G_s\rho_w(1+\omega)}{\rho} - 1 = \frac{2.65\times 1\times(1+0.20)}{1.8} - 1 = 0.767$$

(2)最大孔隙比为

$$e_{max} = \frac{\rho_w G_s}{\rho_{dmin}} - 1 = \frac{1\times 2.65}{1.42} - 1 = 0.866$$

(3)最小孔隙比为

$$e_{min} = \frac{\rho_w G_s}{\rho_{dmax}} - 1 = \frac{1 \times 2.65}{1.7} - 1 = 0.559$$

(4)相对密度为

$$D_r = \frac{e_{max} - e}{e_{max} - e_{min}} = \frac{0.866 - 0.767}{0.866 - 0.559} = 0.322 < 0.33$$

可知该砂样处于松散状态。

1.1.3　采用标准贯入试验法

虽然相对密度法从理论上能反映颗粒级配、颗粒形状等因素，但对于砂土很难取得原状样，故天然孔隙比不易测准，又鉴于 e_{max}、e_{min} 的测定方法尚无统一标准，因此《建筑地基基础设计规范》(GB 50007—2002)用标准贯入试验锤击数 N 划分砂土的密实度。标准贯入试验是用标准的锤重(63.5 kg)，以一定落距(76 cm)自由下落，将一标准贯入器打入土中，记录贯入器入土 30 cm 的锤击数 N。锤击数的大小反映土层的密实程度，具体划分标准见表4-8。

表4-8　砂土的密实度

密实度	松散	稍密	中密	密实
标准贯入试验锤击数 N	$N \leq 10$	$10 < N \leq 15$	$15 < N \leq 30$	$N > 30$

1.2　碎石土的密实度判定

碎石土颗粒较粗，不易取得原状土样，也很难将贯入器打入土中。对这类土可在现场观察，根据土的骨架含量、排列、可挖性及可钻性综合鉴别。因此，可将碎石土分为密实、中密、稍密三种，见表4-9。

表4-9　碎石土密实度野外鉴别方法

密实度	骨架颗粒含量与排列	可挖性	可钻性
密实	骨架颗粒含量大于总重的70%，呈交错排列，连续接触	锹、镐挖掘困难，用撬棍方能松动；井壁一般较稳定	钻进极困难，冲击钻进时，钻杆、吊锤跳动剧烈；孔壁较稳定
中密	骨架颗粒含量等于总重的60%～70%，呈交错排列，大部分接触	锹、镐可挖掘，井壁有掉块现象，从井壁上取出大颗粒处，能保持颗粒凹面形状	钻进较困难，冲击钻进时，钻杆、吊锤跳动不剧烈；孔壁有坍塌现象
稍密	骨架颗粒含量小于总重的60%，排列混乱，大部分不接触	锹可以挖掘，井壁易坍塌；从井壁上取出大颗粒后，填充物砂土立即坍塌	钻进较容易，冲击钻进时，钻杆稍有跳动；孔壁易坍塌

2　黏性土的稠度状态判定

2.1　黏性土的状态及界限含水率

随着含水率的改变，黏性土将经历不同的物理状态。当含水率很大时，土是一种黏滞流动的液体，即泥浆，称为流动状态；随着含水率逐渐减少，黏滞流动的特点渐渐消失而显示出塑性（所谓塑性，就是指可以塑成任何形状而不发生裂缝，并在外力解除以后能保持已有的形状而不恢复原状的性质），称为可塑状态；当含水率继续减少时，则发现土的可塑性逐渐消失，从可塑状态变为半固体状态。当含水率很小的时候，土的体积却不再随含水率的减少而减小了，这种状态称为固体状态。黏性土从一种状态变到另一种状态的含水率分界点称为界限含水率。土的界限含水率主要有液限、塑限和缩限三种。

2.1.1　液限 ω_L

2.1.1.1　定义

流动状态与可塑状态间的分界含水率称为液限 ω_L。

2.1.1.2　液限测定

（1）锥式液限仪测定。锥式液限仪的平衡锥重 76 g，锥尖顶角 30°。试验时先将土样调制成均匀膏状，装入土杯内，刮平表面，放在底座上。平衡锥置于土样中心，在自重下沉入土中，当 5 s 时入土深度为 10 mm 时的含水率即为液限。如液限仪沉入土中锥体刻度高于或低于土面，则表明土样的含水率低于或高于液限，此时应将土取出，加少量水或反复搅拌使土样水分蒸发再测试，直到锥尖入土深度达到 10 mm。

（2）碟式液限仪测定。美国、日本等国家采用碟式液限仪测定液限。将制备好的土样铺在铜碟前半部，用调土刀刮平表面，用切槽器在土中划开成 V 形槽，以 2 r/s 的速度转动摇柄，使铜碟反复起落，连续下落 25 次后，如土槽合拢长度为 13 mm，这时试样的含水率就是液限。

（3）液塑限联合测定仪测定。为克服手动放锥误差大、土样反复操作等缺点，近年来采用电动放锥、液塑限联合测定仪法来测定液限。试验时取代表性试样，加不同数量的水，调成三种不同稠度状态的试样。一般情况下，三个试样含水率分别接近液限、塑限和两者之间。用 76 g 的平衡锥分别测定三个试样的入土深度和相应的含水率，以含水率为横坐标、入土深度为纵坐标，绘于双对数纸上，将测得的三点连成直线，由含水率与圆锥下沉深度曲线上查出 10 mm 对应的含水率即为液限 ω_L，2 mm 对应的含水率即为塑限 ω_P。

2.1.2　塑限 ω_P

2.1.2.1　定义

可塑状态与半固体状态间的分界含水率称为塑限 ω_P。

2.1.2.2　塑限测定

（1）搓条法测定。取略高于塑限含水率的试样 8 ~ 10 g，放在毛玻璃板上用手搓条，在缓慢的、单方向的搓动过程中土膏内的水分渐渐蒸发，如搓到土条的直径为 3 mm 产生裂缝并开始断裂，则此时的含水率即为塑限 ω_P。

（2）液塑限联合测定仪测定。试验方法同前。

2.1.3　缩限 ω_S

2.1.3.1　定义

半固体状态与固体状态间的分界含水率称为缩限 ω_S。

2.1.3.2　缩限测定

对于胀缩性比较大的膨胀土，应测定其缩限。其试验试验步骤详见《土工试验规程》

(SL 237—1999)。

2.2 塑性指数与液性指数

2.2.1 塑性指数及应用

可塑性是黏性土区别于砂土的重要特征。可塑性的大小用土处在塑性状态的含水率变化范围来衡量,从液限到塑限含水率的变化范围愈大,土的可塑性愈好,这个范围称为塑性指数 I_P:

$$I_P = \omega_L - \omega_P \tag{4-20}$$

塑性指数习惯上用不带%的数值表示。塑性指数是黏性土的最基本、最重要的物理指标之一,它综合地反映了黏性土的物质组成,广泛应用于土的分类和评价。

2.2.2 液性指数及应用

液性指数 I_L 是表示天然含水率与界限含水率相对关系的指标,其表达式为

$$I_L = \frac{\omega - \omega_P}{\omega_L - \omega_P} \tag{4-21}$$

可塑状态的土的液性指数在0到1之间,液性指数越大,表示土越软;液性指数大于1的土处于流动状态;液性指数小于0的土则处于固体状态或半固体状态。

黏性土的状态可根据液性指数 I_L 分为坚硬、硬塑、可塑、软塑和流塑五种状态,见表4-10。

表4-10 按塑性指数值确定黏性土状态

I_L 值	$I_L \leqslant 0$	$0 < I_L \leqslant 0.25$	$0.25 < I_L \leqslant 0.75$	$0.75 < I_L \leqslant 1.0$	$I_L > 1.0$
状态	坚硬	硬塑	可塑	软塑	流塑

2.3 黏性土的灵敏度和触变性

2.3.1 灵敏度

天然状态下的黏性土通常具有一定的结构性,当受到外来因素的扰动时,土粒间的胶粒物质以及土粒、离子、水分子所组成的结构体系受到破坏,土的强度随之降低,压缩性增大。土的结构性对强度的影响,一般用灵敏度表示,表达式为

$$S_t = \frac{q_u}{q'_u} \tag{4-22}$$

式中 q_u——原状土的无侧限抗压强度;

q'_u——重塑土的无侧限抗压强度,重塑试样具有与原状试样相同的尺寸、密度和含水率,但应破坏其结构。

根据灵敏度可将饱和黏土分为低灵敏($S_t \leqslant 2$)、中灵敏($2 < S_t \leqslant 4$)、高灵敏($S_t > 4$)三类。

土的灵敏度愈高,其结构性愈强,受扰动后土的强度降低愈大。所以,在基础施工过程中,应注意保护基槽,防止雨水浸泡、暴晒和人为践踏,以免破坏土的结构,降低地基强度。

2.3.2 触变性

饱和黏性土的结构受到扰动后,会导致土的强度降低,但当扰动停止后,土的强度又

随时间逐渐增大,这种性质称为土的触变性。原因在于停止扰动后,黏性土中的土粒、离子、水分子体系随时间而逐渐形成新的平衡。例如,在黏性土中打桩时,桩侧土的结构受到破坏而强度降低,但停止施工后,土的强度逐渐恢复,桩的承载力逐渐增大。《建筑地基基础设计规范》(GB 50007—2002)规定:单桩竖向静载荷试验在预制桩打入黏性土中,开始试验的时间视土的强度恢复而定,一般不得少于 15 d,对于饱和软黏土不得少于 25 d。因此,应充分利用土的触变性,把握施工进度,既保证施工质量,又可提高桩基承载力。

任务 3　土的工程分类

自然界的土类众多,工程性质各异。为便于研究,需要按其主要特征进行分类。一般粗粒土按粒度成分及级配特征划分,细粒土则按塑性指数和液限划分,而有机土和特殊土则分别单独各列为一类。不过,不同部门由于研究的目的不同,分类方法也各有差异。现将水利部《土工试验规程》(SL 237—1999)中的分类方法和建设部《建筑地基基础设计规范》(GB 50007—2002)中的分类方法分别作一简要介绍。

1　《土工试验规程》(SL 237—1999)分类法

水利部《土工试验规程》(SL 237—1999)分类法确定土的名称,具体步骤如下。

1.1　鉴别有机土和无机土

根据土中未完全分解的动植物残骸和无定形物质,判断是有机土还是无机土。有机质呈黑色、青黑色或暗色,有臭味,手触有弹性和海绵感。

1.2　鉴别巨粒类土、含巨粒土、粗粒土和细粒土

对无机土,先根据该土样的颗粒级配曲线,确定巨粒组($d>60$ mm)的质量占土总质量的百分数,当土样中巨粒组质量大于总质量的50%时,该土称巨粒类土;当土样中巨粒组质量为总质量的15% ~50%时,该土称为含巨粒土;当土样中巨粒组质量小于总质量的15%时,可扣除巨粒,按粗粒土或细粒土的相应规定分类定名。当粗粒组(60 mm$\geqslant d>$0.075 mm)质量大于总质量的50%时,该土称为粗粒类土;当细粒组($d\leqslant$0.075 mm)质量大于或等于总质量的50%时,该土称为细粒类土。

1.3　对巨粒类土、含巨粒土、粗粒类土或细粒类土的进一步分类

1.3.1　巨粒类土和含巨粒土的分类及命名

巨粒类土和含巨粒土的分类及命名见表 4-11。

表 4-11　巨粒类土和含巨粒土的分类

土类	粒组含量		土代号	土名称
巨粒土	巨粒含量 >75%	漂石粒含量 >50%	B	漂 石
		漂石粒含量≤50%	Cb	卵 石
混合巨粒土	50% <巨粒含量≤75%	漂石粒含量 >50%	BSI	混合土漂石
		漂石粒含量≤50%	CbSI	混合土卵石
含巨粒土	15% <巨粒含量≤50%	漂石含量 >卵石含量	SIB	漂石混合土
		漂石含量≤卵石含量	SICb	卵石混合土

1.3.2 粗粒类土(包括砾类土和砂类土)的分类及命名

粗粒类土(包括砾类土和砂类土)的分类及命名见表4-12、表4-13。

表4-12 砾类土的分类(2 mm < d≤60 mm 砾粒组含量 >50%)

土类	粒组含量		土代号	土名称
砾	细粒含量<5%	级配:C_u≥5,C_c=1~3	GW	级配良好砾
		级配:不同时满足上述要求	GP	级配不良砾
含细粒土砾	5%≤细粒含量≤15%		GF	含细粒土砾
细粒土质砾	15%<细粒含量≤50%	细粒土为黏土	GC	黏土质砾
		细粒土为粉土	GM	粉土质砾

注:表中细粒土质砾土类,应按细粒土在塑性图中的位置定名。

表4-13 砂类土的分类(砾粒组含量≤50%)

土类	粒组含量		土代号	土名称
砂	细粒含量<5%	级配:C_u≥5,C_c=1~3	SW	级配良好砂
		级配:不同时满足上述要求	SP	级配不良砂
含细粒土砂	5%≤细粒含量<15%		SF	含细粒土砂
细粒土质砂	15%<细粒含量≤50%	细粒土为黏土	SC	黏土质砂
		细粒土为粉土	SM	粉土质砂

注:表中细粒土质砂土类,应按细粒土在塑性图中的位置定名。

1.3.3 细粒类土的分类和命名

细粒类土又分为细粒土(粒径 d>0.075 mm 的粗粒组质量小于总质量的25%的土)、含粗粒的细粒土(粗粒组的含量为25%~50%)和有机质土(有机质含量>5%的土)。

(1)细粒土应根据塑性图(见图4-11)和表4-14 进行分类和命名。首先根据细粒土的 ω_L 和 I_P 从塑性图中确定土的类别,然后按表4-12 进行命名。

(2)含粗粒的细粒土应先按表4-14 的规定确定细粒土名称,再按下列规定最终定名:①粗粒中砾粒占优势,称含砾细粒土,土代号后缀以代号 G,如 CHG 为含砾高液限黏土,CLG 为含砾低液限黏土;②粗粒中砂粒占优势,称含砂细粒土,土代号后缀以代号 S,如 CHS 为含砂高液限黏土,CLS 为含砂低液限黏土。

(3)有机质土是按表4-14 规定定出细粒土名称,再在各相应土类代号之后缀以代号 O,如 CHO 为有机质高液限黏土,MLO 为有机质低液限粉土。

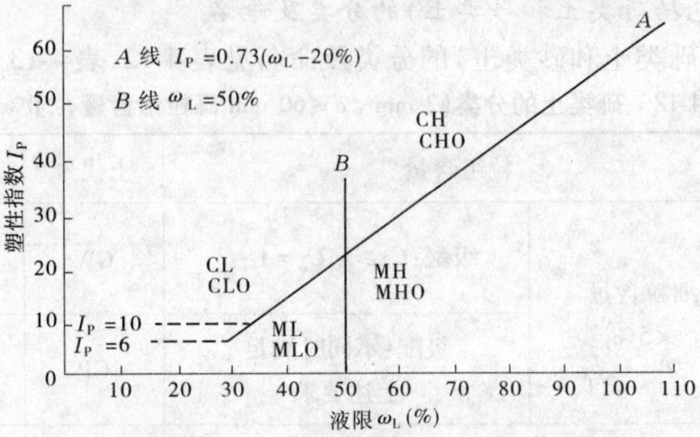

图 4-11 塑性图(17 mm 液限)

表 4-14 细粒土的分类(17 mm 液限)

土的塑性指数在塑性图中的位置		土代号	土名称
塑性指数 I_P	液限 ω_L		
$I_P \geqslant 0.73(\omega_L-20\%)$ 且 $I_P \geqslant 10$	$\omega_L \geqslant 50\%$	CH	高液限黏土
	$\omega_L < 50\%$	CL	低液限黏土
$I_P < 0.73(\omega_L-20\%)$ 且 $I_P < 10$	$\omega_L \geqslant 50\%$	MH	高液限粉土
	$\omega_L < 50\%$	ML	低液限粉土

2 《建筑地基基础设计规范》(GB 50007—2002)分类法

《建筑地基基础设计规范》(GB 50007—2002)将土分为碎石土、砂土、粉土、黏性土、人工填土和特殊性土六大类。具体分类如下。

2.1 碎石土

碎石土是指粒径大于 2 mm 的颗粒含量超过总质量的 50% 的土,按粒径和颗粒形状可进一步划分为漂石、块石、卵石、碎石、圆砾和角砾,具体划分见表 4-15。

表 4-15 GB 50007—2002 中碎石土的分类

土的名称	颗粒形状	粒组含量
漂石	圆形及亚圆形为主	粒径大于 200 mm 的颗粒含量超过总质量的 50%
块石	棱角形为主	
卵石	圆形及亚圆形为主	粒径大于 20 mm 的颗粒含量超过总质量的 50%
碎石	棱角形为主	
圆砾	圆形及亚圆形为主	粒径大于 2 mm 的颗粒含量超过总质量的 50%
角砾	棱角形为主	

注:分类时,应根据粒组含量栏从上到下以最先符合者确定。

2.2　砂土

砂土是指粒径大于2 mm的颗粒含量不超过总质量的50%且粒径大于0.075 mm的颗粒含量超过总质量的50%的土。砂土可再划分为5个亚类，即砾砂、粗砂、中砂、细砂和粉砂，具体划分见表4-16。

表4-16　GB 50007—2002中砂土的分类

土的名称	粒组含量
砾砂	粒径大于2 mm的颗粒含量占总质量的25%～50%
粗砂	粒径大于0.5 mm的颗粒含量超过总质量的50%
中砂	粒径大于0.25 mm的颗粒含量超过总质量的50%
细砂	粒径大于0.075 mm的颗粒含量超过总质量的85%
粉砂	粒径大于0.075 mm的颗粒含量超过总质量的50%

注：定名时，应根据粒组含量栏从上到下以最先符合者确定。

2.3　粉土

粉土是指粒径大于0.075 mm的颗粒含量不超过总质量的50%且塑性指数I_P小于或等于10的土。粉土是介于砂土和黏性土之间的过渡性土类，它具有砂土和黏性土的某些特征，根据黏粒含量可以将粉土再划分为砂质粉土和黏质粉土。

2.4　黏性土

黏性土的工程性质与土的成因、年代的关系密切，不同成因和年代的黏性土，尽管其某些物理性质指标可能很接近，但工程性质可能相差悬殊，所以黏性土按沉积年代、塑性指数分类。

2.4.1　按沉积年代分类

黏性土按沉积年代分为老黏性土、一般黏性土和新近沉积黏性土。

(1)老黏性土。第四纪晚更新世(Q_3)以前沉积的黏性土称为老黏性土。它是一种沉积年代久、工程性质较好的黏性土，一般具有较高的强度和较低的压缩性。

(2)一般黏性土。第四纪晚更新世(Q_3)以后、全新世(Q_4)文化期以前沉积的黏性土称为一般黏性土。其分布面积最广，遇到的最多，工程性质变化很大。

(3)新近沉积黏性土。文化期以后形成的土称为新近沉积黏性土。这种土一般强度较低，压缩性大，属欠固结状态。

2.4.2　按塑性指数分类

根据塑性指数大小，黏性土可再划分为粉质黏土和黏土两个亚类，当$10<I_P\leqslant 17$时为粉质黏土，当$I_P>17$时为黏土。

2.5　人工填土

人工填土是指人类活动而堆填的土，其物质成分复杂，均匀性差。根据物质组成和成因，填土分为素填土、压实填土、杂填土和冲填土。

(1)素填土是由碎石土、砂土、粉土、黏性土等组成的填土，其中不含杂质或含杂质较少。

(2)压实填土是经过压实或夯实的素填土。

(3)杂填土是由建筑垃圾、工业垃圾和生活垃圾所形成的填土。

(4)冲填土是由水力冲填泥沙形成的填土。

人工填土按堆填的时间分为老填土和新填土。超过10年的黏性土或超过5年的粉土称为老填土;不超过10年的黏性土或不超过5年的粉土称为新填土。

2.6 特殊性土

特殊性土是指淤泥、淤泥质土、红黏土、膨胀土和湿陷性黄土等,具体内容见项目10。

【例4-3】 从某土样颗粒级配曲线上查得:大于0.075 mm的颗粒含量为38%,大于2 mm的颗粒含量为13%,并测得该土样细粒部分的液限$\omega_L = 46\%$,塑限$\omega_P = 28\%$,试按SL 237—1999和GB 50007—2002对土分类定名。

解 1.按SL 237—1999对土定名

(1)因该土样细粒组含量为100% − 38% = 62% > 50%,所以该土属细粒类土。

(2)因该土样粗粒组含量为38%,在25% ~ 50%,故该土属含粗粒的细粒土,应先按塑性图定出细粒土的名称。

(3)土样的塑性指数$I_P = 46 - 28 = 18$,$\omega_L = 46\%$,查塑性图(见图4-11),坐标交点落在CL区,再判断粗粒中是砾粒占优势还是砂粒占优势。

(4)因该土样砾粒组含量为13%,砂粒组含量为38% − 13% = 25%,故砂粒占优势,称含砂细粒土,应在细粒土名代号后缀以代号S。因此,该土的最后定名为含砂低液限黏土,即为CLS。

2.按GB 50007—2002对土定名

因该土大于0.075 mm的颗粒含量为38% < 50%,$I_P = 18 > 17$,所以该土定名为黏土。

思考与练习题

1.无黏性土最主要的物理状态指标是什么?用e、D_r和$N_{63.5}$来划分密实度各有何优缺点?

2.黏性土的物理状态指标是什么?I_P大小与土颗粒粗细有何关系?I_P大的土具有哪些特点?

3.什么是最优含水率?其工程意义是什么?

4.按SL 237—1999,求出图4-12颗粒级配曲线①、②所示土中各粒组的百分比含量,并分析其颗粒级配情况。

5.某原状土样,测出该土的$\gamma = 17.8\ kN/m^3$、$\omega = 25\%$、$G_s = 2.65$,试计算该土的干重度γ_d、孔隙比e、饱和重度γ_{sat}、浮重度γ'和饱和度S_r。

6.某干砂试样,密度$\rho = 1.66\ g/cm^3$,土粒比重$G_s = 2.69$,置于雨中,若砂样体积不变,饱和度增至40%时,此砂在雨中的含水率为多少?

7.某碾压土坝的土方量为$2 \times 10^5\ m^3$,设计填筑干密度为$1.65\ g/cm^3$。料场土的含水率为12.0%,天然密度为$1.70\ g/cm^3$,液限为32.0%,塑限为20.0%,土料比重为2.72。

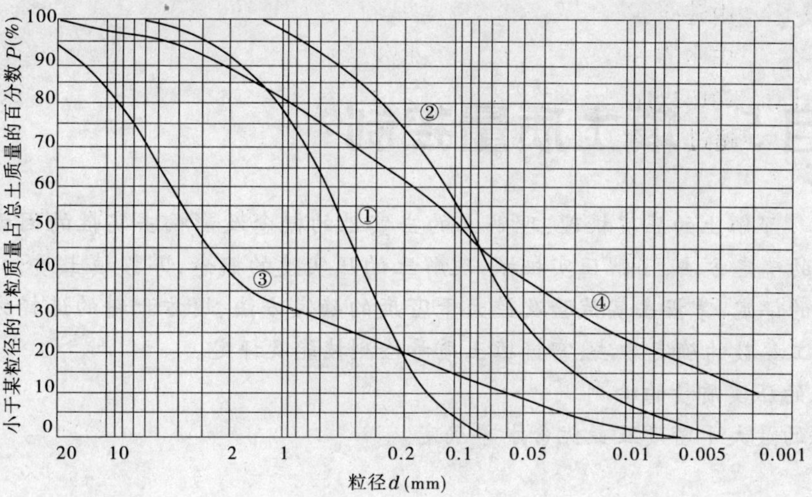

图4-12 习题4图

问：

(1)为满足填筑土坝需要，料场至少要有多少立方米土料？

(2)如每日坝体的填筑量为3 000 m^3，该土的最优含水率为塑限的95%，为达到最佳碾压效果，每天共需要加多少水？

(3)土坝填筑后的饱和度是多少？

8. 已测得图4-12中曲线③所示土的细粒部分土的液限 $\omega_L = 34.3\%$、塑限 $\omega_P = 19.5\%$，试分别用SL 237—1999和GB 50007—2002对其进行分类定名。

9. 根据试验测得图4-15中颗粒级配曲线④所示土的液限 $\omega_L = 31.5\%$、塑限 $\omega_P = 18.6\%$，试分别用SL 237—1999和GB 50007—2002对该土进行分类定名。

项目5 填土质量控制

【学习目标】 了解土的压实机理,理解土的击实性的概念及影响击实性的因素,了解压实施工参数的确定方法,了解压实机械,理解土的压实度的概念,掌握填土质量检测技能及压实质量的评定,掌握击实试验及最大干密度的确定方法、填方土料的选择方法,初步掌握压实施工参数的确定方法,掌握填土质量检测技能及评定。

【重点】 土的压实质量的检测。

【难点】 土的最大干密度及最优含水率确定。

任务1 填土最大干密度的确定及工程土料选择

在工程建设中,常用土料填筑土堤、土坝、路基和地基等,为了提高填土的强度、增加土的密实度、减小压缩性和渗透性,一般都要经过压实。压实的方法很多,可归结为碾压、夯实和振动三类。大量的实践证明,在对黏性土进行压实时,土太湿或太干都不能被较好地压实,只有当含水率控制在某一适宜值时,压实效果才能达到最佳。黏性土在一定的压实功能下,达到最密时的含水率,称为最优含水率,用 ω_{op} 表示,与其对应的干密度则称为最大干密度,用 ρ_{dmax} 表示。因此,为了既经济又可靠地对土体进行碾压或夯实,必须要研究土的这种压实特性,即土的击实性。

1 击实试验和击实曲线

研究土的击实性的方法有两种:一是在室内用标准击实仪进行击实试验;另一种是在现场用碾压机具进行碾压试验,施工时以施工参数(包括碾压设备的型号、振动频率及质量、铺土厚度、加水量、碾压遍数等项)及干密度同时控制。

室内击实试验标准击实仪如图5-1所示,该击实仪主要由击实筒、击实锤和导筒组成。

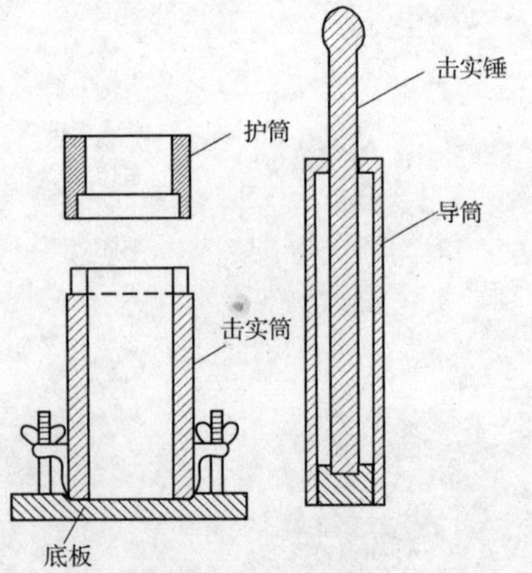

图5-1 击实仪示意图

击实试验时,先将待测的土料按不同的预定含水率(不少于5个)制备成不同的试样。取制备好的某一试样,分三层装入击实筒,在相同击实功(锤重、锤落高度和锤击数三者的乘积)下击实试样,称量筒和筒土合重,根据已知击实筒的体积测算出试样湿密度,用推土器推出试样,测试样含水率,然后计算出该试样的干密度，不同试样得到不同的干密度 ρ_d 和含水率 ω。经计算整理，以干密度为纵坐标、含水率为横坐标，绘制出干密度与含水率之间的关系曲线，即击实曲线（见图5-2）。

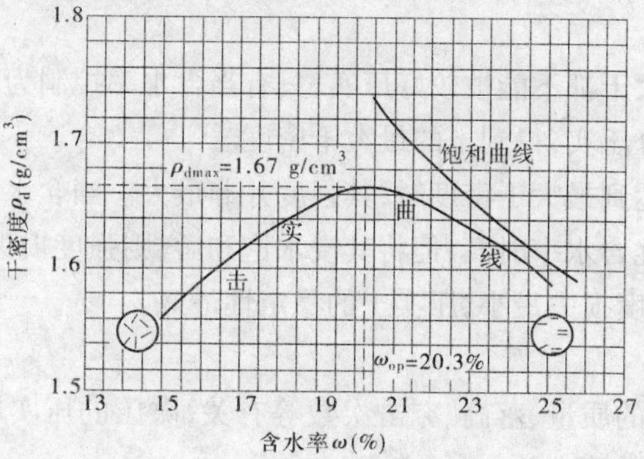

图5-2 击实曲线

击实曲线反映出土的击实特性如下：

（1）对于某一土样，在一定的击实功作用下，只有当土的含水率为某一适宜值时，土样才能达到最密实。因此，在击实曲线上就反映出有一峰值，峰点所对应的纵坐标值为最大干密度 ρ_{dmax}，对应的横坐标值为最优含水率 ω_{op}。据研究，黏性土的最优含水率与塑限有关，大致为 $\omega_{op} = \omega_P + 2\%$。

（2）土在击实过程中，通过土粒的相互位移，很容易将土中气体挤出；但要挤出土中水分来达到击实的效果，对于黏性土来说，不是短时间的加载所能办到的。因此，人工击实不是挤出土中水分而是挤出土中气体来达到击实目的的。同时，当土的含水率接近或大于最优含水率时，土孔隙中的气体越来越处于与大气不连通的状态，击实作用已不能将其排出土体之外。所以，击实土不可能被击实到完全饱和状态，击实曲线必然位于饱和曲线的左侧而不可能与饱和曲线相交。试验证明，一般黏性土在其最佳击实状态下（击实曲线峰值），其饱和度约为80%（见图5-3）。

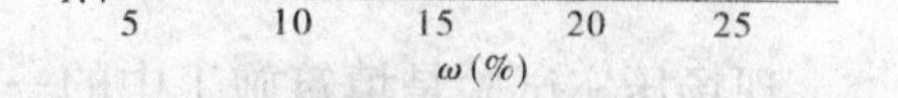

图5-3 土的含水率、干密度和击实功关系曲线

（3）当含水率低于最优含水率时，干密度受含水率变化的影响较大，即含水率变化对于密度的影响在偏干时比偏湿时更加明显，因此击实曲线的左段（低于最优含水率）比右段的坡度陡。

击实试验的目的就是用标准击实方法，测定土的干密度和含水率的关系，从击实曲线上确定土的最大干密度 ρ_{dmax} 和相应的最优含水率 ω_{op}，为填土的设计与施工提供重要的依据。

2 影响土击实效果的因素及土料选择

影响土击实效果的因素很多,但最重要的是含水率、击实功和土的性质。

2.1 含水率

由前可知,土太湿或太干都不能被较好压实,只有当含水率控制为某一适宜值即最优含水率时,土才能得到充分压实,得到土的最大干密度。

实践表明,当压实土达到最大干密度时,其强度并非最大。当含水率小于最优含水率时,土的抗剪强度均比最优含水率时高,但将其浸水饱和后,则强度损失很大,只有在最优含水率时浸水饱和后的强度损失最小,压实土的稳定性最好。

2.2 击实功

夯击的击实功与夯锤的质量、落高、夯击次数等有关,碾压的压实功能则与碾压机具的质量、接触面积、碾压遍数等有关。

对于同一土料,击实功小,则所能达到的最大干密度也小;击实功大,所能达到的最大干密度也大。而最优含水率正好相反,即击实功小,最优含水率大;击实功大,则最优含水率小,如图 5-3 所示。但是应当指出,击实效果增大的幅度是随着击实功的增大而降低的。单纯用增大击实功的办法来提高土的干密度是不经济的。

2.3 土粒级配和土的类别

在相同的击实功能条件下,级配不同的土,击实效果也不同。一般地,粗粒含量多、级配良好的土,最大干密度较大,最优含水率较小。

砂土的击实性与黏性土不同。一般在完全干燥或充分洒水饱和的状态下,容易击实到较大的干密度;而在潮湿状态,由于毛细水的作用,填土不易击实。所以,粗粒土一般不做击实试验,在压实时,只要对其充分洒水使土料接近饱和,就可得到较大的干密度。

土料质量控制是保证填筑质量的重要一环,所以土方填筑前要做颗粒分析试验,并选择符合设计要求的土料。

3 现场压实及土料的选择

现场压实试验是填筑施工中的一项技术措施。对碾压土料,如果含水率过大,碾压时容易出现弹簧土;含水率过小,即使表面给人的感觉压实了,但测其干密度常达不到设计标准;若土料含水率比较适宜,虚铺土料过厚,不易压实,虚铺土料过薄,则增加费用,所以按设计要求和拟定的施工方法进行填筑,来确定铺土厚度、相应的含水率及相应的压实机具和碾压遍数,是施工参数选择的依据。

施工人员应有在现场对土料做鉴别的能力,土质质量指标鉴别可参考相关规程规范,如堤防工程,料场土质指标控制可参考表 5-1。

表5-1 筑堤土料的简易鉴别与适用性汇总

土的基本属性	《土工试验规程》(SD 128—84)		《土工试验操作规程》(1962)	土在不同条件下的特征						各类土对筑堤的适用性				
	塑性图分类		三角坐标分类	湿土用手搓捻时的感觉	土块的干强度	干土块劈裂后的断口状态	可塑状态时能搓成的土条直径(mm)	土的韧性	摇振反应	不同施工方法		不同堤身部位		
	符号	土名	土名							分层碾压填筑法	输泥管式吹填法	均质堤	非均质堤	
													防渗体	排渗体
无黏性土	SW	良好级配砂	砂土	只有砂粒的感觉，粗细不一，级配良好	缺乏胶结性，松散不结块	—	无塑性	无	饱和含水率时呈流体态	√	√	×△	×	√
	SP	不良级配砂	砂土	只有砂粒的感觉，粗细均匀，级配不良						√	√	×△	×	√
			粉砂	手感是均匀的极细砂粒，无黏附性						√	√	×△	×	×
少黏性土	ML	低液限粉质土	粉土	手感是均匀的粉粒，有面粉感，黏附性弱	无—微	—	>2.5	无	快	√	+ *	×△	×	×
			轻、重砂浆土	手感有砂粒和粉粒，没有黏粒的感觉，黏附性弱	微	—	>2.5	无	快	√	+ *	+	×	×
			轻、重粉质砂壤土							√	+ *	+	×	×
	CL	低液限黏质土	轻壤土	感觉有砂粒，但含黏粒也不明显，手感以粉状为主，有弱的塑性和黏附性	低	断口粗糙，结构很疏松，含砂粒，但以粉粒为主	>2.5	低—中	较慢	√	×	√	×	×
			轻粉质壤土							√	×	√	×	×

续表 5-1

土的基本属性	《土工试验规程》(SD 128—84) 塑性图分类 符号	土名	《土工试验操作规程》(1962) 三角坐标分类 土名	土在不同条件下的特征 湿土用手搓捻时的感觉	土块的干强度	干土块劈裂后的断口状态	可塑状态时能搓成的土条直径(mm)	土的韧性	摇振反应	各类土对筑堤的适用性 不同施工方法 分层碾压填筑法	输泥管式吹填法	不同堤身部位 均质堤	非均质堤 防渗体	排渗体
黏性土	CI	中液限黏质土	中壤土	感觉有砂粒，也感觉含黏粒，手感以粉状为主，土稍有塑性和黏附性	中	断口粗糙，结构较疏松，含砂粒，但以粉粒为主	1～2.5	中	慢	√	×	√	+	×
			中粉质壤土							√	×	√	+	×
			重壤土	感觉有砂粒，但手感以含黏粒为主，土有塑性和黏附性	中—高	断口粗糙，结构较密实，可见砂粒	1～2.5	中	很慢—无	√	×	√	√	×
			重粉质壤土							√	×△	√	√	×
	CI 或 CH	中高液限黏质土	砂质黏土	微感有砂粒，但手感以含黏粒为主，土的塑性和黏附性明显	中—高	断口粗糙，结构致密，可见砂粒	1～2.5	中—高	很慢—无	√	×	√	√	×
			粉质黏土							√	×△	√	√	×
	CH	高液限黏质土	黏土	完全感觉不到砂粒，黏附性大，手捻有滑腻感，塑性强	高—很高	质细如瓷片断口，结构致密，颗粒很细，看不到砂粒	<1.0	高	无	+	×	+	+	×
			重黏土							×	×	×	×	×

注：1. 关于土的工程分类命名，《土工试验方法标准》未做规定，故本表仍沿用《土工试验规程》(SD 128—84)的规定。
2. 本表适用于粒径小于 0.5 mm，无机的粗、细粒土类；两种分类土名属粗类对应。
3. 对砾质土、有机质土及膨胀土、分散性土、黄土、红黏土等特殊土类，应通过专门试验鉴定。
4. 选择筑堤土料，除土质条件外，尚应有适宜的天然含水率在相匹配。
5. 表中符号的含义：√(适用)，+(可用)，×(不适用)，△(特殊条件可用)，*(需辅助设置内部排水系统)。

【例5-1】　某一施工现场需要填土，基坑的体积为2 000 m^3，土场是从附近土丘开挖，经勘察，土的比重为2.70，含水率为15%，孔隙比为0.60；要求填土的含水率为17%，干重度为17.6 kN/m^3。求：

(1)取土场的重度、干重度和饱和度是多少？

(2)应从土场开采多少方土？

(3)碾压时应洒多少水？填土的孔隙比是多少？

解　$\gamma_d = \frac{G_s \gamma_w}{1+e} = \frac{2.70 \times 10}{1+0.60} = 16.9\ (kN/m^3)$

由 $\gamma_d = \frac{\gamma}{1+\omega}$ 得

$\gamma = \gamma_d \times (1+\omega) = 16.9 \times (1+0.15) = 19.4\ (kN/m^3)$

由 $S_r = \frac{\omega G_s}{e} = \frac{0.15 \times 2.70}{0.60} = 67.5\%$

填土：由 $\gamma_d = \frac{W_s}{V}$ 得

$W_s = 17.6 \times 2\ 000 = 35\ 200\ (kN)$

取土：由 $V = \frac{W_s}{\gamma_d} = \frac{35\ 200}{16.9} = 2\ 082.8\ (m^3)$

由 $\omega = \frac{m_w}{m_s}$ 得

$m_w = m_s \omega = 3\ 520 \times (0.17 - 0.15) = 70.40\ (t)$

由 $e = \frac{G_s \gamma_w}{\gamma_d} - 1 = \frac{2.70 \times 10}{17.6} - 1 = 0.534$

4　击实测试

4.1　试验目的

击实试验的目的是用标准击实方法，测定土的密度和含水率的关系，确定土的最大干密度与相应的最优含水率。

4.2　仪器设备

击实试验分为轻型击实和重型击实。轻型击实适用粒径小于5 mm的土，其单位体积击实功为592.2 kJ/m^3；重型击实适用于粒径小于20 mm的土，其单位体积功为2 684.9 kJ/m^3，击实仪主要部件尺寸规格见表5-2。

表5-2　击实仪主要部件尺寸规格

试验方法	锤底直径(mm)	锤质量(kg)	落高(mm)	击实筒			护筒高度(mm)
				内径(mm)	筒高(mm)	容积(cm^3)	
轻型	51	2.5	305	102	116	947.4	≥50
重型	51	4.5	457	152	116	2 103.9	≥50

4.3　操作步骤(轻型)

(1)制备土样。取风干土样,放在橡皮板上用木碾碾散,过 5 mm 筛拌匀备用,土样量不少于 20 kg,测定土样风干含水率。

(2)加水拌和。按土的塑限估计其最优含水率并依次相差约 2% 的含水率制备一组试样(不少于 5 个),其中有两个含水率大于塑限和两个含水率小于塑限,需加水量可按下式计算:

$$m_w = \frac{m}{1 + 0.01\omega_0} \times 0.01(\omega - \omega_0) \tag{5-1}$$

式中　m_w——所需加水的质量,g;

m——风干含水率时土样的质量,g;

ω_0——土样的风干含水率(%);

ω——要求达到的含水率(%)。

按预定含水率制备试样,取土样约 2.5 kg,平铺于不吸水的平板上,用喷水设备往土样上均匀喷洒预定的水量,稍静止一段时间(湿润时间:高液限黏土不得少于 24 h,低液限黏土可酌情缩短,但不少于 12 h)后装入塑料袋内或密封于盛土器内备用。

(3)分层击实。将击实仪放在坚实的地面上,击实筒底和筒内壁须涂少许润滑油,取制备好的土样 600 ~ 800 g(其数量应满足击实后试样略高于筒的 1/3)倒入筒内,整平其表面,按 25 击进行击实。击实时,击锤应自由铅直下落,锤迹必须均匀分布在土面上,然后安装护筒,把土刨毛,重复上述步骤进行第二、第三次的击实,击实后试样略高于筒顶(不得大于 6 mm)。

(4)称土质量。扭动并取下护筒,齐筒顶细心削平试样,拆除底板,如试样底面超出筒外,亦应削平,擦净筒外壁,称土质量,精确至 1 g。

(5)测含水率。用推土器从击实筒内推出试样,从试样中心处取两个 15 ~ 30 g 土测定其含水率。

(6)按(2) ~ (4)步骤进行另外几个试样的击实试验。

4.4　计算与绘图

(1)计算击实后各点的干密度:

$$\rho_d = \frac{\rho}{1 + 0.01\omega} \tag{5-2}$$

式中　ρ——湿密度,计算至 0.01,g/cm³;

ω——含水率(%);

ρ_d——干密度,g/cm³。

(2)以干密度 ρ_d 为纵坐标,以含水率 ω 为横坐标,绘制干密度与含水率关系曲线,曲线上峰值点所对应的坐标分别为土的最大干密度与最优含水率。如曲线不能绘制峰值点,应进行补点(见图 5-2)。

(3)轻型击实当粒径大于 5 mm 的颗粒含量小于 30% 时,计算校正后的最大干密度:

$$\rho'_{dmax} = \frac{1}{\dfrac{1-P}{\rho_{dmax}} + \dfrac{P}{G_{s2}\rho_w}} \tag{5-3}$$

式中　ρ'_{dmax}——校正后的最大干密度，g/cm³；

ρ_{dmax}——粒径小于 5 mm 试样的最大干密度，g/cm³；

ρ_w——水的密度，g/cm³；

P——粒径大于 5 mm 颗粒的含量（用小数表示）；

G_{s2}——粒径大于 5 mm 颗粒的干比重。

校正后的最大干密度计算至 0.01 g/cm³。

(4)轻型击实当粒径大于 5 mm 的颗粒含量小于 30% 时，计算校正后的最优含水率：

$$\omega'_{op} = \omega_{op}(1 - P) + P\omega_2 \tag{5-4}$$

式中　ω'_{op}——校正后的最优含水率（%）；

ω_{op}——粒径小于 5 mm 试样的最优含水率（%）；

ω_2——粒径大于 5 mm 颗粒的吸着含水率（%）。

其他符号意义同前。

4.5　试验记录

击实试验记录见表 5-3。

表 5-3　击实试验记录

工程名称＿＿＿＿＿＿　工程编号＿＿＿＿＿＿　试验时期＿＿＿＿＿＿
试 验 者＿＿＿＿＿＿　计 算 者＿＿＿＿＿＿　校 核 者＿＿＿＿＿＿

试验序号	筒+试样质量(g)	筒质量(g)	试样质量(g)	湿密度(g/cm³)	干密度(g/cm³)	盒号	盒质量(g)	盒+湿土质量(g)	盒+干土质量(g)	水分质量(g)	含水率(%)	平均含水率(%)

注：对于黏性粗粒土含有无黏性砂、石粗颗粒，粒径较大，用重型击实仪器来反映黏性粗粒土全料性质。

任务2　填土施工现场质量检测及评定

改善填土的工程性质，使其强度增加、变形减小，渗透性减小，提高土的压实度和均匀性，使填土具有足够的抗剪强度和较小的压缩性，填土必须采取夯打、碾压或振动等方法将土料击实到一定的密实程度，工程中常用羊足碾、气胎碾、振动碾和夯实机械对土料压实，并对填土进行现场质量检测，以保证地基稳定和建筑物的安全。

1 压实质量控制

1.1 压实度的概念

土料填筑施工质量是关键,填筑标准细粒土则通常根据击实试验确定,最大干密度是评价土的压实度的一个重要指标,它的大小直接决定着现场填土的压实质量是否符合施工技术规范的要求,由于黏性填土存在着最优含水率,因此在填土施工时应将土料的含水率控制在最优含水率的-2%~+3%范围内,以期用较小的能量获得最好的压实效果。因此,在确定土的施工含水率时,应根据土料的性质、填筑部位、施工工艺和气候条件等因素综合考虑。

在工程实践中,常用土的压实度来直接控制填土的工程质量。压实度的定义是:工地压实时要求达到的干密度 ρ_d 与室内击实试验所得到的最大干密度 ρ_{dmax} 的比值,即

$$\lambda = \frac{\rho_d}{\rho_{dmax}} \tag{5-5}$$

可见,λ 值越接近1,表示对压实质量的要求越高。我国《碾压式土石坝设计规范》(SL 274—2001)规定:Ⅰ级坝和高坝,填土的 $\lambda = 0.98 \sim 1.00$;Ⅱ级、Ⅲ级及其以下的中坝,填土的 $\lambda = 0.96 \sim 0.98$。在高速公路的路基工程中,要求 $\lambda > 0.95$,对一些次要工程,λ 值可适当取小些。

1.2 压实质量检测(堤防工程)

施工质量的检查方法一般可以用200~500 cm^3 环刀(环刀压入每碾压土层的2/3深度处)法或灌砂(水)法测湿密度、含水率并计算其干密度,压实度试验(灌砂法)参见土工实训相关内容。

1.2.1 工程质量检查取样数量

每次检测的施工作业面不宜过小,机械筑堤时不宜小于600 m^2,人工筑堤或老堤加高培厚时不宜小于300 m^2。每层取样数量:施工单位自检时可控制在填筑量每100~150 mm^3 取样1个,抽检量可为自检量的1/3,但至少应有3个;特别狭长的堤防加固作业面,取样时可按每20~30 m取样一个;当作业面或局部返工部位按建筑量计算的取样数量不足3个时,也应取样3个。

1.2.2 堤防质量评定

堤防质量评定按单元工程进行,并应符合下列条件:

(1)单元工程划分:筑新堤宜按工段内每堤长200~500 m划分一个单元,老堤加高培厚可按工段内每5 000 m^3 划分一个单元。

(2)单元工程的质量评定是对单元堤段内全部填土质量的总体评价,由单元内分层检测的干密度成果累加统计得出其合格率,样本总数应不小于20个。

1.2.3 碾压筑堤压实质量标准

对于堤防工程,土料碾压筑堤压实质量合格标准见表5-4。

表 5-4　土料碾压筑堤压实质量合格标准

项次	填筑类型	筑堤材料	压实干密度合格率下限(%)	
			1、2 级土堤	3 级土堤
1	新填筑堤	黏性土	85	80
		少黏性土	90	85
2	老堤加高培厚	黏性土	85	80
		少黏性土	85	80

注:1. 不合格干密度不得低于设计干密度的 96%。
2. 不合格样不得集中在局部范围内。
3. 在压实质量可疑和堤身特定部位取样抽检时,取样数据视具体情况而定,但检测成果仅作为质量检查参考,不作为碾压质量评定的统计资料。
4. 每一填筑层自检、抽检合格后方准上土,凡取样不合格的部位,应补压或作局部处理,经复检至合格后方可继续下道工序。

2　压实度测试与评定

2.1　试验目的

试验的目的是测定土的压实度,压实度可表征现场压实后的密实状况,是施工质量检测的关键指标。

2.2　试验方法

试验方法有灌砂法、环刀法、核子仪法等。

2.3　仪器设备(灌砂法)

(1)灌砂筒。灌砂筒的型号和主要尺寸如表 5-5 和图 5-4 所示。

表 5-5　灌砂仪的主要尺寸

结构		小型灌砂筒	大型灌砂筒
储砂筒	直径(mm)	100	150
	容积(cm^3)	2 120	4 600
流砂孔	直径(mm)	10	15
金属标定罐	内径(mm)	100	150
	外径(mm)	150	200
金属方盘基板	边长(mm)	350	400
	深(mm)	40	50
	中孔直径(mm)	100	150

(2)标定罐。用薄铁板制作,上端周围有一罐缘(见图 5-4)。

(3)基板。用薄铁板制作,盘的中心有一圆孔。

(4)天平。10 kg,最小分度值 5 g;称量 500 g,最小分度值 0.1 g。

(5)其他。凿子、铁锤、长把勺子、毛刷、铝盒、玻璃板等。

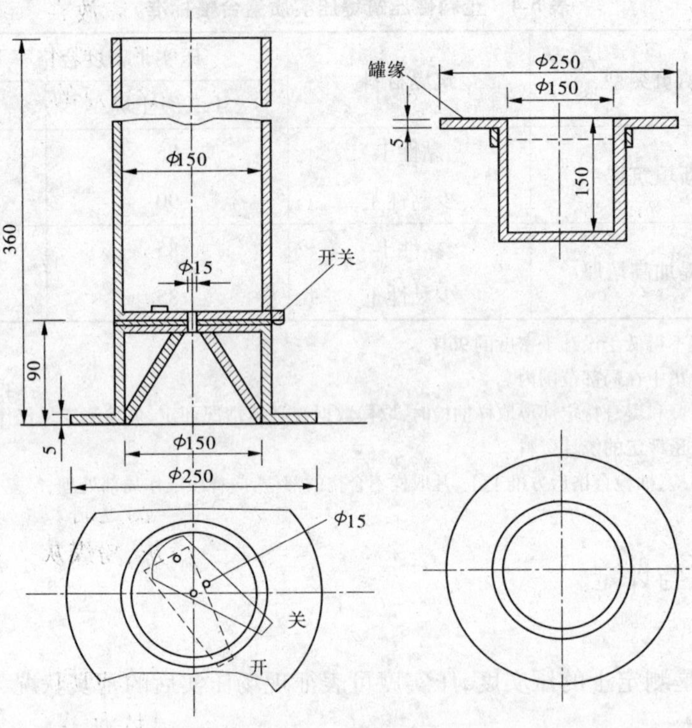

图 5-4　灌砂筒和标定罐　（单位:mm）

2.4　标定

2.4.1　标定锥体内的砂质量

在灌砂筒筒口高度上,向灌砂筒筒内装砂至距筒顶 15 mm 左右,称取装入筒内砂的质量 m_1。将开关打开,使灌砂筒筒底的流砂孔、圆锥形漏斗上端开口圆孔及开关铁板中心的圆孔上下对准,让砂自由流出,并使流出砂的体积与工地所挖试坑的体积相当(或等于标定罐的容积),然后关上开关;轻轻地将灌砂筒移至玻璃板上(不要晃动储砂桶的砂),将开关打开,让砂流出,直到筒内砂不下流时,将开关关上,并细心地取走灌砂筒,收集并称量留在玻璃板上的砂或称量桶内的砂,玻璃板上的砂就是灌砂筒下部圆锥体的砂质量。重复上述测量三次(每次装砂质量高度保持不变),取其平均值(精确至 1 g),测定灌砂筒下部圆锥漏斗砂的质量 m_2。

2.4.2　标定砂的密度(单位质量)

用水确定标定罐的容积 V(精确至 1 mL),在储砂筒中装入质量为 m_1 的砂,并将灌砂筒放在标定罐上,将开关打开,让砂流出,取下灌砂筒,称取筒内剩余的质量 m_3(精确至 1 g),则标定罐所需砂的质量 $m_a = m_1 - m_2 - m_3$,砂的密度 $\rho_s = \dfrac{m_a}{V}$。

2.5　试验步骤

2.5.1　称重

在试验地点选一平坦地面,将其清扫干净,其面积不得小于基板面积;将基板放在平坦表面上，当表面的粗糙程度较大时，则将盛有量砂 m_5 的灌砂筒放在基板中间的圆孔上，将灌砂筒的开关打开，让砂流入基板的中孔内，直到储砂筒内的砂不再下流时关闭开关，取下灌砂筒，并称量筒内砂的质量 m_6；取走基板，将留在试验地点的量砂收回，重新将表面清扫干净。

2.5.2 凿洞测材料质量

将基板放回清扫干净的表面上（尽量放在原处），沿基板中孔凿洞（洞的直径与灌砂筒一致）。在凿洞过程中，应注意不使凿出的材料丢失，并随时将凿松的材料取出装入塑料袋中，不使水分蒸发；试洞的深度应等于测定层的厚度，但不得有下层材料混入，最后将洞内的全部凿松材料取出；对土基或基层，为防止试样盒内的水分蒸发，可分几次称取材料的质量，全部取出材料的总质量为 m_w，精确至 1 g。

2.5.3 测含水率

从挖出的全部材料中取出有代表性的样品，测定其含水率；用小灌砂筒测定时，对于细粒土，不少于 100 g；对于中粒土，不少于 500 g。用大灌砂筒测定时，对于细粒土，不少于 200 g；对于中粒土，不少于 1 000 g；对于粗粒土或水泥、石灰、粉煤灰等无机结合料稳定材料，宜将取出的材料全部烘干，且不少于 2 000 g。

2.5.4 灌砂

将基板安放在试坑上，将灌砂筒安放在板基中间（装入筒内砂的质量 m_1），使灌砂筒的下口对准基板的中孔及试洞，打开灌砂筒的开关，让砂流入试坑内，关闭开关，取走灌砂筒，并称量剩余砂的质量 m'_4，精确至 1 g。如清扫干净的平坦表面粗糙不大，可省去步骤（1）。在试洞挖好后，将灌砂筒直接对准放在试坑上，称量剩余砂的质量 m'_4，仔细取出试筒内的量砂，以备下次试验时再用。若量砂的湿度已发生变化或量砂中混入杂质，则应该重新烘干、过筛，并放置一段时间，使其与空气的湿度达到平衡后再用。

2.6 计算

（1）按下面各式分别计算填满试坑所用的砂的质量 m_b：

灌砂时，试坑上放有基板时

$$m_b = m_1 - m_4 - (m_5 - m_6) \tag{5-6}$$

灌砂时，试坑上不放基板时

$$m_b = m_1 - m'_4 - m_2 \tag{5-7}$$

式中 m_b——填满试坑的砂的质量，g；

m_1——灌砂前灌砂筒的质量，g；

m_2——灌砂筒下部圆锥体内砂的质量，g；

m_4、m'_4——灌砂后，灌砂筒内剩余砂的质量，g；

$m_5 - m_6$——灌砂筒下部圆锥体内及基板和粗糙表面间砂的合计质量，g。

（2）按下式计算试坑材料的湿密度 ρ_w：

$$\rho_w = \frac{m_w}{m_b} \times \rho_s \tag{5-8}$$

式中 ρ_w——试坑材料的湿密度，g/cm³；

m_w——试坑中取出的全部材料的质量，g；

ρ_s——量砂的单位质量，g/cm³。

(3)按下式计算试坑材料的干密度 ρ_d：

$$\rho_d = \frac{\omega}{1 + 0.01\omega} \tag{5-9}$$

式中　ω——试坑材料的含水量(%)。

(4)按下式计算施工压实度 λ：

$$\lambda = \frac{\rho_d}{\rho_{dmax}} \times 100\%$$

式中　λ——测定地点的施工压实度(%)；

ρ_d——试样的干密度，g/cm³；

ρ_{dmax}——由击实试验得到的试样的最大干密度，g/cm³。

2.7　试验记录

灌砂法试验记录见表 5-6。

表 5-6　灌砂法试验记录

工程编号＿＿＿＿＿＿　试样编号＿＿＿＿＿＿　试验日期＿＿＿＿＿＿

计 算 者＿＿＿＿＿＿　校 核 者＿＿＿＿＿＿　试 验 者＿＿＿＿＿＿

最大干密度：＿＿＿＿ g/cm³						
取样地点(桩号)						
试洞深度						
灌砂筒及砂重	1	g				
试坑中挖出材料重	2	g				
锥形内砂重	3	g				
灌砂后筒剩余重	4	g				
试洞中砂重	5	g				
砂的密度	6	g/cm³				
湿密度	7	g/cm³				
盒号	8	g				
盒＋湿土重	9	g				
盒＋干土重	10	g				
盒重	11	g				
水重	12	g				
干土重	13	g				
含水率	14	%				
平均含水率	15	%				
干密度	16	g/cm³				
压实度	17	%				

说明：(1)灌水法测定干密度。与灌砂法类似，将填筑好的土、砂、石的取样部位铲平，用小铲挖一小坑，将挖出的回填材料用专用容器装盛，并当场称取质量，用软塑料薄膜垫好坑底，用水灌进垫好塑料膜的坑内，灌水之前用量杯量好水的体积，灌至坑平，得出挖出部分回填料的体积，即可求得回填料的湿密度，再将挖出来的填料带烘干，即可求得干

密度。灌水法主要用于回填碎石、砂石料检测。

(2)核子仪测定压实度。核子仪内部有一个含铯137γ放射源和镅-241/铍中子源的复合源,其中γ源用来测量密度。测密度时,铯137γ放射源发出γ射线进入被测材料,如果材料的密度较低,大量的射线就会穿过它,被装在仪器内的计数管检测到,那么单位时间内测到的数值就较大;反之,如果被测体的密度较高,它就会吸收部分γ射线,起辐射屏障作用,在同样的单位时间内测到的数值就少。然后,微处理器把检测管接受数值(称为密度计数值)除以存储在仪器内的密度标准数值,得到计数比,微处理机根据计数比算出被测材料密度(这种密度因包含被测体内的水分,故又称为湿密度)。

中子源用来测量含水率。含水率测量的原理是:由镅-241/铍中子源发出的高能中子射入被测材料中,被测材料水分中的氢原子与高能中子相碰撞使之减速,减速后的慢中子被仪器内的中子探测管接收到。被测材料含水率大,单位时间内所转化的慢中子数就多,检测管接收的慢中子数就多;反之,就少。然后,微处理器把接收的慢中子数(称为水分计数值)与仪器内的水分标准计数值进行比较,得到水分计数比,再把计数比送入水分计算程序可算出被测材料的水分值。

(3)级配情况对砂土、砂砾土等粗粒土的击实性影响较大,粗粒土的密实程度是用其相对密实度 D_r 的大小来衡量的,则粗粒土的压实标准一般也用相对密实度 D_r 来控制。《碾压式土石坝设计规范》(SL 274—2001)规定,一般土石坝,其相对密实度的最小值应为0.75~0.80。设计地震烈度7度及其以上地区的坝,浸润线以上的相对密实度应不小于0.75,浸润线以下的相对密实度最小值应为0.75~0.85。

思考与练习题

1. 某土料场土料为低液限黏土,天然含水率 $\omega=21\%$,比重 $G_s=2.70$,室内标准击实试验得到最大干密度 $\rho_{dmax}=1.85\ g/cm^3$。设计取压实度 $\lambda=0.95$,并要求压实后土的饱和度 $S_r\leqslant90\%$,问:土料的天然含水率是否适于填筑?碾压时土料应控制多大的含水率?

2. 补充完整某土体填筑轻型击实试验记录(见表5-7),绘制击实曲线,如果碾压压实度按96%控制,填筑干密度应该是多少?

表5-7 某土体填筑轻型击实试验记录

试验序号	筒+试样质量(g)	筒质量(g)	试样质量(g)	湿密度(g/cm³)	干密度(g/cm³)	盒号	盒质量(g)	盒+湿土质量(g)	盒+干土质量(g)	含水率(%)	平均含水率(%)
1	2 981.8	1 103				02	20	35.60	34.16		
						05	20	35.44	34.02		
2	3 057.1	1 103				08	20	33.93	32.45		
						03	20	33.69	32.26		
3	3 130.9	1 103				01	20	32.88	31.40		
						06	20	33.16	31.64		

续表 5-7

试验序号	筒+试样质量(g)	筒质量(g)	试样质量(g)	湿密度(g/cm³)	干密度(g/cm³)	盒号	盒质量(g)	盒+湿土质量(g)	盒+干土质量(g)	含水率(%)	平均含水率(%)
4	3 215.8	1 103				04	20	33.13	31.36		
						07	20	34.09	32.15		
5	3 191.1	1 103				09	20	36.96	34.28		
						12	20	38.31	35.36		

3. 根据检测试验,填写检测试验记录(见表 5-8),评价压实质量等级。

表 5-8　工程质量检测记录(环刀法检测干密度)

检测者________　计算者________　校核者________　检测试验日期________

单位工程名称		分部工程名称	
单元工程部位		坯土层次	
检验日期	年　月　日	环刀体积	

土样编号								
取样位置								
盒号								
盒质量								
盒+湿土质量								
盒+干土质量								
水质量								
干土质量								
含水率								
平均含水率								
环刀号								
环刀+湿土质量								
环刀质量								
湿土质量								
环刀体积								
湿密度								
干密度								

单位:质量,g;含水率(%);体积,cm³;密度,g/cm³

设计干密度不小于(　)	总测点	合格点	合格率	压实质量等级

项目6 土体渗透变形防治

【学习目标】 掌握渗流、渗透系数、渗透力、临界水力坡降的概念，熟悉达西定律表达式及含义，理解达西定律的适用范围，了解渗透系数的测定方法、影响因素及成层土的渗透系数，掌握渗透变形的基本形式及各自的变形特征，掌握用临界水力坡降判断流土破坏的方法，熟悉渗透变形的防治措施。

【重点】 达西定律的应用，渗透系数的测定，渗透变形破坏形式和判别方法。

【难点】 渗透系数的测定，渗透变形破坏形式和判别方法。

任务1 土的渗透系数测定

土是一种松散的固体颗粒集合体，土体内具有相互连通的孔隙。在水头差作用下，水就会从水位高的一侧，流向水位低的一侧。在水利工程建设中，土坝和水闸挡水后，上游的水就会通过坝体、坝基或闸基渗透到下游（见图6-1），这种现象就是水在土体中的渗流现象，而土允许水透过的性能称为土的渗透性。

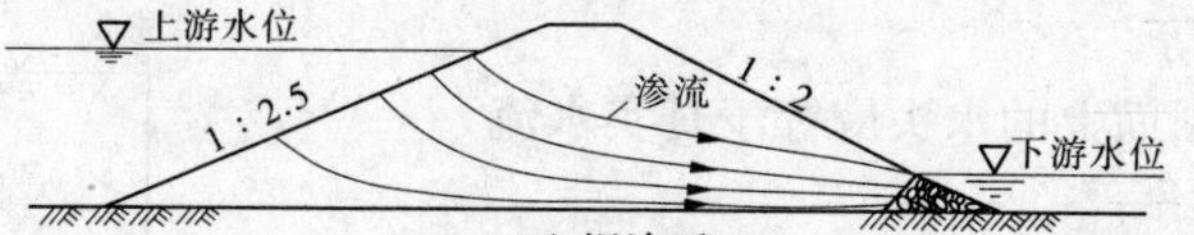

(a)土坝渗透

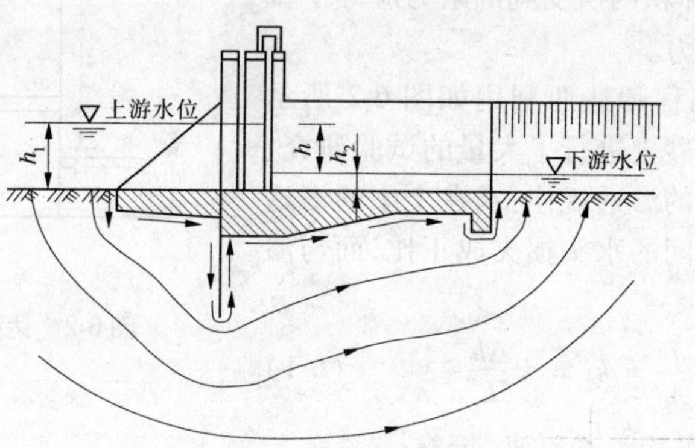

(b)闸基渗透

图6-1 土坝、闸基渗透示意图

渗流的运动形式可以分为层流、紊流和混合流三种。层流是指水质点呈相互平行的流线运动，水流连续平稳；紊流是指各质点流线交错互不平行，质点跳跃，具有涡流性质；

同时具有层流和紊流特征的即称为混合流。

渗流将引起渗漏和渗透变形两方面的问题。渗漏造成水量损失,如挡水土坝的坝体和坝基的渗水、闸基的渗漏等,直接影响闸坝蓄水的工程效益;渗透变形将引起土体内部应力状态发生变化,从而改变其稳定条件,使土体产生变形破坏,甚至危及建筑物的安全、稳定。例如,在2003年7月上海的地铁事故中,施工中的上海轨道交通4号线(浦东南路至南浦大桥)区间隧道浦西联络通道发生渗水,随后出现大量流砂涌入,引起地面大幅沉降。地面建筑物中山南路847号八层楼房发生倾斜,其主楼裙房部分倒塌。再如,2004年1月21日,位于新疆生产建设兵团的八一水库发生了管涌事故。管涌直径超过8 m,估计流量80 m^3/s,事故受灾人口接近2万人。在1998年的大洪水中,长江大堤多处险情,也都是渗流造成的。因此,工程中必须研究土的渗透性及渗流的运动规律,为工程的设计、施工提供必要的资料和依据。我国和其他国家的调查资料表明,由于渗流冲刷破坏失事的土坝高达40%,而与渗流密切相关的滑坡破坏也占15%左右,由此可见渗流对建筑物的影响很大。

1　达西定律及应用

1.1　达西定律

由于土体中的孔隙的形状和大小极不规则,因而水在其中的渗透是一种十分复杂的水流现象。人们用和真实水流属于同一流体的、充满整个含水层(包括全部的孔隙和土颗粒所占据的空间)的假想水流来代替在孔隙中流动的真实水流来研究水的渗透规律,这种假想水流具有以下性质:

(1)它通过任意断面的流量与真实水流通过同一断面的流量相等。

(2)它在某一断面上的水头应等于真实水流的水头。

(3)它在土体体积内所受到的阻力应等于真实水流所受到的阻力。

1856年法国工程师达西利用如图6-2所示的试验装置对均质砂土进行了大量的试验研究,得出了层流条件下的渗透规律:水在土中的渗透速度与试样两端面间的水头损失成正比,而与渗径长度成反比,即

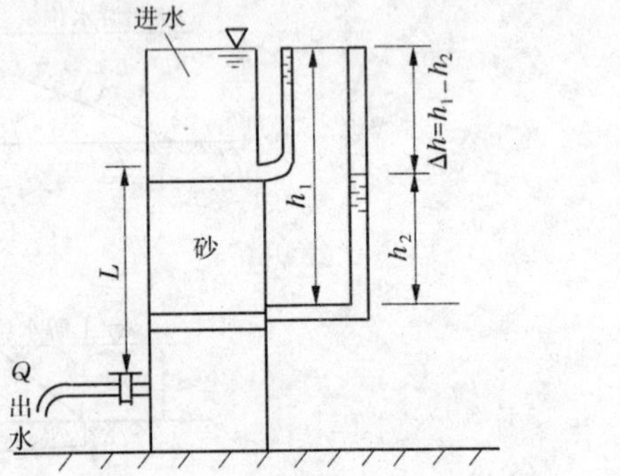

图6-2　达西渗透试验装置

$$v = \frac{q}{A} = ki = k\frac{\Delta h}{L} \qquad (6\text{-}1)$$

其中　v ——断面平均渗透流速,cm/s;

q ——单位时间的渗出水量,cm^3/s;

A ——垂直于渗流方向试样的截面面积,cm^2;

k ——反映土的渗透性大小的比例常数,称为土的渗透系数,cm/s;

i ——水力梯度或水力坡降,表示沿渗流方向单位长度上的水头损失,无量纲;

Δh——试样上下两断面间的水头损失,cm;

L——渗径长度,cm。

1.2 达西定律的应用条件

由式(6-1)可知,对于给定的砂土,其渗透速度与水头损失成正比,如图6-3(a)所示,而与渗径长度成反比。但是,对于黏性很强的密实黏土,不少学者的试验表明,这类土的渗透规律偏离达西定律,为不通过原点的曲线,这是由于密实的黏土所含的吸着水具有较大的黏滞阻力,因此只有水力坡降达到某一数值,克服了吸着水的黏滞阻力以后,才能发生渗透。将这一开始发生渗透时的水力坡降称为黏性土的起始水力坡降,以 i_b 表示;一些试验资料表明,黏性土不但存在起始水力坡降,而且当水力坡降超过起始水力坡降后,渗透速度与水力坡降的规律还偏离达西定律而呈非线性关系,如图6-3(b)中的实线所示。但为了实用上的方便,常用图6-3(b)中的虚直线来描述密实黏土的渗透速度与水力坡降的关系,并以下式表示:

$$v = k(i - i_b) \tag{6-2}$$

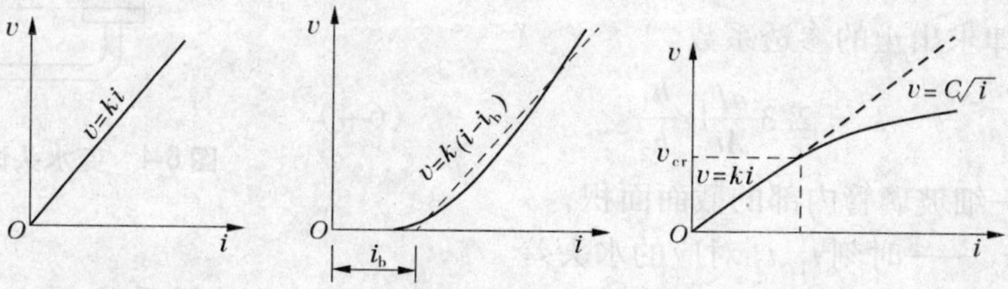

(a)砂土　(b)密实黏土　(c)砾石

图6-3　土的渗透速度与水力坡降的关系

试验表明,在粗颗粒土中(如砾石、卵石等),只有在小的水力坡降下,此类土的渗透规律才符合达西定律,而在较大的水力坡降下,水在土中的流动即进入紊流状态,渗透速度与水力坡降不符合线性关系,如图6-3(c)中的实线所示。

应该指出,渗透水流实际上只是通过土体中土粒之间的孔隙发生流动,而不是土的整个截面,因此达西定律中的渗透速度并非渗流在孔隙中的实际流速。由于实际过水截面小于土样截面,故实际渗透速度大于达西定律中渗透速度。在工程中,如无特殊说明,二者近似认为相等。

2　渗透系数的测定

渗透系数是反映土的透水性能强弱的一个重要指标,常用它来计算堤坝和地基的渗流量,分析堤防和基坑开挖边坡出逸点的渗透稳定以及作为透水强弱的标准和选择坝体填筑土料的依据。渗透系数只能通过试验直接测定。试验可在实验室或现场进行。一般来说,现场试验比室内试验得到的结果要准确些。因此,对于重要工程常需进行现场测定。

2.1 室内测定渗透系数

实验室常用的方法有常水头法和变水头法。前者适用于粗粒土(砂质土),后者适用于细粒土(黏质土和粉质土)。

2.1.1 常水头法

常水头法是在整个试验过程中水头保持不变,其试验装置如图6-2所示。设试样的厚度即渗径长度为L,截面面积为A,试验时的水头差为Δh,这三者在试验前可以直接量出或控制。试验中只要用量筒和秒表测出在某一时段t内流经试样的水量Q,即可求出该时段内单位时间内通过土体的流量q,将q代入式(6-1)中,即可得到土的渗透系数:

$$k = \frac{QL}{A\Delta ht} \tag{6-3}$$

2.1.2 变水头法

黏性土由于渗透系数很小,流经试样的水量很少,难以直接准确量测,因此采用变水头法。此法在整个试验过程中,水头是随着时间而变化的,其试验装置如图6-4所示。试样的一端与玻璃管相连,在试验过程中测出某一时段$t(t = t_2 - t_1)$内细玻璃管中水位的变化,就可根据达西定律求出土的渗透系数。

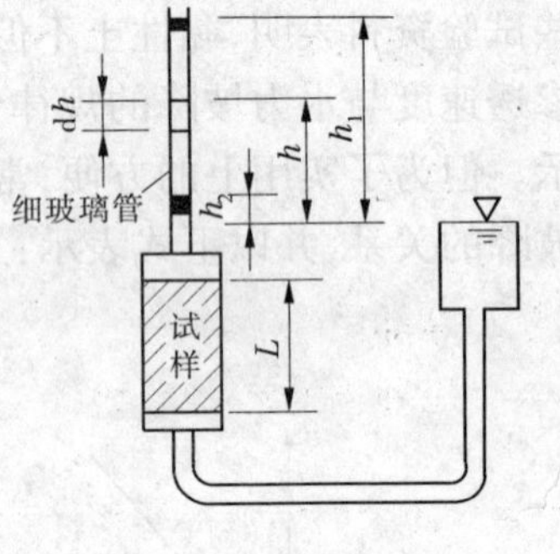

图6-4 变水头试验装置

$$k = 2.3\frac{aL}{At}\lg\frac{h_1}{h_2} \tag{6-4}$$

式中 a——细玻璃管内部的截面面积;

h_1、h_2——时刻t_1、t_2对应的水头差。

试验时只需测出某一时段t两端点对应的水位即可求出渗透系数。

2.2 现场抽水试验测定渗透系数

对于粗粒土或成层土,室内试验时不易取到原状土样,或者土样不能反映天然土层的层次或土颗粒排列情况,这时现场试验得到的渗透系数将比室内试验准确。具体的试验原理和方法参阅水文地质方面的有关书籍。

2.3 影响土体渗透性的因素分析

影响土体渗透性的因素很多,主要有土的粒度成分及矿物成分、土的结构构造和土中气体等。

2.3.1 土的粒度成分及矿物成分的影响

土的颗粒大小、形状及级配影响土中孔隙大小及其形状,因而影响土的渗透性。土粒越细、越浑圆、越均匀时,渗透性就越大。当砂土中含有较多粉土或黏性土颗粒时,其渗透性就会大大降低。

土中含有亲水性较大的黏土矿物或有机质时,因为结合水膜厚度较厚,会阻塞土的孔隙,土的渗透性降低,因此土的渗透性还和水中交换阳离子的性质有关系。

2.3.2 土的结构构造的影响

天然土层通常不是各向同性的,因此不同方向土的渗透性也不同。如黄土具有竖向大孔隙,所以竖向渗透系数要比水平向大得多。在黏性土中,如果夹有薄的粉砂层,它在水平方向的渗透系数要比竖向大得多。

2.3.3 土中气体的影响

当土孔隙存在密闭气泡时,会阻塞水的渗流,从而降低土的渗透性。这种密闭气泡有时是由于溶解于水中的气体分离出来而形成的,故水的含气量也影响土的渗透性。

2.3.4 水的温度

水的温度对土的渗透性也有影响,水温愈高,水的动力黏滞系数 η 愈小,渗透系数 k 值愈大。试验时某一温度下测定的渗透系数,应按下式换算为标准温度20 ℃下的渗透系数,即

$$k_{20} = k_T \frac{\eta_T}{\eta_{20}} \tag{6-5}$$

式中 k_T、k_{20} ——T ℃和20 ℃时土的渗透系数;

η_T、η_{20} ——T ℃和20 ℃时水的动力黏滞系数,见《土工试验方法标准》(SL 237—1999)。

总之,对于粗粒土,主要影响因素是颗粒大小、级配、密度、孔隙比以及土中封闭气泡的存在;对于黏性土,则更为复杂,黏性土中所含矿物、有机质以及黏土颗粒的形状、排列方式等都影响其渗透性。

几种土的渗透系数见表6-1。

表6-1 不同土的渗透系数变化范围

土的类别	渗透系数 k		土的类别	渗透系数 k	
	m/d	cm/s		m/d	cm/s
黏土	<0.005	$<6\times10^{-6}$	细砂	1.0~5	$1\times10^{-3}\sim6\times10^{-3}$
粉质黏土	0.005~0.1	$6\times10^{-6}\sim1\times10^{-4}$	中砂	5~20	$6\times10^{-3}\sim2\times10^{-2}$
粉土	0.1~0.5	$1\times10^{-4}\sim6\times10^{-4}$	粗砂	20~50	$2\times10^{-2}\sim6\times10^{-2}$
黄土	0.25~0.5	$3\times10^{-4}\sim6\times10^{-4}$	圆砾	50~100	$6\times10^{-2}\sim1\times10^{-1}$
粉砂	0.5~1.0	$6\times10^{-4}\sim1\times10^{-3}$	卵石	100~500	$1\times10^{-1}\sim6\times10^{-1}$

【例6-1】 变水头渗透试验的黏土试样的截面面积 A 为30 cm²,厚度为4 cm,渗透仪细玻璃管的内径为0.4 cm,试验开始时的水头差为165 cm,过时段5分25秒观察得水头差为150 cm,试验时的水温为20 ℃,试求试样的渗透系数。

解 细玻璃管的截面面积 $a=\frac{\pi d^2}{4}=\frac{3.14\times0.4^2}{4}=0.125\,6(\text{cm}^2)$,$A=30\ \text{cm}^2$,$L=4$ cm,$t=5\times60+25=325(\text{s})$,$h_1=165$ cm,$h_2=150$ cm,将以上数据代入式(6-4)中:

$$k=2.3\frac{aL}{At}\lg\frac{h_1}{h_2}=2.3\times\frac{0.125\,6\times4}{30\times325}\times\lg\frac{165}{150}=4.91\times10^{-6}(\text{cm/s})$$

所以试样在20 ℃时的渗透系数为 4.91×10^{-6} cm/s。

2.4 层状地基渗透系数的确定

土是在漫长的地质年代中形成的,因此天然形成的土往往是由渗透性不同的土层所组成的。对于与土层层面平行和垂直的简单渗流情况,当各土层的渗透系数和厚度已知时,可求出整个土层与层面平行和垂直的平均渗透系数,作为进行渗流计算的依据。

2.4.1 与层面平行的渗流

图6-5(a)是在渗流场中截取的渗径长度为 L 的一段与层面平行的渗流区域,各土层

的水平向渗透系数分别为 $k_1, k_2, \cdots, k_n$，厚度分别为 $H_1, H_2, \cdots, H_n$，总厚度为 H，若通过各土层的渗流量分别为 $q_{1x}, q_{2x}, \cdots, q_{nx}$，则通过整个土层的总渗流量 Q_x 应为各土层渗流量之和，即

$$Q_x = \sum_{i=1}^{n} q_{ix} \tag{6-6}$$

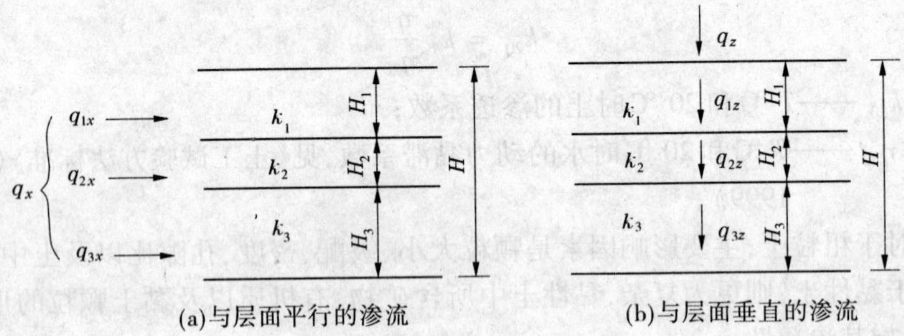

图 6-5 成层土渗流情况

根据达西定律，总渗流量又可表示为

$$Q_x = k_x iH \tag{6-7}$$

式中 k_x ——与层面平行的土层平均渗透系数；

i ——土层的平均水力坡降。

对于此种条件下的渗流，通过各土层相同距离的水头损失均相等。因此，各土层的水力坡降以及整个土层的平均水力坡降亦应相等。于是任一土层的渗流量为

$$q_{ix} = k_i iH_i \tag{6-8}$$

将式(6-7)、式(6-8)代入式(6-6)可得

$$k_x iH = \sum_{i=1}^{n} k_i iH_i \tag{6-9}$$

最后得到整个土层与层面平行的平均渗透系数为

$$k_x = \frac{1}{H}\sum_{i=1}^{n} k_i H_i \tag{6-10}$$

2.4.2 与层面垂直的渗流

对于与层面垂直的渗流，如图 6-5(b)所示，可用类似的方法求解。设通过各土层的渗流量为 $q_{1z}, q_{2z}, \cdots, q_{nz}$，根据水流连续定理，通过整个土层的总渗流量 Q_z 必等于通过各土层的渗流量，即

$$Q_z = q_{1z} = q_{2z} = \cdots = q_{nz} \tag{6-11}$$

设渗流通过任一土层的水头损失为 Δh_i，水力坡降为 $i_i = \Delta h_i / H_i$，则通过整个土层的水头总损失应为 $h = \sum \Delta h_i$，总的平均水力坡降应为 $i = h/H$。根据达西定律，通过整个土层的总渗流量为

$$Q_z = k_z \frac{h}{H} A \tag{6-12}$$

式中　k_z——与层面垂直的土层平均渗透系数；

A——渗流截面面积。

通过任一土层的渗流量为

$$q_{iz} = k_i \frac{\Delta h_i}{H_i} A \tag{6-13}$$

将式(6-12)、式(6-13)代入式(6-11)，消去 A 后得

$$k_z \frac{h}{H} = k_i i_i \tag{6-14}$$

而整个土层的水头损失又可表示为

$$h = \sum_{i=1}^{n} i_i H_i \tag{6-15}$$

将式(6-15)代入式(6-14)后整理可得整个土层与层面垂直的平均渗透系数为

$$k_z = \frac{H}{\frac{H_1}{k_1} + \frac{H_2}{k_2} + \cdots + \frac{H_n}{k_n}} = \frac{H}{\sum_{i=1}^{n} \frac{H_i}{k_i}} \tag{6-16}$$

对于成层土，如果各土层的厚度大致相近，而渗透性却相差悬殊，与层面平行的渗透系数 k_x 将取决于最透水土层的厚度和渗透性，并可近似地表示为

$$k_x = \frac{k'H'}{H} \tag{6-17}$$

式中　k'、H'——最透水土层的渗透系数和厚度。

而与层面垂直的平均渗透系数 k_z 将取决于最不透水土层的厚度和渗透性，并可近似地表示为

$$k_z = \frac{k''H}{H''} \tag{6-18}$$

式中　k''、H''——最不透水土层的渗透系数和厚度。

因此，成层土与层面平行的平均渗透系数 k_x 总是大于与层面垂直的平均渗透系数 k_z。

【例6-2】　有一土层的纵剖面如图6-6所示，其垂直向渗透系数标于剖面图上。

(1)计算该土层垂直向的平均渗透系数。

(2)若图上所标数据为水平向渗透系数，试计算该土层水平向平均渗透系数，比较所得出的渗透系数。

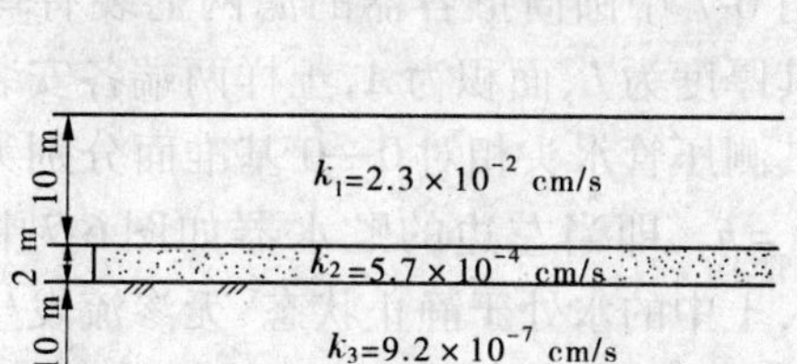

图6-6　土层的剖面图

解　由式(6-16)得垂直向平均渗透系数为

$$k_z = \frac{\sum_{i=1}^{3} H_i}{\sum_{i=1}^{3} \frac{H_i}{k_i}} = \frac{10 + 2 + 10}{\frac{10}{2.3 \times 10^{-2}} + \frac{2}{5.7 \times 10^{-4}} + \frac{10}{9.2 \times 10^{-7}}} = 2.02 \times 10^{-6} (\text{cm/s})$$

由式(6-10)得水平向平均渗透系数为

$$k_x = \frac{1}{H}\sum_{i=1}^{3} k_i H_i = \frac{1}{10+2+10} \times (2.3 \times 10^{-2} \times 10 + 2 \times 5.7 \times 10^{-4} + 10 \times 9.2 \times 10^{-7})$$
$$= 1.051 \times 10^{-2}(\text{cm/s})$$

由以上的计算过程可知，k_x 主要由透水性强的土层控制，k_z 主要由透水性弱的土层控制。

任务2 土的渗透变形防治

水在土体中的渗流将引起土体内部应力状态的变化，从而改变水工建筑物地基或土坝的稳定条件。因此，对于水工建筑物来讲，如何确保在有渗流作用时的稳定性是一个非常重要的问题。

1 渗透变形破坏形式

渗流所引起的稳定问题一般可归结为以下两类：

(1)土体的局部稳定问题。这是渗透水流将土体中的细颗粒冲出、带走或局部土体产生移动，导致土体变形而引起的。因此，这类问题常称为渗透变形问题。此类问题如不及时加以纠正，同样会造成整个建筑物的破坏。

(2)整体稳定问题。这是在渗流作用下，整个土体发生滑动或坍塌。土坝(堤)在水位降落时引起的滑动、雨后的山体滑坡、泥石流是这类破坏的典型事例。

1.1 渗透力

由前面的渗流试验知，水在土体中流动时，会引起水头损失。这表明水在土中流动会引起能量的损失，这是由于水在土体孔隙中流动时，力图带动土颗粒而引起的能量消耗。根据作用力与反作用力，土颗粒阻碍水流流动，给水流以作用力，那么水流也必然给土颗粒以某种拖拽力，可将渗透水流施加于单位土体内土粒上的拖拽力称为渗透力。

为了验证渗透力的存在，我们先观察以下现象：图6-7中圆筒形容器的滤网上装有均匀的砂土，其厚度为L，面积为A，土样两端各安装一测压管，其测压管水头相对0—0基准面分别为h_1、h_2。当$h_1=h_2$，即当左边的贮水器如图6-7中实线所示时，土中的水处于静止状态，无渗流发生。若将左边的贮水器逐渐提升，使$h_1>h_2$，则由于水头差的存在，土中将产生向上的渗流。当贮水器提升到某一高度时，可以看到砂面出现沸腾的现象，这种现象称为流土。

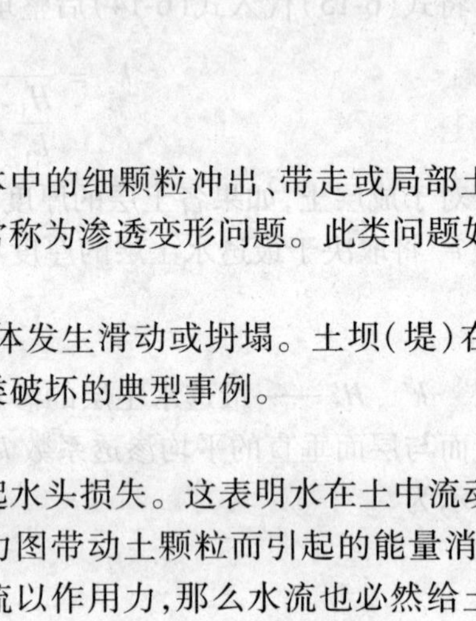

图6-7 流土试验示意图

上述现象的发生，说明水在土体孔隙中流动时，确有促使土粒沿水流方向移动的拖曳力存在，这就是渗透力，以符号j表示。当两测压管的水面高差为Δh，它表示水从进口面流过L厚度的土样到流出水面时，必须克服整个土样内土粒骨架对水流的阻力。若以消耗的水

头损失 Δh 表示其阻力，则土粒骨架对水流的阻力应为 $F = \gamma_w \Delta h A$。

由于土中渗流速度一般极小，流动水体的惯性力可以忽略不计，此时根据土粒骨架受力的平衡条件，渗流作用于土样的总渗透力 J 应和土样中土粒骨架对水流的阻力 F 大小相等而方向相反，即 $J = F = \gamma_w \Delta h A$，而渗流作用于土骨架上单位体积的力，即渗透力为

$$j = \frac{J}{V} = \frac{\gamma_w \Delta h A}{AL} = \gamma_w \frac{\Delta h}{L} = \gamma_w i \tag{6-19}$$

从式(6-19)可知，渗透力的大小与水力坡降成正比，其作用方向与渗流（或流线）方向一致，是一种体积力，常以 kN/m^3 计。

从上述分析知，在有渗流的情况下，渗透力的存在将使土体内部受力情况（包括大小和方向）发生变化。一般地说，这种变化对土体的整体稳定是不利的。但是，对于渗流中的具体部位应作具体分析。由于渗透力的方向与渗流作用方向一致，它对土体的稳定性有很大的影响。

图6-8表示渗流对闸基的作用。在渗流进口处 A 点，渗流自上而下，与土重方向一致，渗透力起增大重量作用，对土体稳定有利。在渗透近似水平的 B 点，渗透力与土的重力方向正交，使土粒产生向下游动趋势，对土体稳定不太有利。在渗流的出逸点 C，渗流方向自下而上，与土重方向相反。渗透力起减轻土的有效重力的作用，土体极可能失去稳定，发生渗透破坏，这就是引起渗透变形的根本原因。渗透力越大，渗流对土体稳定性的影响就越大。因此，在闸坝地基、土坝和基坑开挖等稳定分析过程中，必须考虑渗透力的影响。

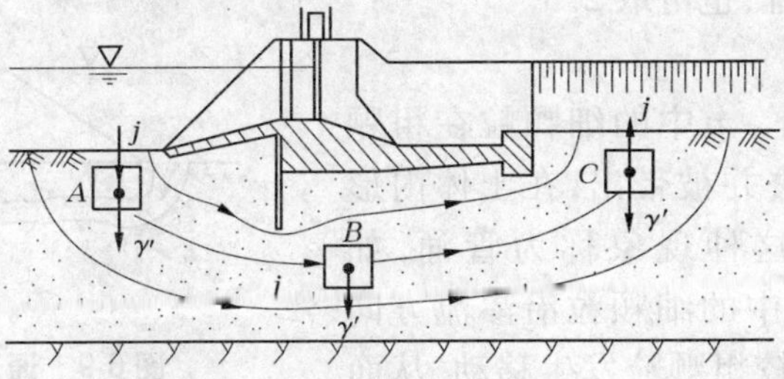

图6-8　坝下渗流

1.2　渗透变形破坏形式

从前面对渗流的分析可知，地基或某些结构物（如土坝等）的土体中发生渗流后，土中的应力状态将发生变化，建筑物的稳定条件也将发生变化。由渗流作用而引起的变形破坏形式，根据土的颗粒级配和特性、水力条件、水流方向和地质情况等因素，通常有流土、管涌、接触流失和接触冲刷四种形式。流土和管涌发生在同一土层中，接触流失和接触冲刷发生在成层土中。

1.2.1　流土

正常情况下，土体中各个颗粒之间都是相互紧密结合的，并具有较强的制约力。但在向上渗流作用下，局部土体表面会隆起或颗粒群同时发生移动而流失，这种现象称为流土。它主要发生在地基或土坝下游渗流逸出处而不发生于土体内部。基坑或渠道开挖时

所出现的流砂现象是流土的一种常见形式。流土常发生在颗粒级配均匀的细砂、粉砂和粉土等土层中,在饱和的低塑性黏性土中,当受到扰动时,也会发生流土。

由流土的定义知,流土多发生在向上的渗流情况下,而此时渗透力的方向与渗流方向一致。由受力分析知,一旦 $j > \gamma'$,流土就会发生。而 $j = \gamma'$ 时,土体处于流土的临界状态,此时的水力坡降定义为临界水力坡降,以 i_{cr} 表示。

竖直向上的渗透力 $j = \gamma_w i$,单位土体本身的有效重量 $\gamma' = \gamma_{sat} - \gamma_w$,当土体处于临界状态时,$j = \gamma'$,则由以上条件得

$$i_{cr} = \frac{\gamma'}{\gamma_w} = \frac{\gamma_{sat} - \gamma_w}{\gamma_w} = \frac{\gamma_{sat}}{\gamma_w} - 1 \tag{6-20}$$

根据土的物理性质指标的关系,上式可表达为

$$i_{cr} = (G_s - 1)(1 - n) \tag{6-21}$$

流土一般发生在渗流的逸出处,因此只要将渗流逸出处的水力坡降,即逸出坡降 i 求出,就可判别流土的可能性。

当 $i < i_{cr}$ 时,则土处于稳定状态;当 $i = i_{cr}$ 时,则土处于临界状态;当 $i > i_{cr}$ 时,则土处于流土状态。在设计时,为保证建筑物的安全,通常将逸出坡降限制在容许坡降 $[i]$ 之内,即

$$i < [i] = \frac{i_{cr}}{F_s} \tag{6-22}$$

式中　F_s ——安全系数,常取1.5~2.0,对水工建筑物的危害较大,取2.0;对于特别重要的工程,也可取2.5。

1.2.2　管涌

在渗流力的作用下,土中的细颗粒在粗颗粒形成的孔隙中被移去并被带出,在土体内形成贯通的渗流管道,这种现象称为管涌,如图6-9所示。开始土体中的细颗粒沿渗流方向移动并不断流失,继而较粗颗粒发生移动,从而在土体内部形成管状通道,带走大量砂粒,最后堤坝被破坏。管涌发生的部位可以在渗流逸出处,也可以在土体内部。它主要发生在砂砾中,必须具备两个条件:一个是几何条件,土中粗颗粒所形成的孔隙必须大于细颗粒的直径,一般不均匀系数 $C_u > 10$ 的土才会发生管涌,这是必要条件;另一个条件是水力条件,渗流力大到能够带动细颗粒在粗颗粒形成的孔隙中运动,可用管涌的临界水力坡降来表示,它标志着土体中的细粒开始流失,表明水工建筑物或地基某处出现了薄弱环节。

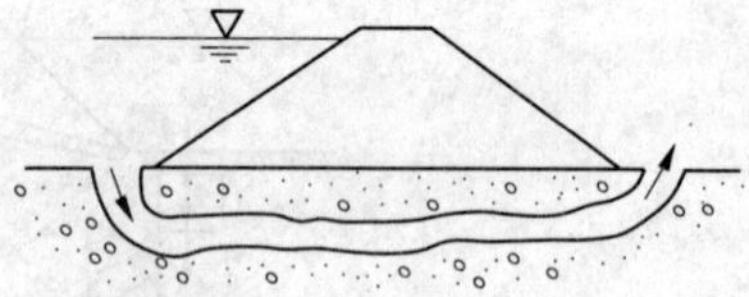

图6-9　通过坝基的管涌

南京水利科学研究院在总结国内外试验研究的基础上,应用作用在单个颗粒上的渗透力与颗粒在水中自重相平衡的原理,得到了发生管涌的临界坡降计算公式为

$$i_{cr} = \frac{42 d_3}{\sqrt{\frac{k}{n^3}}} \tag{6-23}$$

式中　k ——土的渗透系数,cm/s;

d_3 ——占总土重 3% 的土粒粒径,mm;
n ——土的孔隙率(%)。

1.2.3 接触流失

渗流垂直于渗透系数相差较大的两层土的接触面流动时,把其中一层的颗粒带出,并通过另一层土孔隙冲走的现象,称为接触流失。例如,土石坝黏性土的防渗体与保护层的接触面上发生黏性土的湿化崩解、剥离,从而在渗流作用下通过保护层的较大孔隙而发生接触流失。这是因为保护层的粒径与防渗体层的粒径相差悬殊,保护层的粒径很粗,则与防渗体土层接触处必然有孔径相当大的孔径,孔隙下的土层不受压重作用,渗流进入这种孔隙时,剩余水头就会全部消失,于是在接触面上水力坡度加大,其结果就造成渗流破坏——接触流失。所以,土坝防渗体的土料、反滤层的土料以及坝壳的土料质量都必须满足工程技术要求。

《水利水电工程地质勘察规范》(GB 50487—2008)给出了不发生接触流失的两种判别方法:

(1)不均匀系数小于等于 5 的土层,满足 $\frac{D_{15}}{d_{85}} \leqslant 5$。

(2)不均匀系数小于等于 10 的土层,满足 $\frac{D_{20}}{d_{70}} \leqslant 7$。

其中 d_{85}、d_{70} ——较细层土中小于该粒径的土重占总土重的 85%、70% 的颗粒粒径;
D_{15}、D_{20} ——较粗层土中小于该粒径的土重占总土重的 15%、20% 的颗粒粒径。

1.2.4 接触冲刷

渗流沿着两种不同介质的接触面流动时,把其中颗粒层的细粒带走,这种现象称为接触冲刷。这里所指的接触面,其方向是任意的。

接触冲刷现象常发生在闸坝地下轮廓线与地基土的接触面上,以及管道与周围介质的接触面或刚性与柔性介质的界面上。

《水利水电工程地质勘察规范》(GB 50487—2008)规定,对双层结构的地基,当两层土的不均匀系数小于等于 10 且满足 $D_{10}/d_{10} \leqslant 10$ 时(D_{10}、d_{10} 分别代表较粗和较细层土中小于该粒径的土重占总土重的 10% 的颗粒粒径),不会发生接触冲刷。

由以上分析可知,渗流破坏与土本身的颗粒组成、孔隙比、孔隙大小的差异性、土的级配等物理性质有关,这是内因;外因则是水力坡降,所以防止渗流破坏应从这两方面入手。具体到实际可采取的工程措施,则是防渗与排渗。防渗的措施是填筑防渗体以截断渗透水流或减少渗流水量,可以在土坝或堤防中设心墙、截水墙、灌浆帷幕等垂直防渗体,或在上游铺设黏土、钢筋混凝土、沥青混凝土面板或土工合成材料等水平防渗体,从源头上防止渗流的发生。在已经发生渗流的情况下,则要采取排渗措施以疏导水流,使渗流压力提前释放,并通过排水体自由地排出,防止渗透破坏的发生,保证建筑物的安全。

【例 6-3】 在图 6-7 中,已知水头差为 15 cm,试样长度为 30 cm,试求试样所受的渗透力是多少?若已知试样的 $G_s = 2.75$,$e = 0.63$,试问该试样是否会发生流土现象?

解 水力坡降 $i = \frac{\Delta h}{L} = \frac{15}{30} = 0.5$,渗透力 $j = \gamma_w i = 10 \times 0.5 = 5.0 (\text{kN/m}^3)$

该试样的临界水力坡降 $i_{cr} = \frac{G_s - 1}{1 + e} = \frac{2.75 - 1}{1 + 0.63} = 1.07$，因为 $i < i_{cr}$，所以试样不会发生流土现象。

2　渗透变形的防治措施

引起土体产生渗透变形的原因很多，如土的类别、颗粒组成、密度、水流条件等。根据渗透变形的机理可知，土体发生渗透破坏的原因有两个方面：一是渗流特征，即上下游水位差形成的水力坡降；二是土的类别及组成特性，即土的性质及颗粒级配。因此，防治渗透变形的工程措施基本归结为两类：一类是延长渗径，减小下游逸出处水力坡降，降低渗透力；另一类是增强渗流逸出处土体抗渗能力。

2.1　水工建筑物防渗措施

(1)设置垂直防渗体延长渗径。如截水槽(见图6-10)、混凝土防渗墙(见图6-11)、板桩和帷幕灌浆，以及新发展的防渗技术，如高压定向喷射灌浆、倒挂井防渗墙等。

(2)上游设置水平黏土铺盖或铺设土工合成材料，与坝体的防渗体相连，以延长渗径，降低水力坡降(见图6-12)。

(3)下游设置反滤层、盖重。用以滤土排水，使渗流逸出，又防止细小颗粒被带走(见图6-13)。

(4)设置减压设备。采用排水沟或减压井切入下面不透水层中，以减小渗透力，提高抗渗能力。

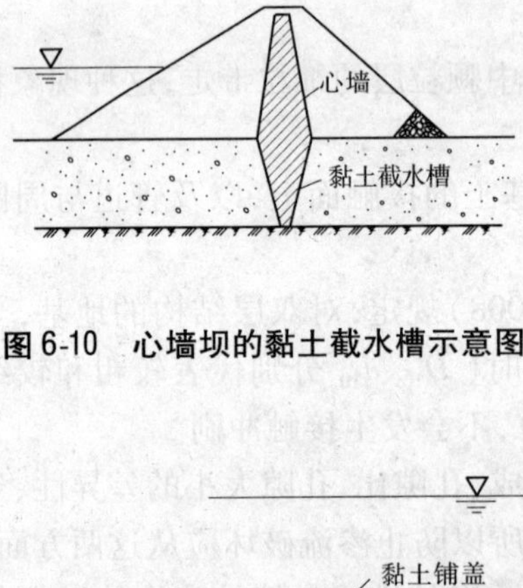

图6-10　心墙坝的黏土截水槽示意图

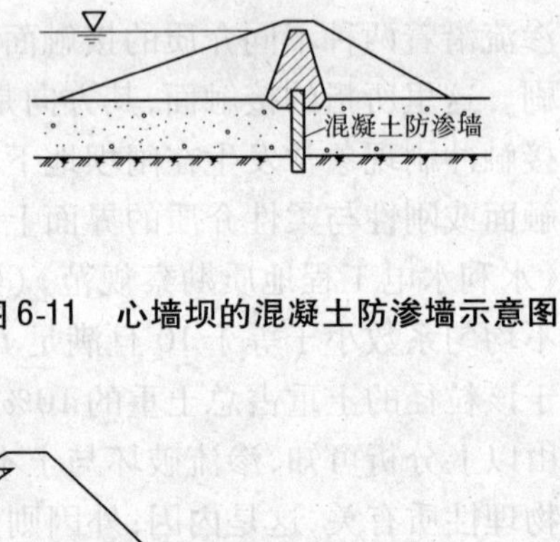

图6-11　心墙坝的混凝土防渗墙示意图

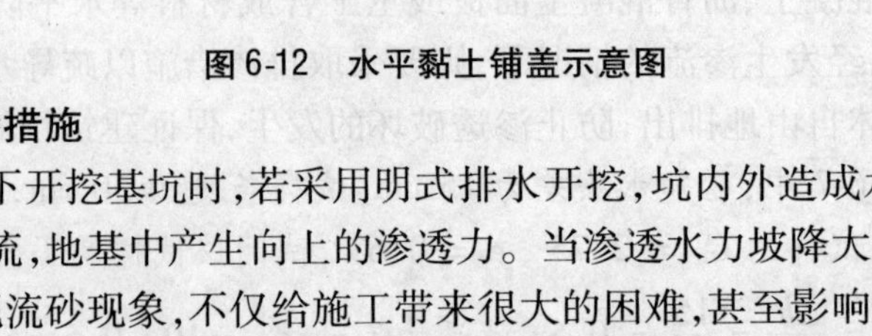

图6-12　水平黏土铺盖示意图

2.2　基坑开挖防渗措施

在地下水位以下开挖基坑时，若采用明式排水开挖，坑内外造成水位差，则基坑底部的地下水将向上渗流，地基中产生向上的渗透力。当渗透水力坡降大于临界水力坡降时，基坑流砂翻涌，出现流砂现象，不仅给施工带来很大的困难，甚至影响临时建筑物的安全。所以，在开挖基坑时，要防止流砂的发生。其主要措施如下：

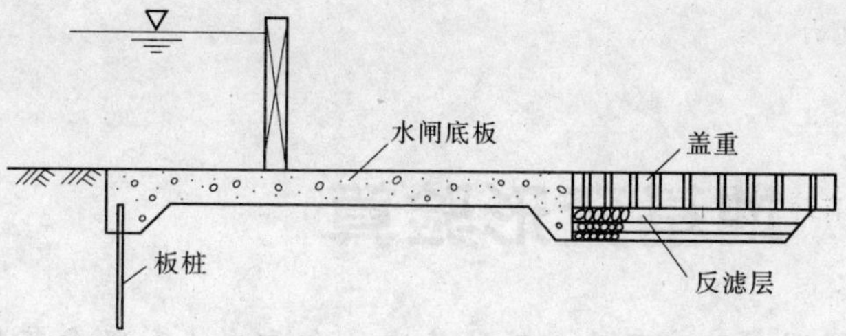

图6-13　水闸防渗示意图

(1)井点排水法。即先在基坑范围以外设置井点降低地下水位后再开挖,减小或消除基坑内外的水位差,达到降低水力坡降的目的。

(2)设置板桩,可增加渗透路径,减小水力坡降。板桩岩坑壁打入,其深度要超过坑底,使受保护土体内的水力坡降小于临界水力坡降。同时,还可以起到加固坑壁的作用。

(3)采用水下挖掘或枯水期开挖,也可进行土层加固处理,如冻结法、注浆法等。

思考与练习题

1. 何谓达西定律?其表达式如何?它的适用条件是什么?

2. 什么是土的渗透系数?影响土的渗透系数的因素是什么?

3. 常水头和变水头渗透试验方法有何区别?各适用于什么情况?

4. 渗透变形有哪些形式?各自有什么特征?

5. 渗透变形的防治都有哪些工程措施?

6. 什么叫渗透力?大小、方向如何确定?

7. 渗透力对土的稳定性有何影响?为什么说渗透力是体积力?

8. 对某原状土样进行变水头试验,试样高4 cm,横截面面积为30 cm^2,变水头管的内截面面积为30 cm^2,试验开始时总水头差为195 cm,20 min后降至185 cm,水的温度为15 ℃。求该土样的渗透系数k_{20}。

9. 对某细砂进行常水头渗透试验。土样的长度为10 cm,土样的横截面面积86 cm^2,水位差为8.0 cm,经测试在120 s内渗透的水量为300 cm^3,试验时水温为15 ℃。试求水温为20 ℃时该土的渗透系数k_{20}和渗透速度v。

10. 某试样长30 cm,其横截面面积为103 cm^2,作用于试样两端的固定水头差为90 cm,此时通过试样流出的水量为120 cm^3/min,问该试样的渗透系数是多少?

项目7 地基变形验算

【学习目标】 能正确计算基底压力以及地基中的自重应力和竖向荷载作用下的附加应力,能灵活应用角点法去解决工程中地基任意点的附加应力计算问题,了解土的压缩性概念,能计算地基变形量及进行变形验算。

【重点】 土的自重应力与基底压力概念、计算方法及分布规律,基础底面应力简化计算,矩形和条形均布荷载作用下附加应力的计算,"角点法"的应用以及附加应力分布规律,压缩性指标的概念、计算,分层总和法和规范法计算地基沉降量的方法。

【难点】 土中自重应力计算、角点法的应用以及附加应力分布规律,分层总和法和规范法计算地基沉降量的方法。

建(构)筑物的建造使地基土中原有的应力状态发生了变化,如同其他材料一样,地基受荷后产生应力和变形,给建(构)筑物带来两个工程问题,即土体稳定问题和变形问题。如果地基应力变化引起的变形量在建(构)筑物容许范围以内,则不致对建(构)筑物的使用和安全造成危害;但是,当外荷载在地基土中引起过大的应力时,过大的地基变形会使建(构)筑物产生过量的沉降,影响建(构)筑物的正常使用,甚至可能使土体发生整体破坏而失去稳定。验算地基变形是否在允许范围内,必须从地基土中应力的分布出发,它是地基基础设计验算中的一个十分重要的问题。

任务1 地基土应力计算

为了对建筑物地基或土工结构物本身进行稳定性和沉降(变形)分析,必须了解和计算土体在建筑物修建前后的应力及其变化。地基中的应力,按照成因可以分为自重应力和附加应力两种:土体由自身重力作用所产生的应力,称为自重应力;由建筑物荷载引起的应力增量称为附加应力。对于形成年代比较久远的土,在自重应力的长期作用下,其变形已经稳定,因此除新填土外,一般来说,土的自重不再会引起地基土的变形。而附加应力则不同,因为它是地基中新增加的应力,将引起地基土的变形。地基土的变形导致基础沉降、倾斜和相邻基础出现沉降差。所以,附加应力是地基失去稳定和产生变形的主要原因。

附加应力的大小,除与计算点的位置有关外,还取决于基底压力的大小和分布状况。所以,在地基变形计算中,需先确定基底压力,据此计算附加应力。本任务重点介绍自重应力和附加应力的计算方法。

1 土的自重应力

自重应力是由土的自身重量作用而产生的应力。它与建筑物是否建设无关,是土体本身所固有的力,始终存在于土中,故又称常驻应力。它也是土粒传递的粒间应力,也称有效应力,它是影响土体强度和变形的主要因素。

在计算地基土自重应力时,可假定土体(地基)为半无限体,即土体在地面以下沿深度方向及水平各方向均为半无限体,所以地基土均匀时,任一与地面平行的水平面上竖向自重应力均匀地、无限地分布。即地基土在自重作用下,只产生竖向变形而无侧向位移及剪切变形。

1.1 垂直自重应力

1.1.1 均质土的自重应力

设地基中某单元体离地面的距离为 z,土的重度为 γ,则单元体上竖直向自重应力等于单位面积上的土柱有效重量,即

$$\sigma_{cz} = \frac{W}{A} = \frac{\gamma V}{A} = \frac{\gamma z A}{A} = \gamma z \tag{7-1}$$

式中 σ_{cz}——自重应力,kPa;

γ——土的重度,kN/m^3;

z——计算点距地表的距离,m。

从式(7-1)、图7-1可知,土的天然重度引起的自重应力 σ_{cz} 等于土的重度 γ 与深度 z 的乘积。所以,自重应力随深度 z 线性增加,呈三角形分布;在同一水平面上均匀分布。

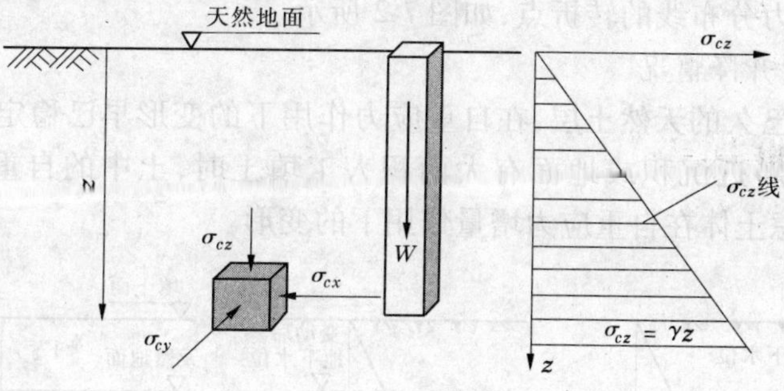

图7-1 均质土的自重应力

1.1.2 成层土的自重应力

若地基是由几种不同重度的土层组成的,设各土层的厚度为 h_i,重度为 γ_i,如图7-2所示,则任意深度 z 处的自重应力为

$$\sigma_{cz} = \gamma_1 h_1 + \gamma_2 h_2 + \cdots = \sum_{i=1}^{n} \gamma_i h_i \tag{7-2}$$

式中 n——地基中土的层数;

γ_i——第 i 层土的重度,kN/m^3;

h_i——第 i 层土的厚度,m。

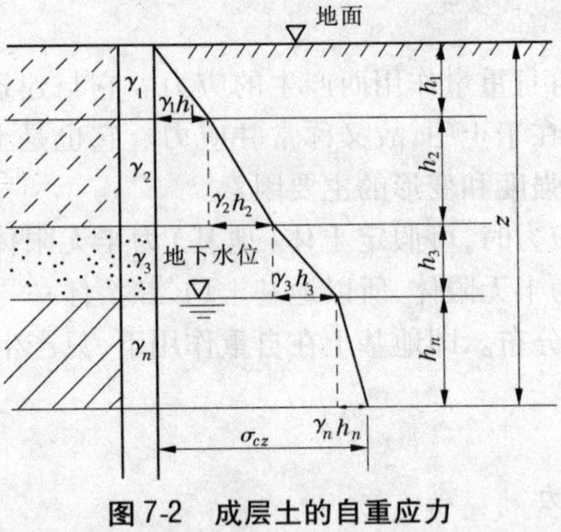

图 7-2　成层土的自重应力

分析成层土的自重应力分布曲线的变化规律，可以得到下面三点结论：

(1) 由于各层土的重度不同，所以成层土中自重应力沿深度呈折线分布，转折点位于土层分界面处。

(2) 同一层土的自重应力按直线变化。

(3) 自重应力随深度的增加而增大。

1.1.3　地下水对土中的自重应力的影响

1.1.3.1　存在地下水的情况

自重应力是指有效应力，若计算点在地下水位以下，由于水对土体有浮力作用，则水下部分土柱的有效重量应采用土的浮重度 γ'。由于地下水面处上下的重度不同，因此地下水面处是自重应力分布线的转折点，如图 7-2 所示。

1.1.3.2　地下水位升降情况

对于形成年代已久的天然土层，在自重应力作用下的变形早已稳定。但当地下水位发生下降或土层为新近沉积或地面有大面积人工填土时，土中的自重应力会增大(见图 7-3)，这时应考虑土体在自重应力增量作用下的变形。

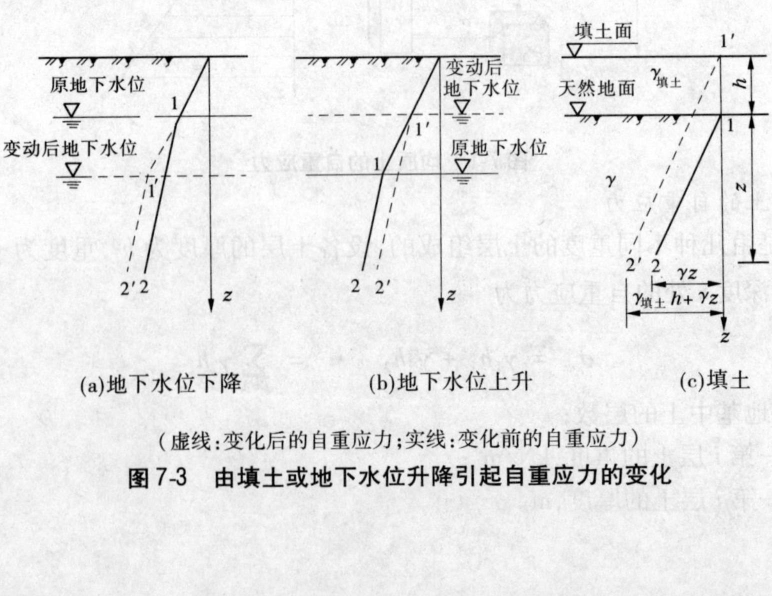

(a)地下水位下降　　(b)地下水位上升　　(c)填土

（虚线：变化后的自重应力；实线：变化前的自重应力）

图 7-3　由填土或地下水位升降引起自重应力的变化

引起地下水位下降的原因主要是城市过量开采地下水及基坑开挖降水,其直接后果是导致地面下沉。地下水位下降后,新增加的自重应力将使土体本身产生压缩变形。由于这部分自重应力的影响深度很大,故所造成的地面沉降往往是很大的。我国相当一部分城市由于过量开采地下水,出现了地表大面积沉降、地面塌陷等严重问题。在进行基坑开挖时,如降水过深、时间过长,则常引起坑外地表下沉,从而导致邻近建筑物开裂、倾斜。要解决这一问题,可在坑外设置端部进入不透水层或弱透水层、平面上呈封闭状的截水帷幕或地下连续墙(防渗墙),将坑内外的地下水分隔开。此外,还可以在邻近建筑物的基坑一侧设置回灌沟或回灌井,通过水的回灌来维持相邻建筑物下方的地下水位不变。

1.1.3.3 有相对不透水层的情况

当地基中存在相对不透水层(如岩层或密实黏土)时,地基处于饱和状态,土的孔隙水几乎全部是结合水,这些结合水不存在水的浮力,它不传递静水压力,相对不透水层以上水的静压力对以下土体产生影响,顶面处必须考虑上部静水压力的作用,以饱和重度 γ_{sat} 计算,故不透水层顶面处的自重应力等于全部上覆土层的自重应力与静水压力之和。

1.2 水平自重应力

在地面以下深度 Z 处,由土的自重而产生的水平向应力,大小等于该点土的自重应力与土的侧压力系数 K_0 的乘积,即

$$\sigma_{cx} = \sigma_{cy} = K_0\sigma_{cz} \tag{7-3}$$

土的静止侧压力系数 K_0 是指土体在无侧向变形条件下,水平向有效应力与垂直向有效应力的比值。土质不同,静止侧压力系数也不同,具体数值可由试验测定。

【例7-1】 某地基土层的剖面图和资料如图7-4所示。试计算并绘制竖向自重应力沿深度的分布曲线。

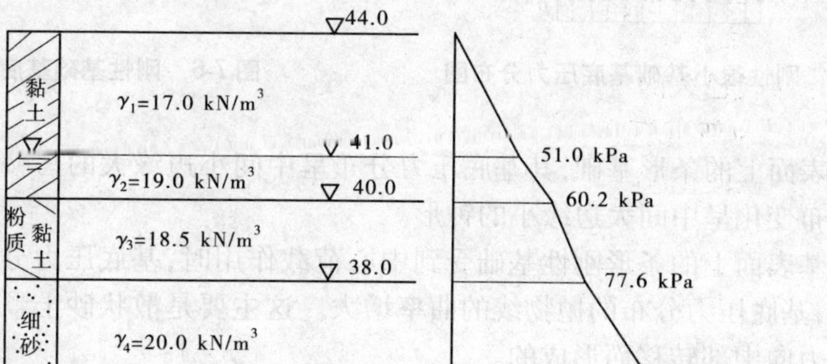

图7-4 例7-1图

解 (1)41.0 m高程处(地下水位处),竖向自重应力为

$$\sigma_{cz} = \gamma_1 h_1 = 17.0 \times (44.0 - 41.0) = 51.0(\text{kPa})$$

(2)40.0 m高程处,竖向自重应力为

$$\sigma_{cz} = \gamma_1 h_1 + \gamma'_2 h_2 = 51.0 + (19.0 - 9.8) \times (41.0 - 40.0) = 60.2(\text{kPa})$$

(3)38.0 m高程处,竖向自重应力为

$$\sigma_{cz} = \gamma_1 h_1 + \gamma_2' h_2 + \gamma_3' h_3 = 60.2 + (18.5 - 9.8) \times (40.0 - 38.0) = 77.6(\text{kPa})$$

(4)35.0 m 高程处，竖向自重应力为

$$\sigma_{cz} = \gamma_1 h_1 + \gamma_2' h_2 + \gamma_3' h_3 + \gamma_4' h_4 = 77.6 + (20.0 - 9.8) \times (38.0 - 35.0) = 108.2(\text{kPa})$$

自重应力 σ_{cz} 沿深度的分布如图 7-4(b)所示。

2 基底压力

作用在地基表面的各种分布荷载，都是通过建筑物的基础传到地基中的。基础底面传递给地基表面单位面积上的压力称为基底接触压力，有时也简称基底压力，记为 p，单位为 kN/m^2 或 kPa。建筑物的荷载是通过基础传给地基的。为了计算上部荷载在地基土层中引起的附加应力，必须研究基底压力的大小和分布状况。

2.1 基底压力的分布与简化

基底压力的大小分布状况，对地基内部的附加应力有着非常重要的影响。同时，与基础的刚度、土的性质、荷载的大小和分布、基础的埋置深度等多种因素有关。

(1)对于刚性很小的基础，基础随地基一起变形，其基底压力大小和分布状况与作用在基础上的荷载大小和分布状况相同，如图 7-5 所示。

(2)对于刚性基础，其基底压力分布将随土的性质、上部荷载的大小和基础的埋置深度而异，如图 7-6 所示。

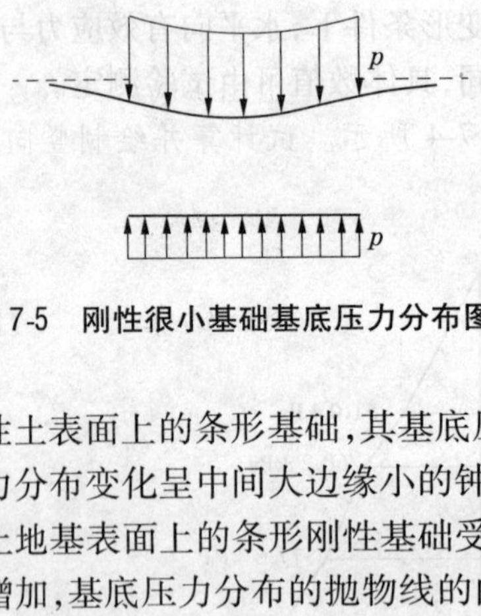

图 7-5 刚性很小基础基底压力分布图

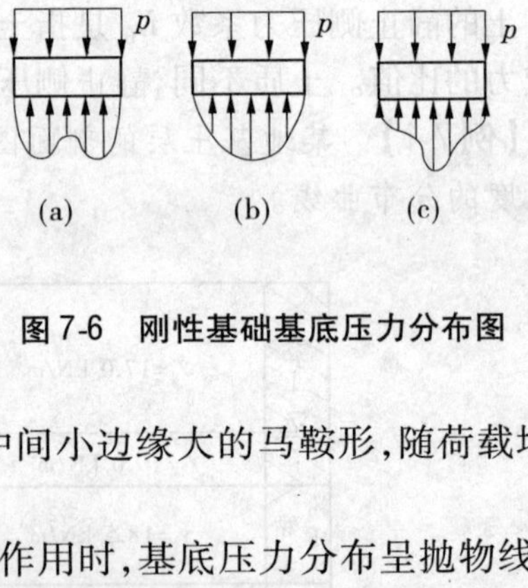

图 7-6 刚性基础基底压力分布图

黏性土表面上的条形基础，其基底压力分布呈中间小边缘大的马鞍形，随荷载增加，基底压力分布变化呈中间大边缘小的钟形。

砂土地基表面上的条形刚性基础受到中心荷载作用时，基底压力分布呈抛物线。随着荷载增加，基底压力分布的抛物线的曲率增大。这主要是散状砂土颗粒的侧向移动导致边缘的压力向中部转移而形成的。

从上述分析中可以知道，基底压力的分布形式是非常复杂的。但由于基底压力都是作用在地表面附近，基底压力的分布情况对于地基土中的附加应力分布的影响随着深度的增加而减少。在一定深度之后，地基中应力分布几乎与基底压力的分布形状无关，而只取决于荷载的合力的大小和位置。对于一般基础工程的地基计算，基底压力分布近似地按直线变化的假定，采用材料力学理论进行简化计算。

2.2 基底压力的计算

2.2.1 中心荷载下的基底压力

2.2.1.1 矩形基础

如图 7-7 所示，若基础为矩形基础（$l/b<10$），其长度为 l，宽度为 b，其上作用竖直

中心荷载,其所受荷载的合力通过基底形心。

基底压力假定为均匀分布,此时基底平均压力设计值按下式计算:

$$p = \frac{F + G}{A} \tag{7-4}$$

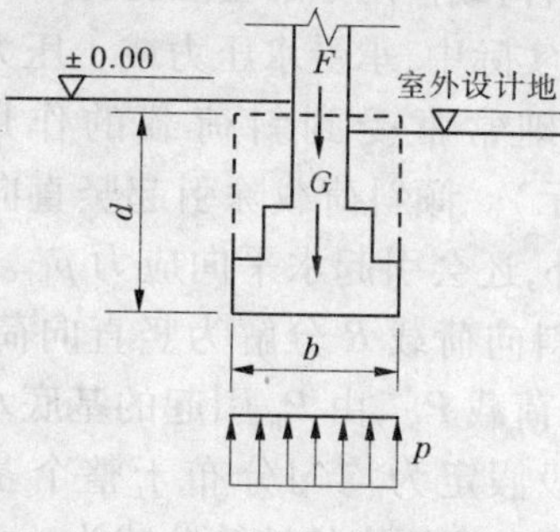

图7-7 中心荷载作用下基底压力分布

式中 p——基底压力,kPa;

F——上部结构传至基础顶面的竖向力,kN;

A——基础底面面积,m^2;

G——基础自重及其台阶上回填土重,kN,$G = \gamma_G Ad$,其中 γ_G 为基础和填土的平均重度,一般取 $\gamma_G = 20\ kN/m^3$,地下水位以下取有效重度,d 必须从设计地面或室内、外平均地面算起。

2.2.1.2 条形基础

若基础为条形基础($l/b \geqslant 10$),则在长度方向截取单位长进行计算,此时基底压力为

$$p = \frac{F + G}{b} \tag{7-5}$$

2.2.2 偏心荷载作用下的基底压力

当基础受竖向偏心荷载作用时,可按材料力学偏心受压公式计算基底压力。

2.2.2.1 矩形基础

承受偏心荷载的基础,假定基底压力为直线变化——梯形或三角形变化。工程实际中,常按单向偏心受压荷载设计,即令荷载合力作用于矩形基础底面的一个主轴上,通常基底的长边方向取与偏心方向一致,代入材料力学偏心受压公式得基底两边缘最大、最小压力 p_{max}、p_{min}:

$$p_{\min}^{\max} = \frac{F + G}{bl}\left(1 \pm \frac{6e}{l}\right) \tag{7-6}$$

由式(7-6)可知:

(1) $e < l/6$ 时,基底压力呈梯形分布,如图 7-8(a)所示。

(2) $e = l/6$ 时,基底压力呈三角形分布,如图 7-8(b)所示。

(3) $e > l/6$ 时,基底压力一侧为正,一侧为负,如图 7-8(c)所示。基底压力为负值,即产生拉应力段,实际上是基础与地基出现局部脱离,受力面积有所减少,因此基底压力会重新分布,应改变偏心距或调整基础的宽度,设计中不宜使 $e > l/6$,应控制在 $e \leqslant l/6$,以便充分利用地基承载能力。

2.2.2.2 条形基础

条形基础垂直于长度方向的各个截面都相同,荷载也相同,则各个截面中基底压力和它引起的附加应力也就一样。沿长度取 1 m 进行计算,偏心方向与基础宽度一致,则偏心荷载合力沿基底宽度两端所引起的基底压力为

$$p_{\min}^{\max} = \frac{F + G}{b}\left(1 \pm \frac{6e}{b}\right) \tag{7-7}$$

实际应用中,土坝、挡土墙等的基础长度往往比宽度大若干倍,故常按条形基础计算。

2.3 倾斜荷载作用下的基底压力

工程实际中，承受水压力或土压力的建筑物，基础常常受到斜荷载的作用（如图7-9所示）。倾斜荷载除引起竖直向基底压力 p_v 外，还会引起水平向应力 p_h。计算时，可将斜向荷载 R 分解为竖直向荷载 P_v 和水平向荷载 P_h，由 P_h 引起的基底水平应力 p_h 一般假定为均匀分布于整个基础底面，其水平基底压力的计算公式为

矩形基础 $$p_h = \frac{P_h}{A} \tag{7-8}$$

条形基础 $$p_h = \frac{P_h}{b} \tag{7-9}$$

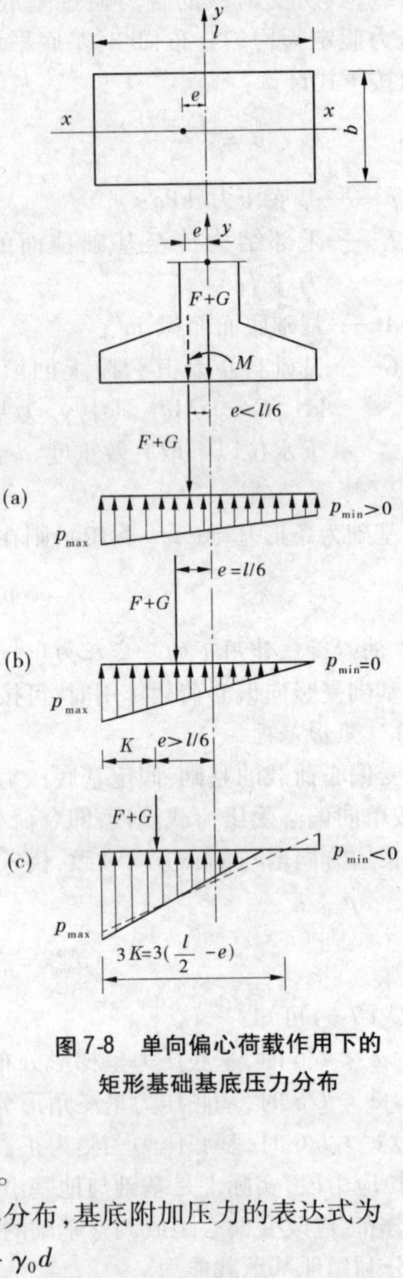

图7-8 单向偏心荷载作用下的矩形基础基底压力分布

2.4 基础附加压力

一般基础均埋置于地面以下一定深度，称基础埋置深度。地基中的附加应力是由基底压力引起的，而基础都有一定的埋置深度。在基础开挖前，基底处已存在自重应力，土在自重应力作用下变形已基本完成；在基础开挖后，这一部分土体已挖除，自重应力消失，故在基底压力中应扣除原已存在的自重应力，便得到基础附加压力。

当基底压力受中心荷载且均匀分布时，基底附加压力表达式为

$$p_0 = p - \gamma_0 d \tag{7-10}$$

式中 p_0——基底附加压力，kPa；

γ_0——基底底面以上土的加权平均重度，kN/m³；

d——基础埋深，一般从天然地面算起，m。

当基础受偏心荷载作用时，基底压力为梯形分布，基底附加压力的表达式为

$$p_0 = p_{\min}^{\max} - \gamma_0 d \tag{7-11}$$

由此可知：地基基础埋置深度越大，则基底附加压力越小。基底附加压力越小，则由它引起的基底压力越小。因而，加大基础埋置深度是减小附加压力和土体变形的工程措施之一，但也会带来许多工程问题，应经过技术、经济比较后才能确定。

土在自重作用下，地基变形已经完成，只有增加的基底附加压力才能使地基发生沉降，故 p_0 又称为沉降计算压力。

【例7-2】 某基础尺寸为 20 m×10 m 的整体基础，其上作用有 24 000 kN 的荷载。试求：

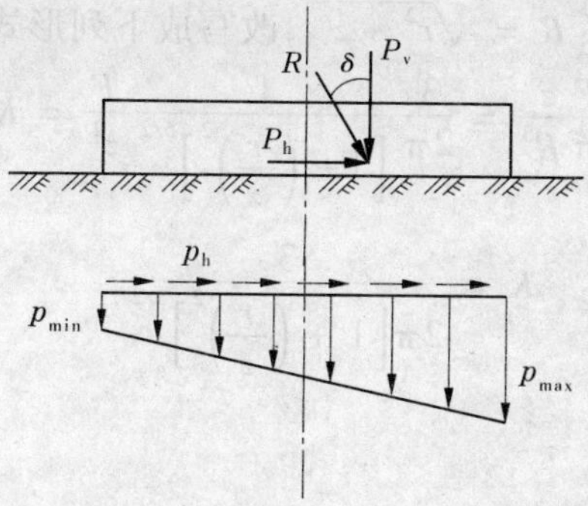

图7-9 偏心斜向荷载作用下基底压力的分布

(1)没有偏心时,基底压力为多少?

(2)当合力偏心距 $e_y=0, e_x=0.5$ m 时,基底最大、最小压力各为多少?

解 (1)没有偏心,则中心荷载作用下基底压力为

$$p=\frac{F}{A}=\frac{24\ 000}{20\times 10}=120(\text{kPa})$$

(2)合力偏心距 $e_y=0, e_x=0.5$ m 时,则基底压力为

$$p_{\min}^{\max}=\frac{F}{A}\left(1\pm\frac{6e}{b}\right)=\frac{24\ 000}{20\times 10}\times\left(1\pm\frac{6\times 0.5}{10}\right)=\frac{156}{84}(\text{kPa})$$

3 地基附加应力

地基附加应力是指外荷载作用下地基中增加的应力。常见的外荷载有建筑物荷重等。建筑物荷重通过基础传递给地基。当基础底面面积是圆形或矩形时,求解地基附加应力属于空间问题(其应力是 x 、y 、z 的函数);当基础底面积是长条形时,常将其近似为平面问题(其应力是 x 、z 的函数),坝、挡土墙等大多属于条形基础。

对一般天然土层,由自重应力引起的压缩变形已经趋于稳定,不会再引起地基的沉降,地基中的附加应力是地基发生变形、引起建筑物沉降的主要原因。

目前,求解地基中的附加应力时,一般假定地基土是连续、均质、各向同性的完全弹性体,然后根据弹性力学理论的基本公式进行求解。由于建筑物的基础总是有限的,并且基底的形状各异,受力情况不同,因此作用于地基上的荷载必然是具有不同形状和不同分布形式的局部荷载,这种荷载所引起的地基附加应力要比均匀分布荷载的情况复杂得多。下面分别讨论不同面积、不同形式的局部荷载作用下地基附加应力的计算。

3.1 竖向集中荷载作用下地基中的附加应力

在地基表面作用有竖向集中荷载 F 时,在地基内任意一点 $M(r,\theta,z)$ 的应力分量及位移分量由法国数学家布辛奈斯克(J. Boussinesq)在 1885 年用弹性理论求解得出(见图 7-10),其中应力分量为

$$\sigma_z=\frac{3Fz^3}{2\pi R^5}=\frac{3F}{2\pi z^2}\frac{1}{\left[1+\left(\frac{r}{z}\right)^2\right]^{5/2}} \tag{7-12}$$

利用图 7-10 中的几何关系 $R=\sqrt{r^2+z^2}$，改写成下列形式：

$$\sigma_z=\frac{3F}{2\pi}\frac{z^3}{R^5}=\frac{3}{2\pi}\frac{1}{\left[1+\left(\frac{r}{z}\right)^2\right]^{5/2}}\frac{F}{z^2}=K\frac{F}{z^2} \tag{7-13}$$

$$K=\frac{3}{2\pi\left[1+\left(\frac{r}{z}\right)^2\right]^{5/2}}$$

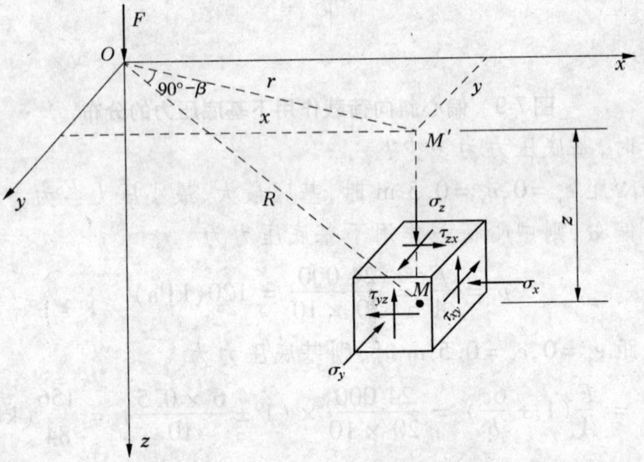

图 7-10　竖向集中荷载作用下的应力

式中　F——作用坐标原点 O 点的竖向集中荷载；

z——M 点的深度；

K——竖向集中力作用下的地基竖向附加应力系数，可由 r/z 的值查表 7-1 得到。

表 7-1　集中荷载下竖向附加应力系数 K

$\frac{r}{z}$	K	$\frac{r}{z}$	K	$\frac{r}{z}$	K	$\frac{r}{z}$	K
0	0.477 5	0.70	0.176 2	1.30	0.040 2	2.00	0.008 5
0.10	0.465 7	0.72	0.168 1	1.40	0.031 7	2.50	0.003 4
0.20	0.432 9	0.80	0.138 6	1.50	0.025 1	3.00	0.001 5
0.30	0.384 9	0.90	0.108 3	1.60	0.020 0	3.50	0.000 7
0.40	0.329 4	1.00	0.084 4	1.70	0.016 0	4.00	0.000 4
0.50	0.273 3	1.10	0.065 8	1.80	0.012 9	4.50	0.000 2
0.60	0.221 4	1.20	0.051 3	1.90	0.010 5	5.00	0.000 1

【例 7-3】　在地面作用一集中荷载 $F=200$ kN，试确定：

(1)在地基中 $z=2$ m 的水平面上，水平距离 $r=1$ m、2 m、3 m 和 4 m 各点的竖向附加应力 σ_z 值，并绘出分布图。

(2)在地基中 $r=0$ 的竖直线上，距地面 $z=0$、1 m、2 m、3 m 和 4 m 处各点的 σ_z 值，并绘出分布图。

(3)取 $\sigma_z=20$ kPa、10 kPa、4 kPa 和 2 kPa,反算在地基中 $z=2$ m 的水平面上的 r 值和在 $r=0$ 的竖直线上的 z 值。

解 (1)在地基中 $z=2$ m 的水平面上指定点的附加应力 σ_z 的计算数据见表7-2;σ_z 的分布图见图7-11。

(2)在地基中 $r=0$ 的竖直线上,指定点的附加应力 σ_z 的计算数据见表7-3;σ_z 分布图见图7-12。

表7-2 例7-3表1

z(m)	r (m)	$\frac{r}{z}$	K(查表7-1)	$\sigma_z=K\frac{F}{z^2}$(kPa)
2	0	0	0.477 5	23.9
2	1	0.5	0.273 3	13.7
2	2	1.0	0.084 4	4.2
2	3	1.5	0.025 1	1.3
2	4	2.0	0.008 5	0.4

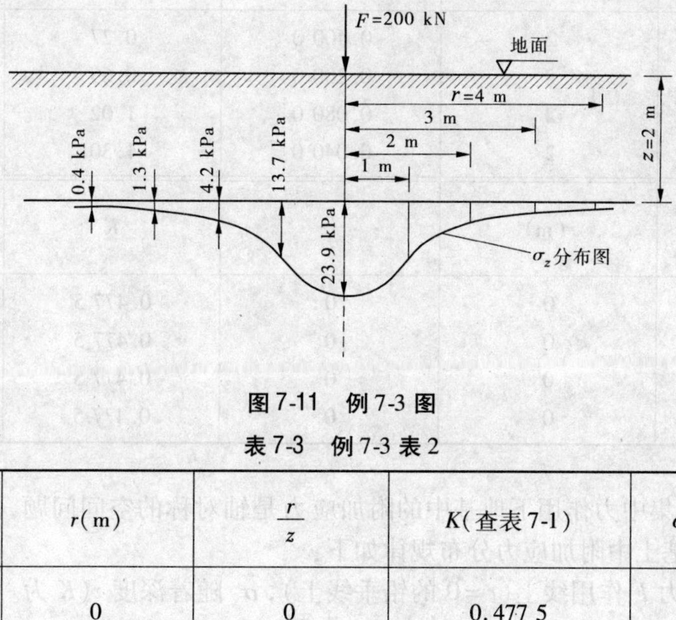

图7-11 例7-3图

表7-3 例7-3表2

z(m)	r(m)	$\frac{r}{z}$	K(查表7-1)	$\sigma_z=K\frac{F}{z^2}$(kPa)
0	0	0	0.477 5	∞
1	0	0	0.477 5	95.5
2	0	0	0.477 5	23.9
3	0	0	0.477 5	10.6
4	0	0	0.477 5	6.0

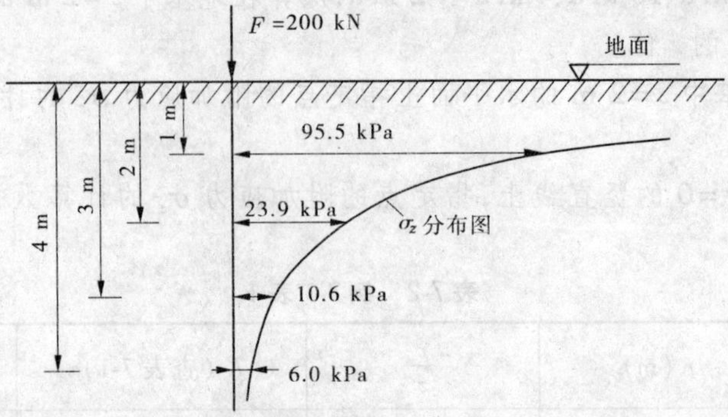

图 7-12 例 7-3 图

(3)当指定附加应力 σ_z 时,反算 $z=2$ m 的水平面上的 r 值和在 $r=0$ 的竖直线上的 z 值的计算数据,见表 7-4。

表 7-4 例 7-3 表 3

σ_z(kPa)	z(m)	$K=\frac{\sigma_z z^2}{F}$	$\frac{r}{z}$(查表)	r(m)
20	2	0.400 0	0.27	0.54
10	2	0.200 0	0.65	1.30
4	2	0.080 0	1.02	2.04
2	2	0.040 0	1.30	2.60

σ_z(kPa)	r(m)	$\frac{r}{z}$	K	$z=\sqrt{\frac{KF}{\sigma_z}}$
20	0	0	0.477 5	2.19
10	0	0	0.477 5	3.09
4	0	0	0.477 5	4.89
2	0	0	0.477 5	6.91

由于竖直向集中力作用下地基中的附加应力是轴对称的空间问题,再通过上面的例题分析,可知地基土中附加应力分布规律如下:

(1)在集中力 F 作用线上($r=0$ 的铅垂线上),σ_z 随着深度 z(K 为一常数)的增加而递减,即应力 σ_z 沿深度向下衰减。

(2)在地面下同一深度处,该水平面上的附加应力不同,沿竖直向集中力作用线上的附加应力最大,σ_z 随水平距离 r 的增加而减小(即 r 值越大,K 值越小),即应力沿水平面向四周衰减。

(3)离地表愈深,应力分布范围愈大,在同一铅直线上的附加应力随深度的增加而减小。如果在空间将 σ_z 相同的点连接起来形成曲面,就可以得到如图 7-13 所示的等值线,其空间曲面的形状如泡状,所以也称为应力泡。

通过上述对附加应力 σ_z 分布图形的讨论,应该建立起土中应力分布的正确概念,即

集中力 F 在地基中引起的附加应力 σ_z 的分布是向下、向四周无限扩散的，这是应力分布面积随深度而增大所致，这种现象称应力扩散现象。

当地基表面作用有几个集中力时，可以分别算出各集中力在地基中引起的附加应力，然后根据弹性体应力叠加原理求出地基的附加应力的总和，即

$$\sigma_z = K_1 \frac{F_1}{z^2} + K_2 \frac{F_2}{z^2} + K_3 \frac{F_3}{z^2} + \cdots \quad (7\text{-}14)$$

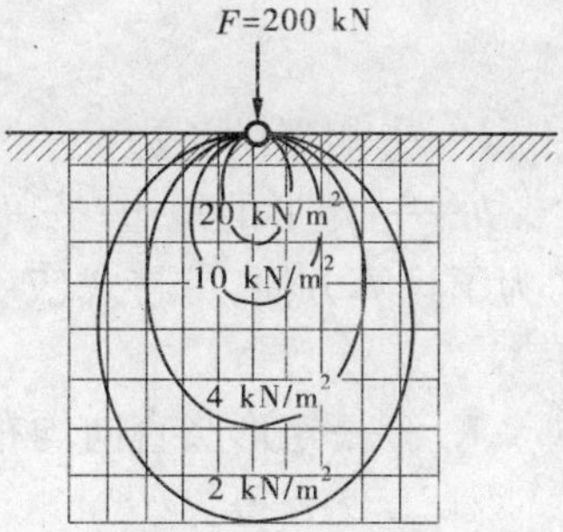

图7-13 例7-3图

由此表明，在多个相邻荷载的作用下，地基中附加应力逐渐积聚，称为附加应力的积聚现象。因附加应力的扩散和积聚作用，邻近基础互相影响，引起基础附加沉降。在实际工程应用中，当基础底面形状不规则或荷载分布较复杂时，可将基底划分为若干个小面积，把小面积上的荷载当成集中力，然后利用上述公式计算附加应力。如果小面积的最大边长小于计算应力点深度的1/3，用此法所得的应力值与正确应力值相比，误差不超过5%。

3.2 矩形基础附加应力计算——空间问题

矩形基础通常是指 $l/b<10$（水利工程 $l/b<5$）的基础。矩形基础下地基中任一点的附加应力与该点对 x、y、z 三轴的位置有关，故属空间问题。

3.2.1 均布竖向荷载情况

地基表面有一矩形面积，宽度为 b，长度为 l，其上作用竖向均布荷载，荷载强度为 p_0，求地基内各点的附加应力 σ_z。求解方法是：先求出矩形面积的角点下附加应力，再利用角点法求出任意点下的附加应力。

3.2.1.1 角点下的附加应力

角点下的附加应力是指图7-14中 O、A、C、D 四个角点下任意深度处的附加应力。只要深度 z 一样，则四个角点下的附加应力 σ_z 都相同。将坐标的原点选在角点 O 上，在荷载面积内任取微分面积 $\mathrm{d}A=\mathrm{d}x\mathrm{d}y$，并将其上作用的荷载以集中力 $\mathrm{d}A$ 代替，则 $\mathrm{d}p=p_0\mathrm{d}x\mathrm{d}y$。利用式(7-13)即可求出该集中力在角点 O 以下深度 z 处 M 点所引起的竖直向附加应力 $\mathrm{d}\sigma_z$：

$$\mathrm{d}\sigma_z = \frac{3\mathrm{d}F}{2\pi}\frac{z^3}{R^5} = \frac{3p_0}{2\pi}\frac{z^3}{(x^2+y^2+z^2)^{5/2}}\mathrm{d}x\mathrm{d}y \quad (7\text{-}15)$$

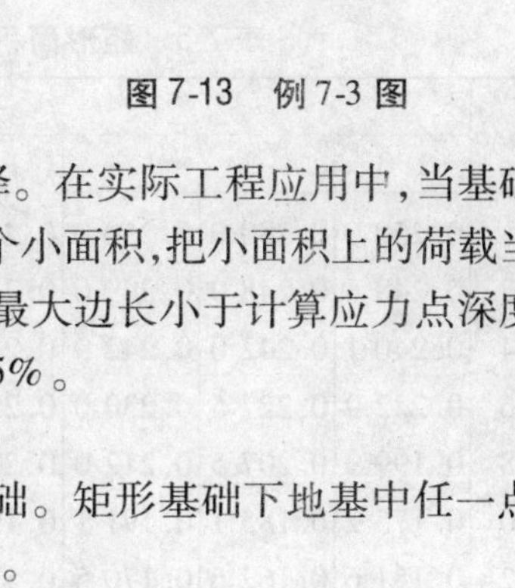

图7-14 矩形面积均布荷载作用时角点下的附加应力

将式(7-15)沿整个矩形面积 $OACD$ 积分，即可得出矩形面积上均布荷载 p_0 在 M 点引起的附加应力 σ_z：

$$\sigma_z = \int_0^l\int_0^b \frac{3p_0}{2\pi}\frac{z^3}{(x^2+y^2+z^2)^{5/2}}\mathrm{d}x\mathrm{d}y$$

$$= \frac{p_0}{2\pi}\left[\arctan\frac{m}{n\sqrt{1+m^2+n^2}} + \frac{mn}{\sqrt{1+m^2+n^2}}\left(\frac{1}{m^2+n^2}+\frac{1}{1+n^2}\right)\right] \quad (7\text{-}16)$$

$$m = \frac{l}{b};\quad n = \frac{z}{b}$$

式中　l——矩形的长边；

b——矩形的短边。

为了计算方便，可将式(7-16)简写成

$$\sigma_z = K_c p_0 \tag{7-17}$$

式中　K_c——矩形竖直向均布荷载角点下的应力分布系数，$K_c = f(m,n)$，可从表 7-5 中查得。

表 7-5　矩形面积受竖直均布荷载作用时角点下的应力系数 K_c

$n=z/b$	$m=l/b$										
	1.0	1.2	1.4	1.6	1.8	2.0	3.0	4.0	5.0	6.0	10.0
0	0.250 0	0.250 0	0.250 0	0.250 0	0.250 0	0.250 0	0.250 0	0.250 0	0.250 0	0.250 0	0.250 0
0.2	0.248 6	0.248 9	0.249 0	0.249 1	0.249 1	0.249 1	0.249 2	0.249 2	0.249 2	0.249 2	0.249 2
0.4	0.240 1	0.242 0	0.242 9	0.243 4	0.243 7	0.243 9	0.244 2	0.244 3	0.244 3	0.244 3	0.244 3
0.6	0.222 9	0.227 5	0.230 0	0.231 5	0.232 4	0.232 9	0.233 9	0.234 1	0.234 2	0.234 2	0.234 2
0.8	0.199 9	0.207 5	0.212 0	0.214 7	0.216 5	0.217 6	0.219 6	0.220 0	0.220 2	0.220 2	0.220 2
1.0	0.175 2	0.185 1	0.191 1	0.195 5	0.198 1	0.199 9	0.203 4	0.204 2	0.204 4	0.204 5	0.204 6
1.2	0.151 6	0.162 6	0.170 5	0.175 8	0.179 3	0.181 8	0.187 0	0.188 2	0.188 5	0.188 7	0.188 8
1.4	0.130 8	0.142 3	0.150 8	0.156 9	0.161 3	0.164 4	0.171 2	0.173 0	0.173 5	0.173 8	0.174 0
1.6	0.112 3	0.124 1	0.132 9	0.143 6	0.144 5	0.148 2	0.156 7	0.159 0	0.159 8	0.160 1	0.160 4
1.8	0.096 9	0.108 3	0.117 2	0.124 1	0.129 4	0.133 4	0.143 4	0.146 3	0.147 4	0.147 8	0.148 2
2.0	0.084 0	0.094 7	0.103 4	0.110 3	0.115 8	0.120 2	0.131 4	0.135 0	0.136 3	0.136 8	0.137 4
2.2	0.073 2	0.083 2	0.091 7	0.098 4	0.103 9	0.108 4	0.120 5	0.124 8	0.126 4	0.127 1	0.127 7
2.4	0.064 2	0.073 4	0.081 2	0.087 9	0.093 4	0.097 9	0.110 8	0.115 6	0.117 5	0.118 4	0.119 2
2.6	0.056 6	0.065 1	0.072 5	0.078 8	0.084 2	0.088 7	0.102 0	0.107 3	0.109 5	0.110 6	0.111 6
2.8	0.050 2	0.058 0	0.064 9	0.070 9	0.076 1	0.080 5	0.094 2	0.099 9	0.102 4	0.103 6	0.104 8
3.0	0.044 7	0.051 9	0.058 3	0.064 0	0.069 0	0.073 2	0.087 0	0.093 1	0.095 9	0.097 3	0.098 7
3.2	0.040 1	0.046 7	0.052 6	0.058 0	0.062 7	0.066 8	0.080 6	0.087 0	0.090 0	0.091 6	0.093 3
3.4	0.036 1	0.042 1	0.047 7	0.052 7	0.057 1	0.061 1	0.074 7	0.081 4	0.084 7	0.086 4	0.088 2
3.6	0.032 6	0.038 2	0.043 3	0.048 0	0.052 3	0.056 1	0.069 4	0.076 3	0.079 9	0.081 6	0.083 7
3.8	0.029 6	0.034 8	0.039 5	0.043 9	0.047 9	0.051 6	0.064 5	0.071 7	0.075 3	0.077 3	0.079 6
4.0	0.027 0	0.031 8	0.036 2	0.040 3	0.044 1	0.047 4	0.060 3	0.067 4	0.071 2	0.073 3	0.075 8
4.4	0.022 7	0.026 8	0.030 6	0.034 3	0.037 6	0.040 7	0.052 7	0.059 7	0.063 9	0.066 2	0.069 6
4.8	0.019 3	0.022 9	0.026 2	0.029 4	0.032 4	0.035 2	0.046 3	0.053 3	0.057 6	0.060 1	0.063 5
5.0	0.017 9	0.021 2	0.024 3	0.027 4	0.030 2	0.032 8	0.043 5	0.050 4	0.054 7	0.057 3	0.061 0
6.0	0.012 7	0.015 1	0.017 4	0.019 6	0.021 8	0.023 3	0.032 5	0.038 8	0.043 1	0.046 0	0.050 6
7.0	0.009 4	0.011 2	0.013 0	0.014 7	0.016 4	0.018 0	0.025 1	0.030 6	0.034 6	0.037 6	0.042 8
8.0	0.007 3	0.008 7	0.010 1	0.011 4	0.012 7	0.014 0	0.019 8	0.024 6	0.028 3	0.031 1	0.036 7
9.0	0.005 8	0.006 9	0.008 0	0.009 1	0.010 2	0.011 2	0.016 1	0.020 2	0.023 5	0.026 2	0.031 9
10.0	0.004 7	0.005 6	0.006 5	0.007 4	0.008 3	0.009 2	0.013 2	0.016 7	0.019 8	0.022 2	0.028 0

应用角点法时要注意三点：①要使角点 O 位于所划分的每一个矩形的公共角点；②所划分的矩形面积总和应等于原有的受荷面积；③查表时，所有分块矩形都是长边为 l，短边为 b。

3.2.1.2 任意点下的附加应力——角点法

实际计算中，常会遇到均布荷载计算点不是位于矩形荷载面角点之下的情况，这时可以通过作辅助线把荷载分成若干个矩形面积，计算点必须正好位于这些矩形面积的公共角点之下，利用式(7-17)和应力叠加原理，求出地基中每个矩形角点下同一深度 z 处的附加应力 σ_z 值，并求出代数和。这种附加应力的计算方法，称为角点法。角点法的应用可以分下列四种情况：

第一种情况：如图7-15(a)所示，计算点 O 在荷载面内，O 点为4个小矩形的公共角点，则 O 点下任意 z 深度处的附加应力 σ_z 为

$$\sigma_z = (K_{c\text{I}} + K_{c\text{II}} + K_{c\text{III}} + K_{c\text{IV}})p_0 \tag{7-18}$$

第二种情况：如图7-15(b)所示，计算点 O 在荷载面边缘，O 点为2个小矩形的公共角点，则 O 点下任意 z 深度处的附加应力 σ_z 为

$$\sigma_z = (K_{c\text{I}} + K_{c\text{II}})p_0 \tag{7-19}$$

第三种情况：如图7-15(c)所示，计算点 O 在荷载边缘外侧，O 点为4个小矩形的公共角点，则 O 点下任意 z 深度处的附加应力 σ_z 为

$$\sigma_z = (K_{c\text{I}} + K_{c\text{III}} - K_{c\text{II}} - K_{c\text{IV}})p_0 \tag{7-20}$$

其中，下标Ⅰ、Ⅱ、Ⅲ、Ⅳ分别为矩形 $Ofbg$、$Ofah$、$Ogce$、$Ohde$ 的编号。

第四种情况：如图7-15(d)所示，计算点 O 在荷载面角点外侧，O 点为4个小矩形的公共角点，则 O 点下任意 z 深度处的附加应力 σ_z 为

$$\sigma_z = (k_{c\text{I}} - k_{c\text{II}} - k_{c\text{III}} + k_{c\text{IV}})p_0 \tag{7-21}$$

其中，下标Ⅰ、Ⅱ、Ⅲ、Ⅳ分别为矩形 $Ohce$、$Ohbf$、$Ogde$、$Ogaf$ 的编号。

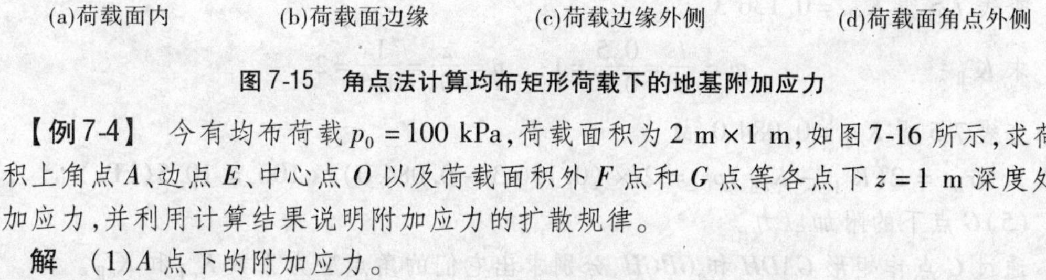

图7-15 角点法计算均布矩形荷载下的地基附加应力

【例7-4】 今有均布荷载 $p_0 = 100$ kPa，荷载面积为 2 m×1 m，如图7-16所示，求荷载面积上角点 A、边点 E、中心点 O 以及荷载面积外 F 点和 G 点等各点下 $z = 1$ m 深度处的附加应力，并利用计算结果说明附加应力的扩散规律。

解 (1)A 点下的附加应力。

A 点是矩形 $ABCD$ 的角点，且 $m = l/b = 2/1 = 2$；$n = z/b = 1/1 = 1$，查表7-5得 $K_c = 0.199\ 9$，故

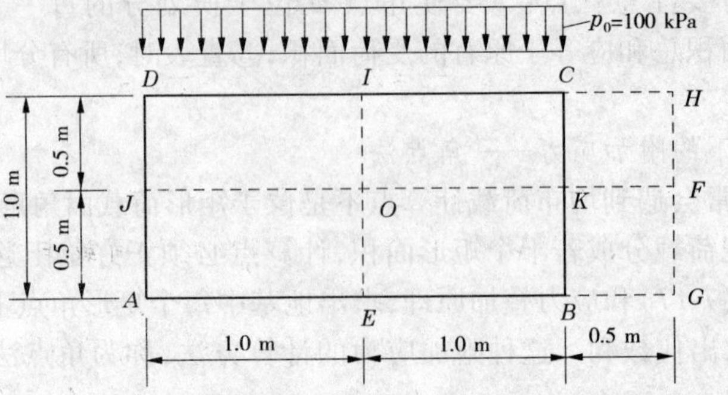

图 7-16　例 7-4 图

$$\sigma_{zA} = K_c p_0 = 0.1999 \times 100 \approx 20 \text{ (kPa)}$$

(2) E 点下的附加应力。

通过 E 点将矩形荷载面积划分为两个相等的矩形 $EADI$ 和 $EBCI$。求 $EADI$ 的角点应力系数 K_c：

$$m = \frac{l}{b} = \frac{1}{1} = 1;\quad n = \frac{z}{b} = \frac{1}{1} = 1$$

查表 7-5 得 $K_c = 0.1752$，故

$$\sigma_{zE} = 2K_c p_0 = 2 \times 0.1752 \times 100 = 35 \text{(kPa)}$$

(3) O 点下的附加应力。

通过 O 点将原矩形面积分为 4 个相等的矩形 $OEAJ$、$OJDI$、$OICK$ 和 $OKBE$。求 $OEAJ$ 角点的附加应力系数 K_c：

$$m = \frac{l}{b} = \frac{1}{0.5} = 2;\quad n = \frac{z}{b} = \frac{1}{0.5} = 2$$

查表 7-5 得 $K_c = 0.1202$，故

$$\sigma_{zO} = 4K_c p_0 = 4 \times 0.1202 \times 100 = 48.1 \text{(kPa)}$$

(4) F 点下的附加应力。

过 F 点作矩形 $FGAJ$、$FJDH$、$FGBK$ 和 $FKCH$。假设 $K_{c\text{I}}$ 为矩形 $FGAJ$ 和 $FJDH$ 的角点应力系数；$K_{c\text{II}}$ 为矩形 $FGBK$ 和 $FKCH$ 的角点应力系数。

求 $K_{c\text{I}}$：　$m = \frac{l}{b} = \frac{2.5}{0.5} = 5;\quad n = \frac{z}{b} = \frac{1}{0.5} = 2$

查表 7-5 得 $K_{c\text{I}} = 0.1363$。

求 $K_{c\text{II}}$：　$m = \frac{l}{b} = \frac{0.5}{0.5} = 1;\quad n = \frac{z}{b} = \frac{1}{0.5} = 2$

查表 7-5 得 $K_{c\text{II}} = 0.0840$，故

$$\sigma_{zF} = 2(K_{c\text{I}} - K_{c\text{II}})p_0 = 2 \times (0.1363 - 0.0840) \times 100 = 10.5 \text{(kPa)}$$

(5) G 点下的附加应力。

通过 G 点作矩形 $GADH$ 和 $GBCH$，分别求出它们的角点应力系数 $K_{c\text{I}}$ 和 $K_{c\text{II}}$。

求 $K_{c\text{I}}$：　$m = \frac{l}{b} = \frac{2.5}{1} = 2.5;\quad n = \frac{z}{b} = \frac{1}{1} = 1$

查表 7-5 得 $K_{c\text{I}}=0.2016$。

求 $K_{c\text{II}}$：
$$m=\frac{l}{b}=\frac{1}{0.5}=2;\quad n=\frac{z}{b}=\frac{1}{0.5}=2$$

查表 7-5 得 $K_{c\text{II}}=0.1202$，故

$$\sigma_{zG}=(K_{c\text{I}}-K_{c\text{II}})p_0=(0.2016-0.1202)\times 100=8.1(\text{kPa})$$

将计算结果绘成图 7-17，可以看出，在矩形面积受均布荷载作用时，不仅在受荷面积垂直下方的范围内产生附加应力，而且在荷载面积以外的地基土中（F、G 点下方）也会产生附加应力。另外，在地基中同一深度处（例如 $z=1$ m），离受荷面积中线愈远的点，其附加应力值愈小，矩形面积中点处附加应力最大。将中点 O 下和 F 点下不同深度的附加应力求出并绘成曲线，如图 7-17(b) 所示。

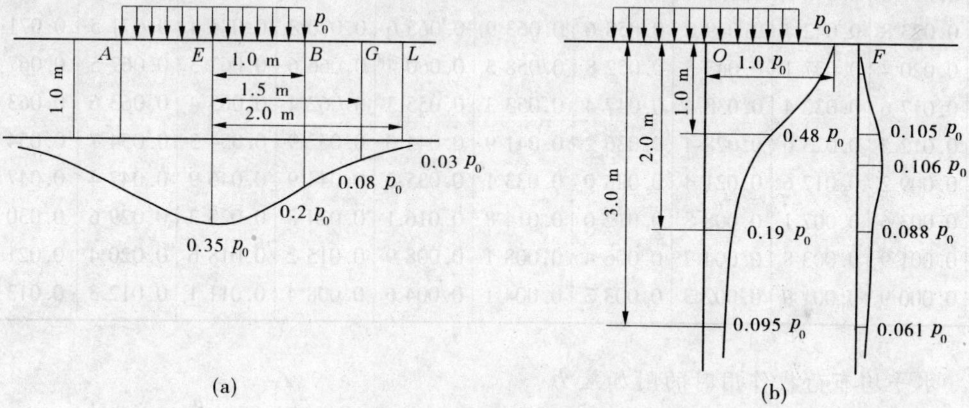

图 7-17 例 7-4 计算结果

3.2.2 竖直三角形分布荷载作用时的附加应力

设竖直荷载在矩形面积上沿着 x 轴方向呈三角形分布，而沿 y 轴均匀分布，荷载的最大值为 p_t，如图 7-18 所示。对于零角点下任意深度处的 σ_z，可用下式求得，即

$$\sigma_z=K_t p_t \tag{7-22}$$

$$K_t=\frac{mn}{2\pi}\left[\frac{1}{\sqrt{m^2+n^2}}-\frac{n^2}{(1+n^2)\sqrt{1+m^2+n^2}}\right]$$

式中 K_t ——条形基底受三角形分布荷载作用时的竖向附加应力分布系数，可以从表 7-6 中由 $m=\dfrac{l}{b}$，$n=\dfrac{z}{b}$ 查得。

规定：原点 O 取在荷载强度为零侧的端点上，以荷载强度增大方向为 x 正方向。

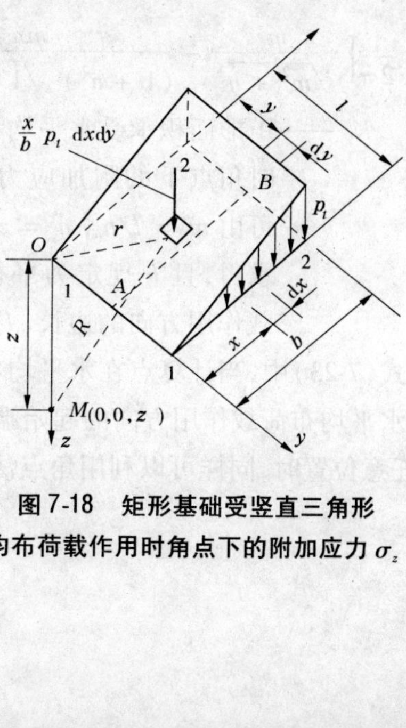

图 7-18 矩形基础受竖直三角形均布荷载作用时角点下的附加应力 σ_z

表 7-6　矩形面积上竖直三角形分布荷载作用下的附加压力系数 K_t

$n=z/b$	$m=l/b$									
	0.4	0.8	1.0	1.4	1.8	2.0	4.0	6.0	8.0	10
0	0	0	0	0	0	0	0	0	0	0
0.2	0.028 0	0.030 1	0.030 4	0.030 5	0.030 6	0.030 6	0.030 6	0.030 6	0.030 6	0.030 6
0.4	0.042 0	0.051 7	0.053 1	0.054 3	0.054 6	0.054 7	0.054 9	0.054 9	0.054 9	0.054 9
0.6	0.044 8	0.062 1	0.065 4	0.068 4	0.069 4	0.069 6	0.070 2	0.070 2	0.070 2	0.070 2
0.8	0.042 1	0.063 7	0.068 8	0.073 9	0.075 9	0.076 4	0.077 6	0.077 6	0.077 6	0.077 6
1.0	0.037 5	0.060 2	0.066 6	0.073 5	0.076 6	0.077 4	0.079 4	0.079 5	0.079 6	0.079 6
1.2	0.032 4	0.054 6	0.061 5	0.069 8	0.073 8	0.074 9	0.077 9	0.078 2	0.078 3	0.078 3
1.4	0.027 8	0.048 3	0.055 4	0.064 4	0.069 2	0.070 7	0.074 8	0.075 2	0.075 2	0.075 3
1.6	0.023 8	0.042 4	0.049 2	0.058 6	0.063 9	0.065 6	0.070 8	0.071 4	0.071 5	0.071 5
1.8	0.020 4	0.037 1	0.043 5	0.052 8	0.058 5	0.060 4	0.066 6	0.067 3	0.067 5	0.067 5
2.0	0.017 6	0.032 4	0.038 4	0.047 4	0.053 3	0.055 3	0.062 4	0.063 4	0.063 6	0.063 6
2.5	0.012 5	0.023 6	0.028 4	0.036 2	0.041 9	0.044 0	0.052 9	0.054 3	0.054 7	0.054 8
3.0	0.009 2	0.017 6	0.021 4	0.028 0	0.033 1	0.035 2	0.044 9	0.046 9	0.047 4	0.047 6
5.0	0.003 6	0.007 1	0.008 8	0.012 0	0.014 8	0.016 1	0.024 8	0.025 3	0.029 6	0.030 1
7.0	0.001 9	0.003 8	0.004 7	0.006 4	0.008 1	0.008 9	0.015 2	0.018 6	0.020 4	0.021 2
10.0	0.000 9	0.001 9	0.002 3	0.003 3	0.004 1	0.004 6	0.008 4	0.011 1	0.012 3	0.013 9

3.2.3　水平均布荷载作用时的附加应力

如图 7-19 所示，地基表面作用有水平均布荷载 p_h 时，地基中任意点 $M(x,y,z)$ 所产生的附加应力可由下式表示：

$$\sigma_z = \mp K_h p_h \tag{7-23}$$

$$K_h = \frac{1}{2\pi}\left[\frac{m}{\sqrt{m^2+n^2}} - \frac{mn^2}{(1+n^2)\sqrt{1+m^2+n^2}}\right]$$

式中　K_h——矩形面积承受水平均布荷载作用时角点下的附加应力分布系数，可由 $m=l/b$，$n=z/b$ 查表 7-7 求得，且 b 规定为平行于水平荷载作用方向的边长，l 为垂直于水平荷载作用方向的边长。

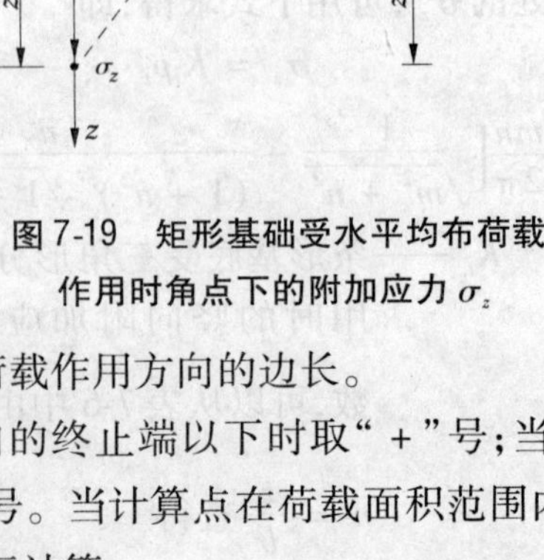

图 7-19　矩形基础受水平均布荷载作用时角点下的附加应力 σ_z

式(7-23)中，当计算点在水平均布荷载作用方向的终止端以下时取“+”号；当计算点在水平均布荷载作用方向的起始端以下时取“-”号。当计算点在荷载面积范围内(或外)任意位置时，同样可以利用角点法和叠加原理进行计算。

表 7-7　矩形面积受水平均布荷载作用时角点下的附加应力系数 K_h 值

$n=z/b$	$m=l/b$										
	1.0	1.2	1.4	1.6	1.8	2.0	3.0	4.0	6.0	8.0	10.0
0	0.159 2	0.159 2	0.159 2	0.159 2	0.159 2	0.159 2	0.159 2	0.159 2	0.159 2	0.159 2	0.159 2
0.2	0.151 8	0.152 3	0.152 6	0.152 8	0.152 9	0.152 9	0.153 0	0.153 0	0.153 0	0.153 0	0.153 0
0.4	0.132 8	0.134 7	0.135 6	0.136 2	0.136 5	0.136 7	0.137 1	0.137 2	0.137 2	0.137 2	0.137 2
0.6	0.109 1	0.112 1	0.113 9	0.115 0	0.115 6	0.116 0	0.116 8	0.116 9	0.117 0	0.117 0	0.117 0
0.8	0.086 1	0.090 0	0.092 4	0.093 9	0.094 8	0.095 5	0.096 7	0.096 9	0.097 0	0.097 0	0.097 0
1.0	0.066 6	0.070 8	0.073 5	0.075 3	0.076 6	0.077 4	0.079 0	0.079 4	0.079 5	0.079 6	0.079 6
1.2	0.051 2	0.055 3	0.058 2	0.060 1	0.061 5	0.062 4	0.064 5	0.065 0	0.065 2	0.065 2	0.065 2
1.4	0.039 5	0.043 3	0.046 0	0.048 0	0.049 4	0.050 5	0.052 8	0.053 4	0.053 7	0.053 7	0.053 8
1.6	0.030 8	0.034 1	0.036 6	0.038 5	0.040 0	0.041 0	0.043 6	0.044 3	0.044 6	0.044 7	0.044 7
1.8	0.024 2	0.027 0	0.029 3	0.031 1	0.032 5	0.033 6	0.036 2	0.037 0	0.037 4	0.037 5	0.037 5
2.0	0.019 2	0.021 7	0.023 7	0.025 3	0.026 6	0.027 7	0.030 3	0.031 2	0.031 7	0.031 8	0.031 8
2.5	0.011 3	0.013 0	0.014 5	0.015 7	0.016 7	0.017 6	0.020 2	0.021 1	0.021 7	0.021 9	0.021 9
3.0	0.007 0	0.008 3	0.009 3	0.010 2	0.011 0	0.011 7	0.014 0	0.015 0	0.015 6	0.015 8	0.015 9
5.0	0.001 8	0.002 1	0.002 4	0.002 7	0.003 0	0.003 2	0.004 3	0.005 0	0.005 7	0.005 9	0.006 0
7.0	0.000 7	0.000 8	0.000 9	0.001 0	0.001 2	0.001 3	0.001 8	0.002 2	0.002 7	0.002 9	0.003 0
10.0	0.000 2	0.000 3	0.000 3	0.000 4	0.000 4	0.000 5	0.000 7	0.000 8	0.001 1	0.001 3	0.001 4

3.3　条形荷载下地基中的附加应力

条形荷载是指承载面积宽度为 b，长度 l 为无穷大，且荷载沿长度不变（沿宽度 b 可任意变化），则地基中在垂直于长度方向各个截面的附加应力分布规律均相同，与长度无关。显然，在条形荷载作用下，地基内附加应力仅为坐标 x、z 的函数，而与坐标 y 无关。这种问题在工程上称为平面问题。在实际工程中，当基础的长宽比 $l/b \geqslant 10$（水利工程中 $l/b \geqslant 5$）时，可按条形基础计算地基中的附加应力。例如，建筑房屋墙的基础、道路的路堤或水坝等构筑物地基中的附加应力计算，均属于平面问题。

3.3.1　均布竖向荷载情况

如图 7-20 所示，设一条形均布荷载沿宽度 b 方向中 x 轴方向均匀分布，均布条形荷载为 p_0，坐标原点 O 取在基础一侧的端点上，地基中任意点 $M(x,z)$ 处的附加应力 σ_z 为

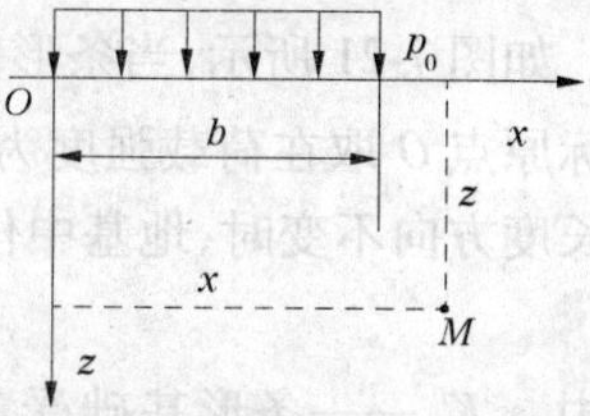

图 7-20　条形基础受竖向均布荷载作用时的附加应力 σ_z

$$\sigma_z = K_z^s p_0 \tag{7-24}$$

式中　K_z^s——条形基础受竖向均布荷载下的附加应力

系数，可根据 $m=\frac{x}{b}$，$n=\frac{z}{b}$ 查表7-8求得。

坐标符号规定：荷载作用的一侧为正方向。

表7-8　条形基础受竖向均布荷载作用时的附加应力系数 K_z^s

$n=z/b$	$m=x/b$								
	-0.50	-0.25	0	0.25	0.50	0.75	1.00	1.25	1.50
0.01	0.001	0	0.500	0.999	0.999	0.999	0.500	0	0.001
0.10	0.002	0.011	0.499	0.988	0.997	0.988	0.499	0.011	0.002
0.20	0.011	0.091	0.498	0.936	0.978	0.936	0.498	0.091	0.011
0.40	0.056	0.174	0.489	0.797	0.881	0.797	0.489	0.174	0.056
0.60	0.111	0.243	0.468	0.679	0.756	0.679	0.468	0.243	0.111
0.80	0.155	0.276	0.440	0.586	0.642	0.586	0.440	0.276	0.155
1.00	0.186	0.288	0.409	0.511	0.549	0.511	0.409	0.288	0.186
1.20	0.202	0.287	0.375	0.450	0.478	0.450	0.375	0.287	0.202
1.40	0.210	0.279	0.348	0.400	0.420	0.400	0.348	0.279	0.210
1.60	0.212	0.268	0.321	0.360	0.374	0.360	0.321	0.268	0.212
1.80	0.209	0.255	0.297	0.326	0.337	0.326	0.297	0.255	0.209
2.00	0.205	0.242	0.275	0.298	0.306	0.298	0.275	0.242	0.205
2.50	0.188	0.212	0.231	0.244	0.248	0.244	0.231	0.212	0.188
3.00	0.171	0.186	0.198	0.206	0.208	0.206	0.198	0.186	0.171
3.50	0.154	0.165	0.173	0.178	0.179	0.178	0.173	0.165	0.154
4.00	0.140	0.147	0.153	0.156	0.158	0.156	0.153	0.147	0.140
4.50	0.128	0.133	0.137	0.139	0.140	0.139	0.137	0.133	0.128
5.00	0.117	0.121	0.124	0.126	0.126	0.126	0.124	0.121	0.117

3.3.2　三角形分布竖向荷载

如图7-21所示，当条形基础在竖直三角形分布荷载作用下，荷载最大值为 p_t。现将坐标原点 O 取在荷载强度为一侧的端点上，荷载沿作用面积宽度 b 方向呈三角形分布，且沿长度方向不变时，地基中任意点 $M(x,z)$ 的附加应力 σ_z 为

$$\sigma_z = K_z^t p_t \tag{7-25}$$

式中　K_z^t——条形基础受三角形分布荷载作用时的竖向附加应力分布系数，可以从表7-9中由 $m=\frac{x}{b}$，$n=\frac{z}{b}$ 查得；注意原点 O 取在荷载强度为零侧的端点上，以荷载强度增大方向作为 x 轴正方向。

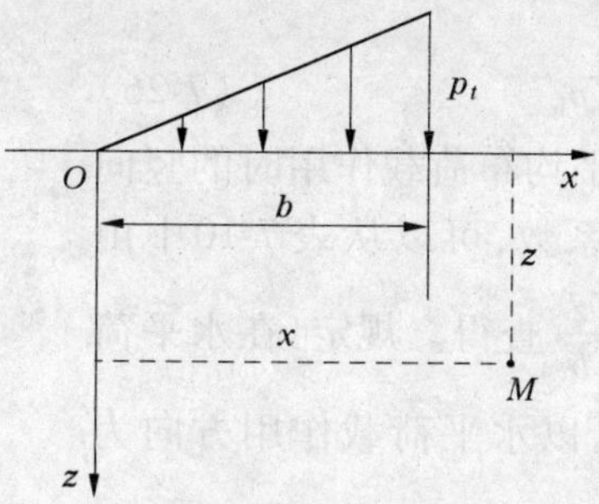

图7-21 条形基础受三角形分布荷载作用时的附加应力 σ_z

表7-9 条形基础受三角形分布荷载作用时的附加应力系数 K_z^t

$n=z/b$	$m=x/b$								
	−0.50	−0.25	0	0.25	0.50	0.75	1.00	1.25	1.50
0.01	0	0	0.003	0.249	0.500	0.750	0.497	0	0
0.10	0	0.002	0.032	0.251	0.498	0.737	0.468	0.010	0.002
0.20	0.003	0.009	0.061	0.255	0.489	0.682	0.437	0.050	0.009
0.40	0.010	0.036	0.110	0.263	0.441	0.534	0.379	0.137	0.043
0.60	0.030	0.066	0.140	0.258	0.378	0.421	0.328	0.177	0.080
0.80	0.050	0.089	0.155	0.243	0.321	0.343	0.285	0.188	0.106
1.00	0.065	0.104	0.159	0.224	0.275	0.286	0.250	0.184	0.121
1.20	0.070	0.111	0.154	0.204	0.239	0.246	0.221	0.176	0.126
1.40	0.083	0.114	0.151	0.186	0.210	0.215	0.198	0.165	0.127
1.60	0.087	0.114	0.143	0.170	0.187	0.190	0.178	0.154	0.124
1.80	0.089	0.112	0.135	0.155	0.168	0.171	0.161	0.143	0.120
2.00	0.090	0.108	0.127	0.143	0.153	0.155	0.147	0.134	0.115
2.50	0.086	0.098	0.110	0.119	0.124	0.125	0.121	0.113	0.103
3.00	0.080	0.088	0.095	0.101	0.104	0.105	0.102	0.098	0.091
3.50	0.073	0.079	0.084	0.088	0.090	0.090	0.089	0.086	0.081
4.00	0.067	0.071	0.075	0.077	0.079	0.079	0.078	0.076	0.073
4.50	0.062	0.065	0.067	0.069	0.070	0.070	0.070	0.068	0.066
5.00	0.057	0.059	0.061	0.063	0.063	0.063	0.063	0.062	0.060

3.3.3 水平均布荷载

如图7-22所示，当条形基础受水平均布荷载 p_h 作用，将坐标原点 O 取在水平荷载起始端点处，沿作用面积宽度 b 方向取正方向，且沿长度方向不变时，地基中任意点 $M(x,z)$

的附加应力 σ_z 为

$$\sigma_z = K_z^h p_h \tag{7-26}$$

式中　K_z^h ——条形基础受水平均布荷载作用时的竖向附加应力分布系数，可以从表7-10中由 $m=\dfrac{x}{b}$，$n=\dfrac{z}{b}$ 查得。规定：在水平荷载起始端点侧，以水平荷载作用方向为 x 正方向。

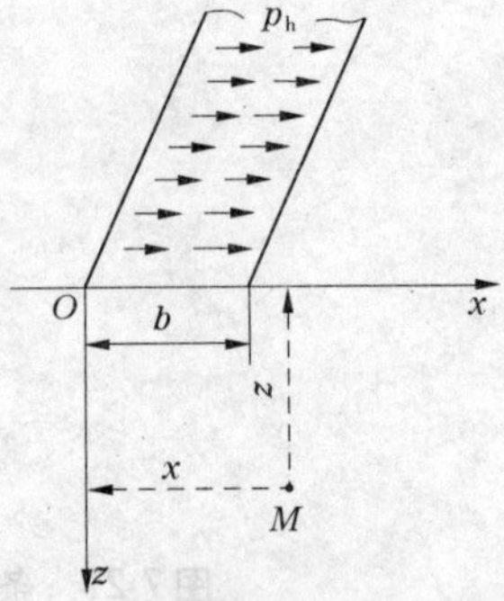

图7-22　条形基础水平均布荷载作用时的附加应力 σ_z

3.3.4　梯形竖直荷载及均布水平荷载情况

水利工程中经常遇到梯形竖直荷载及均布水平荷载情况，如土坝和土堤，可将梯形竖直荷载分解为三角形分布荷载和均布荷载，分别计算地基中同一点的 σ_z，然后叠加，即为地基中任意点的附加应力 σ_z。

表7-10　条形基础受水平均布荷载作用时的附加应力系数 K_z^h 值

$n=z/b$	$m=x/b$							
	-0.25	0	0.25	0.50	0.75	1.00	1.25	1.50
0.01	-0.001	-0.318	-0.001	0	0.001	0.318	0.001	0.001
0.10	-0.042	-0.315	-0.039	0	0.039	0.315	0.042	0.011
0.20	-0.116	-0.306	-0.103	0	0.103	0.306	0.116	0.038
0.40	-0.199	-0.274	-0.159	0	0.159	0.274	0.199	0.103
0.60	-0.212	-0.234	-0.147	0	0.147	0.234	0.212	0.144
0.80	-0.197	-0.194	-0.121	0	0.121	0.194	0.197	0.158
1.00	-0.175	-0.159	-0.096	0	0.096	0.159	0.175	0.157
1.20	-0.153	-0.131	-0.078	0	0.078	0.131	0.153	0.147
1.40	-0.132	-0.108	-0.061	0	0.061	0.108	0.132	0.133
1.60	-0.113	-0.089	-0.050	0	0.050	0.089	0.113	0.121
1.80	-0.098	-0.075	-0.041	0	0.041	0.075	0.098	0.108
2.00	-0.085	-0.064	-0.034	0	0.034	0.064	0.085	0.096
2.50	-0.061	-0.044	-0.023	0	0.023	0.044	0.061	0.072
3.00	-0.045	-0.032	-0.017	0	0.017	0.032	0.045	0.055
3.50	-0.034	-0.024	-0.012	0	0.012	0.024	0.034	0.043
4.00	-0.027	-0.019	-0.010	0	0.010	0.019	0.027	0.034
4.50	-0.022	-0.015	-0.008	0	0.008	0.015	0.022	0.028
5.00	-0.018	-0.012	-0.006	0	0.006	0.012	0.018	0.023

对于条形基础，地基附加应力计算同样可以采用角点法，利用叠加原理进行计算，计算中应注意不同分布情况的附加应力系数所对应的附加应力系数表格不同，查表计算时应该注意。

【例7-5】　某水闸基础宽度 $b=15$ m，长度 $l=150$ m，其上作用有偏心竖向荷载与水平荷载，如图7-23所示。试绘出基底中心点 O 以及 A 点以下30 m深度范围内的附加应力的分布曲线(基础埋深不大,可不计埋深的影响)。

解 1.基底压力的计算

因 $l/b=150/15=10$,故属条形基础。

竖向基底压力为

$$p_{\min}^{\max}=\frac{P}{b}(1\pm\frac{6e}{b})=\frac{1\ 500}{15}\times(1\pm\frac{6\times0.5}{15})=\frac{120}{80}(\text{kPa})$$

水平基底压力为

$$p_{\text{h}}=\frac{P_{\text{h}}}{b}=\frac{600}{15}=40(\text{kPa})$$

2.基础中心 O 点下的竖向附加应力

(1)在计算时,应用叠加原理,将梯形分布的竖向荷载分解成两部分,即均布竖向荷载 $p_0=80$ kPa 和三角形分布竖向荷载 $p_t=40$ kPa,另有水平均布荷载 $p_{\text{h}}=40$ kPa,即

$$\sigma_z=p_0K_z^s-p_tK_z^t+p_{\text{h}}K_z^h$$

(2)O 点下不同深度的附加应力计算结果见表7-11。根据计算结果绘出 O 点下的 σ_z 沿深度分布曲线,如图7-23所示。

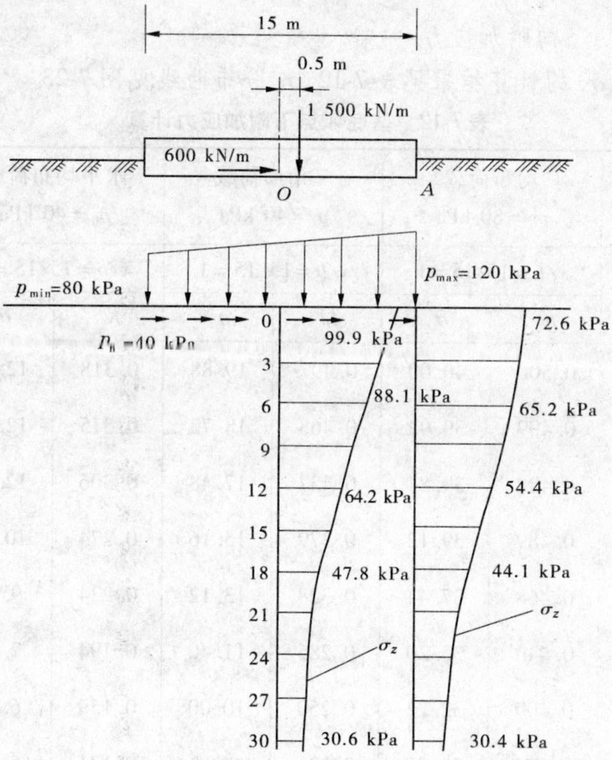

图7-23 例7-5图

表 7-11　基础中心点下附加应力计算

基底以下深度 z(m)	$\frac{z}{b}$	均布荷载 $p_0=80$ kPa $x/b=7.5/15=0.5$		三角形荷载 $p_t=40$ kPa $x/b=7.5/15=0.5$		水平均布荷载 $p_h=40$ kPa $x/b=7.5/15=0.5$		总附加应力 $\Sigma\sigma_z$ (kPa)
		K_z^s	σ_z	K_z^t	σ_z	K_z^h	σ_z	
0.15	0.01	0.999	79.92	0.500	20.00	0	0	99.9
1.5	0.1	0.997	79.76	0.498	19.92	0	0	99.7
3.0	0.2	0.978	78.24	0.489	19.56	0	0	97.8
6.0	0.4	0.881	70.48	0.441	17.64	0	0	88.1
9.0	0.6	0.756	60.48	0.378	15.12	0	0	75.6
12.0	0.8	0.642	51.36	0.321	12.84	0	0	64.2
15.0	1.0	0.549	43.92	0.275	11.00	0	0	54.9
18.0	1.2	0.478	38.24	0.239	9.56	0	0	47.8
21.0	1.4	0.420	33.60	0.210	8.40	0	0	42.0
30.0	2.0	0.306	24.48	0.153	6.12	0	0	30.6

3. 基底 A 点下的竖向附加应力

计算过程同上，σ_z 的计算结果见表 7-12，σ_z 分布曲线见图 7-23。

表 7-12　基底 A 点下附加应力计算

基底以下深度 z(m)	$\frac{z}{b}$	均布荷载 $p_0=80$ kPa $x/b=15/15=1$		三角形荷载 $p_t=40$ kPa $x/b=15/15=1$		水平均布荷载 $p_h=40$ kPa $x/b=15/15=1$		总附加应力 $\Sigma\sigma_z$ (kPa)
		K_z^s	σ_z	K_z^t	σ_z	K_z^h	σ_z	
0.15	0.01	0.500	40.00	0.497	19.88	0.318	12.72	72.6
1.5	0.1	0.499	39.92	0.468	18.72	0.315	12.60	71.2
3.0	0.2	0.498	39.84	0.437	17.48	0.306	12.24	69.6
6.0	0.4	0.489	39.12	0.379	15.16	0.274	10.96	65.2
9.0	0.6	0.468	37.44	0.328	13.12	0.234	9.36	59.9
12.0	0.8	0.440	35.20	0.285	11.40	0.194	7.76	54.4
15.0	1.0	0.409	32.72	0.250	10.00	0.159	6.36	49.1
18.0	1.2	0.375	30.00	0.221	8.84	0.131	5.24	44.1
21.0	1.4	0.348	27.84	0.198	7.92	0.108	4.32	40.1
30.0	2.0	0.275	22.00	0.147	5.88	0.064	2.56	30.4

任务2 土的压缩性与压缩指标测定

1 土的压缩性

地基中的土体在荷载作用下会产生变形，在竖直方向产生的变形称为沉降。沉降的大小取决于建筑物的重量与分布、地基土层的种类、各土层的厚度及土的压缩性等。

土体的变形或沉降主要由以下三方面原因引起：

（1）固体颗粒自身的压缩或变形。

（2）土中孔隙水（有时还包括封闭气体）的压缩。

（3）土中孔隙体积的减小，既土中孔隙水和气体被排出。

建筑物的荷载通过基础传给地基，并在地基中扩散，由于土是可以压缩的，地基在附加应力的作用下，必然会产生变形（主要是竖向变形），从而引起建筑物基础的沉降或倾斜。土体在外力的作用下，压缩随时间增长的过程，称为土的固结。从工程意义上来说，地基沉降有均匀沉降和不均匀沉降两类。过大的沉降会严重影响建筑物的使用和美观，导致建筑物倾斜、下沉、墙体开裂、基础断裂等。所以在进行建筑物的地基、基础设计之前，必须根据详细的地质资料研究地基土体的变形特性，计算出可能发生的沉降量和沉降差，并将其控制在允许的范围内。本任务主要介绍土体的压缩性、压缩性指标的确定和地基沉降量计算的常用方法、土的变形与时间的关系，以及应力历史对土的压缩性和固结沉降的影响。

如图7-24所示，在两个完全相同的量筒内分别装入一层性质相同的松散砂土，在量筒A内的松散砂土顶面加一定质量的钢球，使松砂承受压力σ，观察发现松砂层表面下降，砂层被压缩，原松砂孔隙比减小。在量筒B内注入水，使松砂顶面承受压力等于量筒A中钢球对松砂的压力υ，此时观察量筒B中松砂表面并不下降。量筒A和量筒B都承受着相同的压力σ作用，但却产生了两种不同的效果，反映了土体中存在两种不同性质的压力，即有效应力和孔隙水压力。

有效应力可以使土体颗粒之间相互错动而发生压缩变形，是土体强度变化的原因。量筒A中钢球施加的应力即为通过土颗粒传递的有效应力。孔隙水压力作用在土颗粒的周围，不能使其产生相互错动，不会使土体产生压缩变形。由于液体不能承受剪力，所以不会改变土的强度。

作用在A点的竖向总应力为

$$\sigma = \gamma_w h_1 + \gamma_{sat} h_2 \tag{7-27}$$

如图7-25所示，A点的测压管水位与地面水位相同，测压管高$h_A = h_1 + h_2$，孔隙水压力为

$$u = \gamma_w h_A = \gamma_w (h_1 + h_2) \tag{7-28}$$

由有效应力原理可得A点的有效应力为

$$\sigma' = \sigma - u = \gamma_w h_1 + \gamma_{sat} h_2 - \gamma_w (h_1 + h_2) = \gamma_{sat} h_2 - \gamma_w h_2 = (\gamma_{sat} - \gamma_w) h_2$$

即

$$\sigma' = \gamma' h_2 \tag{7-29}$$

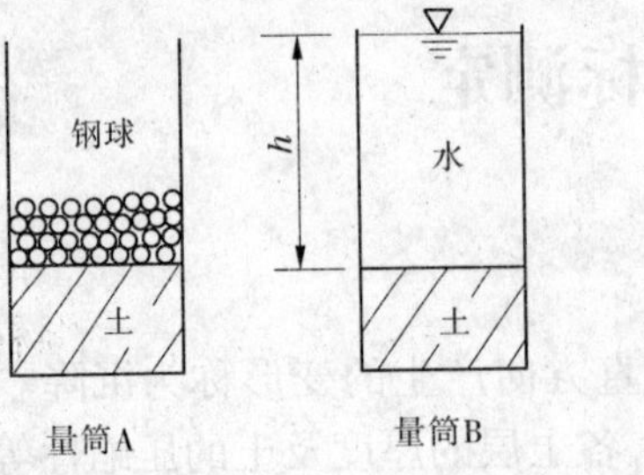

图 7-24　有效应力与孔隙水压力的概念

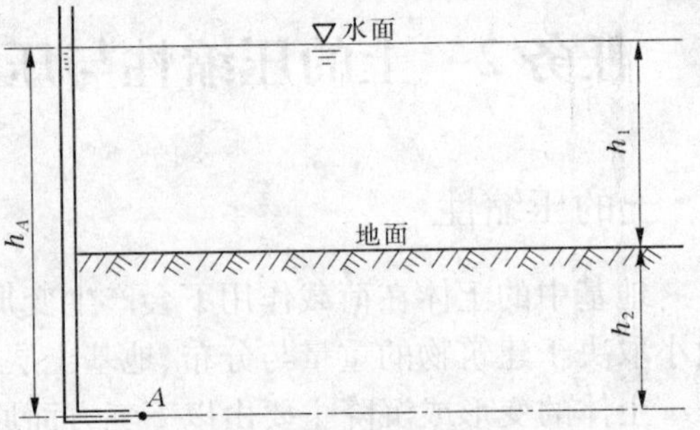

图 7-25　有效应力计算图

通过以上分析可以看出，当地面以上水深 h_1 发生升降变化时，土体有效应力 σ' 与 h_1 无关，不会随水位的升降发生变化，同时土骨架也不会发生变形。

土在压力作用下体积减小的特性称为土的压缩性。试验研究表明，固体颗粒和水的压缩量是微不足道的，在一般压力(100~600 kPa)下，土颗粒和水的压缩量都可以忽略不计，所以土体的压缩主要是孔隙中一部分水和空气被挤出，封闭气泡被压缩。与此同时，土颗粒相应发生移动，重新排列，靠拢挤紧，从而使土中孔隙减小。对于饱和土来说，其压缩则主要是由于土体孔隙水的挤出。土的压缩表现为竖向变形和横向变形，一般情况下以前者为主。土的压缩变形快慢与土的渗透性有关。在荷载作用下，排水性大的饱和无黏性土压缩过程短，建筑物施工完毕时，可认为其压缩变形已基本完成；而排水性小的饱和黏性土压缩过程所需时间长，需十几年甚至几十年压缩变形才稳定。饱和土体在外力作用下，压缩随时间增长的过程，称为土的固结，对于饱和黏性土而言，土的固结问题非常重要。

2　压缩性指标测定

不同的土压缩性有很大的差别，其主要影响因素包括土本身的性状(如土粒级配、成分、结构构造、孔隙水等)和环境因素(如应力历史、应力路线、温度等)。为了评价土的这种性质，通常采用室内侧限压缩试验(也称固结试验)和现场荷载试验来确定。

2.1　侧限压缩试验及成果

2.1.1　侧限压缩试验简介

侧限压缩试验，通常又称为单向固结试验。即土体侧向受限不能变形，只有竖直方向产生压缩变形。图 7-26 为室内侧限压缩仪(又称固结仪)的示意图，它由压缩容器、加压活塞、刚性护环、环刀、透水石和底座等组成。常用的环刀内径为 6~8 cm，高 2 cm，试验时，先用金属环刀取土，然后将土样连同环刀一起放入压缩仪内，土样上下各放一块透水石，以便土样受压后能自由排水，在透水石上面再通过加荷装置施加竖向荷载。由于土样受到环刀、压缩容器的约束，在压缩过程中只能发生竖向变形。

侧限压缩试验中土样的受力状态相当于土层在承受连续均布荷载时的情况。试验中作用在土样上的荷载需逐级施加，通常按 50 kPa、100 kPa、200 kPa、300 kPa、400 kPa、500 kPa 加荷，最后一级荷载视土样情况和实际工程而定，原则上略大于预估的土自重应力与附加应力之和，但不小于200 kPa。每次加荷要等到土样压缩相对稳定后才能施加下一级荷载，必要时，可做加载—卸载—再加载试验，各级荷载下土样的压缩量用百分表测得，再按如下方法换算成孔隙比。

如图7-27所示，由于在试验过程中不能侧向变形，所以压缩前后土样横截面面积保持不变；同时，由于土颗粒本身的压缩可以忽略不计，所以压缩前后土样中土颗粒的体积也是不变的。根据孔隙比的定义，设土样的初始高度为H_0，横截面面积为A，孔隙比为e_0，体积为V_0，受压后土样的高度为H_i，则有$H_i = H_0 - \sum s_i$，则受压后土样的孔隙比可根据换算得到：

压缩前
$$V_0 = AH_0$$
即
$$V_{s0}(1 + e_0) = AH_0 \tag{7-30}$$
压缩后
$$V_i = AH_i$$
即
$$V_{si}(1 + e_i) = AH_i \tag{7-31}$$

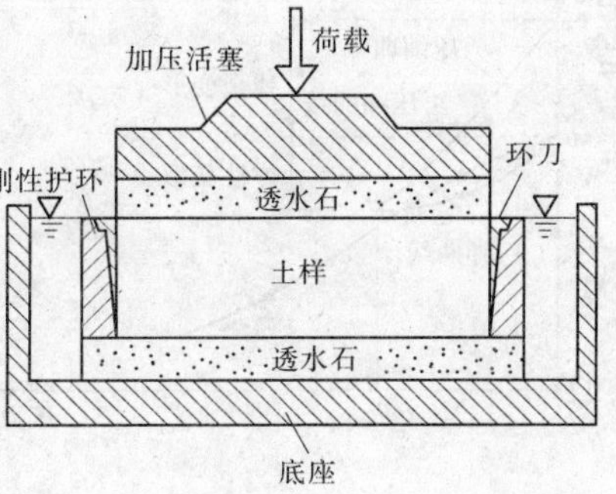

图7-26　室内侧限压缩试验示意图

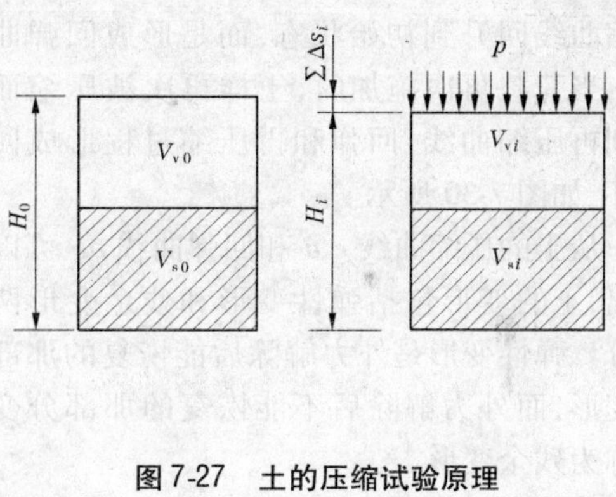

图7-27　土的压缩试验原理

由式(7-30)、式(7-31)可得到
$$\frac{H_i}{H_0} = \frac{V_{si}(1 + e_i)}{V_{s0}(1 + e_0)}$$
经过整理可得任一级别荷载作用下土体稳定后的孔隙比为
$$e_i = e_0 - (1 + e_0)\frac{\sum \Delta s_i}{H_0} \tag{7-32}$$
式(7-32)是侧限压缩条件下计算土的压缩量的基本公式。

2.1.2　试验结果的表达方法

在试验时，测得各级荷载作用下土样的变形量Δs_i，按照公式计算出相应的孔隙比e_i，根据试验的各级压力和对应的孔隙比，可绘制出压力与孔隙比的关系曲线，即压缩曲线。常用的方法有e—p曲线与e—$\lg p$曲线两种形式，如图7-28所示。横坐标代表土压力p，纵坐标代表孔隙比e，曲线越陡说明土的压缩性越大，土体越容易发生变形；而e—$\lg p$曲线横坐标以对数的形式表示压力，纵坐标代表相应的孔隙比e，曲线下部近似直线段，直线越陡，说明土的压缩性越大，土体越容易发生变形，如图7-29所示。

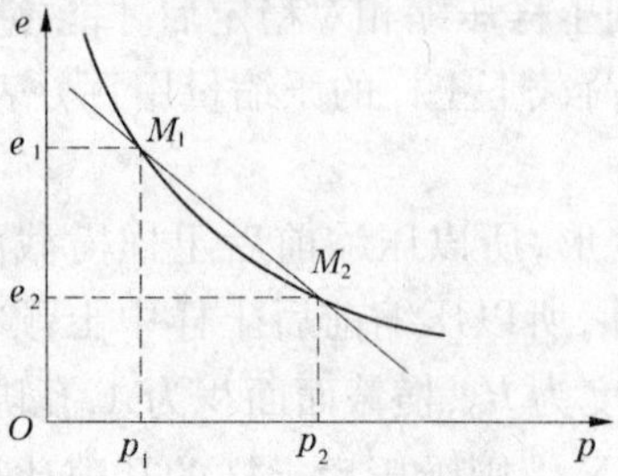

图 7-28　e—p 曲线

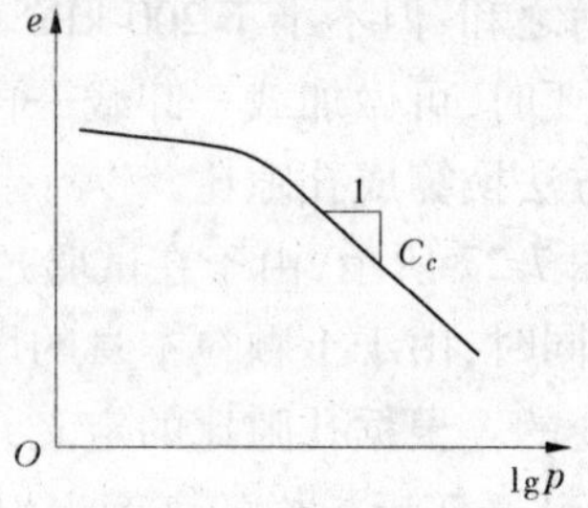

图 7-29　e—lgp 曲线

2.1.3　土的回弹曲线和再压缩曲线

在室内压缩试验过程中，逐级施加荷载到一定压力 p_{ai} 后，再逐渐减小荷载，土样将产生膨胀，孔隙比增大，土体将恢复一部分变形，但土样变形并不能完全恢复，且不沿着原压缩曲线回升到初始状态，而是形成回弹曲线。当荷载再次施加时，土样再次被压缩而得到再压缩曲线，回弹和再压缩过程形成回滞环，如图 7-30 所示。

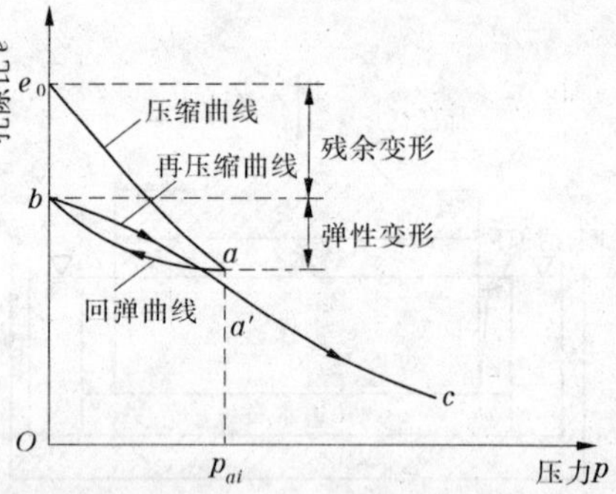

图 7-30　土的回弹再压缩曲线

从土的压缩曲线 e_0a 和回弹曲线 ab 可以看出，土的变形包括弹性变形和残余变形两部分。弹性变形是外力解除后能恢复的那部分变形，而外力解除后不能恢复的那部分变形称为残余变形。

土体在加载时产生压缩，卸载时产生回弹，再施加荷载时又产生压缩。但当再加压力小于卸载前的压力 p_{ai} 时，再压缩曲线 ba' 比原压缩曲线 e_0a 平缓很多；当荷载超过卸载前压力 p_{ai} 时再压缩曲线接近原压缩曲线 e_0a 的走向趋势，此段曲线 $a'c$ 实质上是压缩曲线 e_0a 的延续。由此表明：当土体历史上曾受过的固结压力大于目前所受压力作用时，土体压缩量将大大减小，因此地基的变形也较小。根据这一原理，为了减小高压缩性地基的沉降量，往往在修建建筑物前对其进行预压处理。

2.1.4　压缩指标

虽然根据 e—p 曲线可以判别土体的压缩性大小，但实际工程中需进行定量判别。常用的判别土体压缩性大小的指标有压缩系数 a、压缩指数 C_c 和压缩模量 E_s 等。

2.1.4.1　压缩系数

当 e—p 曲线较陡时，说明增加压力时孔隙比减小较快。侧限压缩试验得 e—p 曲线上任意点处切线的斜率 a 反映了在该压力 p 作用下土体压缩性的大小，a 被称为土体的压缩系数。曲线平缓，其斜率小，土的压缩性低；曲线陡，其斜率大，土的压缩性高。

在工程上，当压力 p 的变化范围不大时，由图 7-28 可见从 p_1 到 p_2，压缩曲线上相应的 M_1M_2 代替曲线，土在此段的压缩性可用该割线的斜率来反映，则直线 M_1M_2 的斜率称为土体在该段的压缩系数，即

$$a = \frac{e_1 - e_2}{p_2 - p_1} = -\frac{\Delta e}{\Delta p} \tag{7-33}$$

式中　a——土的压缩系数，kPa^{-1}或 MPa^{-1}；

p_1——增压前的压力，kPa；

p_2——增压后的压力，kPa；

e_1、e_2——增压前后土体在 p_1 和 p_2 作用下压缩稳定后的孔隙比。

式中负号表示土体孔隙比随压力 p 的增加而减小。

由式(7-33)可以看出，压缩系数表示单位压力增量作用下土的孔隙比的减小量，故压缩系数 a 越大，土的压缩性就越大，但压缩系数的大小并非常数，而是随割线位置的变化而不同。从图 7-28 中可以看出，取不同的压力段，其割线斜率是不相同的，即有不同的压缩系数。因此，压缩系数是变量。

从对土评价的一致性出发，我国《建筑地基基础设计规范》(GB 50007—2011)中规定，取压力 $p_1 = 100$ kPa、$p_2 = 200$ kPa 对应的压缩系数 a_{1-2} 作为判别土压缩性的标准。规范中按照 a_{1-2} 的大小将土的压缩性划分如下：

$a_{1-2} < 0.1\ MPa^{-1}$　　属低压缩性土

$0.1\ MPa^{-1} \leqslant a_{1-2} < 0.5\ MPa^{-1}$　　属中压缩性土

$a_{1-2} \geqslant 0.5\ MPa^{-1}$　　属高压缩性土

2.1.4.2　压缩指数

侧限压缩试验结果分析中也可以采用 e—$\lg p$ 曲线表示，如图 7-28 所示，此线段开始呈一段曲线，其后很长一段为直线，此直线段的斜率称为土体的压缩指数 C_c，即

$$C_c = \frac{e_1 - e_2}{\lg p_2 - \lg p_1} \tag{7-34}$$

压缩指数无量纲。类似于压缩系数，压缩指数 C_c 值也可以用来判别土的压缩性的大小，C_c 值越大，土的压缩性越高。

$C_c < 0.2$　　低压缩性土

$0.2 \leqslant C_c \leqslant 0.35$　　中压缩性土

$C_c > 0.35$　　高压缩性土

2.1.4.3　压缩模量

土体在完全侧限条件下，其竖向压力的变化增量与相应竖向应力的比值，称为土的压缩模量 E_s，即

$$E_s = \frac{\Delta p}{\varepsilon} \tag{7-35}$$

土体压缩模量 E_s 与压缩系数 a 的关系如下

$$E_s = \frac{1 + e_1}{a} \tag{7-36}$$

由式(7-36)可以看出，压缩模量 E_s 与压缩系数 a 成反比，E_s 越大，a 就越小，同时土的压缩性就越低。同样，可以用相应于 $p_1 = 100$ kPa、$p_2 = 200$ kPa 范围内的压缩模量 E_s 值评价地基土的压缩性。

$E_s < 4$ MPa　　高压缩性土
$4\ \text{MPa} \leqslant E_s \leqslant 15$ MPa　　中压缩性土
$E_s > 15$ MPa　　低压缩性土

2.2　载荷试验

侧限压缩试验是目前建筑工程中常用的测定地基土压缩性的室内试验方法。室内压缩试验简便实用,是目前评价土的压缩性的常用方法。但是这种试验由于试样尺寸较小,取样时土的天然结构难免不受扰动,同时各种试验条件(如加荷速率、侧限条件、土样与环刀之间的摩擦力等)的影响使得试验结果与实际情况不完全相同。因此,对一些重要的工程及建造在特殊土上(如黄土、淤泥)的工程,以及重要工程、规模大或建筑物对沉降有严格要求的工程,为了更确切地评价土在天然状态下的压缩性,常在现场进行原位荷载试验。现场荷载试验也可用来确定地基土的承载力,规范中还推出了旁压试验等现场原位测试新技术。以下主要介绍静载试验,对旁压试验仅作简单介绍。

2.2.1　静荷载试验简介

静载试验是通过承压板对地基土分级施加压力 p,同时测得承压板下的沉降量 s,便可得到压力和沉降(p—s)关系曲线,然后根据弹性力学公式反求即可得出土的变形模量及地基承载力。试验装置如图 7-31 和图 7-32 所示,其构造一般由加载装置(荷载平台或钢梁、千斤顶或堆砌荷载)、反力装置(地锚)及沉静观测装置(百分表、固定支架)等三个部分组成。试验方法如下:

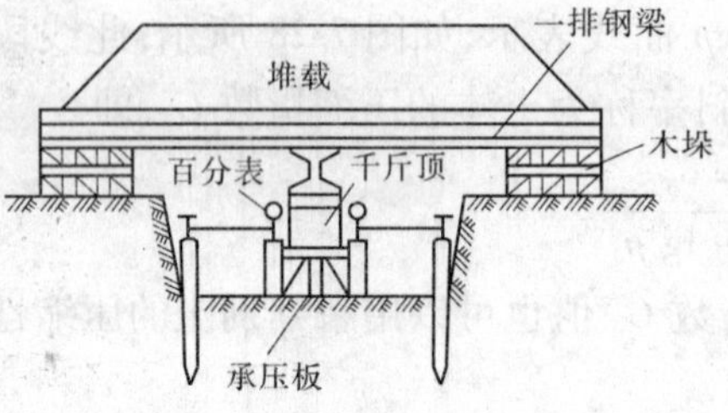

图 7-31　重物式静荷载试验装置示意图

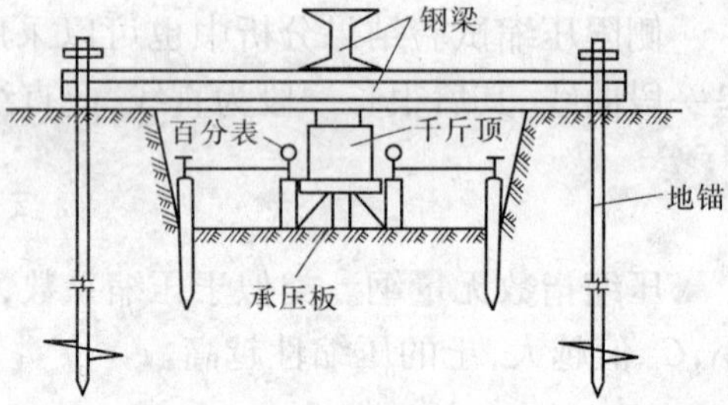

图 7-32　反力式静荷载试验装置示意图

(1)在试验点开挖试坑至基础设计深度 d,试坑宽度 $B \geqslant 3b$(b 为方形承压板边长或圆形承压板直径),承压板面积一般为 0.25 ~ 0.50 m^2,不应小于 0.1 m^2。为保持土层的原状结构和天然湿度,最好在被测地基表面铺一层 10 ~ 20 mm 厚的中、粗砂,并用水平尺找平。当试验土层为软塑或流塑状态的黏性土或饱和的松土时,荷载周围应留有 200 ~ 300 mm 高的原土作为保护层。

(2)加荷标准。第一级荷载 $p_1 = \gamma d$,基坑开挖时所卸除的自重应力;第二级荷载以及以后每级荷载增加量为松软土 $\Delta p = 10 \sim 25$ kPa,坚硬土 $\Delta p = 50$ kPa,加荷等级不应小于 8 级;最大加荷量不应小于荷载设计值的 2 倍,应尽量接近预估地基的极限荷载。

(3)按时间间隔测记沉降量。每施加一级荷载,按时间间隔为 10 min,10 min,10 min,15 min,15 min,30 min,30 min,30 min,…,30 min 读一次百分表的读数(百分表安装在承压板顶面死角)。当连续 2 h 内,每小时的沉降量均小于 0.1 mm 时,认为沉降已趋近于稳定,继续施加下一级荷载。

(4)试验结束标准。当出现下列情况之一时,即可终止加载,结束试验:①承压板周围土体明显侧向挤出或发生裂纹;②沉降量 s 急剧增大,荷载—沉降(p—s)曲线出现明显的陡降段;③在某一级荷载作用下,24 h 沉降速率不能达到稳定标准;④总沉降量 $s \geqslant 0.06b$(b 为承压板宽度或直径)。

(5)终止荷载时,应按规定逐级卸载,并进行回弹观测,以作参考。

2.2.2 试验结果及分析

根据试验结果,按一定比例以压力 p 为横坐标,以稳定沉降量 s 为纵坐标,绘制荷载沉降量(p—s)关系曲线。如图7-33所示,典型的荷载与沉降量(p—s)关系曲线通常可分为三段:①直线变形阶段(压密阶段),当荷载较小时,荷载与沉降关系近似于直线,地基土体处于压密状态,相当于图中的 Oa 段;②局部剪切阶段,随着荷载的增加,荷载与变形关系不再是直线,而是呈曲线,其沉降速率明显增加,承压板边缘下的土体局部范围出现剪切破坏(塑性变形区),如 p—s 曲线中的 ab 段;③完全剪切破坏阶段,随着荷载的继续增大,承压板急剧下沉,地基中塑性变形区出现连续滑动面,使地基达到破坏而丧失稳定,如 p—s 曲线中的 bc 段。在 p—s 曲线中,a 点对应的荷载 p_{cr} 称为比例界限荷载,也称为临塑荷载;b 点对应的荷载称为极限荷载。

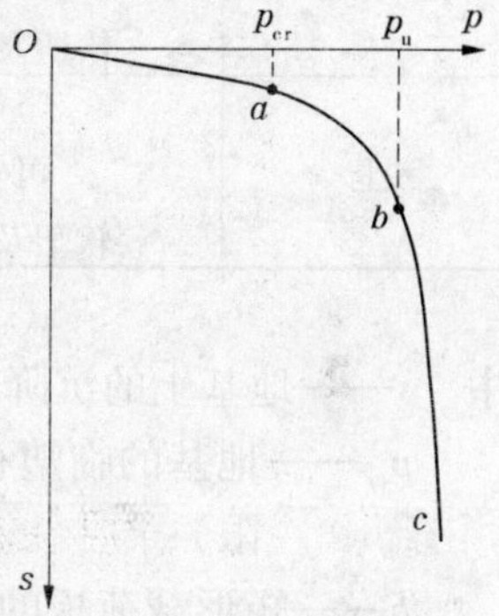

图7-33 p—s 关系曲线

2.2.3 变形模量

地基土的变形模量是指在无侧限情况下土体在单轴受压的应力与应变之比。土的变形模量是反映土的压缩性的重要指标之一,可以由三轴试验测定,可以根据载荷试验的结果,按弹性理论公式反推求得。

在弹性理论中,当集中力 F 作用在半无限直线变形体表面时,引起地表任一点的沉降量为

$$s = \frac{F(1-\mu^2)}{\pi E_0 r} \tag{7-37}$$

式中 μ——地基土的泊松比(又称侧膨胀系数),即横向应变与纵向应变的比值,μ 取值可参考表7-13确定;

r——地表任一点到竖向集中力 F 作用点的距离,$r=\sqrt{x^2+y^2}$;

E_0——地基土的变形模量,MPa。

通过对式(7-37)积分,可得到均布荷载作用下任一点的沉降量计算公式

$$s = (1-\mu^2)\omega b \frac{p_{cr}}{E_0} \tag{7-38}$$

可得变形模量 E_0 的计算公式为

$$E_0 = (1-\mu^2)\omega b \frac{p_{cr}}{s} \tag{7-39}$$

表 7-13　侧压力系数 K_0 和泊松比 μ 的经验值

土的种类和状态		K_0	μ
碎石土		0.18 ~ 0.25	0.15 ~ 0.20
砂土		0.25 ~ 0.33	0.20 ~ 0.25
粉土		0.33	0.25
粉质黏土	坚硬状态	0.33	0.25
	可塑状态	0.43	0.30
	软塑及流塑状态	0.53	0.35
黏土	坚硬状态	0.33	0.25
	可塑状态	0.53	0.35
	软塑及流塑状态	0.72	0.42

式中　s——地基土的沉降量，cm；

p_{cr}——地基的临塑荷载，kPa，p—s 曲线的直线段末端所对应的压力值（比例界限）；

b——矩形载荷板的短边长或圆形载荷板的直径，cm；

ω——沉降系数，可由表 7-14 查得，对刚性载荷板，方形取 0.88，圆形取 0.79。

表 7-14　沉降系数 ω 值

基础类型		圆形	方形	矩形(l/b)										
		—	1.0	1.5	2.0	3.0	4.0	5.0	6.0	7.0	8.0	9.0	10.0	100
柔性基础	ω_c	0.64	0.56	0.68	0.77	0.89	0.98	1.05	1.12	1.17	1.21	1.25	1.27	2.00
	ω_0	1.00	1.12	1.36	1.53	1.78	1.96	2.10	2.23	2.33	2.42	2.49	2.53	4.00
	ω_m	0.85	0.95	1.15	1.30	1.53	1.70	1.83	1.96	2.04	2.12	2.19	2.25	3.69
刚性基础	ω_r	0.79	0.88	1.08	1.22	1.44	1.61	1.72					2.12	3.40

当 p—s 曲线不出现明显的直线段时，建议对砂土或低压缩性土取 $s=(0.01\sim0.15)b$ 及对应的荷载 p，代入式(7-39)计算变形模量。由理论推导可得压缩模量 E_s 与变形模量 E_0 之间的关系为

$$E_0=\left(1-\frac{2\mu^2}{1-\mu}\right)E_s \tag{7-40}$$

由于现场荷载试验测定 E_0 和室内压缩试验测定 E_s 时，各有些无法考虑的因素，使得式(7-40)不能准确反映 E_0 和 E_s 之间的实际关系。这些因素主要是：压缩试验的土样容易受到较大的扰动（尤其是低压缩性土）；荷载试验与加压试验的加荷速率、压缩稳定标准都不一样；μ 值都难以精确确定等。根据统计资料显示，E_0 值可能是 βE_s 值的几倍，一般来说，土越坚硬则倍数越大，而软土的 E_0 值与 βE_s 值比较接近。

有时 p—s 曲线并不出现直线段，可对中、高压缩性粉土取 $s_1=0.02b$ 及其对应的荷载为 p_1；对低压缩性粉土黏性土、碎石土及砂土，可取 $s_1=(0.01\sim0.015)b$ 及其对应的荷载 p_1 代入式(7-40)计算 E_0。

荷载试验在现场进行，对地基土扰动较小，土中应力状态在承压板较大时与实际基础情况比较接近，测出的指标能较好地反映土的压缩性质。但荷载试验工作量大，时间长，所规定沉降稳定标准带有较大的近似性，根据有些地区的经验，它所反映的土的固结程度通常仅相当于实际建筑施工完毕时的早期沉降量。此外，荷载试验的影响深度一般只能达到$(1.5\sim2)b$，对于深层土，曾在钻孔内用小型承压板借助钻杆进行深层载荷试验。但是由于在地下水位以下清理孔底困难和受力条件复杂等因素，数据不易准确。因此，国内外通常用旁压或触探试验测定深层的变形模量。

2.2.4　侧压力系数和侧膨胀系数

侧压力系数是指土体在侧限压缩试验时，由于土体侧膨胀所产生的侧向水平应力 σ_x 与竖向应力 σ_z 的比值，可通过试验确定。无试验条件时，可用表7-13中的经验数值 K_0。

侧膨胀系数是指土在无侧限条件下进行单向压缩试验时，侧向膨胀的单位变形量与竖向压缩的单位变形量之比，也称泊松比。测压力系数与侧膨胀系数的关系为

$$K_0 = \frac{\mu}{1+\mu} \tag{7-41}$$

2.3　旁压试验简介

当基础埋深很大、试坑开挖深度大以及地下水较浅、基础埋深在地下水位以下时，可用旁压试验进行原位测试。旁压试验又称横压试验，也是一种原位测试的方法。该方法适用于原位测试黏性土、粉土、砂土、软质岩石和风化岩石。它比浅层静载荷试验耗资少，简单轻便，而且能进行深层土的原位测试，深度可达20 m以上。

2.3.1　试验仪器

为了减少钻孔对周围土壁的扰动，旁压试验分为两种：一种为预钻式，即在预先钻孔内放入旁压器进行试验；另一种为自钻式旁压仪，在装置下端带有特殊的水冲钻头，可在保持土层的天然结构及应力状态下自钻成孔，并就位于试验深度。这样可以减少由于预先钻孔带来的孔壁天然应力状态发生变化所造成的影响。

如图7-34所示，旁压器为一个三腔圆筒式骨架，外套为弹性橡胶膜，其中中腔为测试腔，长度为250 mm，外径为50 mm；上、下腔的直径相同，长度稍短，与中腔隔离，为辅助腔，以便于中腔消除边界影响。中腔与上、下腔各设一根进水管和一根排气管，与地面旁压仪表盘上的测压管、压力表相通。

2.3.2　试验原理

旁压试验的原理与载荷试验的原理相近，只不过将竖直方向加载改为水平方向加载。在钻孔中某一待测深度处放一个带有可扩张橡皮囊的圆柱形装置，即旁压仪，然后从地面通过水（气）加压系统向旁压室内施加压力，使橡皮囊径向膨胀，从而向孔壁施加径向压力 p_h，并引起四周孔壁的径向变形 s，径向变形可通过压力橡皮囊内积水体积 V 的变化间接测量。绘制 $p_h—V$ 关系曲线和 $p_h—s$ 关系曲线，如图7-35所示。其中，$0—p_{oh}$ 段是将橡皮囊撑开，贴近孔壁的区段；$p_{oh}—p_{cr}$ 是模量量测段；压力大于 p_{cr} 以后，孔壁周围土体发生局部破坏；达到极限荷载 p_{uh}，土体产生整体破坏。这时测量所加压力 p 的大小及旁压器测量腔体内的体积 V 的变化，再换算为土的应力—应变关系，从而获得地基土强度和变形模量等参数。

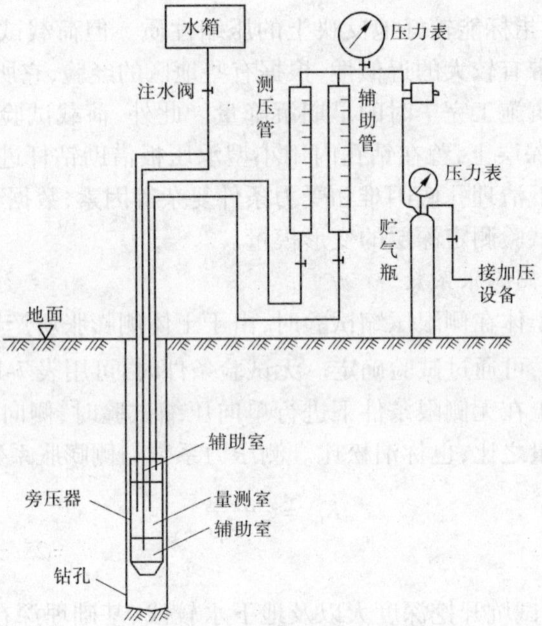

图 7-34 旁压试验示意图

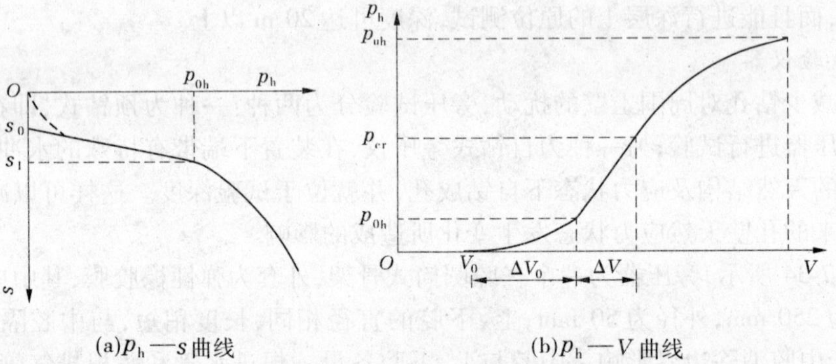

图 7-35 旁压曲线

2.3.3 压力特征值及压缩模量的确定

2.3.3.1 压力特征值的确定

三个压力特征值 p_{0h}、p_{cr}、p_{uh} 可以从绘制的 p_h—V 关系曲线上确定。初始阶段为橡皮膜膨胀与孔壁初步接触阶段。压力值 p_{0h} 为旁压曲线直线段的起点，即曲线与直线的第一个切点所对应的压力为初始压力值 p_{0h}。第二阶段为压力与体积变化量大致呈直线关系，表示土体尚处在弹性状态。临塑压力 p_{cr} 值可取旁压曲线（p_h—V）直线段的终点，即取曲线与直线段的第二个切点所对应的压力为临塑压力值 p_{cr}。最后为变形阶段，即随着压力增大，土内局部环状区域产生塑性变形。这时曲线在临塑压力右侧的曲线段，趋向于与横轴平行的渐近线，其切点对应的压力为极限压力 p_{uh} 值。因此，极限压力 p_{uh} 值可根据曲线与渐近线的切点确定。

2.3.3.2 压缩模量的确定

从绘制的 p_h—s 曲线可以按下式计算出地基土的变形模量 E_0 和压缩模量 E_s：

$$E_0 = \frac{p_0}{s_1 - s_0}(1 - \mu^2) \tag{7-42}$$

$$E_s = 1.25\frac{p_0}{s_1 - s_0}(1 - \mu^2)r + 4.2m \tag{7-43}$$

式中 s_0——旁压器橡胶薄膜接触孔壁过程中，测压管水位下降值，即 p_h—s 曲线中直线段延长线与纵坐标交点值，cm；

μ——土的侧膨胀系数（泊松比）；

m——旁压系数；

r——试验钻孔半径，计算式为

$$r^2 = \frac{Fs_0}{L\pi} + r_0^2 = \frac{15.28s_0}{25\pi} + 2.5^2 = 0.195s_0 + 6.25 \tag{7-44}$$

其中，测压管水柱截面面积 $F = 15.28\ \text{cm}^2$，旁压器中腔长度 $L = 25$ cm，旁压器半径 $r_0 = 2.5$ cm。

根据 p_h—V 曲线的第二阶段的坡度（$\Delta p/\Delta V$），可得到土的旁压模量 E_M，其值与土的变形模量 E_0 接近。对于各向同性的土体，E_M 按下式计算

$$E_M = 2(1+\mu)(V + V_m)\frac{\Delta p}{\Delta V} \tag{7-45}$$

式中 V——旁压器测量腔中腔初始固有体积，cm^3；

V_m——旁压曲线直线段头尾中间的平均扩展体积，cm^3；

$\Delta p/\Delta V$——旁压曲线直线段的斜率，kPa/cm^3。

3 应力历史对土体压缩性的影响

3.1 不同情况的应力历史

应力历史是指土体在历史上曾经受过的应力状态。黏性土在形成及存在的过程中受地质作用和应力变化不同，所产生的压密过程及固结状态也不同。为了讨论应力历史对土体压缩性的影响，将土在历史上曾经受到过的最大有效固结压力称为先期固结压力，以 p_c 表示。将土体在地质历史时期所受的最大固结压力 p_c 与目前现有固结应力 p_0 的比值称为超固结比，以 OCR 表示。根据 OCR 的大小可将土分为正常固结土（$OCR = 1$）、超固结土（$OCR > 1$）和欠固结土（$OCR < 1$）三种类型。

3.1.1 正常固结土

天然土层在历史上所受的最大固结压力作用下压缩稳定，但沉积后土层厚度并无较大变化。一般土体的固结是在自重应力作用下伴随土的沉积过程逐渐达到的。当土体达到固结稳定后，土层中的应力未发生明显变化，也就是说先期固结压力为目前土层的自重应力，这种状态的土称为正常固结土。如图 7-36（a）所示情况的土层即为正常固结土。工程中大多数建筑物地基均为正常固结土。

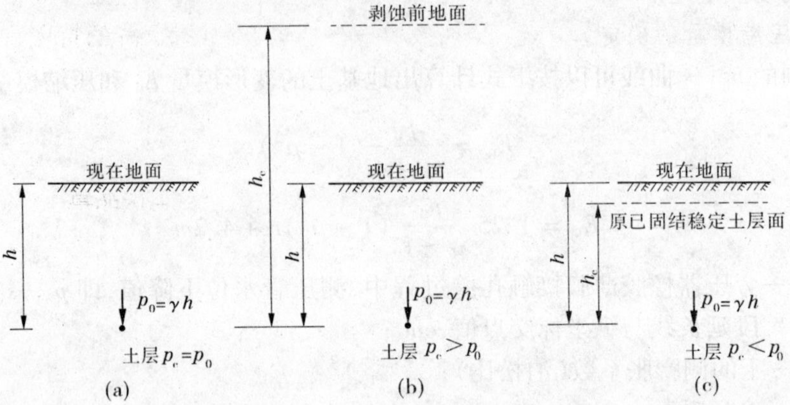

图 7-36　土层按先期固结压力的分类

3.1.2　超固结土

天然土层在地质历史上所受的固结压力大于现有固结压力，即 $p_0<p_c$。当土层在历史上经受过较大固结应力作用而达到固结稳定后，由于受到强烈的侵蚀、冲刷等，其目前的自重应力小于先期固结压力，这种状态的土称为超固结土。如图 7-36(b)所示土层。

3.1.3　欠固结土

土层在历史上曾受到 p_c 作用下达到压缩稳定，以后某些原因使土层继续沉积或加载，形成大于 p_c 的自重应力，如新近沉积的土等。因时间不长，土层沉积历史短，在自重应力作用下尚未达到固结稳定，这种状态的土称为欠固结土，如图 7-36(c)所示的土层。

3.2　先期固结压力的确定

先期固结压力通常采用作图法确定，图 7-37 所示为卡萨格兰德(A. Cacagrande)经验作图法，具体步骤如下：

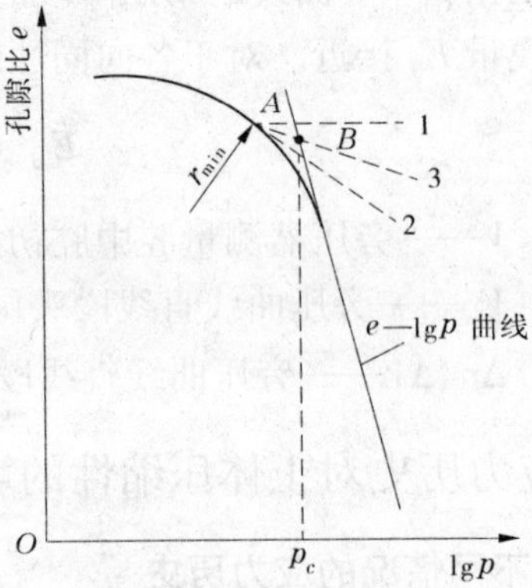

图 7-37　卡萨格兰德兰法确定先期固结压力

(1)作 e—lg$p$ 压缩曲线。

(2)过曲率半径最小点 A 作水平线 $A1$ 和切线 $A2$。

(3)作∠$1A2$ 的角平分线 $A3$。

(4)将 e—lg$p$ 曲线中的直线段反向延长交∠$1A2$ 的角平分线 $A3$ 于 B 点，则 B 点对应的压力为先期固结压力 p_c。

任务 3　地基变形量计算与变形验算

地基的沉降主要是荷载作用通过基础而引起地基土体的变形。地基的沉降过程可分为瞬时沉降、主固结沉降和次固结沉降三部分。

瞬时沉降是指荷载在施加的瞬间所引起的土体沉降变形。瞬时沉降的特点就是历时短、沉降量小、对工程的影响可忽略不计;主固结沉降是指荷载形成土体固结的过程中,由土体固结排水和土体体积压缩作用所产生的沉降变形,主固结沉降的特点是沉降历时长、土体沉降量大,是沉降的主要形成部分;次固结沉降主要是指土体沉降过程中某些黏性土在孔隙水完全排出、土体达到固结稳定后,由于黏性土体的蠕变产生的沉降变形,次固结沉降的特点是沉降时间长、沉降量小且随时间逐渐趋于稳定。

地基最终沉降量一般指地基土层在载荷作用下变形完成后土体的最大竖向位移量。计算地基最终沉降量的目的在于验算建筑物可能产生的最大沉降量、沉降差、倾斜量及局部倾斜量,判断是否超过允许沉降范围,为建筑物设计和地基处理提供依据,保证建筑物安全。

计算沉降量的方法很多,常见的有分层总和法、应力面积法、弹性理论法等,下面主要介绍常用的分层总和法和应力面积法。

1 分层总和法计算地基变形量

1.1 计算思路

分层总和法假定地基土为直线变形体,在外荷载作用下变形只发生在有限厚度的范围内(即压缩层);同时竖向附加应力 σ_z 的作用使土体压缩变形,导致地基沉降,而剪切应力等其他影响因素则忽略不计,土体压缩时不产生侧向变形。将地基压缩层范围内的土层分成若干薄层,根据侧限压缩试验得到的 $e—p$ 曲线或 $e—\lg p$ 曲线,计算每一薄层的变形量,然后求和作为地基土压缩的最终沉降量。

压缩层是指压缩变形不可忽略的土层范围。由于一般土体沉积历史比较长,土体在自重作用下变形已经结束,当载荷在土层中引起的应力增加不大时,所引起的变形也很小,可以忽略不计。一般控制附加应力 σ_z 与自重应力 σ_{cz} 的比值小于等于 0.2,即 $\sigma_z/\sigma_{cz} \leqslant 0.2$ 的土层可以不计变形量;但对下部有软弱土层时,压缩层计算深度应满足 $\sigma_z/\sigma_{cz} \leqslant 0.1$。

1.2 单一压缩土层的计算

图7-38 所示为单一压缩土层地基受到无限大面积的均布荷载 q 的作用,土层中各点的附加应力均相等,并且只有竖直方向的变形,即与侧限压缩试验的受力状态相同。设受荷前土层厚度为 H_1,取断面面积为 A 的土体为分析体,其体积 $V_1 = AH_1$。根据土的三相图,则有 $V_1 = V_{v1} + V_s$,即

$$AH_1 = V_{v1} + V_s = V_s(1 + e_1) \tag{7-46a}$$

在均布荷载 q 作用下,土层变形稳定后的厚度为 H_2,面积 A 范围内的土体体积为 $V_2 = AH_2$,由于土体内土颗粒的体积 V_s 未发生变化,则

$$AH_2 = V_{v2} + V_s = V_s(1 + e_2) \tag{7-46b}$$

由图7-38 可知,土层在荷载 q 的作用下,其压缩变形量为

$$s = H_1 - H_2 = (1 - H_2/H_1)H_1 \tag{7-47}$$

由式(7-46a)、式(7-46b)可得

$$\frac{H_2}{H_1} = \frac{1 + e_2}{1 + e_1} \tag{7-48}$$

代入式(7-47)得

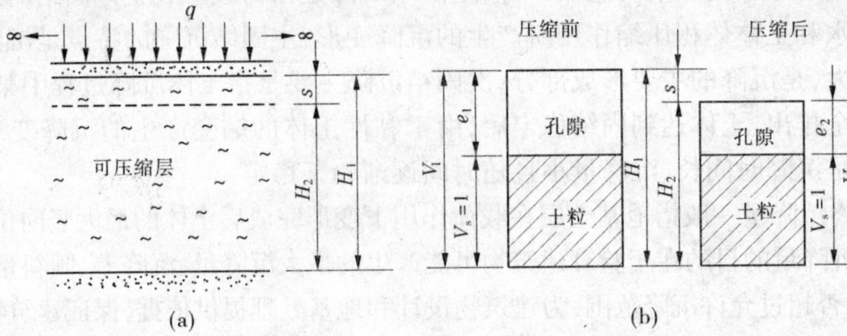

图 7-38　单一压缩土层变形计算原理

$$s = \left(1 - \frac{1 + e_2}{1 + e_1}\right)H_1 = \frac{e_1 - e_2}{1 + e_1}H_1 \tag{7-49}$$

将压缩系数 a 或压缩模量的公式代入式(7-49)便可得到

$$s = \frac{a}{1 + e_1}\Delta p H_1 \tag{7-50}$$

或

$$s = \frac{\Delta p H_1}{E_s} \tag{7-51}$$

式(7-49)～式(7-51)均为侧限条件下地基单一压缩土层变形量的计算公式。e_1 为附加应力作用前土体的孔隙比，e_2 为自重应力与附加应力共同作用下土层稳定后的孔隙比，均可以根据自重应力平均值 $\overline{\sigma}_{cz}$、自重应力的平均值与附加应力的平均值之和 $\overline{\sigma}_{cz}+\overline{\sigma}_z$ 查 e—p 曲线得到。

1.3　计算方法及步骤

(1)用坐标纸按比例绘制地基土层分布图和基础剖面图。

(2)地基土分层。其原则为：①地基土层中的天然层面必须作为分层界面；②平均地下水位作为分层界面；③每分层内的附加应力分布曲线接近于直线，要求分层厚度 $h<0.4b$(b 为基础宽度)，水闸地基分层厚度 $h<0.25b$。

(3)计算基底层面土的基底压力及基底附加压力。

(4)计算各分层上、下层面处土的自重应力 σ_{cz} 和基底附加压力 σ_z。

(5)确定压缩层的深度 z_n。某层面处的附加应力和自重应力的比值满足 $\sigma_z/\sigma_{cz}\leq 0.2$，或软弱土层中满足 $\sigma_z/\sigma_{cz}\leq 0.1$ 时，下部土体可不计算变形量。

(6)计算压缩土层深度内各分层的平均自重应力 $\overline{\sigma}_{cz}$ 和平均附加应力 $\overline{\sigma}_z$。计算式为 $\overline{\sigma}_{cz}=(\sigma_{czi-1}+\sigma_{czi})/2$，$\overline{\sigma}_z=(\sigma_{zi-1}+\sigma_{zi})/2$。

(7)在 e—p 曲线上依据 $p_{1i}=\overline{\sigma}_{czi}$ 和 $p_{2i}=\overline{\sigma}_{czi}+\overline{\sigma}_{zi}$ 查出相应的孔隙比 e_{1i} 和 e_{2i}，按照式(7-49)计算各分层的变形量；若已知土层的压缩系数或压缩模量，可以按照式(7-50)或式(7-51)计算各层土的变形量。

(8)将各分层沉降量 s_i 总和起来，即可求出总沉降量 $s=\sum s_i$。

【例 7-6】　某水闸基底长 200 m，宽 20 m，作用在基底上的荷载如图 7-39(a)所示，沿宽度方向的轴向偏心荷载 $P=360\ 000$ kN(偏心距 $e=0.5$ m)，水平荷载 $P_h=30\ 000$ kN，基底埋

深 $d=3$ m，地基土体为正常固结黏性土，地下水位在基底以下 3 m 处，基底以下 0 ~3 m 、3 ~8 m、8 ~15 m 土体的压缩性分别如图 7-40 曲线Ⅰ、Ⅱ、Ⅲ所示，基底以下 15 m 以下为中砂。地下水位以上土体的重度 $\gamma_1=19.62\ \mathrm{kN/m^3}$，地下水位以下土体浮重度 $\gamma'=9.81\ \mathrm{kN/m^3}$，计算基础中线下（点 2）和两侧边点（点 1、3）的最终沉降量（不计砂土层的变形）。

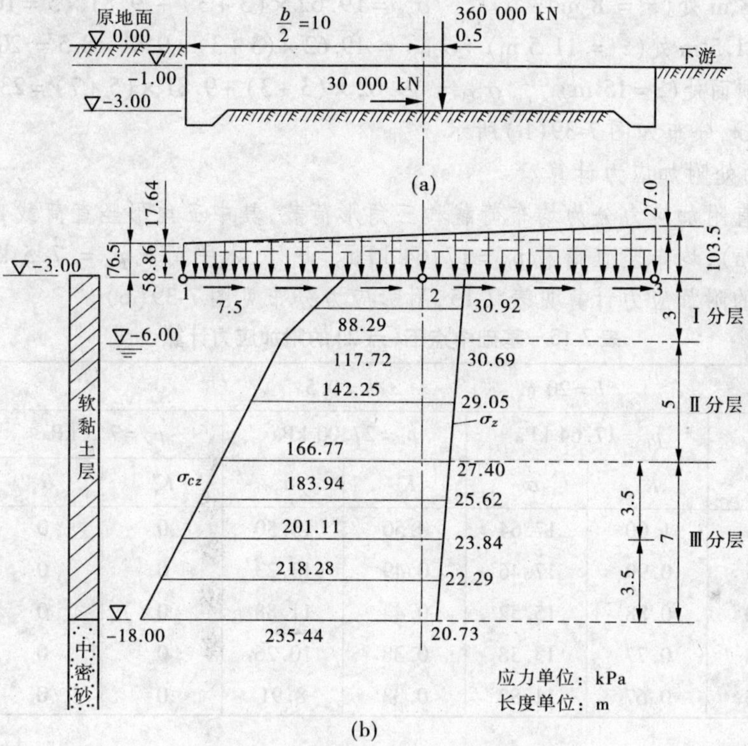

图 7-39　例 7-6 图

解　(1) 地基土分层。

以基底为计算零点，取层底深度分别为 $z_1=3$ m，$z_2=8$ m，$z_3=11.5$ m，$z_4=15$ m，最大分层厚度为 5 m $=0.25b$，符合闸基要求的最大分层厚度 $H\leqslant 0.25b$。

(2) 计算基底压力及附加压力。

因为 $l/b=200/20=10>5$，故可按条形基础计算。基础每米长度上所受的竖直荷载 $\overline{P}=360\ 000/200=1\ 800$（kN/m），所受水平荷载 $\overline{P}_\mathrm{h}=30\ 000/200=150$（kN/m）。因此，基底竖直压力为

$$p_{\substack{\max\\\min}}=\frac{\overline{P}}{b}\left(1\pm\frac{6e}{b}\right)=\frac{1\ 800}{20}\times\left(1\pm\frac{6\times0.5}{20}\right)=\frac{103.5}{76.5}\ (\mathrm{kPa})$$

基底附加压力为

$$p_{0\substack{\max\\\min}}=p_{\substack{\max\\\min}}-\gamma d=\frac{103.5}{76.5}-19.62\times3=\frac{44.64}{17.64}\ (\mathrm{kPa})$$

基底水平附加压力为

$$p_\mathrm{h}=\frac{150}{20}=7.5\ (\mathrm{kPa})$$

基底压力及基底附加压力分布如图 7-39(b)所示。

(3)计算各分层面处的自重应力。

基础底面处($z=0$) $\sigma_{c0}=\gamma d=19.62\times 3=58.86$(kPa)

地下水位处($z=3$ m) $\sigma_{c3}=19.62\times(3+3)=117.72$(kPa)

基底以下 8 m 处($z=8$ m) $\sigma_{c8}=19.62\times(3+3)+9.81\times 5=166.77$(kPa)

基底以下 11.5 m 处($z=11.5$ m) $\sigma_{c11.5}=19.62\times(3+3)+9.81\times 8.5=201.11$(kPa)

中密砂层顶面处($z=15$ m) $\sigma_{c15}=19.62\times(3+3)+9.81\times(5+7)=235.44$(kPa)

自重应力 σ_{cz} 分布如图 7-39(b)所示。

(4)各层面处附加应力计算。

将基底竖直附加应力分为均布荷载和三角形荷载,其中三角形竖直荷载 $p_t=44.64-17.64=27$(kPa),均布竖直荷载 $p_0=17.64$ kPa。此外,水平荷载 $p_h=7.5$ kPa,各荷载在地基中引起的附加应力计算见表 7-15,附加应力分布见图 7-39(b)。

表 7-15 基础中点下(点 2)的附加应力计算

z (m)	z/b	$b=20$ m $x/b=0.5$						$\sum\sigma_z$ (kPa)
		$p_0=17.64$ kPa		$p_t=27.00$ kPa		$p_h=7.5$ kPa		
		K_z^s	σ_z	K_z^t	σ_z	K_z^h	σ_z	
0	0	1.00	17.64	0.50	13.50	0	0	31.14
3	0.15	0.99	17.46	0.49	13.23	0	0	30.69
8	0.40	0.88	15.52	0.44	11.88	0	0	27.40
11.5	0.58	0.77	13.58	0.38	10.26	0	0	23.84
15	0.75	0.67	11.82	0.33	8.91	0	0	20.73

(5)确定压缩层计算深度。

由题意可知,中密砂土层的压缩量可以忽略不计,软黏土底部($z=15$ m)处的附加应力 $\sigma_z=20.73$ kPa $<0.1\sigma_{cz}$,故压缩层计算深度可取 15 m。

(6)计算各土层自重应力平均值和附加应力平均值。

计算结果见表 7-16,其中第一层应力平均值为

$\overline{\sigma}_{cz}=(58.86+117.72)/2=88.29$(kPa)

$\overline{\sigma}_z=(31.14+30.69)/2=30.92$(kPa)

同理计算出其他各土层的应力平均值。

(7)计算基础中点的变形量。

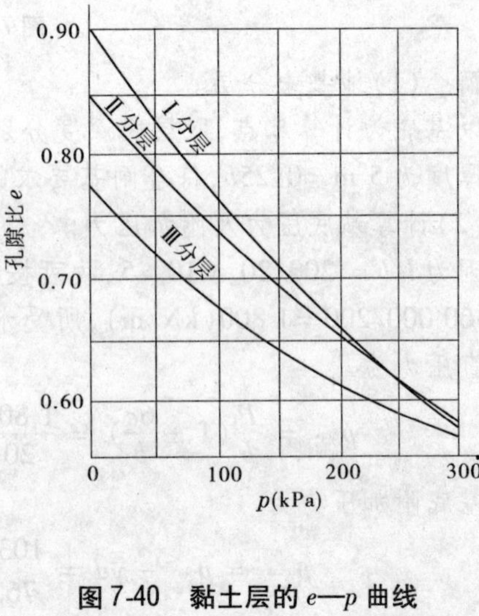

图 7-40 黏土层的 e—p 曲线

由初始应力平均值 $\overline{\sigma}_{cz}$ 查出初始孔隙比 e_1,由最终应力平均值 $\overline{\sigma}_{cz}+\overline{\sigma}_z$ 查出最终孔隙比 e_2,代入式(7-49)计算各层的变形量 s_i,然

后求和得到基础中点的沉降量为21.1 cm。

表7-16　基础中点下地基变形量计算

分层编号	分层厚度(cm)	初始应力平均值(kPa)	压缩应力平均值(kPa)	最终应力平均值(kPa)	e_{1i}	e_{2i}	$\frac{e_{1i}-e_{2i}}{1+e_{1i}}$	$s_i=\frac{e_{1i}-e_{2i}}{1+e_{1i}}H_i$ (cm)
Ⅰ	300	88.29	30.92	119.21	0.783	0.745	0.021 3	6.4
Ⅱ	500	142.25	29.05	171.30	0.695	0.665	0.017 7	8.9
$Ⅲ_1$	350	183.94	25.62	209.56	0.619	0.604	0.009 3	3.2
$Ⅲ_2$	350	218.28	22.29	240.57	0.602	0.590	0.007 5	2.6
$s=\sum s_i=21.1(\text{cm})$								

按上述同样方法可以计算出点1和点3的沉降量分别为7.2 cm和4.3 cm。

2　规范法(应力面积法)计算地基变形量

由于地基土的不均匀性,所取土样的代表性与实际情况难免存在诸多问题,再加之分层总和法的几点假定与实际情况不完全符合,使得理论计算值与建筑物沉降实际观测量出现差异。统计发现,计算的沉降量对于软弱地基数值偏小,最多可差40%;而对于坚实地基,计算量远大于实测沉降量,最多甚至大5倍。根据上述情况,我国《建筑地基基础设计规范》(GB 50007—2011)推荐了地基最终沉降量计算的简化公式,常简称规范法,其原理是利用附加应力分布图形的面积计算土层变形量,因此也称为应力面积法。该法在总结大量实践经验的基础上,对分层总和法地基沉降量计算结果作出必要修正,使计算值更符合实际。规范法是在分层总和法基础上建立起来的,二者的区别主要有以下三方面:①规范法确定了沉降深度范围 z_n,而分层总和法的沉降深度范围是要进行划分和计算的;②规范法给出了每层土体的平均附加应力系数 $\bar{\alpha}$,简化了计算步骤;③规范法给出了修正系数 ψ_s,保证了沉降量的准确性。

2.1　单一土层沉降计算原理及公式

应力面积法与分层总和法的计算原理基本相同,都是分别计算各层土的沉降量,然后求和得出地基的总沉降量。所不同的是两者的单层沉降量计算公式的形式不同。以下介绍应力面积法的基本原理和计算公式。

图7-41为某地基中附加应力的分布情况。在基底以下深度 z 处取一微薄土层 dz,在附加应力的作用下产生的沉降量为 ds,因此其应变为

$$\varepsilon=\frac{ds}{dz} \tag{7-52}$$

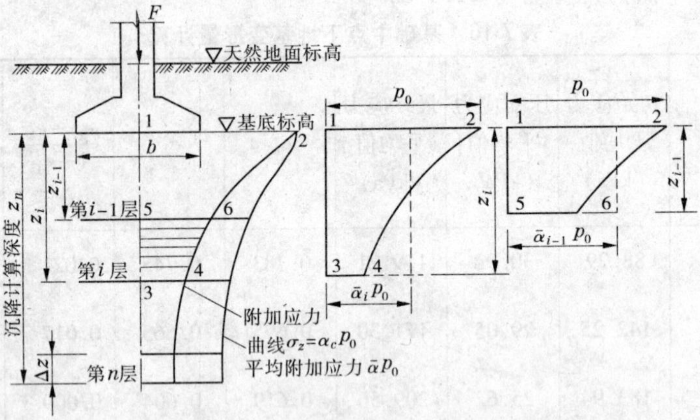

图 7-41　应力面积法的计算原理图

由压缩模量的概念可得 $\varepsilon=\sigma_z/E_s$，将其代入式(7-52)得

$$ds = \frac{\sigma_z}{E_s}dz \tag{7-53}$$

若地基第 i 层土上、下层面的深度分别为 z_{i-1} 和 z_i，则第 i 层土的沉降量可由式(7-53)积分得到

$$s_i = \int ds_i = \int_{z_{i-1}}^{z_i}\frac{\sigma_{zi}}{E_{si}}dz = \frac{1}{E_{si}}\int_{z_{i-1}}^{z_i}\sigma_{zi}dz \tag{7-54a}$$

式(7-54a)中 σ_{zi} 为计算点(基底以下深度为 z)处的附加应力，其积分 $\int_{z_{i-1}}^{z_i}\sigma_{zi}dz$ 为计算层中附加应力的分布图形面积。只要求出附加应力分布图形的面积，很容易计算其沉降量。任意深度 z 处的附加应力 $\sigma_z=Kp_0$，由于 p_0 为基底附加压力，对于任何土层其值不变，故式(7-54a)可写成

$$s_i = \frac{p_0}{E_{si}}\int_{z_{i-1}}^{z_i}K dz = \frac{p_0}{E_{si}}\left(\int_0^{z_i}K dz - \int_0^{z_{i-1}}K dz\right) \tag{7-54b}$$

令 $\bar{\alpha} = \frac{1}{z_i}\int_0^{z_i}K dz$，代入式(7-54b)，则得

$$s_i = \frac{p_0}{E_{si}}(z_i\bar{\alpha}_i - z_{i-1}\bar{\alpha}_{i-1}) \tag{7-55}$$

式中　p_0——基底附加压力；

$\bar{\alpha}$——地基深度 z_i 范围内的附加应力系数的平均值，与基底压力分布情况有关，矩形基础受均布荷载作用时角点下的平均附加应力系数 $\bar{\alpha}$ 值可由表 7-17 查出，有关矩形基础受三角形分布荷载作用下的竖向平均附加应力系数从略。

表7-17　矩形面积受均布荷载作用下角点的平均附加应力系数 $\bar{\alpha}$ 值

z/b	l/b												
	1.0	1.2	1.4	1.6	1.8	2.0	2.4	2.8	3.2	3.6	4.0	5.0	10.0
0	0.250 0	0.250 0	0.250 0	0.250 0	0.250 0	0.250 0	0.250 0	0.250 0	0.250 0	0.250 0	0.250 0	0.250 0	0.250 0
0.2	0.249 6	0.249 7	0.249 7	0.249 8	0.249 8	0.249 8	0.249 8	0.249 8	0.249 8	0.249 8	0.249 8	0.249 8	0.249 8
0.4	0.247 4	0.247 9	0.248 1	0.248 3	0.248 3	0.248 4	0.248 5	0.248 5	0.248 5	0.248 5	0.248 5	0.248 5	0.248 5
0.6	0.242 3	0.243 7	0.244 4	0.244 8	0.245 1	0.245 2	0.245 4	0.245 5	0.245 5	0.245 5	0.245 5	0.245 5	0.245 6
0.8	0.234 6	0.237 2	0.238 7	0.239 5	0.240 0	0.240 3	0.240 7	0.240 8	0.240 9	0.240 9	0.241 0	0.241 0	0.241 0
1.0	0.225 2	0.229 1	0.231 3	0.232 6	0.233 5	0.234 0	0.234 6	0.234 9	0.235 1	0.235 2	0.235 2	0.235 3	0.235 3
1.2	0.214 9	0.219 9	0.222 9	0.224 8	0.226 0	0.226 8	0.227 8	0.228 2	0.228 5	0.228 6	0.228 7	0.228 8	0.228 9
1.4	0.204 3	0.210 2	0.214 0	0.216 4	0.219 0	0.219 1	0.220 4	0.221 1	0.221 5	0.221 7	0.221 8	0.222 0	0.222 1
1.6	0.193 9	0.200 6	0.204 9	0.207 9	0.209 9	0.211 3	0.213 0	0.213 8	0.214 3	0.214 6	0.214 8	0.215 0	0.215 2
1.8	0.184 0	0.191 2	0.196 0	0.199 4	0.201 8	0.203 4	0.205 5	0.206 6	0.207 3	0.207 7	0.207 9	0.208 2	0.208 4
2.0	0.174 6	0.182 2	0.187 5	0.191 2	0.193 8	0.195 8	0.198 2	0.199 6	0.200 4	0.200 9	0.201 2	0.201 5	0.201 8
2.2	0.165 9	0.173 7	0.179 3	0.183 3	0.186 2	0.188 3	0.191 1	0.192 7	0.193 7	0.194 3	0.194 7	0.195 2	0.195 5
2.4	0.157 8	0.165 7	0.171 5	0.175 7	0.178 9	0.181 2	0.184 3	0.186 2	0.187 3	0.188 0	0.188 5	0.189 0	0.189 5
2.6	0.150 3	0.158 3	0.164 2	0.168 6	0.171 9	0.174 5	0.177 9	0.179 9	0.181 2	0.182 0	0.182 5	0.183 2	0.183 8
2.8	0.143 3	0.151 4	0.157 4	0.161 9	0.165 4	0.168 0	0.171 7	0.173 9	0.175 3	0.176 3	0.176 9	0.177 7	0.178 4
3.0	0.136 9	0.144 9	0.151 0	0.155 6	0.159 2	0.161 9	0.165 8	0.168 2	0.169 8	0.170 8	0.171 5	0.172 5	0.173 3
3.2	0.131 0	0.139 0	0.145 0	0.149 7	0.153 3	0.156 2	0.160 2	0.162 8	0.164 5	0.165 7	0.166 4	0.167 5	0.168 5
3.4	0.125 6	0.133 4	0.139 4	0.144 1	0.147 8	0.150 8	0.155 0	0.157 7	0.159 5	0.160 7	0.161 6	0.162 8	0.163 9
3.6	0.120 5	0.128 2	0.134 2	0.138 9	0.142 7	0.145 6	0.150 0	0.152 8	0.154 8	0.156 1	0.157 0	0.158 3	0.159 5
3.8	0.115 8	0.123 4	0.129 3	0.134 0	0.137 8	0.140 8	0.145 2	0.148 2	0.150 2	0.151 6	0.152 6	0.154 1	0.155 4
4.0	0.111 4	0.118 9	0.124 8	0.129 4	0.133 2	0.136 2	0.140 8	0.143 8	0.145 9	0.147 4	0.148 5	0.150 0	0.151 6
4.2	0.107 3	0.114 7	0.120 5	0.125 1	0.128 9	0.131 9	0.136 5	0.139 6	0.141 8	0.143 4	0.144 5	0.146 2	0.147 9
4.4	0.103 5	0.110 7	0.116 4	0.121 0	0.124 8	0.127 9	0.132 5	0.135 7	0.137 9	0.139 6	0.140 7	0.142 5	0.144 4
4.6	0.100 0	0.107 0	0.112 7	0.117 2	0.120 9	0.124 0	0.128 7	0.131 9	0.134 2	0.135 9	0.137 1	0.139 0	0.141 0
4.8	0.096 7	0.103 6	0.109 1	0.113 6	0.117 3	0.120 4	0.125 0	0.128 3	0.130 7	0.132 4	0.133 7	0.135 7	0.137 9
5.0	0.093 5	0.100 3	0.105 7	0.110 2	0.113 9	0.116 9	0.121 6	0.124 9	0.127 3	0.129 1	0.130 4	0.132 5	0.134 8
5.2	0.090 6	0.097 2	0.102 6	0.107 0	0.110 6	0.113 6	0.118 3	0.121 7	0.124 1	0.125 9	0.127 3	0.129 5	0.132 0
5.4	0.087 8	0.094 3	0.099 6	0.103 9	0.107 5	0.110 5	0.115 2	0.118 6	0.121 1	0.122 9	0.124 3	0.126 5	0.129 2
5.6	0.085 2	0.091 6	0.096 8	0.101 0	0.104 6	0.107 6	0.112 2	0.115 6	0.118 1	0.120 0	0.121 5	0.123 8	0.126 6
5.8	0.082 8	0.089 0	0.094 1	0.098 3	0.101 8	0.104 7	0.109 4	0.112 8	0.115 3	0.117 2	0.118 7	0.121 1	0.124 0
6.0	0.080 5	0.086 6	0.091 6	0.095 7	0.099 1	0.102 1	0.106 7	0.110 1	0.112 6	0.114 6	0.116 1	0.118 5	0.121 6
6.2	0.078 3	0.084 2	0.089 1	0.093 2	0.096 6	0.099 5	0.104 1	0.107 5	0.110 1	0.112 0	0.113 6	0.116 1	0.119 3
6.4	0.076 2	0.082 0	0.086 9	0.090 9	0.094 2	0.097 1	0.101 6	0.105 0	0.107 6	0.109 6	0.111 1	0.113 7	0.117 1
6.6	0.074 2	0.079 9	0.084 7	0.088 6	0.091 9	0.094 8	0.099 3	0.102 7	0.105 3	0.107 3	0.108 8	0.111 4	0.114 9
6.8	0.072 3	0.077 9	0.082 6	0.086 5	0.089 8	0.092 6	0.097 0	0.100 4	0.103 0	0.105 0	0.106 6	0.109 2	0.112 9
7.0	0.070 5	0.076 1	0.080 6	0.084 4	0.087 7	0.090 4	0.094 9	0.098 2	0.100 8	0.102 8	0.104 4	0.107 1	0.110 9
7.2	0.068 8	0.074 2	0.078 7	0.082 5	0.085 7	0.088 4	0.092 8	0.096 2	0.098 7	0.100 8	0.102 3	0.105 1	0.109 0
7.4	0.067 2	0.072 5	0.076 9	0.080 6	0.083 8	0.086 5	0.090 8	0.094 2	0.096 7	0.098 7	0.100 4	0.103 1	0.107 1
7.6	0.065 6	0.070 9	0.075 2	0.078 9	0.082 0	0.084 6	0.088 9	0.092 2	0.094 8	0.096 8	0.098 4	0.101 2	0.105 4
7.8	0.064 2	0.069 3	0.073 6	0.077 1	0.080 2	0.082 8	0.087 1	0.090 4	0.092 9	0.095 0	0.096 6	0.099 4	0.103 6
8.0	0.062 7	0.067 8	0.072 0	0.075 5	0.078 5	0.081 1	0.085 3	0.088 6	0.091 2	0.093 2	0.094 8	0.097 6	0.102 0
8.2	0.061 4	0.066 3	0.070 5	0.073 9	0.076 9	0.079 5	0.083 7	0.086 9	0.089 4	0.091 4	0.093 1	0.095 9	0.100 4
8.4	0.060 1	0.064 9	0.069 0	0.072 4	0.075 4	0.077 9	0.082 0	0.085 2	0.087 8	0.089 8	0.091 4	0.094 3	0.098 8
8.6	0.058 8	0.063 6	0.067 6	0.071 0	0.073 9	0.076 4	0.080 5	0.083 6	0.086 2	0.088 2	0.089 8	0.092 7	0.097 3
8.8	0.057 6	0.062 3	0.066 3	0.069 6	0.072 4	0.074 9	0.079 0	0.082 1	0.084 6	0.086 6	0.088 2	0.091 2	0.095 9
9.2	0.055 4	0.059 9	0.063 7	0.067 0	0.069 7	0.072 1	0.076 1	0.079 2	0.081 7	0.083 7	0.085 3	0.088 2	0.093 1
9.6	0.053 3	0.057 7	0.061 4	0.064 5	0.067 2	0.069 6	0.073 4	0.076 5	0.078 9	0.080 9	0.082 5	0.085 5	0.090 5

续表 7-17

z/b	l/b												
	1.0	1.2	1.4	1.6	1.8	2.0	2.4	2.8	3.2	3.6	4.0	5.0	10.0
10.0	0.051 4	0.055 6	0.059 2	0.062 2	0.064 9	0.067 2	0.071 0	0.073 9	0.076 3	0.078 3	0.079 9	0.082 9	0.088 0
10.4	0.049 6	0.053 7	0.057 2	0.060 1	0.062 7	0.064 9	0.068 6	0.071 6	0.073 9	0.075 9	0.077 5	0.080 4	0.085 7
10.8	0.047 9	0.051 9	0.055 3	0.058 1	0.060 6	0.062 8	0.066 4	0.069 3	0.071 7	0.073 6	0.075 1	0.078 1	0.083 4
11.2	0.046 3	0.050 2	0.053 5	0.056 3	0.058 7	0.060 9	0.064 4	0.067 2	0.069 5	0.071 4	0.073 0	0.075 9	0.081 3
11.6	0.044 8	0.048 6	0.051 8	0.054 5	0.056 9	0.059 0	0.062 5	0.065 2	0.067 5	0.069 4	0.070 9	0.073 8	0.079 3
12.0	0.043 5	0.047 1	0.050 2	0.052 9	0.055 2	0.057 3	0.060 6	0.063 4	0.065 6	0.067 4	0.069 0	0.071 9	0.077 4
12.8	0.040 9	0.044 4	0.047 4	0.049 9	0.052 1	0.054 1	0.057 3	0.059 9	0.062 1	0.063 9	0.065 4	0.068 2	0.073 9
13.6	0.038 7	0.042 0	0.044 8	0.047 2	0.049 3	0.051 2	0.054 3	0.056 8	0.058 9	0.060 7	0.062 1	0.064 9	0.070 7
14.4	0.036 7	0.039 8	0.042 5	0.044 8	0.046 8	0.048 6	0.051 6	0.054 0	0.056 1	0.057 7	0.059 2	0.061 9	0.067 7
15.2	0.034 9	0.037 9	0.040 4	0.042 6	0.044 6	0.046 3	0.049 2	0.051 5	0.053 5	0.055 1	0.056 5	0.059 2	0.065 0
16.0	0.033 2	0.036 1	0.038 5	0.040 7	0.042 5	0.044 2	0.046 9	0.049 2	0.051 1	0.052 7	0.054 0	0.056 7	0.062 5
18.0	0.029 7	0.032 3	0.034 5	0.036 4	0.038 1	0.039 6	0.042 2	0.044 2	0.046 0	0.047 5	0.048 7	0.051 2	0.057 0
20.0	0.026 9	0.029 2	0.031 2	0.033 0	0.034 5	0.035 9	0.038 3	0.040 2	0.041 8	0.043 2	0.044 4	0.046 8	0.052 4

注：l、b 分别为矩形的长边与短边，z 为基底以下的深度。

2.2　沉降计算深度的确定

《建筑地基基础设计规范》(GB 50007—2011)用符号 z_n 表示沉降计算深度，并规定一般地基应符合下列要求：

$$\Delta s'_n \leqslant 0.025 \sum s'_i \tag{7-56}$$

式中　$\Delta s'_n$——计算深度向上取厚度为 Δz 的土层变形量计算值，Δz 见图 7-41 并由表 7-18 确定；

s'_i——在计算深度范围内，第 i 层土的计算变形值。

表 7-18　Δz 取值表

b(m)	$b \leqslant 2$	$2 < b \leqslant 4$	$4 < b \leqslant 8$	$b > 8$
Δz(m)	0.3	0.6	0.8	1.0

当确定的计算深度下部仍有较软土层时，应继续计算。当无相邻荷载影响、基础宽度为 1～30 m 时，基础中点的沉降计算深度也可以按下列简化公式计算

$$z_n = b(2.5 - 0.4\ln b) \tag{7-57}$$

式中　b——基础宽度，m。

在计算深度范围内存在基岩时，z_n 可取至基岩表面；当存在较厚的坚硬黏土层(孔隙比小于 0.5，压缩模量大于 50 MPa)或存在较厚的密实砂卵石层(压缩模量大于 80 MPa)时，z_n 可取至该层土表面。

2.3　地基最终沉降量计算

地基最终沉降量等于各层土沉降量之和，即

$$s' = \sum_{i=1}^{n} s_i = \sum_{i=1}^{n} \frac{p_0}{E_{si}}(z_i\bar{\alpha}_i - z_{i-1}\bar{\alpha}_{i-1}) \tag{7-58a}$$

规范规定，按上述公式计算的沉降值尚应乘以系数 ψ_s，以提高计算准确度，即

$$s = \psi_s \sum_{i=1}^{n} s_i = \psi_s \sum_{i=1}^{n} \frac{p_0}{E_{si}}(z_i\bar{\alpha}_i - z_{i-1}\bar{\alpha}_{i-1}) \tag{7-58b}$$

式中　ψ_s——经验系数，按地区沉降观测资料及经验确定，无地区经验时可按 $\bar{E}_s$ 查表7-19中的数值。

表7-19　沉降计算经验系数 ψ_s 值

基底附加压力	$\bar{E}_s$				
	2.5	4.0	7.0	15.0	20.0
$p_0 \geqslant f_{ak}$	1.4	1.3	1.0	0.4	0.2
$p_0 \leqslant 0.75f_{ak}$	1.1	1.0	0.7	0.4	0.2

注：f_{ak} 为地基承载力特征值。

$\bar{E}_s$ 为沉降计算深度范围内压缩模量当量值，按下式计算

$$\bar{E}_s = \frac{\sum A_i}{\sum \frac{A_i}{E_{si}}} \tag{7-59}$$

式中　A_i——第 i 层土附加应力沿土层厚度的积分值。

【例7-7】　如图7-42所示为某建筑物的柱基础，基底为正方形，边长为4.0 m，基础埋深 d = 1.0 m，上部结构传至基础顶面的荷载 F = 1 440 kN，地基为粉质黏土，其天然重度 γ = 16.0 kN/m³，土的天然孔隙比 e = 0.97，地下水位埋深3.4 m，地下水位以下土体的饱和重度 γ_{sat} = 18.2 kN/m³。土层压缩模量为：地下水位以上 E_{s1} = 5.5 MPa，地下水位以下 E_{s2} = 6.5 MPa。地基土的承载力特征值 f_{ak} = 94 kPa，试用规范法计算柱基中点的沉降量。

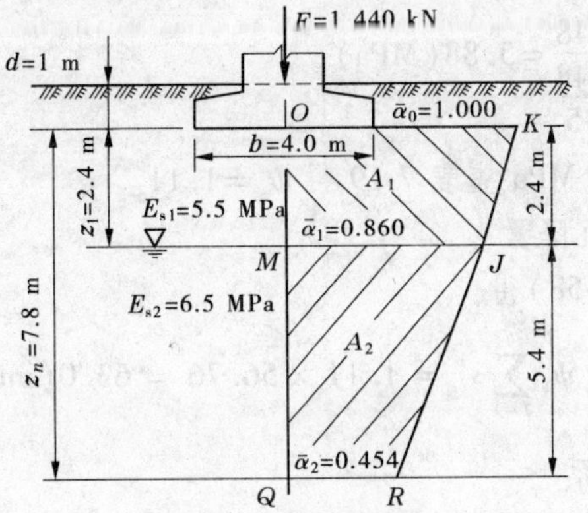

图7-42　例7-7图

解　(1)按式(7-57)计算确定地基压缩层深度。

$$z_n = b(2.5 - 0.4\ln b) = 4.0 \times (2.5 - 0.4\ln 4.0) = 7.8(\text{m})$$

(2)计算基底附加压力。

取基础平均重度 $\bar{\gamma}$ = 20.0 kN/m³，则

$$p_0 = \frac{F}{lb} + \bar{\gamma} d - \gamma d = \frac{1\ 440}{4 \times 4} + 20 \times 1 - 16 \times 1 = 94.0(\text{kPa})$$

(3)平均附加应力系数 $\bar{\alpha}$ 的计算。

使用表7-17时,因为它是角点下平均附加应力系数,而所需计算的则为基础中点下的沉降量,因此将基础分为4块相同的小面积,查表时按 $\frac{l/2}{b/2} = \frac{l}{b}$、$\frac{z}{b/2}$ 查,查得的平均附加应力系数应乘以4。具体数值见表7-20。

表7-20　平均附加应力系数 $\bar{\alpha}$ 计算

z_i (m)	l/b	z/b	$\bar{\alpha}_i$	$z_i \bar{\alpha}_i$ (mm)	$z_i \bar{\alpha}_i - z_{i-1} \bar{\alpha}_{i-1}$ (mm)	$\frac{p_0}{E_{si}}$	s'_i (mm)	$\sum s'_i$ (mm)	$\frac{\Delta s'_n}{\sum s'_i}$
0	1.0	0	4×0.250 0=1.000	0					
2.4	1.0	1.2	4×0.214 9=0.860	2 063.0	2 063.0	0.017 1	35.28		
7.8	1.0	3.9	4×0.113 6=0.454	3 544.3	1 481.3	0.014 5	21.48		
7.2	1.0	3.6	4×0.120 5=0.482	3 470.4	73.9	0.014 5	1.07	56.76	0.019

(4)校核 z_n。

根据规范规定,在 z_n 处按表7-18取 $\Delta z = 0.6$ m,计算出 $\Delta s'_n = 1.07$ mm,$\frac{\Delta s'_n}{\sum s'_i} = \frac{1.07}{56.76} = 0.019 \leqslant 0.025$,表明所取 $z_n = 7.8$ m 符合要求。

(5)沉降计算经验修正系数的确定。

基底以下2.4 m范围内的附加应力系数分布图的面积 $A_1 = 0.860 \times 2.4 = 2.06$,2.4~7.8 m的附加应力系数分布面积 $A_2 = 0.454 \times 7.8 - 2.06 = 1.48$,代入式(7-59)得压缩模量当量值为 $\bar{E}_s = \frac{2.06 + 1.48}{\frac{2.06}{5.5} + \frac{1.48}{6.5}} = 5.88(\text{MPa})$

由 $p_0 = f_{ak}$ 和 $\bar{E}_s = 5.88$ MPa 查表7-19得 $\psi_s = 1.11$。

(6)计算柱基中点的沉降量。

将前述数据代入式(7-58)得

$$s = \psi_s \sum_{i=1}^{n} s'_i = 1.11 \times 56.76 = 63.0(\text{mm})$$

3　地基沉降与时间关系

黏性土地基在建筑荷载作用下,其固结变形需要经过相当长的时间才能完成,而建筑物的施工过程相对于地基固结过程来说较短,所以施工阶段完成的地基变形相对较小,建筑物使用阶段的地基变形较大。为了建筑物的安全和正常使用,对于一些重要和特殊的建筑物,应在工程实践和研究分析中掌握沉降与时间关系的规律性。而砂土和碎石土的压缩性很小,且渗透性强,所以受荷后固结稳定所需要的时间很短,一般在外荷载施加过程中其固结变形基本结束，故实际工程中一般只考虑黏性土的变形对建筑物的影响。对于饱和黏性土体来说，其固结主要是由于孔隙水被排出，固结速度取决于土的渗透性，故称饱和土体的固结为渗透固结。目前，均以饱和土体的渗透固结为理论基础研究沉降与时间的关系。

3.1 饱和土的渗透固结

饱和土的渗透固结可以借助于渗透固结模型来说明。图7-43所示为饱和黏性土的渗透固结模型，模型由一个盛满水的容器、弹簧和带孔的轻质活塞组成，弹簧代表土骨架，容器中的水代表孔隙水，活塞模拟土的排水通道，容器壁上装有一根测压管，以显示容器内的水压力。

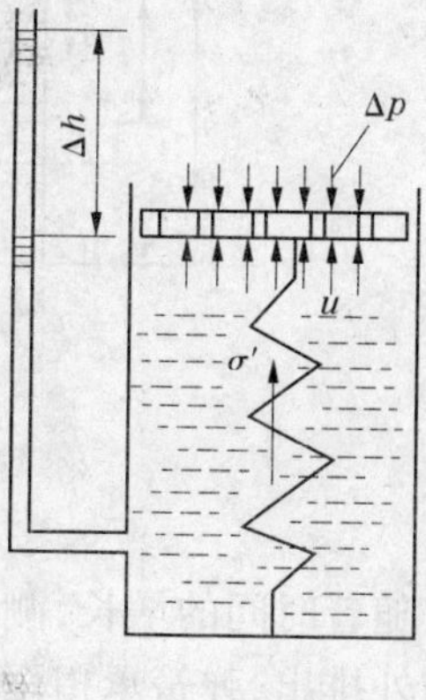

图7-43 饱和黏性土的渗透固结模型

当活塞上无外力作用时，测压管水位与容器中水位相同，测压管水头 $h=0$，此时孔隙水应力等于静水压力，土中无渗透发生。在活塞上施加压力强度为 Δp 的外荷载，施加的瞬间，容器中的水还来不及排出，由于水体被视为不可压缩体，此时活塞未下降，弹簧没有变形，说明土骨架未受力，荷载全部由孔隙水承担。孔隙水压力增大，测压管水头升高，其高度 $\Delta h=\Delta p/\gamma_w$。这时有效应力为零，孔隙水中超过原来静水压力部分的超静水压力 u 等于外加压力 Δp，即 $t=0$ 时，$u=\Delta p$、$\sigma'=0$。随着受压时间的延续，容器中的水通过活塞小孔向外排出，测压管水头下降，弹簧逐渐被压缩，说明孔隙水压力在减小，有效应力在增加，总压力由两种应力共同承担，即 $0<t<\infty$ 时，u 减小，σ' 增加，$\Delta p=u+\sigma'$。随着排水过程的延续，测压管水头越来越小，有效应力越来越大，最后压力水头消散，排水终止，弹簧达到最大变形，说明超静水压力已减小到零，总应力全部由土颗粒承担，即 $t=\infty$ 时，$u=0$，$\sigma'=\Delta p$。

如图7-44(a)所示为饱和黏土层在均布荷载 p 作用下的固结情况，其固结过程可以通过多层渗透模型（见图7-44(b)）来说明。多层渗透模型由多层带孔的活塞板、弹簧和容器组成，容器内充满水。模型各层分别表示不同深度的土层。荷载作用于模型后，可以从测压管中水位的变化情况，剖析土层中孔隙水应力随时间消散的过程。

加荷之前，测压管中的水位与容器中的水位保持齐平，表明土中各点的超静水压力等于零。在荷载 p 施加的瞬间（$t=0$ 时），各土层的水都来不及排出，活塞板不下沉，弹簧未变形，即弹簧不受力，全部荷载由容器中孔隙水来承担。各测压管中水的水位都升高了 h_0（$h_0=p/\gamma_w$），表明土层中各点的超静水压力都为 $u=\sigma'$，而 $\sigma'=0$。在升高的水压力作用下，模型中的水将随着时间不断排出，表示土体开始固结。因模型顶面为排水面，第1层的水首先排出，随后第2、第3、第4层的水依次被排出，离开排水面愈远的点，排水愈困难，因而孔隙水压力形成上小、下大的状况，将某一时刻各测压管的水位连接起来，可得如图7-44所示的曲线，此时（$0<t<\infty$）模型中的各点：

超静水压力 $$u_1<u_2<u_3<u_4<p$$

土骨架的有效应力 $$\sigma_1'>\sigma_2'>\sigma_3'>\sigma_4'$$

且 $$p=u_i+\sigma_i'$$

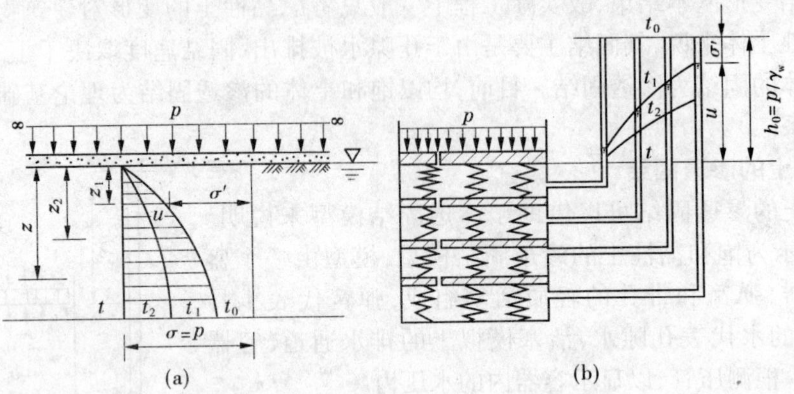

图 7-44　土的多层渗透固结模型

随着时间的增长，测压管中的水位逐渐恢复到与圆筒中水位齐平。此时筒中的水不再向外排出，弹簧承担全部外荷载，变形达到稳定，相当于土层中各点的超静水压力已全部消散，荷载全部由土骨架承担，即 $t=\infty$ 时，$u_i=0$，$\sigma_i'=p$，表明此时土的渗透固结完成。由此看出，饱和土的渗透固结过程实质上是孔隙水压力向有效应力转换的过程，或孔隙水压力消散而有效应力增长的过程。

3.2　饱和土的单向固结理论

土体在固结过程中如果孔隙水只沿一个方向排出，土的压缩也只在一个方向发生(一般沿竖直方向)，那么，这种固结就称为单向固结。工程中，荷载分布面积很大、靠近地表的薄层土层，其渗透固结就近似属于这种情况。

3.2.1　单向渗透固结理论的基本假设

(1)地基土为均质、各向同性的饱和土。

(2)土的压缩完全是孔隙体积的减少引起的，土粒和孔隙水均不可压缩。

(3)孔隙水的渗流和土的压缩只沿竖向发生，侧向既不变形，也不排水。

(4)孔隙水的渗流服从达西定律，土的固结快慢取决于渗透系数的大小。

(5)在整个固结过程中，假定孔隙比 e、压缩系数 a 和渗透系数 k 为常量。

(6)荷载是连续均布的，并且是一次瞬时施加的。

3.2.2　单向固结微分方程

如图 7-45 所示，饱和黏性土层厚度为 H，上面为透水层，底面为不透水层(属非压缩层)，在自重应力作用下已固结稳定。作用于层面的荷载为无限广阔的均布载荷，则在土层内部引起的竖向附加应力(即固结应力)沿土层深度的分布是均匀的，即各点的附加应力等于外加均布荷载($\sigma_i'=p$)。在黏土层中深度 z 处取厚度为 $\mathrm{d}z$ 的微分单元体(面积为 1×1)进行水量平衡分析。

微元体的体积 $V=1\times1\times\mathrm{d}z=\mathrm{d}z$，由于$\dfrac{V_s}{V}=\dfrac{1}{e+1}$，所以土颗粒体积 $V_s=\dfrac{1}{e+1}\mathrm{d}z$，且在固结过程中保持不变，孔隙体积 $V_v=nV=\dfrac{e}{1+e}\mathrm{d}z$，因此微元体在时间 $\mathrm{d}t$ 内的体积变化量为

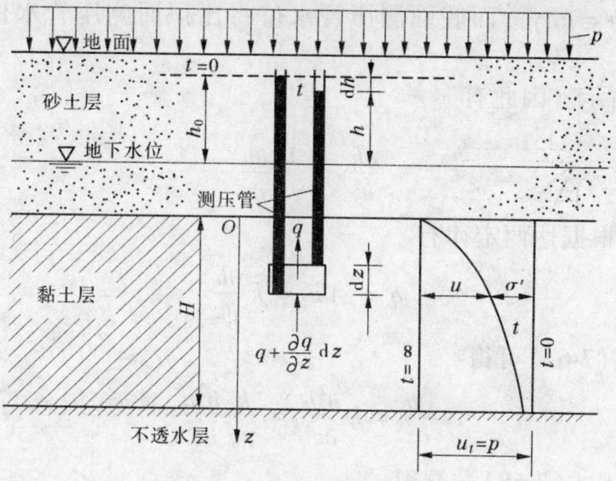

图7-45　饱和土的固结过程

$$\frac{\partial V}{\partial t}\mathrm{d}t = \frac{\partial V_\mathrm{v}}{\partial t}\mathrm{d}t = \frac{\partial (V_\mathrm{s}+V_\mathrm{v})}{\partial t}\mathrm{d}t = \frac{\partial\left(\frac{e}{1+e}\mathrm{d}z\right)}{\partial t}\mathrm{d}t = \frac{1}{1+e}\frac{\partial e}{\partial t}\mathrm{d}z\mathrm{d}t \tag{7-60}$$

根据微元体的变形条件，由压缩系数的概念可知

$$\mathrm{d}e = -a\mathrm{d}\sigma' = -a\mathrm{d}(p-u) = a\mathrm{d}u \tag{7-61}$$

将式(7-61)代入式(7-60)得

$$\frac{\partial V}{\partial t}\mathrm{d}t = \frac{a}{1+e}\frac{\partial u}{\partial t}\mathrm{d}z\mathrm{d}t \tag{7-62}$$

设在固结过程中的某一时刻 t，从单元体顶面流出的流量为 q，则从底面流入的流量应为 $q+\frac{\partial q}{\partial z}\mathrm{d}z$。因此，在时间增量 $\mathrm{d}t$ 内，单元体中的水量变化应等于流出与流入单元体的数量之差，即

$$Q_1 - Q_2 = q\mathrm{d}t - \left(q + \frac{\partial q}{\partial z}\mathrm{d}z\right)\mathrm{d}t = -\frac{\partial q}{\partial z}\mathrm{d}z\mathrm{d}t \tag{7-63}$$

由于微元体中土粒的体积不变，其体积的变化实际就是土体内孔隙水体积的变化，即体积变化量等于流入和流出单元体的水量之差，即

$$Q_2 - Q_1 = \frac{\partial V}{\partial t}\mathrm{d}t$$

即

$$\frac{\partial q}{\partial z}\mathrm{d}z\mathrm{d}t = \frac{\partial V}{\partial t}\mathrm{d}t \tag{7-64}$$

将式(7-62)代入式(7-64)得

$$\frac{\partial q}{\partial z} = \frac{a}{1+e}\frac{\partial u}{\partial t} \tag{7-65}$$

在加荷的瞬间($t=0$)，根据前述固结理论可知，固结应力全部由孔隙中的水来承担，所以各点的测压管水位都升高 $h_0 = u_0/\gamma_\mathrm{w} = p/\gamma_\mathrm{w}$。固结过程中的某一时刻 t，由于孔隙水压力开始消散，测压管水位都将下降，设此时单元体顶面处的孔隙水压力为 u，则测压管

水位高出地面水位 $h=u/\gamma_w$，而底面测压管水位将比顶面测压管水位高出 $dh=\frac{\partial h}{\partial z}dz=\frac{1}{\gamma_w}\frac{\partial u}{\partial z}dz$，如图7-45所示。因此有

$$\frac{\partial h}{\partial z}=\frac{1}{\gamma_w}\frac{\partial u}{\partial z} \tag{7-66}$$

由于 $A=1\times1$，根据达西定律有

$$q=Aki=k\frac{\partial h}{\partial z} \tag{7-67}$$

由式(7-66)、式(7-67)可得

$$\frac{\partial q}{\partial z}=k\frac{\partial^2 h}{\partial z^2}=\frac{k}{\gamma_w}\frac{\partial^2 u}{\partial z^2} \tag{7-68}$$

将式(7-65)代入式(7-68)左端得

$$\frac{a}{1+e}\frac{\partial u}{\partial t}=\frac{k}{\gamma_w}\frac{\partial^2 u}{\partial z^2}$$

整理可得

$$\frac{\partial u}{\partial t}=\frac{k(1+e)}{\gamma_w a}\frac{\partial^2 u}{\partial z^2} \tag{7-69}$$

令 $C_v=\frac{k(1+e)}{a\gamma_w}$，则式(7-69)可写为

$$\frac{\partial u}{\partial t}=C_v\frac{\partial^2 u}{\partial z^2} \tag{7-70}$$

式中　C_v——土的固结系数，cm^2/a；

e——加荷前土的孔隙比；

k——土的渗透系数，cm/a；

a——土的压缩系数，cm^2/N；

γ_w——水的重度，$\gamma_w=0.009\ 81\ N/cm^3$。

式(7-70)为饱和土的单向渗透固结微分方程。根据初始条件和边界条件，可求得任一深度 z 在任一时刻 t 时的孔隙水压力 u 的表达式。初始条件指开始固结时附加应力的分布情况；边界条件指可压缩土层顶面的排水条件。图7-45的初始条件和边界条件为

$t=0$ 和 $0\leq z\leq H$ 处	$u_0=\sigma_z=p$	（施加荷载的瞬间）
$0<t<\infty$ 及 $z=0$ 处	$u=0$	（在排水面处）
$z=H$ 处	$q=0,\frac{\partial u}{\partial z}=0$	（排水距离最大处）

将上述初始条件和边界条件代入式(7-69)，得微分方程的解为

$$u=\frac{4\sigma_z}{\pi^2}\sum_{m=1}^{\infty}\frac{1}{m^2}\sin\left(\frac{m\pi z}{2H}\right)e^{-\frac{m^2\pi^2}{4}T_v} \tag{7-71}$$

式中　m——正奇数，即1,3,5…；

e——自然对数的底，e=2.718 28；

u——某一时刻深度 z 处的孔隙水压力；

σ_z——附加应力；

H——土层最大排水距离，单面排水时为土层厚度，双面排水时，取土层厚度的一半；

T_v——时间因数，无量纲，$T_v = \frac{C_v t}{H^2}$。

3.2.3 几种不同情况的固结度计算

所谓固结度，是指地基在某一固结应力作用下，经历时间 t 以后，土体发生固结或孔隙水应力消散的程度。固结度的计算方法都是假定基础荷载是一次突然施加到地基上去的，实际上，工程的施工期相当长，基础荷载是在施工期内逐步施加的。一般可以假定在施工期间荷载随时间呈性增加的，工程完成后荷载就不再增加。对这种情况，在实际工程计算中将逐步加荷的过程简化为在加荷起讫时间中点一次瞬时加载。然后用太沙基固结理论计算其固结度。

单向压缩情况可表示为任一时刻的沉降量 s_t 与最终沉降量 s 的比值。土层任一深度 z 处，在 t 时刻的固结度可用下式表示，即

$$U_t = \frac{u_0 - u}{u_0} = 1 - \frac{u}{u_0} \tag{7-72}$$

某一点的固结度对于解决工程实际问题并无很大意义，为此引入平均固结度的概念。土层平均固结度，就是指任一时刻该土层孔隙水压力的平均消散程度，即有效应力分布图形面积与总应力分布图形面积的比值，可表示为

$$U_t = 1 - \frac{\int_0^H u\mathrm{d}z}{\int_0^H u_0\mathrm{d}z} \tag{7-73}$$

式(7-73)为各种情况下任一时刻 t 的平均固结度的基本表达式，积分后整理可得

$$U_{t\alpha} = 1 - \frac{\frac{\pi}{2}\alpha - \alpha + 1}{1 + \alpha}\frac{32}{\pi^3}\mathrm{e}^{-\frac{\pi^2}{4}T_v} \tag{7-74a}$$

对单面排水附加应力呈矩形分布情况，即 $\alpha = 1$ 时，可得

$$U_{t1} = 1 - \frac{8}{\pi^2}\mathrm{e}^{-\frac{\pi^2}{4}T_v} \tag{7-74b}$$

由上式可知平均固结度是时间因数 T_v 的单值函数，它与固结应力的大小无关，但与土层中固结应力的分布有关。式(7-74b)适合于单面排水，附加应力呈矩形分布，也适合于所有的双面排水情况的固结度计算。双面排水时，T_v 计算式中的 H 为排水最大距离，即压缩层厚度的一半。对于其他各种情况的平均固结度与时间因数的关系，也可从理论上求得，并且是时间因数的单值函数。为了使用方便，已将各种情况的 U_t 和 T_v 之间的关系曲线绘于图7-46中。

图7-46中曲线的参数 $\alpha = \frac{\sigma'_z}{\sigma''_z}$，其中 σ'_z 为透水面处的固结应力，σ''_z 为非透水面处的固结应力。为了使用的方便，已将各种附加应力呈直线情况下地层的平均固结度与时间因

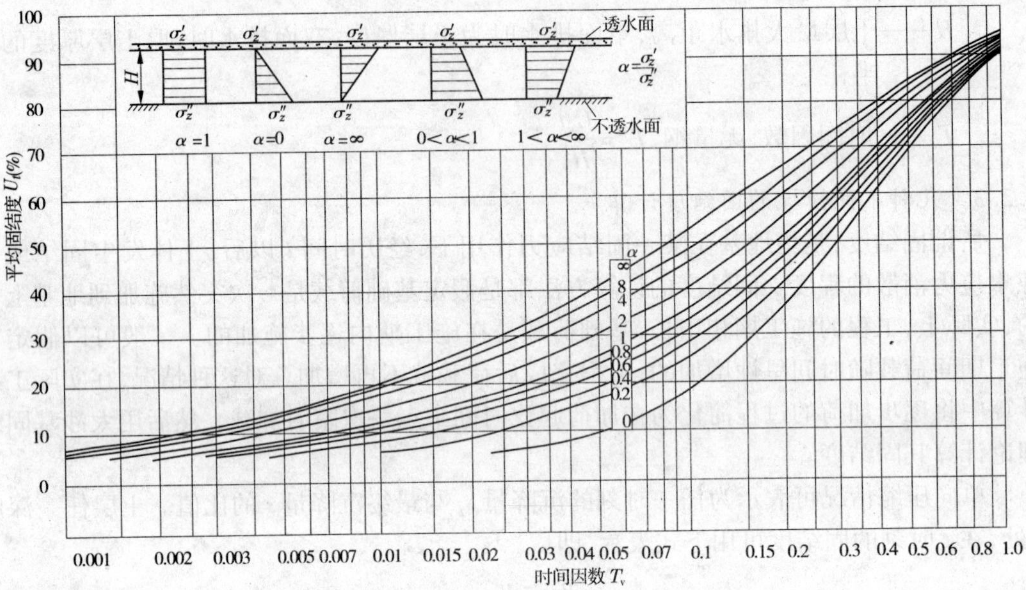

图 7-46　平均固结度 U_t 与时间因数 T_v 的关系

数之间的关系绘制成曲线,可以解决下列两类沉降计算问题。

(1)已知地层的最终沉降量 s_c,求某一固结历时 t 已完成的沉降量 s_{ct}。对于这类问题,首先根据土层的 H 和给定的时间 t,算出土层平均固结系数 C_v 和时间因数 T_v,然后利用图中的曲线查出相应的固结度 U,再求得 s_{ct}。

(2)已知土层的最终沉降量 s_c,求土层产生某一沉降量 s_{ct}时所需的时间。对于这类问题,首先求出土层平均固结度 $U = s_{ct}/s_c$,然后从图 7-46 中的曲线查得相应的时间因数 T_v,再求出所需的时间。

以上所述均为单面排水情况,若土层为双面排水,则不论土层中附加应力分布为哪一种情况,只要是线性分布,均可按 $\alpha = 1$ 计算。这是根据叠加原理而得到的结论,具体过程不再讲述,可参考有关文献。但对双面排水情况,时间因数中的排水距离应取土层厚度的一半。

式(7-74)亦可用下列近似公式计算

$$T_v = \frac{\pi}{4}U_t^2 \qquad U_t < 0.6 \tag{7-75a}$$

$$T_v = -0.933\lg(1 - U_t) - 0.085 \qquad U_t > 0.6 \tag{7-75b}$$

$$T_v = 3U_t \qquad U_t = 1 \tag{7-75c}$$

不同 α 值的固结度 $U_{t\alpha}$,可以根据 $\alpha = 1$ 时的 U_{t1} 和 $\alpha = 0$ 时的 U_{t0} 按下式计算

$$U_{t\alpha} = \frac{2\alpha U_{t1} + (1 - \alpha) U_{t0}}{1 + \alpha} \tag{7-76}$$

【例 7-8】 某地基压缩层为厚 8 m 的饱和黏性土,下部为隔水层,软黏土加荷之前的

孔隙比为 $e_1=0.7$，渗透系数 $k=2.0$ cm/a，压缩系数 $a=0.25$ MPa^{-1}，附加应力分布如图7-47所示，求：

(1)一年后地基沉降量为多少？

(2)加荷多长时间才能使地基固结度达到80%？

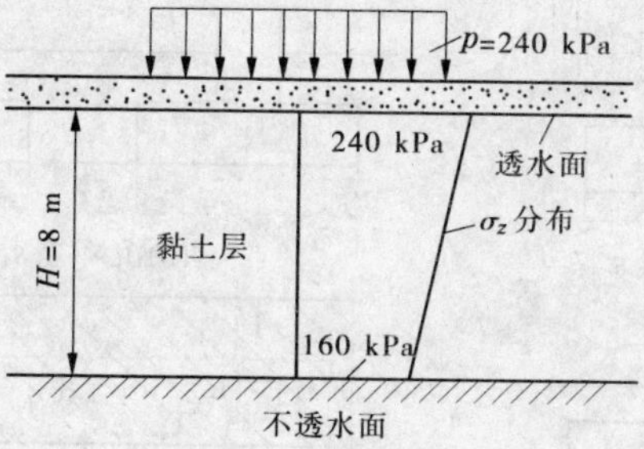

图7-47 例7-8图

解 (1)求土层最终沉降量 s。

地基的平均附加应力为

$$\bar{\sigma}_z=\frac{240+160}{2}=200(\text{kPa})$$

$$s=\frac{a}{1+e_1}\bar{\sigma}_zH=\frac{0.25}{1+0.7}\times0.2\times800=23.53(\text{cm})$$

该土层固结系数为

$$C_v=\frac{k(1+e_1)}{a\gamma_w}=\frac{2\times(1+0.7)}{0.000\,25\times0.098}=1.39\times10^5(\text{cm}^2/\text{a})$$

$$T_v=\frac{C_vt}{H^2}=\frac{1.39\times10^5\times1}{800^2}=0.217$$

$$\alpha=\frac{\sigma_z'}{\sigma_z''}=\frac{240}{160}=1.5$$

由图7-46可得加荷一年的固结度 $U_t=0.55$，故

$$s_t=0.55\times23.53=12.94(\text{cm})$$

(2)计算地基固结度为80%所需要的时间。

由 $\alpha=\dfrac{\sigma_z'}{\sigma_z''}=1.5$ 和 $U_t=0.8$，查图7-46可得 $T_v=0.54$。

由 $T_v=\dfrac{C_vt}{H^2}$ 得，当固结度达到80%时所需时间为

$$t=\frac{T_vH^2}{C_v}=\frac{0.54\times800^2}{1.39\times10^5}=2.49(\text{a})$$

4 地基变形验算

土质地基的变形验算是指在建筑物荷载的作用下，建筑物的地基变形计算值不能超过建筑物的地基变形允许值，以保证建筑物的安全和正常使用。不同类型的建筑物要求

的地基变形允许值各不相同，计算时应注意。

4.1　地基的变形特征

地基变形特征可分为沉降量、沉降差、倾斜和局部倾斜，如图7-48所示。

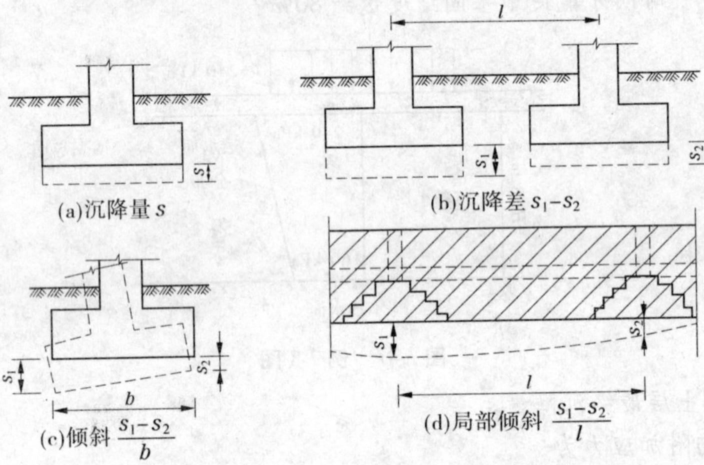

图7-48　地基变形特征

(1)沉降量：指基础中心的沉降量 s。

(2)沉降差：指两相邻独立基础沉降量的差值 $\Delta s = s_1 - s_2$。

(3)倾斜：指基础倾斜方向两端点的沉降差与其距离的比值 $(s_1 - s_2)/b$。

(4)局部倾斜：指砌体承重结构沿纵墙6～10 m内基础两点间的沉降差与其距离的比值 $(s_1 - s_2)/l$。

4.2　水闸土质地基的变形验算

水闸土质地基的沉降可只计算最终沉降量。计算时，应根据土质条件和工程设计需要，选择有代表性的计算点。按分层总和法计算出每个计算点的沉降量 $s_{计}$ 后再乘地基沉降量修正系数 m，得水闸基础的最终沉降量 s_∞，即 $s_\infty = ms_{计}$，地基沉降量修正系数可采用1.0～1.6(坚实地基取较小值，软土地基取较大值)，然后考虑水闸基础结构刚性的影响进行适当调整，具体确定方法参见《水闸设计规范》(SL 265—2001)。

水闸土质地基沉降量的验算可只验算最终沉降量是否超过地基允许沉降量。

土质地基允许最大沉降量和最大沉降差，应以保证水闸安全和正常使用为原则，根据具体情况研究确定。一般情况下，天然土质地基上水闸地基最大沉降量不宜超过15 cm，相邻部位的最大沉降差不宜超过5 cm。

4.3　土石坝的变形验算

4.3.1　土石坝的沉降计算

土石坝的沉降计算需估算在土体自重及其他外荷作用下，坝体和坝基竣工时的沉降量和最终沉降量，计算方法一般采用分层总和法，但对1级、2级高坝及建于复杂和软弱地基上的坝，应采用有限元计算。有限元计算可查其他相关资料。

4.3.1.1　用分层总和法计算时的几点注意事项

(1)计算施工期沉降量时,坝体土宜采用非饱和状态的压缩曲线,坝基材料应根据实际的饱和情况,采用非饱和状态或饱和状态下的压缩曲线。计算最终沉降量应采用饱和状态下的压缩曲线。

(2)分层原则:坝体每一分层的最大厚度为坝高的1/5～1/10;均质坝基的分层厚度不大于坝底宽度的1/4;非均质坝基,按坝基土的性质和类别分层,但每层厚度不大于坝底宽度的1/4。

(3)每一分层土的计算压缩曲线应取其平均压缩曲线。

4.3.1.2　最终沉降量计算

(1)黏性土坝体和坝基竣工时的沉降量和最终沉降量可按式(7-77)计算:

$$s_t = \sum_{i=1}^{n} \frac{e_{i0} - e_{it}}{1 + e_{i0}} h_i \tag{7-77}$$

式中　s_t——竣工时或最终的坝体和坝基总沉降量;

e_{i0}——第 i 层的起始孔隙比;

e_{it}——第 i 层相应于竣工时或最终的竖向有效应力作用下的孔隙比;

h_i——第 i 层土层厚度;

n——土层分层数。

(2)非黏性土坝体和坝基的最终沉降量可用式(7-78)估算

$$s_\infty = \sum_{i=1}^{n} \frac{p_i}{E_i} h_i \tag{7-78}$$

式中　s_∞——坝体或坝基的最终沉降量;

p_i——第 i 计算土层由坝体荷载产生的竖向应力;

E_i——第 i 计算土层的变形模量。

(3)混凝土面板堆石坝坝顶沉降量可利用材料相似的已建坝原型观测成果,按式(7-79)估算

$$s_2 = \left[\frac{H_2}{H_1}\right]^2 \left[\frac{E_1}{E_2}\right] s_1 \tag{7-79}$$

式中　s_2——待建坝的坝顶预计沉降值;

s_1——已建坝的坝顶原型观测的沉降值;

H_2——待建坝的坝高;

H_1——已建坝的坝高;

E_2——待建坝的变形模量;

E_1——已建坝的变形模量。

若计算待建坝不同时期的坝顶沉降量,E_2 应为相应时期的变形模量。

4.3.2　确定土石坝坝顶竣工后的沉降预留超高

土石坝的坝顶高程,会因其坝体和坝基的沉降而降低,为解决这一问题,则土石坝在

施工时，其坝顶高程需增加一个预留超高，该超高称竣工后的沉降预留超高。

竣工后的坝顶沉降量应为最终沉降量减去竣工时沉降量的差值。而坝顶竣工后的预留沉降超高，应根据计算竣工后的坝顶沉降量、施工期沉降观测和工程类比等综合分析确定。

4.3.3 土石坝的变形验算

土石坝的变形验算，一般验算竣工后坝顶沉降量与坝高的比值不大于1%，当大于1%时，应在分析计算成果的基础上，论证选择的坝料填筑标准的合理性和是否采取其他必要工程措施，还需计算坝体各部位的不均匀沉降量和不均匀沉降梯度，初步判断是否可能发生坝体裂缝，该部分内容需要时参考其他资料。

4.4 工业与民用建筑物地基的变形验算

4.4.1 地基基础的设计等级

《建筑地基基础设计规范》(GB 50007—2011)根据建筑物地基复杂程度、建筑物规模和功能特征以及由于地基问题可能造成建筑物破坏或影响正常使用的程度，将地基基础设计分为三个等级，设计时应根据具体情况按表7-21选用。

表7-21 地基基础设计等级

设计等级	建筑类型
甲级	重要的工业与民用建筑物；30层以上的高层建筑；体型复杂，层数相差超过10层以上的高低层连成一体建筑物；大面积的多层地下建筑物(如地下车库、商场、运动场等)；对地基变形有特殊要求的建筑物；复杂地质条件下的坡上建筑物(包括高边坡)；对原有建筑物影响较大的新建筑物；场地和地基条件复杂的一般建筑物；位于复杂地质条件及软土地区的2层及2层以上的地下室的基坑工程；开挖深度大于15 m的基坑工程；周边环境条件复杂、环境保护要求高的基坑工程
乙级	除甲级、丙级外的工业与民用建筑
丙级	场地和地基条件简单、荷载分布均匀的7层及7层以下的民用建筑及一般工业建筑物；次要的轻型建筑物；非软土地区且场地地质条件简单、基坑周边环境条件简单、环境保护要求不高，且开挖深度小于5.0 m的基坑工程

4.4.2 地基变形要求

设计等级为甲级、乙级的建筑物，均应进行地基变形验算；表7-22所列范围内设计等级为丙级的建筑物可不作变形验算，如有下列情况之一时，仍应进行变形验算：①地基承载力特征值小于130 kPa，且体型复杂的建筑；②在基础上及其附近有地面堆载或相邻基础荷载差异较大，可能引起地基产生过大的不均匀沉降时；③软弱地基上的建筑物存在偏心荷载时；④相邻建筑物距离过近，可能发生倾斜时；⑤地基内有厚度较大或厚薄不均的填土，其自重固结未完成时。

地基变形应满足如下要求：

$$s \leqslant [s] \tag{7-80}$$

式中 s——建筑物的地基变形计算值；

$[s]$——建筑物的地基变形特征允许值，由表7-23查得。

表7-22 可不作地基变形计算设计等级为丙级的建筑物范围

地基主要受力层情况	地基承载力特征值 f_{ak}(kPa)			$60\le f_{ak}<80$	$80\le f_{ak}<100$	$100\le f_{ak}<130$	$130\le f_{ak}<160$	$160\le f_{ak}<200$	$200\le f_{ak}<300$
	各土层坡度(%)			≤5	≤5	≤10	≤10	≤10	≤10
建筑类型	砌体承重结构、框架结构(层数)			≤5	≤5	≤5	≤6	≤6	≤7
	单层排架结构(6 m柱距)	单跨	吊车额定起重量(t)	5~10	10~15	15~20	20~30	30~50	50~100
			厂房跨度(m)	≤12	≤18	≤24	≤30	≤30	≤30
		多跨	吊车额定起重量(t)	3~5	5~10	10~15	15~20	20~30	30~75
			厂房跨度(m)	≤12	≤18	≤24	≤30	≤30	≤30
	烟囱		高度(m)	≤30	≤40	≤50	≤75		≤100
	水塔		高度(m)	≤15	≤20	≤30	≤30		≤30
			容积(m^3)	≤50	50~100	100~200	200~300	300~500	500~1 000

注:1. 地基主要受力层是指条形基础底面下深度为 $3b$(b 为基础底面宽度),独立基础下为 $1.5b$,厚度均不小于5 m的范围(2层以下的民用建筑除外)。

2. 地基主要受力层中当有承载力标准值小于130 kPa的土层时,表中砌体承重结构的设计,应符合《建筑地基基础设计规范》(GB 50007—2011)第七章的有关要求。

3. 表中砌体承重结构和框架结构均指民用建筑,对于工业建筑可按厂房高度、荷载情况折合成与其相当的民用建筑层数。

4. 表中吊车额定起重量、烟囱高度和水塔容积的数值是指最大值。

表7-23 建筑物地基变形特征允许值

变形特征	地基土的类别	
	中、低压缩性土	高压缩性土
砌体承重结构基础的局部倾斜	0.002	0.003
工业与民用建筑相邻柱基的沉降差:		
(1)框架结构	$0.002l$	$0.003l$
(2)砌体墙填充的边排柱	$0.000\,7l$	$0.001l$
(3)当基础不均匀沉降时不产生附加应力的结构	$0.005l$	$0.005l$
单层排架结构(柱距为6 m)柱基的沉降量(mm)	(120)	200

续表 7-23

变形特征	地基土的类别	
	中、低压缩性土	高压缩性土
桥式吊车轨面的倾斜(按不调整轨道考虑):		
纵向	0.004	
横向	0.003	
多层和高层建筑的整体倾斜:		
$H_g \leqslant 24$	0.004	
$24 < H_g \leqslant 60$	0.003	
$60 < H_g \leqslant 100$	0.002 5	
$H_g > 100$	0.001 5	
高耸结构基础的倾斜:		
$H_g \leqslant 20$	0.008	
$20 < H_g \leqslant 50$	0.006	
$50 < H_g \leqslant 100$	0.005	
$100 < H_g \leqslant 150$	0.004	
$150 < H_g \leqslant 200$	0.003	
$200 < H_g \leqslant 250$	0.002	
高耸结构基础的沉降量(mm):		
$H_g \leqslant 100$	400	
$100 < H_g \leqslant 200$	300	
$200 < H_g \leqslant 250$	200	

注:1. 有括号者仅适用于中压缩性土。

2. l 为相邻柱基的中心距离,mm,H_g 为自室外地面起算的建筑物高度。

3. 倾斜指基础倾斜方向两端点的沉降差与其距离的比值。

4. 局部倾斜指砌体承重结构沿纵向 6~10 m 内基础两点的沉降差与其距离的比值。

思考与练习题

1. 何谓自重应力与附加应力?它们沿深度的分布有什么特点?
2. 在基底压力不变的前提下,增加基础埋深对附加应力分布有什么影响?
3. 何谓地基压力与基底附加压力?影响基底压力分布的主要因素有哪些?
4. 如何计算中心荷载及偏心荷载作用下的基底压力?
5. 何谓附加应力的扩散和积聚现象?
6. 附加应力公式 $\sigma_z = Kp_0$ 中,K 的含义是什么?对矩形基础,K 取决于哪方面的因素?对条形基础,K 又取决于哪方面的因素?
7. 为什么可以说土的压缩变形实际上是土的孔隙体积的减少?
8. 侧限压缩试验的成果可用哪两种形式的曲线来表示?可得到哪些压缩性的指标?

试述这些指标的定义、确定方法和途径，以及各指标之间的关系和具体用途。

9. 变形模量 E_0 与压缩模量 E_s 有什么区别？各通过什么试验方法确定？为什么两者之间的理论关系与实际情况有很大差异？用于计算地基沉降量各适用什么方法？

10. 什么是土的先期固结压力？如何确定先期固结压力？

11. 什么叫正常固结土、超固结土和欠固结土？土的应力历史对土的压缩性有何影响？

12. 计算地基沉降量的分层总和法和规范法有何异同？（试从基本假定、计算原理、土层分层的原则、附加应力的计算、沉降计算经验系数、沉降计算深度的规定等方面加以比较。）

13. 根据饱和土的单向固结理论，说明固结土层的厚度、排水条件、渗透系数对固结历时的影响。

14. 某土层及其物理指标如图 7-49 所示，试计算土中自重应力并绘制自重应力沿深度的分布曲线。

15. 已知某基础宽为 5 m，长为 10 m，受到竖直偏心荷载作用，偏心荷载为 5 000 kN，偏心距为 0.5 m，基础埋深为 1.5 m，埋深范围内土的重度为 18.5 kN/m^3。试求该基础的基底压力并绘制分布图。

16. 一矩形基础，宽为 3 m，长为 4 m，在长边方向作用一偏心荷载 $F+G=1\ 200$ kN。偏心距为多少时，基底不会出现拉应力？试问当 $p_{min}=0$ 时，最大压力为多少？

17. 如图 7-50 所示矩形面积($ABCD$)上作用均布荷载 $p_0=100$ kPa，试用角点法计算 G 点下深度 6 m 处 M 点的竖向附加应力 σ_z 值。

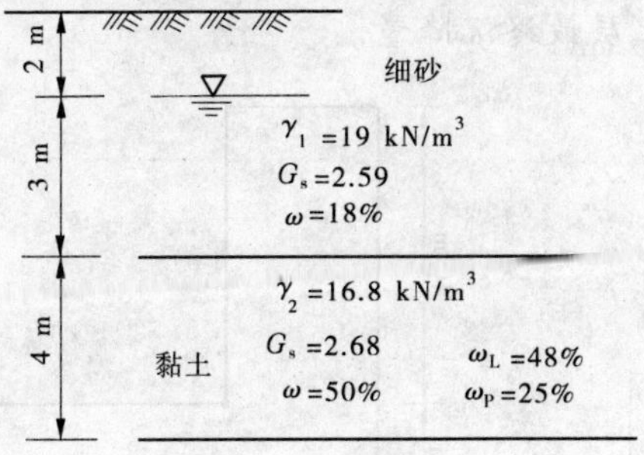

图 7-49　习题 14 图

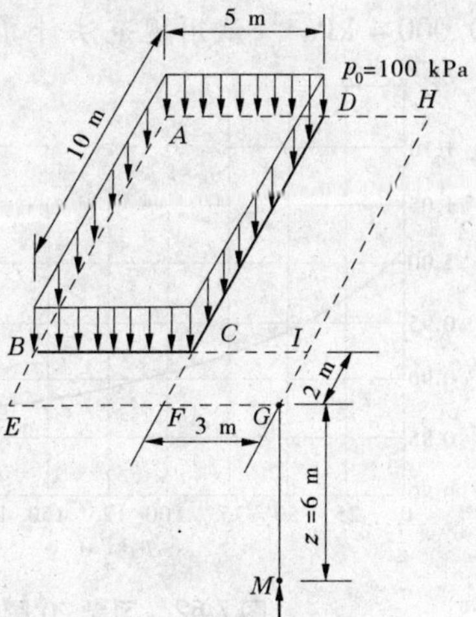

图 7-50　习题 17 图

18. 如图 7-51 所示，宽度 $b=10$ m 的条形基础受偏心竖直荷载及水平荷载作用，试计算基础中心点 O 及 O_1 点下 20 m 深度内的附加应力 σ_z 值，并绘出附加应力的分布曲线。

19. 某饱和土样进行压缩试验，试样的原始高度为 20 mm，初始含水率 $\omega_0=27.3\%$，

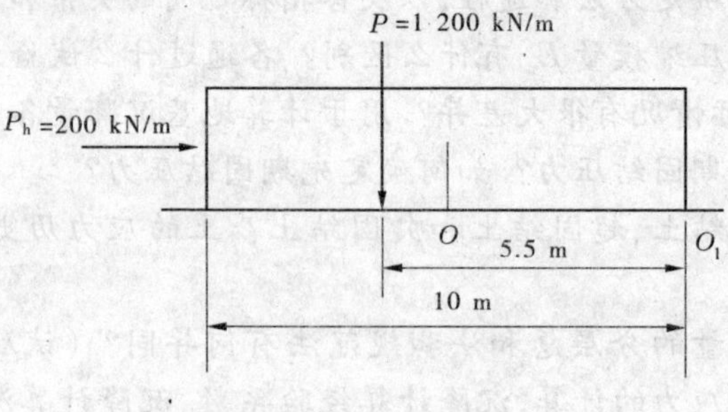

图 7-51　习题 18 图

初始密度 $\rho_0 = 1.91\ g/cm^3$，土粒比重 $G_s = 2.71$。当压力分别为 $p_1 = 100$ kPa、$p_2 = 200$ kPa 时，达到压缩稳定后试样的变形量分别为 0.886 mm 和 1.617 mm。

(1)计算试样的初始孔隙比 e_0 及 p_1 和 p_2 相对应的孔隙比 e_1 和 e_2。

(2)求 0 ~ 100 kPa、100 ~ 200 kPa 压力区间的压缩系数 a 和压缩模量 E_s，并判断该土的压缩性。

20. 有一矩形基础，置于均质黏性土上，基础的尺寸为 10 m × 5 m，埋置深度为 1.5 m，其上作用着中心荷载 $F = 10\ 000$ kN。地基土的天然重度为 20 kN/m^3，饱和重度为 21 kN/m^3，地下水位距基底 2.5 m，土的压缩曲线如图 7-52 所示，试求基础中心点的沉降量。

21. 基础底面如图 7-53 所示，基底压力为 222.8 kPa，呈均匀分布，基础埋深为 1.2 m，从地面向下至 7.2 m 深为砂层，砂的重度为 19 kN/m^3，砂层下面为 4 m 厚黏土层，黏土层下面为密实砂卵石层，其压缩性很低，可忽略。已知黏土初始孔隙比 $e_1 = 0.82$，压缩系数 $a_v = 0.000\ 4\ kPa^{-1}$，试用规范法计算 A 点下黏土层最终沉降量。

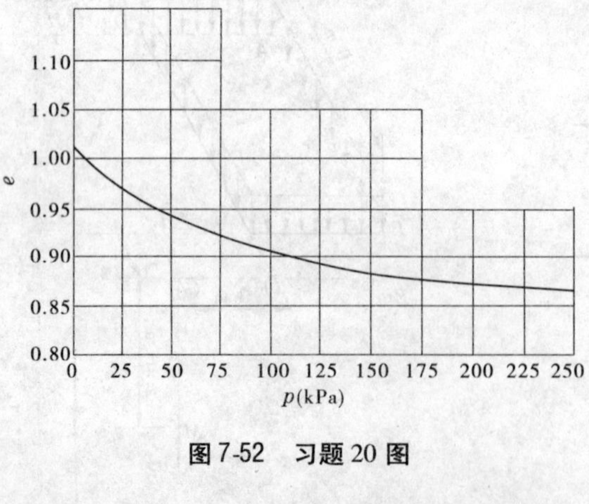

图 7-52　习题 20 图

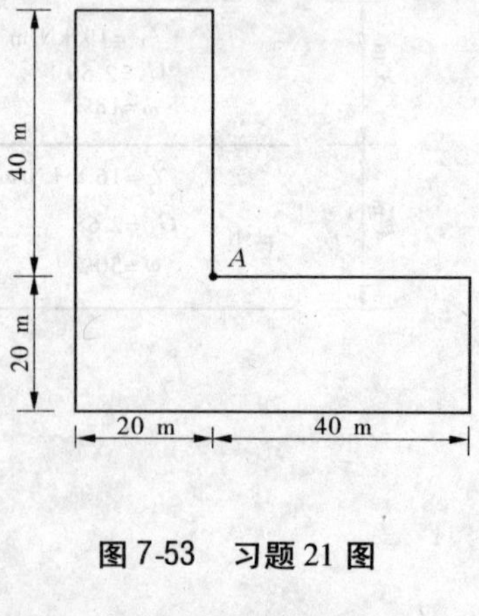

图 7-53　习题 21 图

22. 某基础宽度 $b = 6$ m，长度 $l = 18$ m，所受中心铅直荷载为 $F = 13\ 500$ kN(包括基础重量)。地基为均质土，地下水位在地面以下 4.5 m 处，地下水位以上土的湿重度 $\gamma = 18.6$ kN/m^3，地下水位以下土的饱和重度 $\gamma_{sat} = 20.6$ kN/m^3，基础埋深 $d = 1.5$ m。地基土的压缩曲线如图 7-54 所示，用分层总和法求基础中心点的沉降量。

23. 已知一方形基础底面尺寸为 4 m × 4 m，基础埋深 $d = 2.0$ m。上部结构传至基础

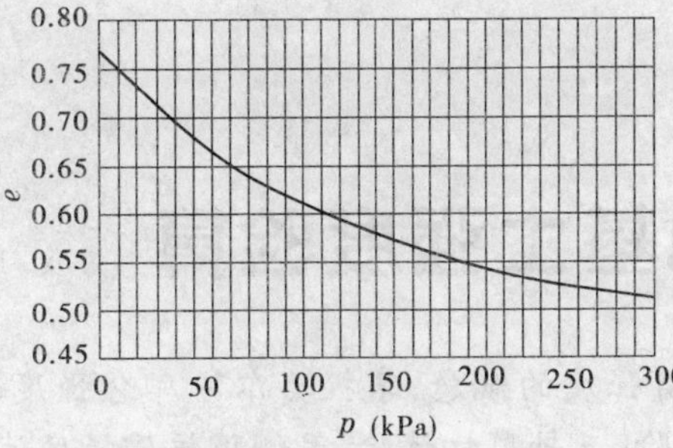

图7-54 习题22图

顶面中心荷载 $F=4\ 000$ kN,基础及其上填土平均重度 $\gamma_G=20$ kN/m³。地基表层为人工填土,$\gamma_1=17.5$ kN/m³,厚度为6.0 m;第二层为黏土,$\gamma_2=16.0$ kN/m³,$e_1=1.0$,$a=0.6$ MPa⁻¹,厚度为1.6 m;第三层为卵石,$E_s=25$ MPa,厚度为5.6 m,求黏土层的沉降量。

24. 某独立基础,基底面尺寸为3 m×2 m,基础埋深 $d=1.5$ m。上部中心荷载作用在基础顶面,$F=873$ kN,基础及其上填土平均重度 $\gamma_G=20$ kN/m³。地基表层为杂填土,$\gamma_1=17.0$ kN/m³,厚度 $h_1=1.5$ m;第二层为粉质黏土,$\gamma_2=18.0$ kN/m³,$E_{s2}=4$ MPa,厚度 $h_2=4.4$ m;第三层为卵石,$E_{s3}=20$ MPa,厚度 $h_3=6$ m。已知地基承载力特征值 $f_{ak}=150$ kPa,试按规范法计算基础的沉降量。

25. 厚度为7 m的饱和黏土层,其下为不可压缩的不透水层。已知黏土层的竖向固结系数 $C_v=4.5\times10^{-3}$ cm/s,$\gamma_{sat}=19.5$ kN/m³。黏土层顶面为薄透水砂层,地表瞬时施加大面积均布荷载 $p=100$ kPa。分别计算下列几种情形:

(1)若黏土层已经在自重作用下完成固结,然后施加 p,求达到50%固结度所需的时间。

(2)若黏土层尚未在自重作用下固结,则施加 p 后,求达到50%固结度所需的时间。

项目8　地基土强度验算

【学习目标】 了解土的抗剪强度的概念，掌握莫尔－库仑强度理论，掌握土的极限平衡条件，掌握土的直接剪切试验、三轴剪切试验、无侧限抗压强度试验、十字板剪切试验的原理和方法，了解地基变形的阶段和地基破坏模式，掌握临塑荷载、临界荷载的计算，掌握普朗德尔、太沙基、汉森公式的适用条件和计算方法，掌握静载荷试验、标准贯入试验、静力触探等原位试验的原理、方法、适用条件及成果计算，掌握《建筑地基基础设计规范》（GB 50007—2011）推荐的地基承载力计算方法，掌握岩石地基承载力确定方法，掌握地基承载力修正方法。

【重点】 莫尔－库仑强度理论，土的极限平衡条件，土的直接剪切试验、三轴剪切试验、无侧限抗压强度试验、十字板剪切试验的原理和方法；临塑荷载、临界荷载，普朗德尔、太沙基、汉森公式的适用条件和计算方法；静载荷试验、标准贯入试验、静力触探等原位试验的原理、方法；《建筑地基基础设计规范》（GB 50007—2011）地基承载力计算方法、岩石地基承载力确定方法、地基承载力修正方法。

【难点】 莫尔－库仑强度理论；土的极限平衡条件；临塑荷载、临界荷载，普朗德尔、太沙基、汉森公式；《建筑地基基础设计规范》（GB 50007—2011）地基承载力计算方法。

任务1　地基土抗剪强度及其指标确定

1　抗剪强度概念及莫尔－库仑强度理论

土的抗剪强度是指土体抵抗剪切破坏的极限能力。当土中某点由外力所产生的剪应力达到土的抗剪强度时，一部分土体就会相对于另一部分发生移动，该点便发生了剪切破坏。工程实践和室内试验都验证了建筑物地基和土工建筑物的破坏绝大多数属于剪切破坏。例如堤坝、路堤边坡的坍滑（见图8-1（a）），挡土墙后的填土失稳（见图8-1（b））及建筑物地基失稳（见图8-1（c））等都是沿某一些面上的剪应力超过土的抗剪强度所造成的。由此可见，土的强度问题实质是土的抗剪强度问题，对于土体的稳定，土的抗剪强度是决定性因素。

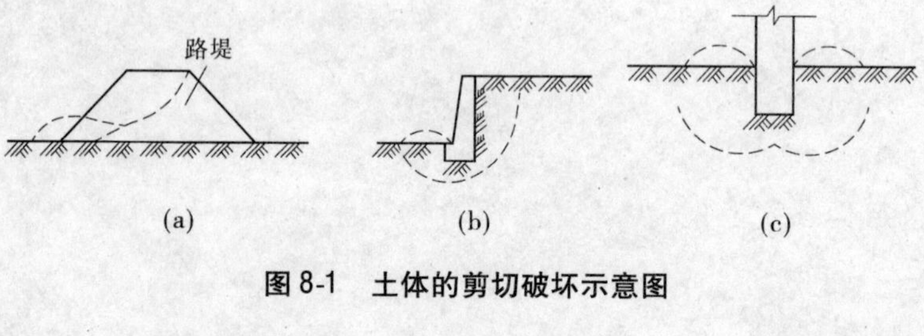

图8-1　土体的剪切破坏示意图

土的抗剪强度指标是土的重要力学性质之一，在计算地基承载力、评价地基稳定性以及计算挡土墙土压力时，都要用到土的抗剪强度指标。因此，掌握土的剪切理论及其在工程上的应用具有重要意义。

1.1　莫尔－库仑强度理论表达式

法国学者库仑先后通过对砂土和黏性土的剪切试验得出了库仑理论。1776 年他根据砂土的剪切试验结果（见图 8-2（a）），将土的抗剪强度 τ_f 表达为滑动面上法向应力 σ 的线性函数，即

$$\tau_f = \sigma\tan\varphi \tag{8-1}$$

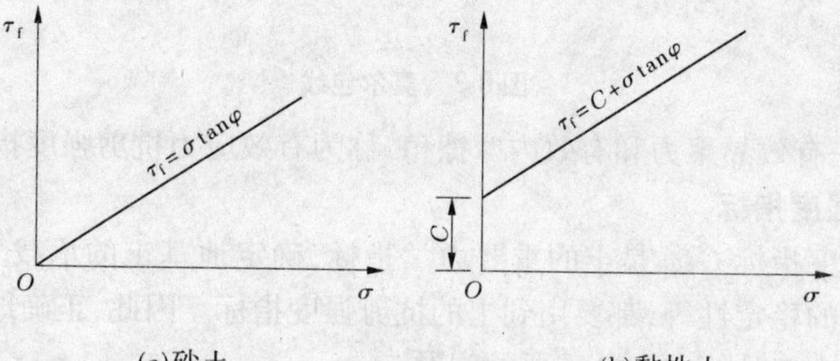

图 8-2　抗剪强度与法向应力的关系曲线

以后库仑又根据黏性土的试验结果（见图 8-2（b）），提出更为普遍的抗剪强度表达形式：

$$\tau_f = C + \sigma\tan\varphi \tag{8-2}$$

式中　τ_f——土的抗剪强度，kPa；

σ——剪切滑动面上的法向应力，kPa；

C——土的黏聚力，kPa；

φ——土的内摩擦角，(°)。

其中，C、φ 称为土的抗剪强度指标。

上述土的抗剪强度数学表达式，也称为库仑定律，它表明在一般应力水平下，土的抗剪强度与滑动面上的法向应力之间呈直线关系。

1910 年莫尔提出材料产生剪切破坏时，破坏面上的 τ_f 是该面上法向应力 σ 的函数，即

$$\tau_f = \sigma\tan\varphi \tag{8-3}$$

该函数在直角坐标系中所反映的是一条曲线，如图 8-3 所示，通常称为莫尔包线。土的莫尔包线多数情况下可近似地用直线表示，其表达式就是库仑所表示的直线方程。由库仑表达式表示莫尔包线的土体抗剪强度理论称为莫尔－库仑强度理论。

1936 年，太沙基提出了有效应力原理。根据有效应力原理，土中某点的总应力 σ 等于有效应力 σ' 和孔隙水压力 u 之和，即 $\sigma=\sigma'+u$，只有有效应力的变化才会引起强度的变化。因此，土的抗剪强度可表示为剪切破坏面上法向有效应力的函数。

$$\tau_f = C' + \sigma'\tan\varphi' \tag{8-4}$$

或

$$\tau_f = C' + (\sigma - u)\tan\varphi' \tag{8-5}$$

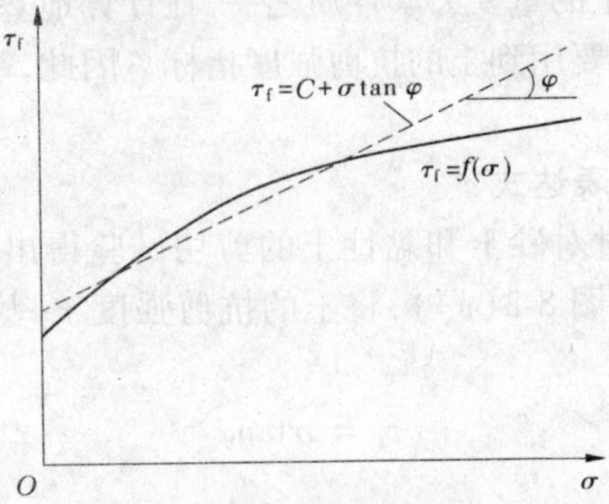

图 8-3　莫尔包线

式中　C'、φ'——有效黏聚力和有效内摩擦角，称为有效应力抗剪强度指标。

1.2　土的抗剪强度指标

土的抗剪强度指标 C、φ 是土的重要力学指标，确定地基土的承载力、挡土墙的土压力以及验算土坡的稳定性等，都要用到土的抗剪强度指标。因此，正确地测定和选择土的抗剪强度指标是土工计算中十分重要的问题。

由土的抗剪强度表达式可以看出，砂土的抗剪强度由内摩阻力构成，而黏性土的抗剪强度则由内摩阻力和黏聚力两个部分构成。

内摩阻力也包括土粒之间的表面摩擦力和由于土粒之间的连锁作用而产生的咬合力。咬合力是指当土体相对滑动时，将嵌在其他颗粒之间的土粒拔出所需的力。土越密实，连锁作用越强。

黏聚力包括原始黏聚力、固化黏聚力和毛细黏聚力。原始黏聚力主要是土粒间水膜受到相邻土粒之间的电分子引力而形成的，当土被压密时，土粒间的距离减小，原始黏聚力随之增大，当土的天然结构被破坏时，原始黏聚力将丧失一些，但会随着时间而恢复其中的一部分或全部；固化黏聚力是由于土中化合物的胶结作用形成的，当土的天然结构被破坏时，固化黏聚力随之丧失，而且不能恢复。毛细黏聚力是由于毛细压力所引起的，一般可忽略不计。

砂土的内摩擦角 φ 变化范围不是很大，中砂、粗砂、砾砂一般为 $\varphi=32°\sim40°$，粉砂、细砂一般为 $\varphi=28°\sim36°$。孔隙比愈小，φ 愈大，但含水饱和的粉砂、细砂很容易失去稳定，因此对其内摩擦角的取值宜慎重，有时规定 φ 取 20°左右。

黏性土的抗剪强度指标的变化范围很大，它与土的种类有关，并且与土的天然结构是否破坏、试样在法向压力下的排水固结程度及试验方法等因素有关。内摩擦角的变化范围为 0°~30°，黏聚力则可从小于 10 kPa 变化到 200 kPa 以上。

2　土的极限平衡条件

2.1　土中一点的应力状态

从土所受的应力及其强度指标的关系来分析，土的极限平衡条件是指土体处于极限平衡状态时，土体所受的大、小主应力（σ_1、σ_3）与抗剪强度指标（φ、C）之间的关系式。为了导出极限平衡条件,必须分析土体中任意点的应力状态。

下面仅研究平面问题。在土体中取一单元体,如图 8-4(a)所示,设作用在该单元上的大小主应力分别为 σ_1 和 σ_3,在单元体内与大主应力 σ_1 作用平面成任意角 α 的斜截面 aa 上有正应力 σ 和剪应力 τ。为了建立 σ、τ 与 σ_1、σ_3 之间的关系,截取楔形脱离体,根据静力平衡条件,可得斜截面 aa 上的应力为

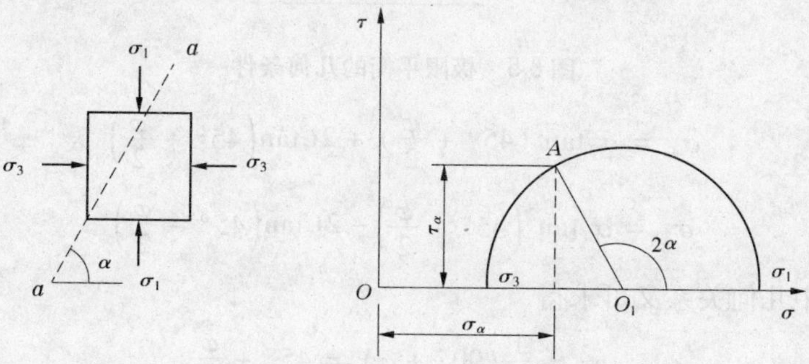

(a)单元体应力　　(b)莫尔应力圆

图 8-4　土体中任意点的应力

$$\sigma = \frac{1}{2}(\sigma_1 + \sigma_3) + \frac{1}{2}(\sigma_1 - \sigma_3)\cos 2\alpha \tag{8-6}$$

$$\tau = \frac{1}{2}(\sigma_1 - \sigma_3)\sin 2\alpha \tag{8-7}$$

由式(8-6)、式(8-7)可知,在 σ_1、σ_3 已知的情况下,斜截面 aa 上的法向应力 σ 和剪应力 τ 仅与斜截面倾角 α 有关。由式(8-6)和式(8-7)得

$$\left[\sigma - \frac{1}{2}(\sigma_1 + \sigma_2)\right]^2 + \tau^2 = \frac{1}{2}(\sigma_1 - \sigma_3)^2 \tag{8-8}$$

式(8-8)表示圆心为$\left(\frac{\sigma_1 + \sigma_3}{2}, 0\right)$、半径为$\frac{\sigma_1 - \sigma_3}{2}$的莫尔圆,如图 8-4(b)所示。莫尔圆上任一点代表与大主应力 σ_1 作用面成 α 角的斜面,其纵坐标代表该面上的法向应力,横坐标代表该面上的剪应力。显然,当土体中任一点只要已知其大小主应力分别为 σ_1 和 σ_3,便可用莫尔应力圆求出该点不同斜截面上的正应力 σ 和剪应力 τ。因此,应用莫尔应力圆可以很方便地表示出土体中任一点的应力状态。

2.2　极限平衡条件

当土体中任意一点在某一平面上剪应力到达土的抗剪强度时,就会发生剪切破坏,该点即处于极限平衡状态。当土处于极限平衡状态时,莫尔应力圆与抗剪强度线是相切的关系。如图 8-5 所示,设切点为 A,将抗剪强度线延长并与 σ 轴相交于 O'点,则由三角形 $AO'D$ 可知

$$\sin\varphi = \frac{AD}{O'D} = \frac{\sigma_1 - \sigma_3}{2C\cot\varphi + \sigma_1 + \sigma_3} \tag{8-9}$$

通过三角函数间的变换,最后可以得到土中某点处于极限平衡状态时主应力之间的关系式,即极限平衡条件:

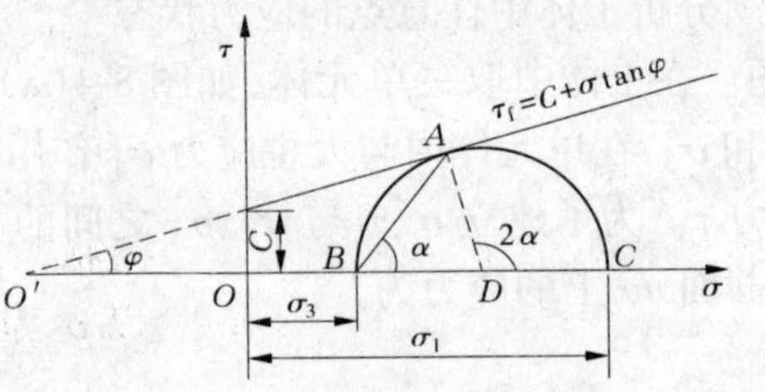

图 8-5　极限平衡的几何条件

$$\sigma_1 = \sigma_3 \tan^2\left(45^\circ + \frac{\varphi}{2}\right) + 2C\tan\left(45^\circ + \frac{\varphi}{2}\right) \tag{8-10}$$

或

$$\sigma_3 = \sigma_1 \tan^2\left(45^\circ + \frac{\varphi}{2}\right) - 2C\tan\left(45^\circ - \frac{\varphi}{2}\right) \tag{8-11}$$

由图 8-5 中几何关系又可求得

$$\alpha_f = \frac{1}{2}(90^\circ + \varphi) = 45^\circ + \frac{\varphi}{2} \tag{8-12}$$

土的极限平衡条件同时表明，土体剪切破坏时的破裂面不是发生在最大剪应力 τ_{max} 的作用面上，而是发生在与最大主应力的作用面成 $45^\circ + \frac{\varphi}{2}$ 的平面上。

对于无黏性土，由于黏聚力 $C = 0$，则可求得无黏性土的极限平衡条件：

$$\sigma_1 = \sigma_3 \tan^2\left(45^\circ + \frac{\varphi}{2}\right) \tag{8-13}$$

或

$$\sigma_3 = \sigma_1 \tan^2\left(45^\circ + \frac{\varphi}{2}\right) \tag{8-14}$$

按照极限平衡理论，如果给定了土的抗剪强度参数 φ 和 C 以及土中某点的应力状态，则可将抗剪强度线与莫尔应力圆画在同一张坐标图上，如图 8-6 所示。它们之间的关系有以下三种情况：①整个莫尔圆位于抗剪强度包线的下方（圆Ⅰ），说明该点在任何平面上的剪应力都小于土所能发挥的抗剪强度（$\tau < \tau_f$），因此不会发生剪切破坏；②抗剪强度包线是莫尔圆的一条割线（圆Ⅲ）实际上这种情况是不可能存在的，因为该点任何方向上的剪应力都不可能超过土的抗剪强度（不存在 $\tau > \tau_f$ 的情况）；③莫尔圆与抗剪强度包线相切（圆Ⅱ），切点为 A，说明在 A 点所代表的平面上，剪应力正好等于抗剪强度（$\tau = \tau_f$），该点就处于极限平衡状态，圆Ⅱ称为极限应力圆。

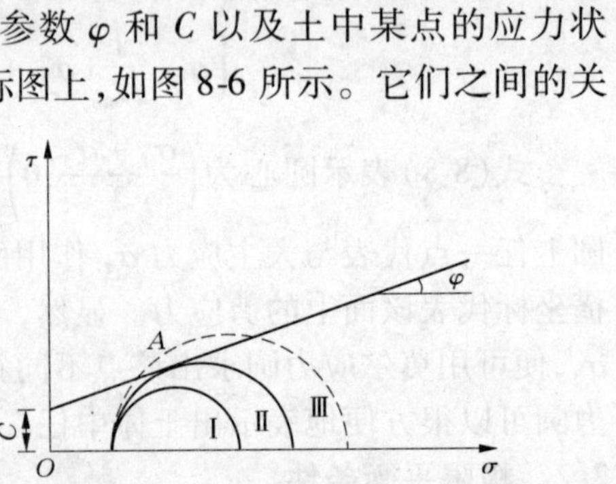

图 8-6　莫尔应力圆与抗剪强度包线之间的关系

土的极限平衡条件常用来判定土中某点的平衡状态，具体方法是根据实际最小主应力及土的极限平衡条件式，可推求土体处于极限平衡状态时所能承受的最大主应力，或根据实际最大主应力及土的极限平衡条件式，推求出土体处于极限平衡状态时所能承受的最小主应力，再通过比较计算值即可判定该点的平衡状态：

(1) 当 $\sigma_1 < \sigma_{1f}$ 或 $\sigma_3 > \sigma_{3f}$ 时，土体中该点处于稳定平衡状态；

(2) 当 $\sigma_1 = \sigma_{1f}$ 或 $\sigma_3 = \sigma_{3f}$ 时，土体中该点处于极限平衡状态；

(3) 当 $\sigma_1 > \sigma_{1f}$ 或 $\sigma_3 < \sigma_{3f}$ 时，土体中该点处于破坏状态。

除应用公式外，还可用图解法来判定土中某点的应力状态，具体做法是：利用土体中某点所处的应力状态，在直角坐标系中，如图 8-7 所示，以 σ 为横坐标轴，以 τ 为纵坐标轴，按一定比例尺，在 σ 轴上截取 OB 和 OC 分别等于 σ_1 和 σ_3，并以 O_1 为圆心，以 $\frac{\sigma_1 - \sigma_3}{2}$ 为半径作一圆，并从 O_1C 开始逆时针旋转 2α 角，在圆周上得到一点 A（A 点的横坐标就是该点斜面 aa 上的正应力，纵坐标就是剪应力）。利用所绘制莫尔应力圆与抗剪强度线的关系就可以判定出土体所处的应力状态。

因为应力圆上的点的横坐标表示土中某点在相应斜面上的正应力，纵坐标表示剪应力，所以可应用应力圆来研究土中任一点的应力状态。

【例 8-1】 已知土中某点的最大主应力 $\sigma_1 = 500$ kPa，最小主应力 $\sigma_3 = 300$ kPa。试分别用解析法和图解法计算与最大主应力 σ_1 作用平面成 30°角的平面上的正应力 σ 和剪应力 τ。

解 (1) 解析法。

$$\sigma = \frac{1}{2}(\sigma_1 + \sigma_3) + \frac{1}{2}(\sigma_1 - \sigma_3)\cos 2\alpha = \frac{1}{2} \times (500 + 300) + \frac{1}{2} \times (500 - 300) \times \cos 60° = 450(\text{kPa})$$

$$\tau = \frac{1}{2}(\sigma_1 - \sigma_3)\sin 2\alpha = \frac{1}{2} \times (500 - 300) \times \sin 60° = 87(\text{kPa})$$

(2) 图解法。

按照莫尔应力圆确定其正应力 σ 和剪应力 τ。

绘直角坐标系，按比例尺在横坐标轴上标出 $\sigma_1 = 500$ kPa 和 $\upsilon_3 = 300$ kPa，如图 8-7 所示，以 $\sigma_1 - \upsilon_3 = 200$ kPa 为直径绘圆，从横坐标轴开始，逆时针旋转 $2\alpha = 60°$，在圆周上得 A 点。以相同的比例尺量得 A 的横坐标，即 $\sigma = 450$ kPa，纵坐标即 $\tau = 87$ kPa。

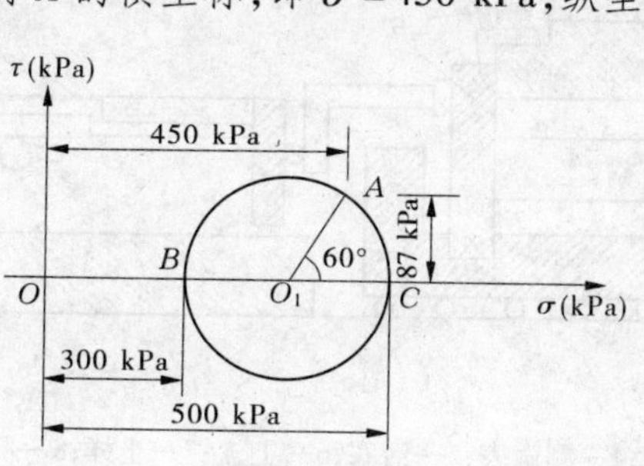

图 8-7　例 8-1 图

可见，两种方法得到了相同的正应力 σ 和剪应力 τ，但用解析法计算较为准确，用图解法计算则较为直观。

【例 8-2】 土样内摩擦角为 $\varphi = 23°$，黏聚力为 $C = 18$ kPa，土中大主应力和小主应力分别为 $\sigma_1 = 300$ kPa，$\sigma_3 = 120$ kPa，试判断该土样是否达到极限平衡状态。

解　应用土的极限平衡条件,可得土体处于极限平衡状态且大主应力 $\sigma_1 = 300$ kPa 时所对应的小主应力计算值 σ_{3f} 为

$$\sigma_{3f} = \sigma_1 \tan^2(45° - \frac{\varphi}{2}) - 2C\tan(45° - \frac{\varphi}{2})$$

$$= 300 \times \tan^2(45° - \frac{23°}{2}) - 2 \times 18 \times \tan(45° - \frac{23°}{2}) = 107.6(\text{kPa})$$

计算结果表明 $\sigma_3 > \sigma_{3f}$,可判定该土样处于稳定平衡状态。上述计算也可以根据实际最小主应力 σ_3 计算 σ_{1f} 的方法进行。采用应力圆与抗剪强度包络线相互位置关系来评判的图解法也可以得到相同的结果。

3　土的剪切试验

土的抗剪强度指标 φ、C 可以通过剪切试验确定。抗剪强度试验的方法有室内试验和野外试验等,室内试验最常用的是直接剪切试验(直剪试验)、三轴剪切试验和无侧限抗压强度试验等,野外试验有原位十字板剪切试验等。

3.1　直接剪切试验

直接剪切试验是最早的测定土的抗剪强度指标的试验方法,也是测定土的抗剪强度最简单的方法,在世界各国广泛应用。该试验的主要仪器为直剪仪,按照加荷方式的不同,直剪仪可分为应变控制式和应力控制式两种,前者以等速水平推动试样产生位移并测定相应的剪应力;后者则是对试样分级施加水平剪应力,同时测定相应的位移。我国目前普遍采用的是应变控制式直剪仪。如图 8-8 所示为应变控制式直剪仪示意图。垂直压力由杠杆系统通过加压活塞和透水石传给土样,水平剪力则由轮轴推动活动的下盒施加给土样,土的抗剪强度可由量力环的位移值确定。

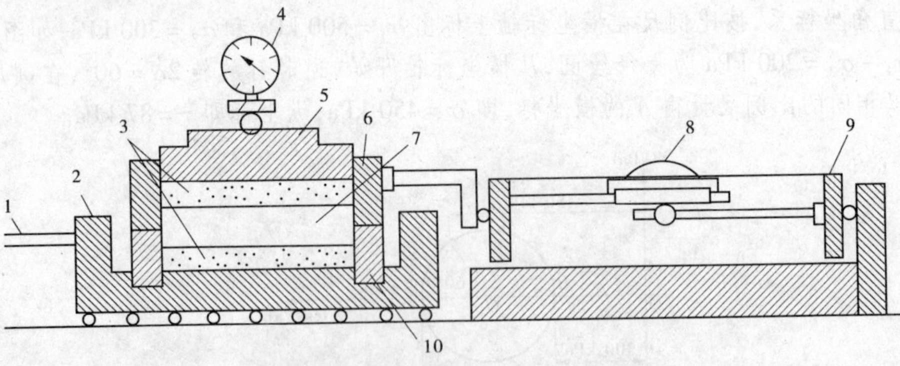

1—轮轴;2—底座;3—透水石;4—测微表;5—活塞;6—上盒;7—土样;8—测微表;9—量力环;10—下盒

图 8-8　应变控制式直剪仪示意图

直接剪切试验是测定土的抗剪强度指标常用的一种试验方法。它具有仪器设备简单、操作方便等优点。它的缺点是剪应力沿剪切面分布不均匀,不易控制排水条件,在试验过程中剪切面变化等。

3.2 三轴剪切试验

三轴剪切试验是测定土的抗剪强度的一种较为完善的方法。该试验所用仪器为三轴剪切仪，其构造见图8-9，它主要由压力室、施加周围压力系统、轴向加压系统和孔隙水压力量测系统组成。目前，较为先进的三轴剪切仪还配备有自动控制系统和数据自动采集系统。

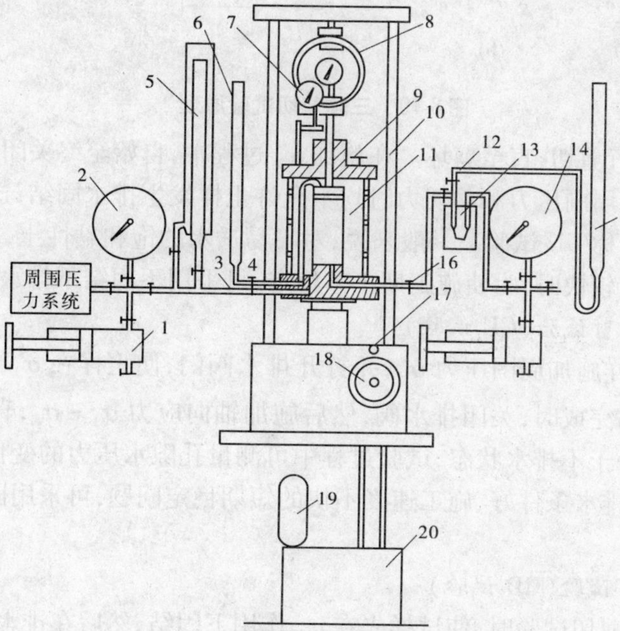

1—调压筒;2—周围压力表;3—周围压力阀;4—排水阀;5—体变管;6—排水管;7—变形量表;8—量力环;9—排气孔;10—轴向加压设备;11—压力室;12—量管阀;13—零位指示器;14—孔隙压力表;15—量管;16—孔隙压力阀;17—离合器;18—手轮;19—马达,20—变速粕

图8-9 三轴剪切仪

试验时，圆柱体土样用乳胶膜包裹，放入密封的压力室内。如图8-10(a)所示先向压力室内压入液体，使试样受到周围压力 σ_3 作用，并使压力 σ_3 在试验过程中保持不变，这时土样内各向的三个主应力相等，因此不产生剪应力，土样也不受剪切。然后在压力室上端的活塞杆上施加垂直压力直至土样受剪破坏，设破坏时由活塞杆加在土样上的垂直压力为 σ_3，则土样上的最大主应力为 $\Delta\sigma_1+\sigma_3$，而最小主应力为 σ_3，如图8-10(b)所示。由此可绘出一个莫尔圆。用同一种土制成若干土样按上述方法进行试验，对每个土样施加不同的周围压力 σ_3，可分别求得剪切破坏时对应的最大主应力 σ_1，将这些结果绘成一组莫尔圆。根据土的极限平衡条件可知，通过这些莫尔圆的切点的直线就是土的抗剪强度线(见图8-10(c))，由此可得抗剪强度指标 φ 和 C 值。

根据土样固结排水条件的不同，相应于直剪试验，三轴试验可分为如下三种方法。

3.2.1 不固结不排水剪试验(UU试验)

将现场提取或实验室制备的土样放入三轴仪的压力室内，在排水阀门关闭的情况下，先向土样施加周围压力 σ_3，不待土样固结和孔隙水压力消散，随即施加轴向应力 $\Delta\sigma_1$

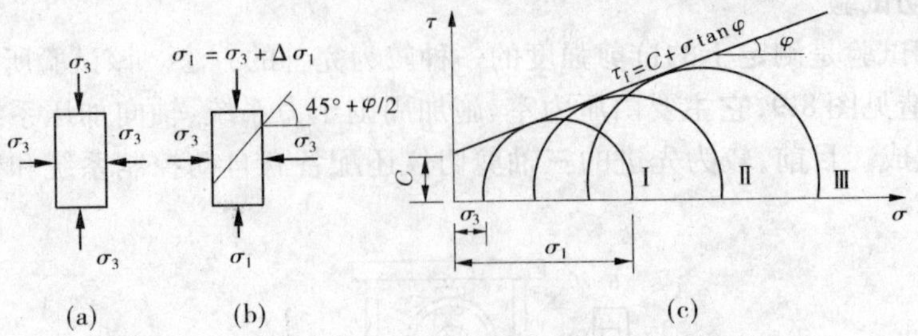

图 8-10　三轴剪切试验原理

($\Delta\sigma_1=\sigma_1-\sigma_3$)进行剪切,直至剪坏。在施加 σ_3 过程中,自始至终关闭排水阀门,不让土中水排出,即在施加周围压力和剪切力时均不允许土样发生排水固结,这种试验称为不固结不排水剪试验,又称 UU 试验。一般来说,对不易透水的饱和黏性土,当土层较厚、排水条件较差、施工速度较快时,为使施工期土体稳定,可采用不固结不排水剪方法测定。

3.2.2　固结不排水剪试验(CU 试验)

试验时先对土样施加周围压力 σ_3,并打开排水阀门,使土样在 σ_3 作用下排水固结。土样排水终止,固结完成时,关闭排水阀,然后施加轴向应力 $\sigma_1-\sigma_3$,直至土样破坏。在剪切过程中,土样处于不排水状态,试验过程中可测量孔隙水压力的变化过程。对于土层较薄、透水性较大、排水条件好、施工速度不快的短期稳定问题,可采用固结不排水剪方法测定。

3.2.3　固结排水剪试验(CD 试验)

进行固结排水剪切试验时,使试样先在 σ_3 作用下固结,然后在排水条件下缓慢剪切,使孔隙水压力充分消散,在整个固结和剪切全过程中不产生孔隙水压力,因此总应力总是等于有效应力。对于施工速度相当慢、土层透水性及排水条件都很好的情况下,可采用固结排水剪方法测定。

三轴试验的突出优点是:能够控制排水条件以及可以量测土样中孔隙水压力的变化。此外,三轴试验中试样的应力状态也比较明确,剪切破坏时的破裂面在试样的最弱处,而不像直剪试验那样限定在上下盒之间。一般来说,三轴试验的结果还是比较可靠的,因此三轴压缩仪是土工试验不可缺少的仪器设备。三轴压缩试验的主要缺点是试验操作比较复杂,对试验人员的操作技术要求比较高。另外,常规三轴试验中的试样所受的力是轴对称的,与工程实际中土体的受力情况不太相符,要满足土样在三向应力条件下进行剪切试验,就必须采用更为复杂的三轴仪进行试验。

3.3　无侧限抗压强度试验

无侧限抗压强度试验是三轴剪切试验中 $\sigma_3=0$ 的特殊情况。试验时,将圆柱形试样置于如图 8-11(a)所示无侧限压缩仪中,在不加任何侧向压力的情况下,对试样施加轴向压力,直至试样剪切破坏。试样破坏时的轴向压力以 q_u 表示,称为无侧限抗压强度。无黏性土在无侧限条件下试样难以成型,该试验主要用于黏性土,尤其适用于饱和黏性土。

由于不能施加周围压力,无侧限抗压强度试验时侧压力 $\sigma_3=0$,所以只能求得一个过坐标原点的极限应力圆,如图 8-11(b)所示。对于饱和软黏土,根据三轴不固结不排水试

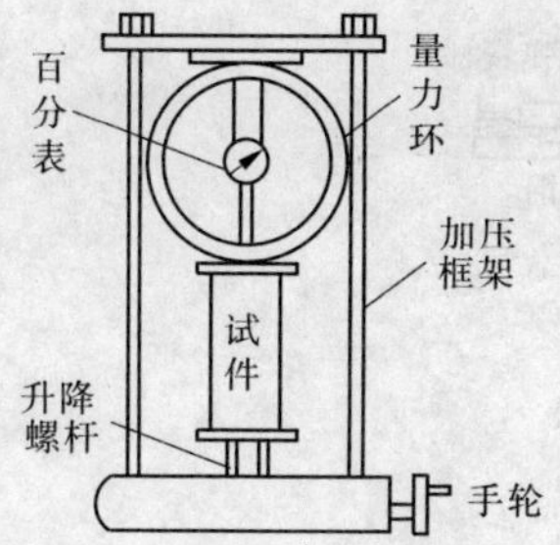

(a)无侧限压缩仪

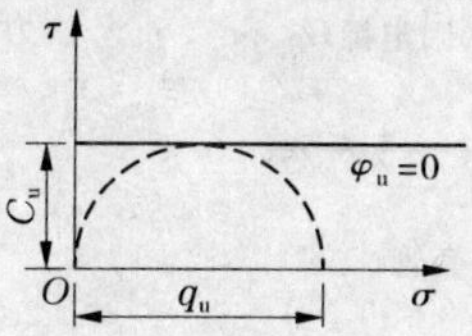

(b)无侧限抗压强度试验结果

图8-11　无侧限抗压强度试验

验的结果，其强度包线近似一水平线，即 $\varphi_u=0$（表示三轴不固结不排水剪试验求得的内摩擦角），因此饱和软黏土的不固结不排水抗剪强度可以利用无侧限压缩仪求得：

$$\tau_f = C_u = \frac{q_u}{2} \tag{8-15}$$

式中　C_u——土的不排水抗剪强度，kPa；

q_u——无侧限抗压强度，kPa。

无侧限抗压强度试验除可测定饱和黏性土的抗剪强度指标外，还可以测定饱和软黏土的灵敏度 S_t。土的灵敏度是原状土和重塑土的无侧限抗压强度的比值，它反映土的结构性强弱，其计算公式如下：

$$S_t = \frac{q_u}{q_0} \tag{8-16}$$

式中　q_u、q_0——原状土、重塑土的无侧限抗压强度，kPa。

根据灵敏度的大小，可将饱和黏性土分为三类：$1<S_t\leqslant 2$，低灵敏土；$2<S_t\leqslant 4$，中灵敏土；$S_t>4$，高灵敏土。无侧限抗压强度试验适用于测定饱和软黏土的抗剪强度指标。土的灵敏度愈高，其结构性愈强，受扰动后十的强度降低就愈多。黏性土受扰动而强度降低的性质，一般说来对工程建设是不利的，如在基坑开挖过程中，因施工可能造成土的扰动而使地基强度降低。

3.4　十字板剪切试验

在抗剪强度的现场原位测试方法中，最常用的是十字板剪切试验。该试验无需钻孔取得原状土样，对土的扰动小，试验时土的排水条件、受力状态与实际情况十分接近，因而特别适用于难以取样且灵敏度高的饱和软黏土。

十字板剪切仪如图8-12所示，主要由板头、加力装置和测量设备三部分组成。试验时，将套管打到要求测试深度以上75 cm，然后将套管内土清除，通过套管将安装在钻管下的十字板压入土中至测试深度。再在地面上以一定转速对钻管施加扭力矩，使埋在土中的十字板扭转，直至土剪切破坏。破坏面为十字板旋转所形成的圆柱面。

设土体剪切破坏时所施加的扭矩为 M，则它应该与剪切圆柱体侧面、上下端面的抗剪强度所产生的抵抗力矩相等，即

$$M = \frac{1}{2}\pi D^2 H\tau_V + \frac{1}{6}\pi D^3\tau_H \tag{8-17}$$

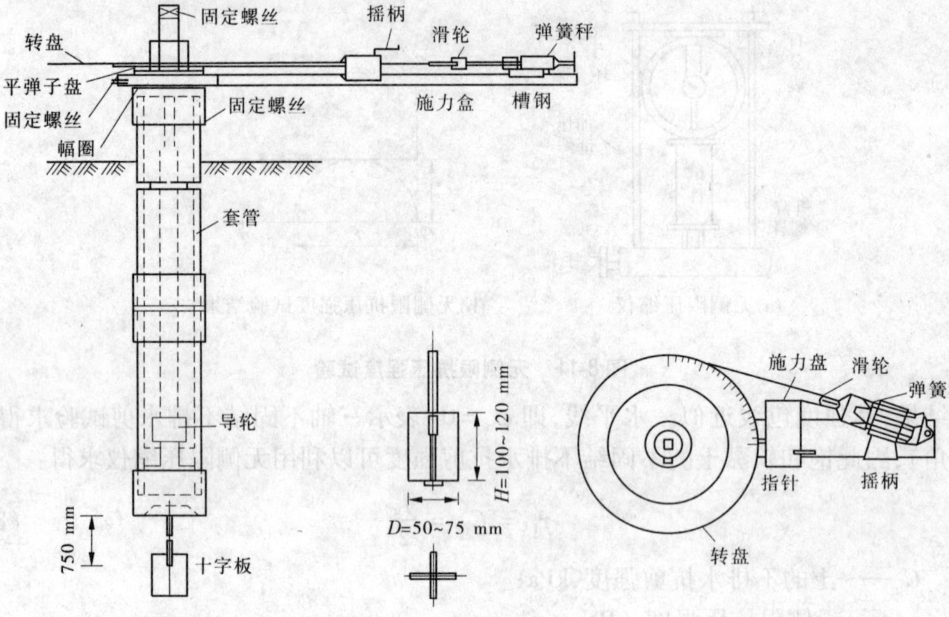

(a)剖面图 (b)十字板 (c)扭力设备

图 8-12 十字板剪切仪

式中 M——剪切破坏时的扭矩,kN·m;

τ_V、τ_H——剪切破坏时圆柱体侧面和上下面土的抗剪强度,kPa;

H——十字板的高度,m;

D——十字板的直径,m。

一般而言,土体是各向异性的,为简化计算,假定土体为各向同性体,即土的抗剪强度各向相等,用 τ_f 表示,式(8-17)变为

$$M = \left(\frac{1}{2}\pi D^2 H + \frac{1}{6}\pi D^3\right)\tau_f \tag{8-18}$$

于是,通过十字板原位剪切试验测得的抗剪强度 τ_f 为

$$\tau_f = \frac{2M}{\pi D^2\left(H + \frac{D}{3}\right)} \tag{8-19}$$

利用十字板剪切试验在现场测定饱和黏性土的抗剪强度,类似于不排水剪切的试验条件,因此其试验结果与无侧限抗压强度试验结果接近。对于饱和软黏土来说,十字板剪切试验所得成果即为不排水抗剪强度,饱和软黏土 $\varphi_u = 0$,所以

$$\tau_f = \frac{q_u}{2} \tag{8-20}$$

室内试验都要求事先取得原状土样,由于试样在采取、运送、保存和制备等过程中不可避免地会受到扰动,土的含水率也难以保持天然状态,特别是对于高灵敏度的黏性土扰动更大,故试验结果对土的实际情况的反映将会受到不同程度的影响。十字板剪切试验由于是直接在原位进行试验,不必取土样,故土体所受的扰动较小,被认为是比较能反映

土体原位强度的测试方法,但如果在软土层中夹有薄层粉砂,则十字板试验结果就可能偏大。

4　土的抗剪强度影响因素及抗剪强度指标的选择

4.1　影响抗剪强度的各种因素

钢材与混凝土等建筑材料的强度比较稳定,并可由人工加以定量控制,各地区的各类工程可以根据需要采用标准的强度。而土的抗剪强度与之不同,为非标准定值,受到很多因素影响。不同地区、不同成因、不同类型土的抗剪强度往往有很大的差别,即使同一种土,在不同的密度、含水率、剪切速率、仪器等条件下,其抗剪强度的数值也不相等。根据库仑定律中相关公式可知,土的抗剪强度与法向压力、土的内摩擦角和黏聚力三者有关。因此,影响抗剪强度的因素可归纳为两类。

4.1.1　土的物理化学性质的影响

4.1.1.1　土粒的矿物成分

砂土中石英矿物含量越多,内摩擦角越大;云母矿物含量越多,则内摩擦角越小。黏性土的矿物成分不同,黏土表面结合水和电分子力不同,其黏聚力也不同。土中含有各种胶结物质,可使黏聚力增大。

4.1.1.2　土的颗粒形状与级配

土的颗粒越粗,表面越粗糙,内摩擦角越大。土的级配良好,内摩擦角越大;土粒越均匀,内摩擦角越小。

4.1.1.3　土的原始密度

土的原始密度越大,土粒之间接触点越多且越紧密,则土粒之间的表面摩擦力和粗粒土的咬合力越大,即内摩擦角和黏聚力越大。同时,土的原始密度大,土的孔隙小,接触紧密,黏聚力也必然大。

4.1.1.4　土的含水率

当十的含水率增加时,水分在土粒表面形成润滑剂,使内摩擦角减小。对黏性土来说,含水率增加,将使薄膜水变厚,甚至增加自由水,则土粒之间的电分子力减弱,使黏聚力降低。凡是山坡滑动,通常都在雨后发生,雨水入渗使山坡土中含水率增加,降低土的抗剪强度,导致山坡失稳滑动。

4.1.1.5　土的结构

黏性土具有结构强度,如黏性土的结构受扰动,则其黏聚力降低。

4.1.2　孔隙水压力的影响

由有效应力原理可知,作用在试样剪切面上的总应力为有效应力和孔隙水压力之和,即 $\sigma = \sigma' + u$。在外荷作用下,随着时间的增长,孔隙水压力因排水而逐渐消散,同时有效应力相应地不断增加。

由于孔隙水压力作用在土中的自由水上,不会产生土粒之间的内摩擦力,只有作用在土颗粒骨架上的有效应力才能产生土的内摩擦强度,因此土的抗剪强度试验的条件不同、影响土中孔隙水是否排出与排出多少及影响有效应力的数值的大小,使抗剪强度试验结果不同。建筑场地工程地质勘察,应根据实际地质情况与施工速度,即土中孔隙水压力的消散程度,采用三种不同的试验方法。

(1)固结排水剪(慢剪)试验控制条件。如在直剪试验中,施加垂直压力后,使孔隙水压力完全消散,然后施加水平剪力。每级剪力施加后都充分排水,使试验在整个过程中都处于充分排水条件下,即试验的孔隙水压力为零,直至试样剪损。试验结果测得的抗剪强度最大。

(2)不固结不排水剪(快剪)试验控制条件。与上述固结排水剪相反。如在直剪试验中,施加垂直压力后立即施加水平剪力,并快速试验,在3~5 min内把试样剪损。在整个试验过程中使土处于不排水状态,使试样始终存在孔隙水压力,因此土中有效应力减小,所以试验结果测得的抗剪强度值最小。

(3)固结不排水剪(固结快剪)试验控制条件。相当于以上两种方法的组合。如在直剪试验中,施加垂直压力后充分排水,使孔隙水压力全部消散,即固结后再快速施加水平剪力,并在3~5 min内将土样剪损,这样试验结果测得的抗剪强度居中。

由此可见,试验中是否存在孔隙水压力,对抗剪强度有很重要的影响。

4.2 抗剪强度指标的选择

在实际工程中,地基条件与加荷情况不一定非常明确,如加荷速度的快慢、土层的厚薄、荷载大小以及加荷过程等都没有定量的界限值,而常规的直剪试验与三轴试验是在理想化的室内试验条件下进行的,与实际工程之间存在一定的差异。因此,在选用强度指标前需要认真分析实际工程的地基条件与加荷条件,并结合类似工程的经验加以判断,选用合适的试验方法与强度指标。

4.2.1 试验方法

相对于三轴试验而言,直剪试验的设备简单,操作方便,故目前在实际工程中使用比较普遍。然而,直剪试验中只是用剪切速率的快与慢来模拟试验中的不排水和排水,对试验排水条件的控制是很不严格的,因此在有条件的情况下应尽量采用三轴试验方法。另外,《土工试验方法标准》(GB/T 50123—1999)规定直剪试验的固结快剪和快剪试验只适用于渗透系数小于10^{-6} cm/s的黏土,对于其他的土类,则不宜采用直剪试验方法。

4.2.2 有效应力强度指标

用有效应力法及相应指标进行计算,概念明确,指标稳定,是一种比较合理的分析方法,只要能比较准确地确定孔隙水压力,则应该推荐采用有效应力强度指标。当土中的孔隙水压力能通过试验、计算或其他方法加以确定时,宜采用有效应力法。有效应力强度指标可用三轴排水剪或三轴固结不排水剪(测孔隙水压力)测定。

4.2.3 不固结不排水剪指标

土样进行不固结不排水剪切时,所施加的外力将全部由孔隙水压力承担,土样完全保持初始的有效应力状态,所测得的强度即为土的天然强度。在对可能发生快速加荷的正常固结黏性土上的路堤进行短期稳定分析时,可采用不固结不排水的强度指标;对于土层较厚、渗透性较小、施工速度较快工程的施工期或竣工时,分析也可采用不固结不排水剪的强度指标。

4.2.4 固结不排水剪指标

土样进行固结不排水剪试验时,周围固结压力将全部转化为有效应力,而施加的偏应力将产生孔隙水压力。在对土层较薄、渗透性较大、施工速度较慢的工程进行分析时,可采用固结不排水剪的强度指标。

任务2　地基承载力确定

1　地基破坏模式

地基承载力是指地基土单位面积上所能承受的荷载。地基承载力是确定基础底面尺寸的主要依据,基础底面的压力不大于地基承载力特征值,是地基基础设计应满足的基本要求之一。按地基承载力确定的建筑物基础的底面积,一般情况下,可以保证地基土不会因发生剪切破坏而失去稳定,也不会使基础产生过大的沉降变形而影响建筑物的正常使用。

1.1　地基变形阶段

地基破坏是一个逐渐发展的过程,包括不同的阶段。由地基静载荷试验获得的典型地基荷载—沉降关系曲线 p—s(见图8-13(a))可见,地基破坏的过程一般经过弹性压密阶段、塑性区发展阶段和破坏阶段。

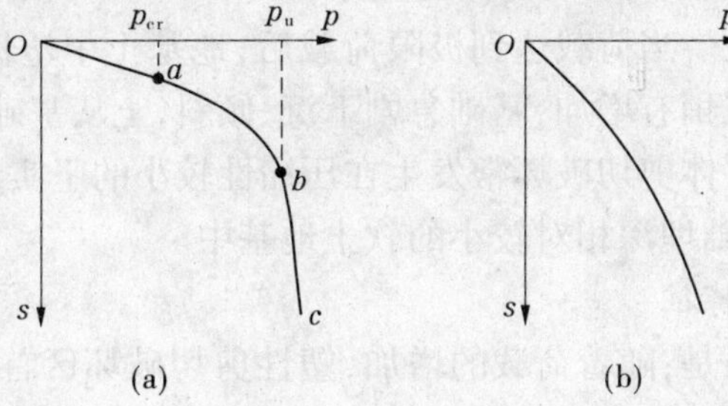

图8-13　p—s 曲线

1.1.1　弹性压密阶段

弹性压密阶段对应于 p—s 曲线上的 Oa 段,该阶段 p—s 曲线近似呈直线,故也称直线变形阶段。在这一阶段里,土中各点的剪应力均小于土的抗剪强度,土体处于弹性平衡状态,基础的沉降主要是由于土的弹性压密变形引起的。p—s 曲线上 a 点对应的荷载称为比例界限荷载 p_{cr},也称临塑荷载。

1.1.2　塑性区发展阶段

塑性区发展阶段对应于 p—s 曲线上的 ab 段。在这一阶段 p—s 曲线已不再保持线性关系,沉降量的增长率随荷载的增大而增加。在这一阶段,地基土中局部范围内的剪应力达到土的抗剪强度,发生剪切破坏。发生剪切破坏的区域称为塑性区,塑性区首先在基础边缘处产生。随着荷载的继续增加,塑性区的范围也逐步扩大,直至土中形成连续的滑动面,不适于再继续承载。该阶段末 b 点对应的荷载称为极限荷载 p_u。

1.1.3　破坏阶段

破坏阶段对应于 p—s 曲线上的 bc 段。当荷载超过极限荷载后,基础沉降急剧增加,即使不增加荷载,沉降也将继续增加,$p—s$ 曲线呈陡降段。在这一阶段,由于土中塑性区范围的扩展,已在土中形成连续滑动面,土从基础两侧挤出而丧失整体稳定性。

1.2 地基破坏的模式

地基在荷载作用下,由于承载能力不足会引起破坏,而这种破坏通常是基础下持力层土体的剪应力达到或超过了土的抗剪强度,出现了剪切破坏所造成的,这种剪切破坏的形式可分为整体剪切破坏、局部剪切破坏和刺入剪切破坏,如图 8-14 所示。

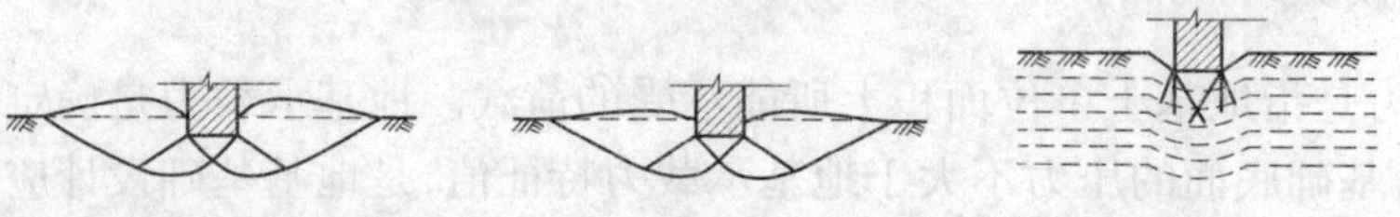

(a)整体剪切破坏　(b)局部剪切破坏　(c)刺入剪切破坏

图 8-14　地基剪切破坏形式

1.2.1 整体剪切破坏的特征

整体剪切破坏的特征是:当基础荷载较小时,基底压力 p 与基础沉降 s 基本上呈直线关系,如图 8-13 曲线的 Oa 段。当荷载增加到某一值(临塑荷载)时,在基础边缘处的土最先产生塑性剪切破坏,随着基础荷载的增加,塑性剪切破坏区域逐步扩大,基底压力 p 与基础沉降 s 不再呈直线关系,表现为曲线关系,如图 8-13(a)曲线的 ab 段所示,基础沉降增长率较前一阶段增大。当荷载达到极限荷载后,地基土中塑性破坏区发展成连续滑动面,并延伸到地面,荷载稍有增加,基础急剧下沉、倾斜,土从基础两侧挤出并隆起,整个地基失去稳定而破坏。整体剪切破坏常发生在压缩性较小的坚实地基中,如密砂、硬黏土地基等,也可能发生在基础埋深相对较小的软土地基中。

1.2.2 局部剪切破坏的特征

局部剪切破坏的特征是:随着荷载的增加,塑性剪切破坏区首先从基础边缘处开始,但塑性区的发展局限在地基某一范围内,土中滑动面没有延伸到地面,基础四周地面微微隆起,建筑物没有明显的倾斜或倒塌,破坏的特征介于整体剪切破坏和刺入剪切破坏之间,基底压力与基础沉降关系曲线 $p—s$ 从开始就呈非线性关系。

1.2.3 刺入剪切破坏的特征

刺入剪切破坏常发生在基础埋深相对较大的软弱地基中,如松砂和软土地基,其破坏特征是:随着荷载的增加,基础下土层发生压缩变形,基础随之下沉,当荷载继续增加,基础之下的软弱土沿基础周边发生竖向剪切破坏,使基础刺入土中,就像利器刺入其他物体一样,表面不仅没有隆起现象,还有稍微的凹陷,故称为刺入剪切破坏,又称为冲切破坏。破坏时,地基中不出现明显的滑动面和较大的建筑物倾斜。刺入剪切破坏的 $p—s$ 曲线(见图 8-13(b)),沉降随着荷载的增大而不断增加,但 $p—s$ 曲线上没有明显的转折点,也没有明显的比例界限荷载和极限荷载。

地基的剪切破坏模式除与地基土的性质有关外,还同基础底面尺寸、埋置深度、加荷速率等因素有关。其中,基础的相对埋置深度(基础埋置深度与底面宽度的比值)是决定地基破坏形式的关键因素。基础的相对埋置深度较大时(如桩基),刺入剪切破坏的情况较多;基础的相对埋置深度较小时,发生整体剪切破坏的可能性较多。

1.3 确定地基承载力的方法

地基承载力的确定在浅基础设计中是一项非常重要而又十分复杂的问题。影响地基承载力的因素很多,诸如土的物理力学性质指标,基础形式、基础埋置深度与基础底面尺寸,建筑物的类型、结构特点和施工速率等,要精确的确定地基承载力是比较困难的。合理的确定地基承载力既能保证建筑物的安全和正常使用,又能达到降低工程造价的目的。确定地基承载力常用的方法有以下几种:

(1)按现场静载荷试验方法确定。

(2)按其他原位测试结果确定,如静力触探、标准贯入试验、旁压试验等。

(3)按土的抗剪强度指标利用理论公式计算确定。

(4)按当地建筑经验方法确定。

这些方法各有优劣,互为补充,必要时可按多种方法综合确定。地基承载力确定方法的选择和确定的精细程度宜按地基基础设计等级、地基岩土条件和当地建筑经验合理选择,避免出现不必要的过分严格和随意的过分简化两种倾向。熟练掌握各种方法,在工程实践中合理地利用当地建筑经验,通过不多的地质勘察测试工作,就能获得比较精确的地基承载力值。

2 临塑荷载和塑性荷载确定

地基土从弹性压密阶段到塑性区发展阶段,即将要产生塑性破坏区所对应的基底荷载称为临塑荷载 p_{cr},此时塑性区开展的最大深度 $z_{max}=0$(z 从基底算起)。为了合理利用地基承载力,允许地基中塑性区开展到一定深度,这时对应的荷载称为塑性荷载,也称临界荷载。

临塑荷载和塑性荷载理论公式建立的基本思路是:应用土体极限平衡条件,建立基底压力与地基中塑性变形区开展深度间的关系,然后根据临塑荷载或塑性荷载对应的塑性区开展的最大深度 z_{max} 建立临塑荷载或塑性荷载解析式。

2.1 临塑荷载

如图 8-15(a)所示地基上作用一条形均布荷载,为简化计算,假定土的自重应力沿各个方向以相等的值传递,即土中一点处各个方向的自重应力相等,则 M 点的大小主应力计算公式变为

$$\sigma_1 = \frac{p_0}{\pi}(\beta_0 + \sin\beta_0) + \gamma z \tag{8-21}$$

$$\sigma_3 = \frac{p_0}{\pi}(\beta_0 - \sin\beta_0) + \gamma z \tag{8-22}$$

式中 p_0——基底附加压力,kPa,$p_0 = p - \gamma_0 d$;

β_0——视角,点 M 与条形荷载两边缘连线的夹角;

γ——持力层土的重度,地下水位以下采用有效重度,kN/m^3;

z——点 M 到条形荷载作用面的距离,m。

工程中的基础都具有一定的埋置深度 d,有时基础四周可能还有地表超载,如图 8-15(b)所示荷载 q,q 为基础埋置深度范围内土的自重应力与地表超载之和。当无地表超载

时，地基中任一点 M 处的大、小主应力计算公式为

$$\sigma_1 = \frac{p_0}{\pi}(\beta_0 + \sin\beta_0) + \gamma z + \gamma_0 d \tag{8-23}$$

$$\sigma_3 = \frac{p_0}{\pi}(\beta_0 - \sin\beta_0) + \gamma z + \gamma_0 d \tag{8-24}$$

式中　d——基础埋置深度，m；

γ_0——基础埋置深度范围内土的平均重度，地下水位以下采用有效重度，kN/m³。

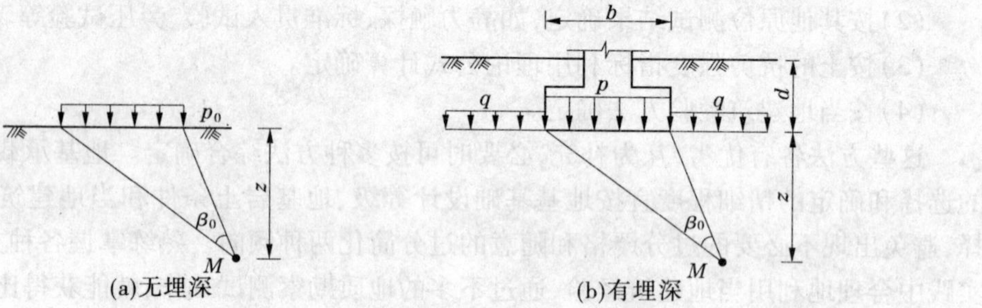

图 8-15　条形均布荷载作用下地基中的主应力

根据土的极限平衡理论，当 M 点达到极限平衡状态时，其大、小主应力应满足极限平衡条件，即满足下式要求：

$$\sin\varphi = \frac{\sigma_1 - \sigma_3}{\sigma_1 + \sigma_3 + 2C\cot\varphi} \tag{8-25}$$

将式(8-23)、式(8-24)代入式(8-25)并整理得

$$z = \frac{p - \gamma_0 d}{\gamma\pi}\left(\frac{\sin\beta_0}{\sin\varphi} - \beta_0\right) - \frac{C}{\gamma\tan\varphi} - \frac{\gamma_0}{\gamma}d \tag{8-26}$$

式中　φ——持力层土的内摩擦角，(°)；

C——持力层土的黏聚力，kPa。

式(8-26)为塑性区的边界方程，它表示塑性区边界上任意一点的深度 z 与视角 β_0 间的关系。如果基础埋深 d、荷载 p 及土的物理力学性质指标 φ、C、γ 均为已知，则可根据式(8-26)绘出塑性区边界线，如图 8-16 所示。在塑性区边界线上及其内部，剪应力 τ 等于土的抗剪强度 τ_f，达到极限平衡状态；塑性区边界线以外，剪应力 τ 小于土的抗剪强度 τ_f，未达到极限平衡状态。

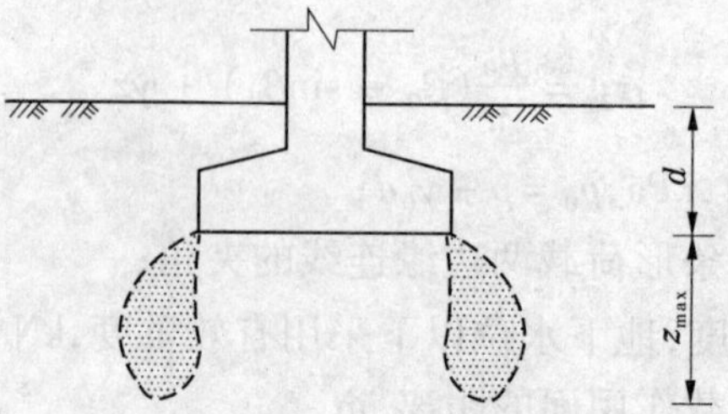

图 8-16　土中塑性区

塑性区开展的最大深度 z_{max} 可由 $\dfrac{dz}{d\beta_0}=0$ 的条件求得，即 $\dfrac{p-\gamma_0 d}{\gamma\pi}\left(\dfrac{\cos\beta_0}{\sin\varphi}-1\right)=0$，由于 $\dfrac{p-\gamma_0 d}{\gamma\pi}\neq 0$，所以 $\cos\beta_0=\sin\varphi$，解此方程得

$$\beta_0=\frac{\pi}{2}-\varphi \tag{8-27}$$

将 β_0 代入式(8-26)得

$$z_{max}=\frac{p-\gamma_0 d}{\gamma\pi}\left(\cot\varphi-\frac{\pi}{2}+\varphi\right)-\frac{C}{\gamma\tan\varphi}-\frac{\gamma_0}{\gamma}d \tag{8-28}$$

写成如下形式：

$$p=\frac{\pi z_{max}}{\cot\varphi-\frac{\pi}{2}+\varphi}\gamma+\frac{\pi\cot\varphi}{\cot\varphi-\frac{\pi}{2}+\varphi}C+\frac{\cot\varphi+\frac{\pi}{2}+\varphi}{\cot\varphi-\frac{\pi}{2}+\varphi}\gamma_0 d \tag{8-29}$$

由式(8-28)可见，在其他条件不变的情况下，当 p 增大时，z_{max} 也增大，即塑性区发展得越深。根据临塑荷载的定义，可知临塑荷载 p_{cr} 所对应的塑性区开展最大深度 $z_{max}=0$，将 $z_{max}=0$ 代入式(8-29)得

$$p_{cr}=\frac{\pi\cot\varphi}{\cot\varphi-\frac{\pi}{2}+\varphi}C+\frac{\cot\varphi+\frac{\pi}{2}+\varphi}{\cot\varphi-\frac{\pi}{2}+\varphi}\gamma_0 d=N_c C+N_d\gamma_0 d \tag{8-30}$$

$$N_c=\frac{\pi\cot\varphi}{\cot\varphi-\frac{\pi}{2}+\varphi}$$

$$N_d=\frac{\cot\varphi+\frac{\pi}{2}+\varphi}{\cot\psi-\frac{\pi}{2}+\varphi}$$

式中 N_d——基础埋深承载力系数；

N_c——持力层土的黏聚力承载力系数。

2.2 塑性荷载

在某些情况下，根据建筑物的要求，可以用临塑荷载作为地基承载力。但一般情况下，将临塑荷载作为地基承载力无疑是偏于保守和不经济的。工程实践经验表明，即使地基中存在塑性变形区域，只要塑性变形区域的发展范围不超过某一限值，就不会影响建筑的安全和正常使用。地基塑性变形区域的容许深度与建筑物的类型、荷载性质，以及土的性质等因素有关。一般认为，将地基中塑性变形区域的最大深度 z_{max} 控制在基础宽度 b 的 1/4 ~ 1/3 以内，地基仍有足够的安全储备。对于轴心荷载作用下的地基，可取塑性区域开展的最大深度 z_{max} 等于基础底面宽度 b 的 1/4，相应的塑性荷载用 $p_{1/4}$ 表示；对于偏心荷载作用下的地基，可取塑性变形区域开展的最大深度 z_{max} 等于基础底面宽度 b 的 1/3，相应的塑性荷载用 $p_{1/3}$ 表示；分别将 $z_{max}=b/4$、$z_{max}=b/3$ 代入式(8-29)，得塑性荷载计算公式如下：

$$p_{1/4}=\frac{\frac{\pi}{4}}{\cot\varphi-\frac{\pi}{2}+\varphi}\gamma b+\frac{\pi\cot\varphi}{\cot\varphi-\frac{\pi}{2}+\varphi}C+\frac{\cot\varphi+\frac{\pi}{2}+\varphi}{\cot\varphi-\frac{\pi}{2}+\varphi}\gamma_0 d$$

$$=N_{1/4}\gamma b+N_c C+N_d\gamma_0 d$$

$$=N_{1/4}\gamma b+p_{cr} \tag{8-31}$$

$$p_{1/3}=\frac{\frac{\pi}{3}}{\cot\varphi-\frac{\pi}{2}+\varphi}\gamma b+\frac{\pi\cot\varphi}{\cot\varphi-\frac{\pi}{2}+\varphi}C+\frac{\cot\varphi+\frac{\pi}{2}+\varphi}{\cot\varphi-\frac{\pi}{2}+\varphi}\gamma_0 d$$

$$=N_{1/3}\gamma b+N_c C+N_d\gamma_0 d$$

$$=N_{1/3}\gamma b+p_{cr} \tag{8-32}$$

$$N_{1/4}=\frac{\frac{\pi}{4}}{\cot\varphi-\frac{\pi}{2}+\varphi}$$

$$N_{1/3}=\frac{\frac{\pi}{3}}{\cot\varphi-\frac{\pi}{2}+\varphi}$$

式中　b——条形基础底面宽度，m，对矩形基础 b 取短边长度，对圆形基础取 $b=\sqrt{A}$，其中 A 为圆形基础底面面积；

$N_{1/4}$、$N_{1/3}$——$z_{max}=b/4$、$z_{max}=b/3$ 时的基础宽度承载力系数。

承载力系数 N_d、N_c 和 $N_{1/4}$、$N_{1/3}$ 与持力层土的内摩擦角有关，土的内摩擦角越大，承载力系数越高。

【例 8-3】　某工程地基第一层为杂填土，厚度为 0.5 m，重度为 17.0 kN/m³；第二层为粉质黏土，厚度为 3.5 m，重度为 18.0 kN/m³，饱和重度为 19.5 kN/m³，内聚力为 20 kPa，内摩擦角为 20°，第三层为黏土，厚度为 2.5 m，重度为 19.7 kN/m³，条形基础宽 2.0 m，埋深 1.2 m，地下水位埋深与基底齐平（见图 8-17），试求地基的临塑荷载，塑性荷载 $p_{1/4}$、$p_{1/3}$。

解　(1)求基础埋置深度范围内土的平均重度 γ_0。

$$\gamma_0=\frac{0.5\times17+0.7\times18}{1.2}=17.6(\text{kN/m}^3)$$

(2)求承载力系数。

$$N_c=\frac{\pi\cot\varphi}{\cot\varphi-\frac{\pi}{2}+\varphi}=\frac{\pi\cot20^\circ}{\cot20^\circ-\frac{\pi}{2}+\frac{\pi}{180^\circ}\times20^\circ}=5.65$$

$$N_d=\frac{\cot\varphi+\frac{\pi}{2}+\varphi}{\cot\varphi-\frac{\pi}{2}+\varphi}=3.06$$

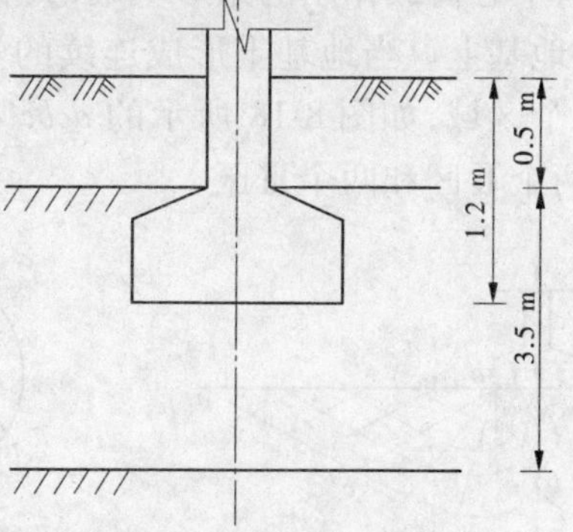

图 8-17 例 8-3 图

$$N_{1/4} = \frac{\frac{\pi}{4}}{\cot\varphi - \frac{\pi}{2} + \varphi} = 0.51$$

$$N_{1/3} = \frac{\frac{\pi}{3}}{\cot\varphi - \frac{\pi}{2} + \varphi} = 0.69$$

(3)求临塑荷载 p_{cr}。

$$p_{cr} = N_c C + N_d \gamma_0 d = 5.65 \times 20 + 3.06 \times 17.6 \times 1.2 = 177.6(\text{kPa})$$

(4)求塑性荷载 $p_{1/4}$、$p_{1/3}$。

$$p_{1/4} = N_{1/4}\gamma b + N_c C + N_d \gamma_0 d = N_{1/4}\gamma b + p_{cr} = 0.51 \times 9.5 \times 2.0 + 177.6 = 187.3(\text{kPa})$$

$$p_{1/3} = N_{1/3}\gamma b + p_{cr} = 0.69 \times 9.5 \times 2.0 + 177.6 = 190.7(\text{kPa})$$

3 地基极限荷载确定

地基达到整体剪切破坏时的基底压力称为地基极限荷载(见图 8-13(a)中 p—s 曲线上 b 点对应的荷载 p_u)。目前,极限荷载的计算理论仅限于整体剪切破坏形式。因为,这种破坏形式有比较明确、完整连续的滑动面,求解相对简单方便,数学上不会遇到太大的困难,同时整体剪切破坏是绝大多数实际工程地基土可能出现的破坏形式,这种破坏理论也易于接受室内外土工试验及工程实践检验。对于局部剪切破坏及刺入剪切破坏,尚无可靠的计算方法,通常是先按整体剪切破坏形式进行计算,再作某些修正。对整体剪切破坏形式下的地基极限荷载的求解常用途径有两种:一种是根据静力平衡条件和土体的极限平衡原理建立微分方程,利用已知的边界条件,计算地基土达到极限平衡时的应力和滑动面方向,用解析法求解基底的极限荷载,但这种方法在求解时数学上遇到的困难太大,仅能对某些边界条件比较简单的情况可得解析解;另一种则是根据模型试验和工程实践经验,先假定地基土在极限状态下滑动面的形状,然后根据滑动土体的静力平衡条件求解极限荷载。后一种方法又由于假设的滑动面形状不同,导出了多种形式的计算公式。

3.1　普朗德尔(Prandtl)理论解

考虑一宽度为 b 的受竖向中心荷载作用的条形基础,其底面光滑与土体间无摩擦,埋置深度为零,作用在无质量的地基上。当地基土形成连续的塑性变形区域而处于极限平衡状态时,塑性变形区分为三个区域,如图 8-18 所示的 $dcbc'd'$ 面。塑性变形区域分成三个区:一个Ⅰ区、左右对称的两个Ⅱ区和两个Ⅲ区。

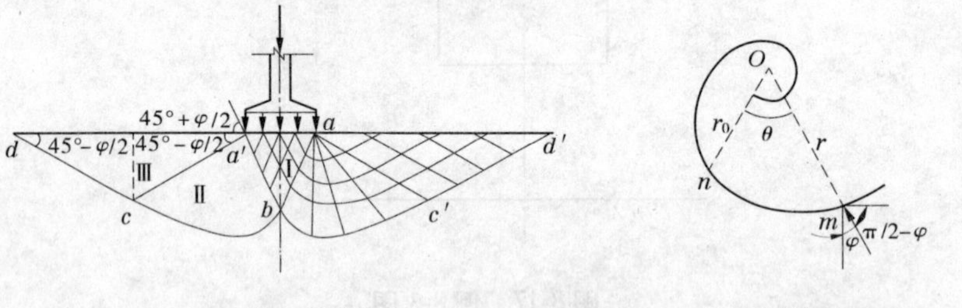

图 8-18　普朗德尔承载力理论

(1)Ⅰ区——朗肯主动区($aa'b$),因基底光滑,无摩擦力存在,故最大主应力 σ_1 是竖直向的,破裂面与水平面成 $45° + \varphi/2$ 的夹角。

(2)Ⅱ区——过渡区,滑动线有两组,一组是以 a 和 a'为起点的辐射线,另一组是对数螺旋线,如图 8-18(b)所示,其方程为

$$r = r_0 e^{\theta\tan\varphi} \tag{8-33}$$

式中　r_0——起始矢径($r_0 = \overline{ab} = \overline{a'b}$),m;

r——从极点 O 到任意点 m 的距离,m;

θ——极点 O 与点 n、点 m 连线的夹角;

φ——点 m 的法线与该点到极点连线之间的夹角,(°)。

(3)Ⅲ区——朗肯被动区,最大主应力 σ_1 是水平向的,破裂面与水平面成 $45° - \varphi/2$ 的夹角。

在前述所给条件和假设情况下,普朗德尔根据刚塑体的静力平衡条件得出极限荷载的理论解为

$$p_u = CN_c \tag{8-34}$$

$$N_c = \cot\varphi\left[e^{\pi\tan\varphi}\tan^2\left(45° + \frac{\varphi}{2}\right) - 1\right]$$

实际建筑物的基础都有一定的埋置深度,如图 8-19 所示。为了考虑基础埋深效应,赖斯纳(Reissner,1924)将基础底面以上土的自重应力以均布超载 $q = \gamma_0 d$ 代替,且不考虑两侧土的抗剪强度,推得地基的极限荷载理论公式为

$$p_u = CN_c + qN_q \tag{8-35}$$

$$N_q = e^{\pi\tan\varphi}\tan^2\left(45° + \frac{\varphi}{2}\right)$$

$$N_c = (N_q - 1)\cot\varphi$$

式(8-35)称为普朗德尔-赖斯纳地基极限荷载公式。从式(8-34)可以看出,当基础放置在无黏性土($C = 0$)地基的表面上($d = 0$)时,地基的极限荷载将等于零,这显然是不

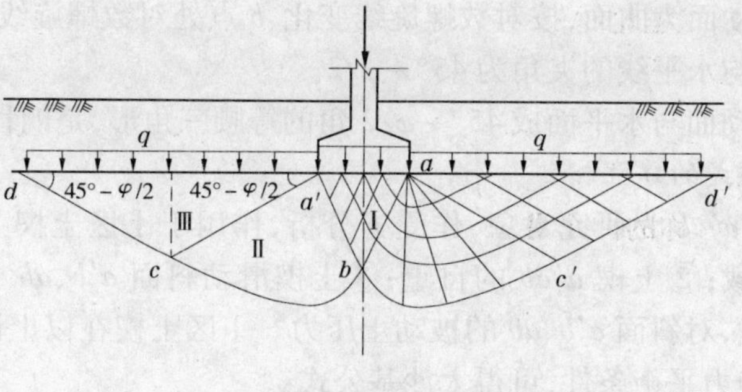

图 8-19　考虑基础埋深时极限承载力

合理的。这种不合理现象的出现，主要是假设土的重度等于零所造成的。实际上，土的重度不等于零，且基础底面与土体之间有摩擦。为了弥补这些缺陷，得到更为符合实际的地基极限荷载理论解，许多学者在普朗德尔的基础上进行了许多研究工作，使地基极限荷载公式逐步得到完善。

3.2　太沙基(K. Terzaghi)极限荷载理论

太沙基考虑地基土的重度和基础底面与土体之间摩擦的影响，在1943年提出了确定条形基础的极限荷载公式。太沙基公式是世界各国常用的极限荷载计算公式，适用于均质地基上基础底面粗糙的条形基础，并推广应用于方形基础和圆形基础。

3.2.1　理论假定

理论假定：

(1)条形基础，基础底面压力均匀分布。

(2)基础底面粗糙，基础和地基间不会发生相对滑动。

(3)基础两侧土的抗剪强度为零，将基础底面以上土的自重应力以均布超载 $q=\gamma_0 d$ 代替。

(4)地基发生滑动时，滑动面的形状如图8-20所示，两端为直线，中间为曲线，左右对称，分为三个区：

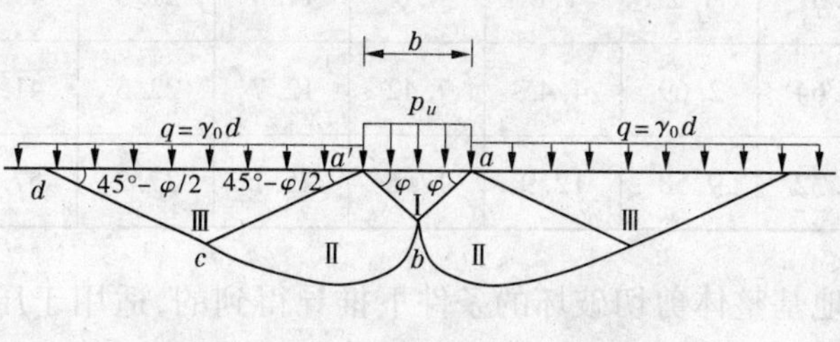

图 8-20　太沙基假设的地基滑动面

①Ⅰ区——基础底面下的楔形压密区 $a'ab$，滑动面 $a'b$、ab 与基础底面 $a'a$ 之间的夹角，为土的内摩擦角 φ。由于基础底面是粗糙的，与土体间具有很大的摩擦力作用，在此摩擦力的作用下，该区的土体不会发生剪切位移，而始终处于弹性压密状态。地基破坏时，它像一个"弹性核"随基础一起向下移动。

②Ⅱ区——滑动面为曲面，按对数螺旋线变化，b 点处对数螺旋线的切线竖直，c 点处对数螺旋线的切线与水平线的夹角为 $45°-\varphi/2$。

③Ⅲ区——滑动面与水平面成 $45°-\varphi/2$ 角的等腰三角形，是朗肯被动区。

3.2.2 极限荷载公式的建立

以弹性压密区 $a'ab$ 为研究对象，作受力分析，作用于Ⅰ区土楔上诸力包括：①土楔 $a'ab$ 顶面的极限荷载；②土楔 $a'ab$ 的自重；③土楔滑动斜面 $a'b$、ab 上的黏聚力 C；④Ⅱ区、Ⅲ区土体滑动时，对斜面 $a'b$、ab 的被动土压力。Ⅰ区土楔在以上诸力作用下，处于极限平衡状态，根据静力平衡条件，可得太沙基公式：

$$p_u = \frac{1}{2}\gamma bN_\gamma + CN_c + \gamma_0 dN_q \tag{8-36}$$

式中 N_γ、N_q、N_c——极限荷载系数，与持力层土的内摩擦角有关，均可根据地基土的内摩擦角查极限荷载系数图确定（见图 8-21 中的实曲线），亦可查表 8-1确定。

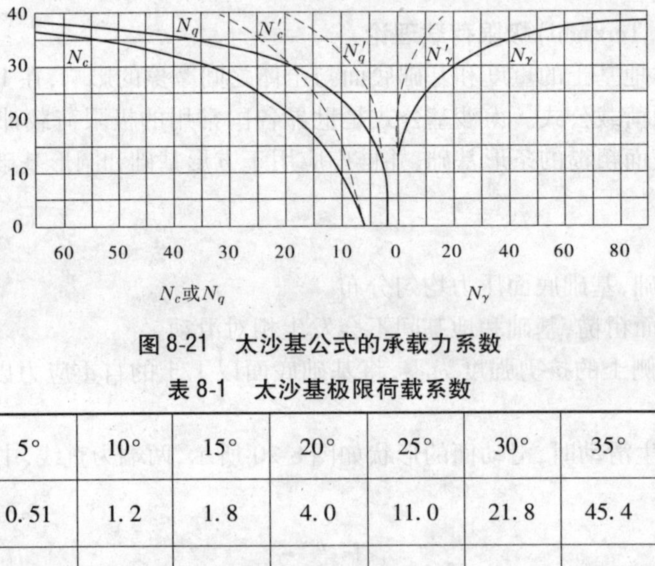

图 8-21 太沙基公式的承载力系数

表 8-1 太沙基极限荷载系数

φ	0°	5°	10°	15°	20°	25°	30°	35°	40°	45°
N_γ	0	0.51	1.2	1.8	4.0	11.0	21.8	45.4	125	326
N_q	1.0	1.64	2.69	4.45	7.42	12.7	22.5	41.4	81.3	173.3
N_c	5.71	7.32	9.58	12.9	17.6	25.1	37.2	57.7	95.7	172.2

式(8-36)是在地基整体剪切破坏的条件下推导得到的，适用于压缩性较小的密实地基。对于松软的、压缩性较大的地基土，可能发生局部剪切破坏，沉降量较大，其极限荷载较小。对于此种情况，太沙基根据应力—应变关系资料，建议采用降低土的强度指标 C、φ 的方法对公式进行修正，即将土的强度指标调整为 $\tan\varphi' = \frac{2}{3}\tan\varphi$，$C' = \frac{2}{3}C$，此时极限荷载公式为

$$p_u = \frac{1}{2}\gamma bN'_\gamma + C'N'_c + \gamma_0 dN'_q \tag{8-37}$$

式中 N'_γ、N'_q、N'_c——局部剪切破坏时的极限荷载系数，均可根据地基土调整后的内摩擦角查极限荷载系数图确定（见图8-21中的虚曲线），亦可查表8-1确定。

式（8-36）、式（8-37）仅适用于条形基础，对于方形基础和圆形基础，太沙基建议按下列修正的公式计算地基极限荷载：

方形基础：

整体剪切破坏

$$p_u = 0.4\gamma b N_\gamma + 1.2CN_c + \gamma_0 d N_q \tag{8-38}$$

局部剪切破坏

$$p_u = 0.4\gamma b N'_\gamma + 0.8C'N'_c + \gamma_0 d N'_q \tag{8-39}$$

圆形基础：

整体剪切破坏

$$p_u = 0.6\gamma b N_\gamma + 1.2CN_c + \gamma_0 d N_q \tag{8-40}$$

局部剪切破坏

$$p_u = 0.6\gamma b N'_\gamma + 0.8C'N'_c + \gamma_0 d N'_q \tag{8-41}$$

式中 b——方形基础的边长或圆形基础的半径；

其他符号意义同前。

3.3 汉森极限荷载理论

港口和水工建筑物经常承受较大的水平荷载，如土压力、水压力、波浪力、绳缆力等作用力，这些水平力使作用于基础底面处的合力具有很大的偏心和倾斜，基础底面有效尺寸减小，这种情况采用汉森（J. B. Hanson）公式计算地基极限荷载比较合适。

汉森极限荷载公式考虑了影响地基极限荷载的多种因素，例如基础底面的形状、荷载偏心和作用方向倾斜、基础埋置深度范围内土的抗剪强度、基础底面和地层倾斜等。汉森极限荷载公式被认为是考虑因素比较全面的地基极限荷载公式。

对于均质地基，在中心倾斜荷载作用下，汉森公式的一般形式为

$$p_u = \frac{1}{2}\gamma b N_\gamma S_\gamma d_\gamma i_\gamma g_\gamma b_\gamma + CN_c S_c d_c i_c g_c b_c + qN_q S_q d_q i_q g_q b_q \tag{8-42}$$

式中 p_u——地基竖向极限荷载，kPa；

q——基础底面以上的边载，kPa；

C——地基土的黏聚力，kPa；

γ——基底以下土的重度（地下水位以下采用浮重度），kN/m^3；

b——基础宽度，m；

N_γ、N_c、N_q——承载力系数；

S_γ、S_c、S_q——基础形状系数；

i_γ、i_c、i_q——荷载倾斜系数；

d_γ、d_c、d_q——基础深度系数；

g_γ、g_c、g_q——地面倾斜系数；

b_γ、b_c、b_q——基底倾斜系数。

承载力系数 N_γ、N_c、N_q 按下式计算：

$$N_\gamma = 1.5(N_q - 1)\tan\varphi \tag{8-43}$$

$$N_c = (N_q - 1)\cot\varphi \tag{8-44}$$

$$N_q = e^{\pi\tan\varphi}\tan^2\left(45° + \frac{\varphi}{2}\right) \tag{8-45}$$

N_c、N_q 为普朗德尔无质量土的值，N_γ 为一半经验公式。N_γ、N_c、N_q 亦可根据土的内摩擦角由表 8-2 查得。

表 8-2　汉森公式承载力系数表

φ(°)	N_c	N_q	N_γ	φ(°)	N_c	N_q	N_γ
0	5.14	1.0	0	24	19.32	9.60	5.75
2	5.63	1.20	0.01	26	22.25	11.85	7.94
4	6.19	1.43	0.05	28	25.80	14.72	10.94
6	6.81	1.72	0.11	30	30.14	18.40	15.07
8	7.53	2.06	0.22	32	35.49	23.18	20.79
10	8.34	2.47	0.39	34	42.16	29.44	28.77
12	9.28	2.97	0.63	36	50.59	37.75	40.05
14	10.37	3.59	0.97	38	61.35	48.93	56.17
16	11.63	4.34	1.43	40	75.31	64.20	79.54
18	13.10	5.26	2.08	42	93.71	85.37	113.96
20	14.83	6.40	2.95	44	118.37	115.31	165.58
22	16.88	7.82	4.13	45	133.87	134.87	200.81

荷载倾斜系数 i_γ、i_c、i_q 按下式计算：

$$\begin{cases} i_\gamma = \left(1 - \dfrac{0.7P_h}{P_v + CA\cot\varphi}\right)^5 & (\eta = 0) \\ i_\gamma = \left(1 - \dfrac{0.7 - \eta/45°}{P_v + CA\cot\varphi}\right)^5 & (\eta \neq 0) \end{cases} \tag{8-46}$$

$$\begin{cases} i_c = 0.5 - 0.5\sqrt{1 - \dfrac{P_h}{CA}} & (\varphi = 0) \\ i_c = i_q - \dfrac{1 - i_q}{CN_c} & (\varphi > 0) \end{cases} \tag{8-47}$$

$$i_q = \left(1 - \frac{0.5P_h}{P_v + CA\cot\varphi}\right)^5 \tag{8-48}$$

式中　η——倾斜基底与水平面的倾角，(°)。

当荷载为竖向荷载，即荷载倾斜率 $\tan\delta = 0$ 时，$i_\gamma = i_c = i_q = 1.0$。

$$\tan\delta = \frac{P_h}{P_v} \tag{8-49}$$

此外,水平基底的荷载倾斜系数还可根据土的内摩擦角和荷载倾斜率由表 8-3 查得。

基础的形状系数 S_γ、S_c、S_q 可按下式计算:

$$S_\gamma = 1 - 0.4 i_\gamma \frac{b}{l} \tag{8-50}$$

$$S_q = 1 + i_q \frac{b}{l} \sin\varphi \tag{8-51}$$

$$S_c = 1 + 0.2 i_c \frac{b}{l} \tag{8-52}$$

式中　l—基础长度,m。

表 8-3　倾斜系数 i_γ、i_c、i_q 的值

φ (°)	$\tan\delta$											
	0.1			0.2			0.3			0.4		
	i_γ	i_q	i_c	i_γ	i_q	i_c	i_γ	i_q	i_c	i_γ	i_q	i_c
6	0.64	0.80	0.53									
10	0.72	0.85	0.75									
12	0.73	0.85	0.78	0.40	0.63	0.44						
16	0.73	0.85	0.81	0.46	0.68	0.58						
18	0.73	0.85	0.82	0.47	0.69	0.61	0.23	0.48	0.36			
20	0.72	0.85	0.82	0.47	0.69	0.63	0.26	0.51	0.42			
22	0.72	0.85	0.82	0.47	0.69	0.64	0.27	0.52	0.45	0.10	0.32	0.22
26	0.70	0.84	0.82	0.46	0.68	0.65	0.28	0.53	0.48	0.15	0.38	0.32
28	0.69	0.83	0.82	0.45	0.67	0.65	0.27	0.52	0.49	0.15	0.39	0.34
30	0.69	0.83	0.82	0.44	0.67	0.65	0.27	0.52	0.49	0.15	0.39	0.35
32	0.68	0.82	0.81	0.43	0.66	0.64	0.26	0.51	0.49	0.15	0.39	0.36
34	0.67	0.82	0.81	0.42	0.65	0.64	0.25	0.50	0,49	0.14	0.38	0.36
36	0.66	0.81	0.81	0.41	0.64	0.63	0.25	0.50	0.48	0.14	0.37	0.36
38	0.65	0.80	0.80	0.40	0.63	0.62	0.24	0.49	0.47	0.13	0.37	0.35
40	0.64	0.80	0.79	0.36	0.62	0.62	0.23	0.48	0.47	0.13	0.36	0.35
44	0.61	0.78	0.78	0.36	0.60	0.59	0.20	0.45	0.44	0.11	0.33	0.33

通过计算发现,S_c 与 S_q 的值几乎相等,对长条形基础:$S_\gamma = S_c = S_q = 1.0$。

汉森公式适用范围很广,在国际上有一定影响,为北欧各国所普遍采用。我国交通部制定的《港口工程地基规范》(JTJ 250—98)给出的地基极限承载力标准值计算公式,就是以汉森地基极限荷载理论为基础的。

3.4　影响地基承载力的因素及其影响

3.4.1　地基方面

地基方面的影响因素有土的强度指标 C、φ,物理性指标 γ、e、ω,级配,结构性,应力历史和地层倾斜程度等。土的强度指标 C、φ 越大,物理性指标 γ 越大、e 和 ω 越小,级配越好,颗粒越粗,固结程度越高和地层倾斜程度越小,地基承载力越高。

3.4.2　荷载方面

荷载方面的影响因素有荷载的性质、作用方向和位置等。荷载偏心和倾斜越小，地基承载力越高。

3.4.3　基础方面

基础方面的影响因素有基础刚度、底面形状、底面宽度、基础埋深和倾斜程度等。基础刚度、底面宽度和埋深越大，底面倾斜程度越小，地基承载力越高。

3.4.4　其他

其他因素包括地表超载、施工因素（如施工顺序、速率和防扰动措施等）。地表超载越大，地基承载力越高；施工速率慢，地基土来得及固结，承载力提高；施工时地基土受到的扰动小，强度高，承载力大。

【例 8-4】　一条形基础，宽度 $b=3.0$ m，埋深 $d=1.5$ m，其上作用着轴心荷载 $F=400.0$ kN/m。基础埋深范围内土的平均重度 $\gamma_0=17.0$ kN/m^3，地基土质均匀，重度 $\gamma=18.5$ kN/m^3，土的抗剪强度指标 $C=20.0$ kPa，$\varphi=20°$。试按太沙基极限荷载公式计算地基的极限荷载，若取安全系数 $K=2.5$，试计算地基的承载力特征值 f_{ak}。

解　(1)确定太沙基承载力系数。

太沙基承载力系数可通过查图或查表确定，查表 8-1 得 $N_\gamma=4.0$，$N_q=7.42$，$N_c=17.6$。

(2)计算地基极限荷载。

$$p_u=\frac{1}{2}\gamma bN_\gamma+CN_c+\gamma_0 dN_q$$
$$=\frac{1}{2}\times18.5\times3.0\times4.0+20\times17.6+17.0\times1.5\times7.42$$
$$=652.2(\text{kPa})$$

(3)计算地基承载力特征值 f_{ak}。

$$f_{ak}=\frac{p_u}{K}=\frac{652.2}{2.5}=260.9(\text{kPa})$$

4　原位试验确定地基承载力

原位测试法就是在现场地基土体所在位置上测定地基土的性能。由于原位测试所涉及的土体比室内试样大，又未经过搬运和扰动，因而能反映岩土体本来的和宏观的性能。原位测试确定地基承载力的方法很多，常用的有静载荷试验、标准贯入试验、轻便触探试验、重锤触探试验、静力触探试验、动力触探试验和旁压试验等。

4.1　静载荷试验法

地基的静载荷试验是岩土工程中的重要试验，它对地基直接加载，对地基土扰动小，能测定荷载板下应力主要影响深度范围内土的承载力和变形参数，对土层不均、难以取得原状土样的杂填土及风化岩石等复杂地基尤其适用。静载荷试验的结果较为准确可靠，是校核其他方法确定的地基承载力准确性的依据。静载荷试验分浅层平板载荷试验和深层平板载荷试验。

4.1.1　浅层平板载荷试验

浅层平板载荷试验适用于确定浅部地基土层在荷载板下应力主要影响深度范围内土

的承载力。

4.1.1.1 浅层平板载荷试验装置

载荷试验装置如图8-22所示,由加载稳压装置、反力装置和沉降观测装置三部分组成。静荷载一般由千斤顶提供,千斤顶产生的反力由反力装置承担。反力装置由堆载、排钢梁、支墩和反力钢梁组成。承压板的沉降观测装置由百分表、精密水准仪、基准梁和基准桩构成,百分表安装在基准梁上。

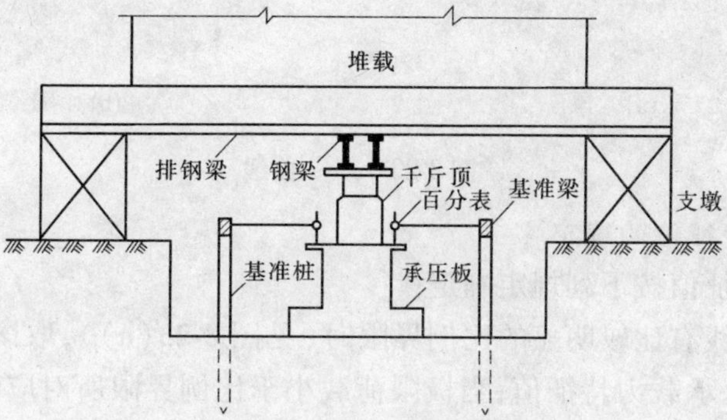

图8-22 静载荷试验装置

承压板面积不应小于0.25 m^2,对于软土不应小于0.5 m^2。底面形状为方形或圆形,边长或直径常用尺寸为0.50 m、0.707 m、1.0 m,相应的承压板面积为0.25 m^2、0.5 m^2、1.0 m^2。

4.1.1.2 试验方法

(1)在建筑场地,选择有代表性的部位进行载荷试验。

(2)开挖试坑,试坑深度为基础设计埋深 d,试坑宽度不小于承压板宽度或直径的3倍。

(3)在拟试压表面铺一层厚度不超过20 mm的粗、中砂,并找平,以保持试验土层的原状结构和天然湿度。

(4)分级加荷。加荷分级不应少于8级。最大加载量不应少于荷载设计值的2倍。第一级荷载相当于开挖试坑卸除土的自重应力,自第二级荷载开始,每级荷载宜为最大加载量的1/12~1/8。

(5)测记压板沉降量。每级加载后,按间隔10 min、10 min、10 min、15 min、15 min,以后每隔30 min测读一次沉降量。当连续2 h内,每小时沉降量小于0.1 mm时,则认为沉降已趋稳定,可加下一级荷载。

(6)终止加载。当出现下列情况之一时,即可终止加载:①承压板周围的土明显地侧向挤出;②沉降量 s 急骤增大,荷载—沉降关系曲线 p—s 出现陡降段;③在某一级荷载下,24 h内沉降速率不能达到稳定标准;④总沉降量与承压板宽度或直径之比大于或等于0.06。

4.1.1.3 极限荷载的确定

当满足终止加荷标准前三种情况之一时,其对应的前一级荷载定为极限荷载 p_u。

4.1.1.4 载荷试验结果整理

试验时应以严肃认真的科学态度及时做好试验记录,并妥善保管原始数据,将载荷试验结果整理绘制成如图 8-23 所示的荷载—沉降关系曲线(p—s 曲线)。

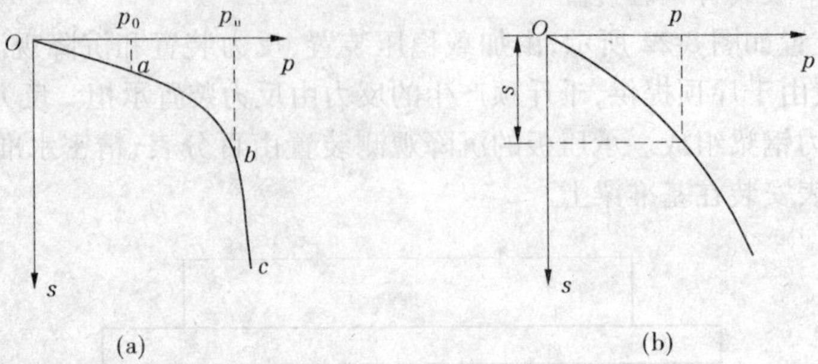

图 8-23 p—s 曲线

4.1.1.5 承载力特征值的确定

地基承载力特征值按下列规定确定:

(1)当 p—s 曲线有比较明显的比例界限时(见图 8-23(a)),取该比例界限所对应的荷载值 p_0 作为地基承载力特征值;当极限荷载小于比例界限所对应的荷载值的 2 倍时,则取极限荷载 p_u 的一半作为地基承载力特征值。

(2)对于软弱土或压缩性高的土,p—s 曲线通常无明显的转折点(见图 8-23(b)),无法取得比例界限值 p_0 与极限荷载值 p_u,从沉降控制的角度考虑,在 p—s 曲线上,以一定的容许沉降值所对应的荷载作为地基的承载力特征值。由于沉降量与基础底面尺寸、形状有关,在相同的基底附加压力下,基底面积越大,基础沉降量越大。承压板通常小于实际的基础尺寸,因此不能直接利用基础的容许变形值在 p—s 曲线上确定地基承载力特征值。由地基沉降计算原理可知,如果基底附加压力相同,且地基均匀,则沉降量 s 与各自的宽度 b 之比(s/b)大致相等。《建筑地基基础设计规范》(GB 50007—2011)根据实测资料规定:当承压板面积为 0.25 ~0.5 m^2 时,可取承压板沉降量 s 与其宽度 b 之比值 s/b =0.01 ~0.015 所对应的荷载值作为地基承载力的特征值,但其值不应大于最大加载量的一半。

由于静载荷试验费时、耗资大,不能对地基土进行大量的静载荷试验,因此《建筑地基基础设计规范》(GB 50007—2011)规定:对同一土层,应至少选择 3 个载荷试验点,当试验实测值的极差不超过平均值的 30% 时,则取平均值作为地基承载力特征值 f_{ak},否则应增加试验点数,综合分析确定地基承载力的特征值。

4.1.2 深层平板载荷试验

深层平板载荷试验适用于确定深部地基土层及大直径桩桩端土层在荷载板下应力主要影响深度范围内土的承载力。

4.1.2.1 试验要点

(1)深层平板载荷试验的承压板采用直径 d 为 0.8 m 的圆形刚性板,紧靠承压板周围外侧的土层高度应不少于 80 cm。

(2)加荷等级可按预估极限荷载的 1/15 ~1/10 分级施加。

(3)每级加荷后,第一个小时内按间隔 10 min、10 min、10 min、15 min、15 min,以后为每隔 30 min 测读一次沉降。当连续 2 h 内,每小时的沉降量小于 0.1 mm 时,则认为已趋于稳定，可加下一级荷载。

(4)当出现下列情况之一时，可终止加载：①沉降 s 急骤增大，荷载—沉降关系曲线 p—s 上有可判定极限荷载的陡降段，且沉降量超过承压板直径 d 的 1/25；②在某级荷载下，24 h 内沉降速率不能达到稳定标准；③本级沉降量大于前一级沉降量的 5 倍；④当持力层土层坚硬，沉降量很小时，最大加载量不小于荷载设计要求的 2 倍。

4.1.2.2 承载力特征值的确定

承载力特征值的确定应符合下列规定：

(1)当 p—s 曲线上有明确的比例界限时，取该比例界限所对应的荷载值。

(2)满足前三条终止加载条件之一时，其对应的前一级荷载定为极限荷载，当该值小于比例界限对应的荷载值的 2 倍时，取极限荷载值的一半。

(3)不能按上述(1)、(2)确定时，可取 $s/d=0.01\sim0.015$ 所对应的荷载值，但其值不应大于最大加载量的一半。

同一土层参加统计的试验点不应少于 3 点，各试验实测值的极差不得超过平均值的 30%，取此平均值作为该土层的地基承载力特征值 f_{ak}。

4.2 静力触探试验法

静力触探是利用机械装置或液压装置将贴有电阻应变片的金属探头，通过触探杆压入土中，用电阻应变仪测定探头所受的贯入阻力。在贯入过程中，贯入阻力的变化反映了土的物理力学性质的变化。一般说来，同一种土愈密实、愈硬，探头所受的贯入阻力愈大；反之，则小。因此，可以依据探头所受的贯入阻力测定地基土的承载力和其他物理力学性质指标。

与常规的勘探手段相比较，它能快速、连续地探测土层类别和其性质的变化，质量好、效率高、成本低，适用于黏性土、粉土、砂土及含少量碎石的土层，但不适用于大块碎石类地层和岩基。若静力触探能与钻探相结合，效果会更好。

4.2.1 试验设备

静力触探设备的核心部分是触探头，它是土层阻力的传感器(见图 8-24)。根据触探头的构造和量测贯入阻力的方法分为测定比贯入阻力 p_s 的单桥探头，测试锥尖阻力 q_c 和侧壁摩阻力 f_s 的双桥探头，以及能同时测量孔隙水压力 u 的多用探头。图 8-25 所示为单桥探头的结构示意图。

4.2.2 静力触探试验技术要点

(1)圆锥锥头底面面积应采用 10.0 cm^2 或 15.0 cm^2；双桥探头侧壁面积宜为 150.0 ~ 300.0 cm^2，单桥探头侧壁高应为 57.0 mm 或 70.0 mm；锥尖锥角宜为 60°。

(2)探头测力传感器连同仪器、电缆应进行定期标定，室内率定重复性误差、线性误差、滞后误差、温度飘移、归零误差均应小于 1.0%，现场归零误差应小于 3.0%，绝缘电阻不小于 500.0 MΩ。

(3)深度记录误差范围应为 ±1.0%。

(4)探头应垂直、均匀地压入土中，贯入速率为(1.2 ±0.3) m/min。

(5)当贯入深度超过 50.0 m 或穿透深厚软土层后再贯入硬土层，应采取措施防止孔斜或断杆，也可配置测斜探头，量测触探孔的偏斜度，校正土的分层界限。

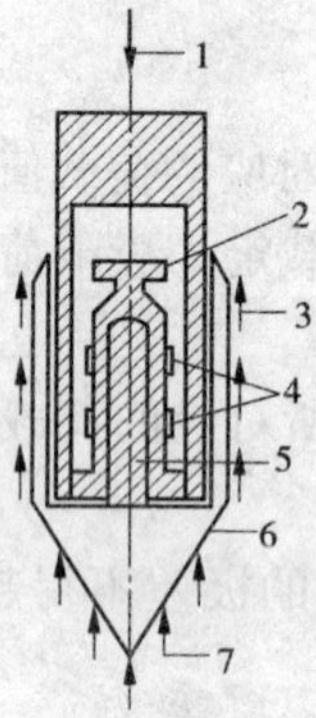

1—贯入力；2—空心柱；3—侧壁摩阻力；4—电阻片；5—顶柱；6—探头套；7—锥尖阻力

图 8-24　触探头工作原理示意图

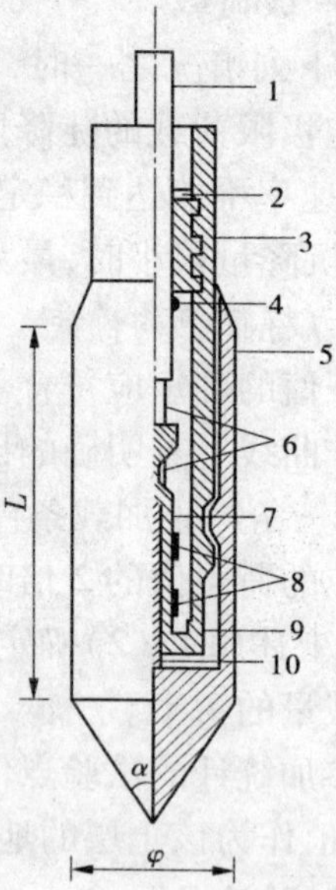

1—四芯电缆；2—密封圈；3—探头管；4—防水塞；5—外套筒；6—导线；7—空心柱；8—电阻片；9—防水盘根；10—顶柱

图 8-25　单桥探头结构示意

(6)孔隙水压力探头在贯入前，应在室内保证探头应变腔为以排除气泡的液体所饱和，并在现场采取措施，保持探头的饱和状态，直到探头进入地下水位以下为止，在孔隙水压力试验过程中不得提升探头。

(7)当在预定深度进行孔隙水压力消散试验时，应量测停止贯入后不同时间的孔隙水压力值，计时间隔由密而疏合理控制，试验过程不得松动触探杆。

4.2.3　成果整理与应用

4.2.3.1　单桥探头

单桥探头试验时，测得包括探头锥尖阻力和侧壁摩阻力在内的总贯入阻力 P，探头总贯入阻力与探头的截面面积 A 的比值，称为比贯入阻力 p_s：

$$p_s = \frac{P}{A} = K\varepsilon \tag{8-53}$$

式中　p_s——比贯入阻力，kPa；

K——探头系数；

ε——电阻应变仪量测的微应变读数值。

4.2.3.2　双桥探头

双桥探头试验时，分别测得锥尖总阻力 Q_c 和侧壁总摩擦阻力 P_s，则锥头阻力 q_c 和侧壁摩阻力 f_s 为

$$q_c = \frac{Q_c}{A} \tag{8-54}$$

$$f_s = \frac{P_s}{A_s} \tag{8-55}$$

式中　A_s——摩擦筒的总表面积，cm^2。

地基中某一深度处的摩阻比 n 按下式计算：

$$n = \frac{f_s}{q_c} \times 100\% \tag{8-56}$$

绘制比贯入阻力与深度关系曲线、锥头阻力与深度关系曲线、侧壁摩阻力与深度关系曲线、摩阻比与深度关系曲线。

根据贯入曲线的线型特征，结合相邻钻孔资料和地区经验，划分和判定土的类别；对数据进行计算和统计分析，估算土的状态、密实度、强度、承载力和压缩性，判断土的液化可能性。图8-26是单桥探头测得的比贯入阻力与深度关系曲线 p_s—z，其线型特征是：黏性土、粉土的 p_s 值较小，p_s—z 曲线平缓；砂土的 p_s 值较大，p_s—z 曲线高低起伏，波动较大；杂填土的 p_s 值较小，p_s—z 曲线高低起伏，波动大，说明其不均匀，组成复杂。

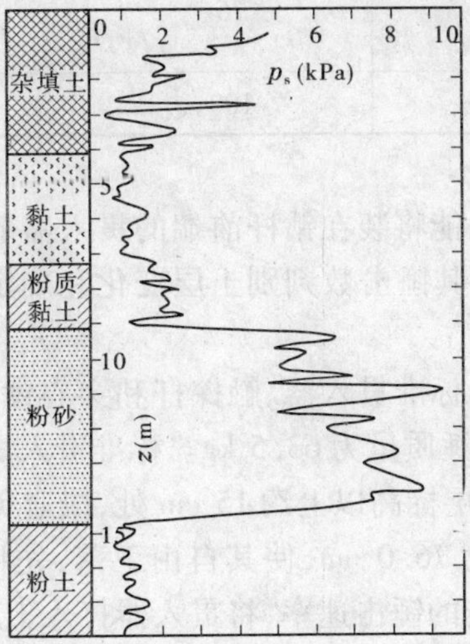

图8-26　静力触探 p_s—z 曲线和钻孔柱状图

在积累大量试验研究数据的基础上，我国相关的研究部门建立起了许多关于地基承载力与比贯入阻力间的经验公式。当 $p_s \leqslant 1\ 500$ kPa 时，关于黏性土地基承载力的各经验公式计算结果相差不大；当 $p_s > 1\ 500$ kPa 时，各经验公式计算出的地基承载力值有较大的出入。产生这种现象的原因是多方面的，试验条件和确定地基承载力的参照不同可能是主要原因。下面列出几个经验公式。

武汉静力触探联合研究组提出的经验公式：

$$[R] = 10.4p_s + 26.9 \tag{8-57}$$

式(8-57)适用于 $300 \leqslant p_s \leqslant 6\ 000$ 的淤泥、淤泥质黏土、一般黏性土和老黏土。

《用静探测定砂土承载力》联合试验研究小组提出的经验公式：

$1\ 000 \leqslant p_s \leqslant 10\ 000$ 的中、粗砂：

$$[R] = 5.25\sqrt{p_s} - 103.3 \tag{8-58}$$

$1\ 000 \leqslant p_s \leqslant 15\ 000$ 的粉、细砂：

$$[R] = 2p_s + 59.5 \tag{8-59}$$

4.3　动力触探试验法

动力触探是将一定质量的穿心锤，以一定的高度自由下落，将探头贯入土中，然后记录贯入一定深度所需的锤击数，并以此判断土的性质。动力触探试验主要包括标准贯入试验、轻便触探试验等类型，其类型及规格见表 8-4，触探前可根据所测土层种类、软硬、松密等情况而选用不同的类型。这里主要介绍标准贯入试验。

表 8-4　常用的动力触探类型及规格

类型		锤的质量(kg)	落距(cm)	贯入击数	贯入深度(cm)
轻型		10	50	N_{10}	30
中型		28	80	N_{28}	10
重型	管式贯入器	63.5	76	N	30
	圆锥头			$N_{63.5}$	10
超重型		120	100	N_{120}	10

标准贯入试验是利用锤击能将装在钻杆前端的贯入器靴打入钻孔孔底土中，测试每贯入 30.0 cm 的锤击数 N。用其锤击数判别土层变化和确定地基承载力特征值的方法，具有经济、快捷等优点。

标准贯入试验设备主要由标准贯入器、触探杆和穿心锤三部分组成。触探杆一般用直径为 42.0 mm 的钻杆，穿心锤质量为 63.5 kg。标准贯入试验操作要点如下：

(1)先用钻具钻至试验土层标高以上约 15 cm 处，以避免下层土受到扰动。

(2)贯入时，穿心锤落距为 76.0 cm，使其自由下落，先将贯入器竖直打入土层 15.0 cm，然后以每分钟不大于 30 击的锤击速率，将贯入器打入土层中，记录每贯入 10.0 cm 的锤击数，累计贯入 30.0 cm 的锤击数，即为实测锤击数 N'。当锤击数已达 50 击，而贯入深度未达 30.0 cm 时，可记录 50 击的实际贯入度，并终止试验。换算成相当于 30.0 cm 的标准贯入试验锤击数。

(3)当钻杆长度大于 3.0 m 时，由于土对钻杆的摩擦作用，引起锤击能量损失，锤击数应按下式进行钻杆长度修正。

$$N = \alpha N' \tag{8-60}$$

式中　N——标准贯入试验锤击数；

N'——实测锤击数；

α——触探杆长度修正系数，按表 8-5 确定。

表 8-5　触探杆长度修正系数

触探杆长度(m)	≤3	6	9	12	15	18	21
α	1.00	0.92	0.86	0.81	0.77	0.73	0.70

根据标准贯入锤击数 N 查有关表格，可以确定地基承载力特征值 f_{ak}。

5 《建筑地基基础设计规范》(GB 50007—2011)法确定地基承载力

5.1 《建筑地基基础设计规范》(GB 50007—2011)经验公式法

以塑性荷载 $p_{1/4}$ 作为计算地基承载力特征值的理论公式，与静载荷试验结果相比较，该公式较适合于黏性土；但对于内摩擦角 φ 较大的砂类土，关于基础底面宽度的承载力系数 N_b 的值偏低。《建筑地基基础设计规范》(GB 50007—2011)考虑这一因素，结合静载荷试验成果和建筑经验，对塑性荷载 $p_{1/4}$ 公式中的承载力系数 N_b 的值加以修改，提出了计算地基承载力特征值的经验公式。其表达式如下：

$$f_a = M_b \gamma b + M_d \gamma_m d + M_c C_k \tag{8-61}$$

式中 f_a——地基承载力特征值，kPa；

M_b、M_c、M_d——承载力系数，查表 8-6 确定；

b——基础底面宽度，大于 6.0 m 时按 6.0 m 考虑，对于砂土，小于 3.0 m 时按 3.0 m考虑；

C_k——基底下一倍基础短边宽深度内土的黏聚力标准值；

γ——基底以下土的重度，地下水位以下取浮重度，kN/m³；

γ_m——基础底面以上土的加权平均重度，地下水位以下取浮重度，kN/m³；

d——基础埋置深度，m。

表 8-6 承载力系数 M_b、M_c、M_d

土的内摩擦角标准值 φ_k(°)	M_b	M_d	M_c	土的内摩擦角标准值 φ_k(°)	M_b	M_d	M_c
0	0	1.00	3.14	22	0.61	3.44	6.04
2	0.03	1.12	3.32	24	0.80	3.87	6.45
4	0.06	1.25	3.51	26	1.10	4.37	6.90
6	0.10	1.39	3.71	28	1.40	4.93	7.40
8	0.14	1.55	3.93	30	1.90	5.59	7.95
10	0.18	1.73	4.17	32	2.60	6.35	8.55
12	0.23	1.94	4.42	34	3.40	7.21	9.22
14	0.29	2.17	4.69	36	4.20	8.25	9.97
16	0.36	2.43	5.00	38	5.00	9.44	10.80
18	0.43	2.72	5.31	40	5.80	10.84	11.73
20	0.51	3.06	5.66				

式(8-61)适用于荷载偏心距 e 小于或等于 0.033 倍基础底面宽度的情况。其中，当地基土的内摩擦角标准值 $\varphi_k \geq 24°$时，表 8-6 中承载力系数 M_b 采用了比理论值 N_b 大的经验值，以充分发挥砂土的承载力潜力。

【例 8-5】 某多层砖混结构住宅建筑，筏板基础底面宽度 $b=9.0$ m，长度 $l=54.0$ m，

基础埋深 $d=0.6$ m，埋深范围内土的平均重度 $\gamma_m=17.0\ \text{kN/m}^3$，地基为粉质黏土，饱和重度 $\gamma_{sat}=19.5\ \text{kN/m}^3$，内摩擦角标准值 $\varphi_k=18°$，黏聚力标准值 $C_k=16.0$ kPa，地下水位深 0.6 m，所受竖向荷载设计值 $F=58\ 000.0$ kN，试用《建筑地基基础设计规范》(GB 50007—2011)经验公式验算地基的承载力。

解 (1)计算基底压力。

$$p=\frac{F}{A}+\gamma_G d=\frac{58\ 000}{9.0\times54.0}+20\times0.6=131.3(\text{kPa})$$

(2)计算地基承载力特征值 f_a。

依据地基土的内摩擦角标准值查表 8-6 得承载力系数 $M_b=0.43$，$M_d=2.72$，$M_c=5.31$，基础底面宽度 $b=9.0$ m，大于 6.0 m 时按 6.0 m 考虑，持力层在地下水位以下取浮重度，$\gamma=\gamma'=9.5\ \text{kN/m}^3$。

$$\begin{aligned}f_a&=M_b\gamma b+M_d\gamma_m d+M_c C_k\\&=0.43\times9.5\times6.0+2.72\times17.0\times0.6+5.31\times16.0\\&=137.2(\text{kPa})\end{aligned}$$

(3)验算地基的承载力。

$p=131.3\ \text{kPa}\leqslant f_a=137.2$ kPa，满足承载力要求。

5.2 岩石地基承载力特征值

岩石地基承载力特征值，可按《建筑地基基础设计规范》(GB 50007—2011)附录提供的岩基载荷试验方法确定。对完整、较完整和较破碎的岩石地基承载力特征值，可根据岩石室内饱和单轴抗压强度按下式计算

$$f_a=\psi_r f_{rk} \tag{8-62}$$

式中 f_a——岩石地基承载力特征值，kPa；

f_{rk}——岩石饱和单轴抗压强度标准值，kPa；

ψ_r——折减系数，根据岩体完整程度和结构面的间距、宽度、产状和组合，由地区经验确定，无经验时，对完整岩体可取 0.5，对较完整岩体可取 0.2~0.5，对较破碎岩体可取 0.1~0.2。

式(8-62)中的折减系数未考虑施工因素及建筑物建成后风化作用的继续，对于黏土质岩，在确保建筑物施工期和使用期地基不致遭水浸泡时，其单轴抗压强度的测定也可采用天然湿度的试样，不进行饱和处理。

对于破碎、极破碎的岩石地基承载力特征值，可根据地区经验取值；无地区经验值时，根据平板载荷试验方法确定。

岩石饱和单轴抗压强度标准值 f_{rk} 可根据《建筑地基基础设计规范》(GB 50007—2011)附录 J 计算：

$$f_{rk}=\psi f_{rm} \tag{8-63}$$

$$\psi=1-\left(\frac{1.704}{\sqrt{n}}+\frac{4.678}{n^2}\right)\delta \tag{8-64}$$

式中 f_{rm}——岩石饱和单轴抗压强度平均值；

ψ——统计修正系数；

δ——变异系数；

n——样本数量。

【例8-6】 某工程的岩石饱和抗压强度试验数据见表8-7,岩石为中风化,确定岩石地基承载力特征值。

表8-7 岩石饱和抗压强度试验数据

编号	1	2	3	4	5	6	7	8	9	10	11	12	13
抗压强度(MPa)	25.1	25.2	24.7	27.6	33.2	18.1	16.3	20.9	23.2	24.4	34.0	32.4	33.9

解 抗压强度平均值$f_{rm}=26.1$ MPa,试样个数$n=13$,标准差$\sigma=5.9$,变异系数$\delta=5.9/26.1=0.23$,统计修正系数$\psi=1-\left(\dfrac{1.704}{\sqrt{n}}+\dfrac{4.678}{n^2}\right)\delta=0.88$,由式(8-63)得到岩石抗压强度标准值$f_{rk}=0.88\times26.1=22.968$(MPa)。对于中风化岩石,$\psi_r=0.17\sim0.25$,取$\psi_r=0.17$,岩石地基承载力特征值$f_a=0.17\times22\ 968=3\ 904.6$(kPa)。

5.3 地基承载力特征值的修正

由地基承载力理论可知,地基的承载力随基础底面尺寸和埋深的增大而增加。地基承载力特征值确定的主要依据是静载荷试验,而静载荷试验试验板的底面尺寸较小,因此当基底宽度大于3.0 m或基础埋深大于0.5 m时,由静载荷试验或其他原位测试、经验值等方法确定的地基承载力特征值,尚应按下式进行宽度和埋深修正：

$$f_a = f_{ak} + \eta_b\gamma(b-3.0) + \eta_d\gamma_m(d-0.5) \tag{8-65}$$

式中 f_a——修正后地基承载力特征值,kPa；

f_{ak}——地基承载力特征值,kPa；

η_b、η_d——基础宽度和埋深的承载力修正系数,按基底下土的类别查表8-8确定；

b——基础底面宽度,m,当基底宽度小于3.0 m时按3.0 m考虑,大于6.0 m时按6.0 m考虑；

γ——基底以下土的重度,kN/m³,地下水位以下取浮重度；

γ_m——基础底面以上土的加权平均重度,kN/m³,地下水位以下取浮重度；

d——基础埋深,m,一般自室外地面起算,在填方整平地区,可自填土地面起算,但填土在上部结构施工后完成时,应从天然地面起算,对于地下室,当采用箱形基础或筏基时,基础埋深自室外地面起算,采用独立基础或条形基础时,应从室内地面起算,当基底埋深小于0.5 m时按0.5 m计。

表8-8 承载力修正系数

土的类别	η_b	η_d
淤泥和淤泥质土	0	1.0
人工填土 e或I_L大于等于0.85的黏性土	0	1.0

续表 8-8　承载力修正系数

土的类别		η_b	η_d
红黏土	含水比 $\alpha_w>0.8$	0	1.2
	含水比 $\alpha_w\leqslant 0.8$	0.15	1.4
大面积压实填土	压实系数大于 0.95、黏粒含量 $\rho_c\geqslant 10\%$ 的粉土	0	1.5
	最大干密度大于 2.1 t/m³ 的级配砂石	0	2.0
粉土	黏粒含量 $\rho_c\geqslant 10\%$ 的粉土	0.3	1.5
	黏粒含量 $\rho_c<10\%$ 的粉土	0.5	2.0
e 及 I_L 均小于 0.85 的黏性土		0.3	1.6
粉砂、细砂(不包括很湿与饱和时的稍密状态)		2.0	3.0
中砂、粗砂、砾砂和碎石土		3.0	4.4

注：1. 强风化和全风化的岩石，可参照所风化成的相应土类取值，其他状态下的岩石不修正。

2. 地基承载力特征值按深层平板载荷试验确定时 η_d 取 0。

【例 8-7】 若基础底面尺寸 $l=12.0$ m，$b=9.0$ m，埋深 $d=3.6$ m，埋深范围内土的平均重度 $\gamma_m=18.0$ kN/m³，地基土为黏性土，地基土的重度 $\gamma=18.5$ kN/m³，$e=0.73$，$I_L=0.45$，地基承载力特征值 $f_{ak}=209.0$ kPa，所受竖向荷载设计值 $F=24\ 000.0$ kN，其他资料同例 8-6，试验算地基的承载力。

解　(1)计算基底压力。

$$p=\frac{F}{A}+\gamma_G d=\frac{24\ 000.0}{9.0\times 12.0}+20\times 3.6=294.2(\text{kPa})$$

(2)计算地基承载力特征值 f_a。

依据地基土的 e 及 I_L 查表 8-8 得承载力修正系数 $\eta_b=0.3$，$\eta_d=1.6$。基础底面宽度 $b=9.0$ m，大于 6.0 m 时按 6.0 m 考虑。

$$f_a=f_{ak}+\eta_b\gamma(b-3.0)+\eta_d\gamma_m(d-0.5)$$

$$=209.0+0.3\times 18.5\times(6.0-3.0)+1.6\times 18.0\times(3.6-0.5)=314.9(\text{kPa})$$

(3)验算地基的承载力。

$p=294.2$ kPa $\leqslant f_a=314.9$ kPa，满足承载力要求。

思考与练习题

1. 何谓土的抗剪强度和抗剪强度曲线？

2. 砂土与黏性土的抗剪强度表达式有何不同？土的抗剪强度是不是一个定值？

3. 黏性土的抗剪强度表达式由哪两部分组成？什么是土的抗剪强度指标？

4. 为什么土粒越粗，内摩擦角 φ 越大？土粒越细，黏聚力 C 越大？土的密度和含水量对 C 与 φ 值的影响如何？

5. 土体中发生剪切破坏的平面，是不是剪应力最大的平面？

6. 什么是土的极限平衡状态？何谓土的极限平衡条件？

7. 测定土的抗剪强度指标主要有哪几种方法？试比较它们的优缺点。

8. 地基变形分为哪几个阶段？各有什么特点？各特征点对应的荷载是什么？

9. 地基有哪几种破坏形式，它与土的性质有何关系？

10. 确定地基承载力的方法有哪些？如何选用？

11. 什么叫临塑荷载？有哪些基本假定？若以临塑荷载作为修正后地基承载力特征值，是否需要考虑安全系数？为什么？

12. 什么叫塑性荷载？计算公式有何不足？

13. 极限荷载的求解有哪几种方法？基本思路是什么？本书介绍的几种极限荷载理论公式各自的适用条件是什么？

14. 影响地基承载力的因素有哪些？有何影响？其中什么因素影响最大？

15. 用条形基础推导出的极限荷载公式直接用于方形基础、圆形基础极限荷载计算，是偏于安全还是不安全？为什么？

16 地基承载力特征值确定有哪几种方法？各有什么优缺点？

17. 地基承载力原位测试主要有哪几种方法？

18. 静载荷试验如何确定地基承载力特征值？

19. 按地基强度理论公式确定的承载力特征值为什么不再进行宽度和深度修正？

20. 影响岩石地基承载力的因素有哪些？与土地基有何不同？

21. 设黏性土地基中某点的主应力为 $\sigma_1=300$ kPa，$\sigma_3=180$ kPa，土的抗剪强度指标 $C_1=20$ kPa，$\varphi=26°$，试问该点处于什么状态？

22. 某砂土试样进行直剪试验，当 $\sigma_z=300$ kPa 时，$\tau_f=200$ kPa。求：

(1)砂土的内摩擦角 φ。

(2)破坏时的大、小主应力值。

23. 某条形基础下地基土中一点的应力为 $\sigma_z=250$ kPa，$\sigma_x=100$ kPa，$\tau_{xz}=40$ kPa，已知土的 $\varphi=30°$，$C=0$，问该点是否破坏？如果 σ_z 和 σ_x 不变，τ_{xz} 增加到 60 kPa，该点又如何？

24. 某地基取原状土进行直剪试验，4 个试样的法向压力 p 分别为 100 kPa、200 kPa、300 kPa、400 kPa，测得试样破坏时相应抗剪强度分别为 67 kPa、119 kPa、162 kPa、216 kPa。试用作图法求此土的抗剪强度指标 C、φ。若作用在此地基中某平面上的正应力和剪应力分别为 255 kPa 和 105 kPa，试问该处是否会发生剪切破坏？

25. 已知某土样黏聚力 $C=8$ kPa、内摩擦角 $\varphi=32°$。若将此土样置于三轴仪中进行三轴剪切试验，当小主应力为 40 kPa 时，大主应力为多少才使土样达到极限平衡状态？

26. 已知某土样黏聚力 $C=8$ kPa、内摩擦角 $\varphi=32°$。若将此土样置于直剪仪中作直剪试验，当竖向应力为 100 kPa 时，要使土样达到极限平衡状态，需加多少水平剪应力？

27. 已知某条形基础底面宽度 $b=1.6$ m，埋深 $d=1.5$ m，地基土的天然重度 $\gamma=18.8$ kN/m^3，内摩擦角 $\varphi=18°$，黏聚力 $C=23.0$ kPa，试计算地基的临塑荷载 p_{cr}，塑性荷载 $p_{1/4}$、$p_{1/3}$。

28. 某地基土质为粉土，重度 $\gamma=18.0$ kN/m^3，内摩擦角 $\varphi=22°$，黏聚力 $C=13.0$

kPa。

(1) 若矩形基础长 $l=2.8$ m，宽 $b=2.0$ m，埋深 $d=1.6$ m，求 $p_{1/4}$。

(2) 若基础埋深、宽度，土的重度、黏聚力和内摩擦角各增加 1.0，分别计算相应的 $p_{1/4}$ 的增量。

(3) 若将矩形基础改为底面面积相同的圆形基础，求 $p_{1/4}$。

(4) 上述计算结果说明了什么问题?

29. 某条形基础宽度 $b=2.4$ m，埋深 $d=1.8$ m，地基土的重度 $\gamma=18.5\ \mathrm{kN/m^3}$，内摩擦角 $\varphi=20°$，黏聚力 $C=15.0$ kPa，试分别用普朗德尔公式和太沙基极限荷载公式计算极限荷载值 p_u。

30. 某条形基础底面宽度 $b=2.4$ m，埋深 $d=1.6$ m，荷载合力偏心距 $e=0.07$ m，地下水位距地表 1.0 m 处，基底以上为杂填土，天然重度为 $17.0\ \mathrm{kN/m^3}$，饱和重度为 $19.0\ \mathrm{kN/m^3}$，基底面以下为粉质黏土，内摩擦角 $\varphi=16°$，黏聚力 $C=24.0$ kPa。试用《建筑地基基础设计规范》(GB 50007—2011)提供的根据土的抗剪强度指标确定地基承载力公式和地基承载力特征值。

项目9 挡土墙稳定验算

【学习目标】 掌握土压力的类型及产生的条件，掌握静止土压力的计算，熟练掌握朗肯土压力理论的条件、计算公式，掌握分层填土、有均布荷载、地下水等特殊条件下的土压力计算，掌握库仑土压力理论的条件及计算公式，掌握挡土墙的类型、抗倾和抗滑稳定验算。

【重点】 朗肯主动土压力、被动土压力的计算，分层填土、有均布荷载、地下水等特殊条件下的土压力计算，库仑主动土压力、被动土压力的计算，挡土墙的抗倾和抗滑稳定验算。

【难点】 朗肯主动土压力、被动土压力的计算，分层填土、有均布荷载、地下水等特殊条件下的土压力计算。

挡土墙是一种用于支挡天然或人工边坡以保持其稳定、防止坍塌的结构物，在土木、水利、交通等工程中得到广泛的应用。图9-1为几种典型的挡土墙应用类型。从图中可以看出，无论哪种形式的挡土墙，都要承受来自墙后土体的侧向压力——土压力，土压力是挡土墙的主要外荷载，土压力的性质、大小、方向和作用点的确定，是设计挡土墙断面及验算其稳定性的主要依据。

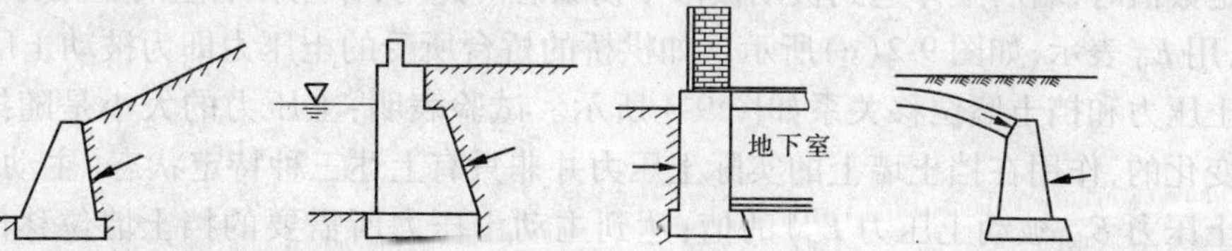

(a)支撑土坡的挡土墙　(b)堤岸挡土墙　(c)地下室侧墙　(d)拱桥桥台

图9-1 挡土墙的应用举例

本项目主要介绍土压力的类型、静止土压力的计算、两种古典土压力理论(朗肯土压力理论和库仑土压力理论)，以及工程中常见条件下土压力的计算方法和挡土墙验算。

任务1 挡土墙土压力计算

1 土压力及其类型

挡土墙的土压力是指挡土墙后的填土因自重或外荷载作用对墙背产生的侧向压力。它的性质取决于挡土墙可能位移的方向以及墙后土体所处的状态，土压力的大小则与挡土墙的截面形式、墙后土体的性质、填土面的形式以及荷载作用等诸多因素有关。按照挡土墙的可能位移方向和墙后土体所处的状态，土压力分为静止土压力、主动土压力和被动土压力三种类型。

1.1　**静止土压力**

挡土墙在压力作用下不发生任何变形和位移(移动或转动),墙后填土处于弹性平衡状态时,作用在挡土墙背的土压力称为静止土压力,用 E_0 表示,如图 9-2(a)所示。例如被刚性楼板和底板支撑着的建筑物地下室外墙上的土压力可视为静止土压力。另外,在未受扰动的天然土体内部的侧向自重应力、人工填土在填筑后未产生侧向变形的侧压力,均可看成静止土压力。

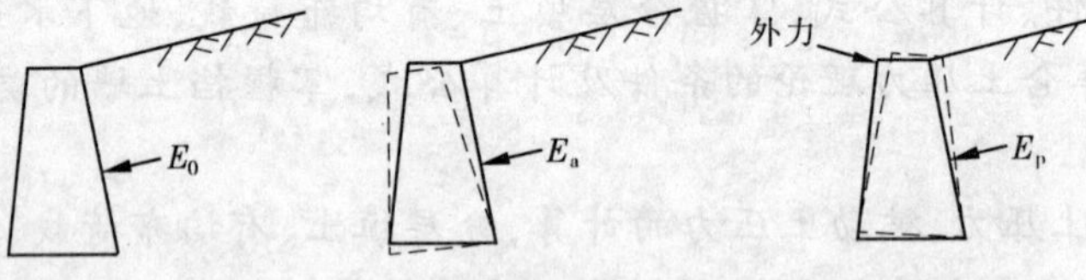

图 9-2　挡土墙上的三种土压力

1.2　**主动土压力**

挡土墙在土压力作用下离开土体向前位移时,土压力随之减小。当位移至一定数值时,墙后土体达到主动极限平衡状态。此时,作用在墙背的土压力称为主动土压力,用 E_a 表示,如图 9-2(b)所示。工程中大多数挡土墙受到的土压力属于这一类。

1.3　**被动土压力**

挡土墙在外力作用下推挤土体向后位移时,作用在墙上的土压力随之增加。当位移至一定数值时,墙后土体达到被动极限平衡状态。此时,作用在墙上的土压力称为被动土压力,用 E_p 表示,如图 9-2(c)所示。如拱桥的桥台所受的土压力即为被动土压力。

土压力和挡土墙位移关系如图 9-3 所示。试验表明:土压力的大小是随挡土墙的位移而变化的,作用在挡土墙上的实际土压力并非只有上述三种特定状态(主动土压力 E_a、静止土压力 E_0、被动土压力 E_p)的值;达到主动土压力所需要的挡土墙位移值远小于达到被动土压力所需要的挡土墙位移值;三种土压力的大小关系为 $E_a < E_0 < E_p$。

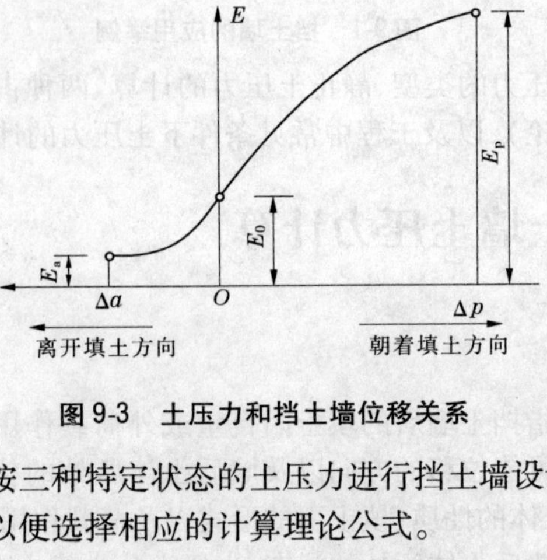

图 9-3　土压力和挡土墙位移关系

在实际工程中,一般按三种特定状态的土压力进行挡土墙设计,此时应该弄清实际工程与哪种状态较为接近,以便选择相应的计算理论公式。

1.4　土压力计算

当挡土墙处于静止、墙后土体处于弹性平衡状态时,在填土表面以下任意深度 z 处墙背上的静止土压力强度 p_0 等于土中侧向自重应力(见图9-4),即

$$p_0 = K_0\gamma z \tag{9-1}$$

式中　γ——墙后土体的重度;

K_0——静止土压力系数,与泊松比 μ 有关。

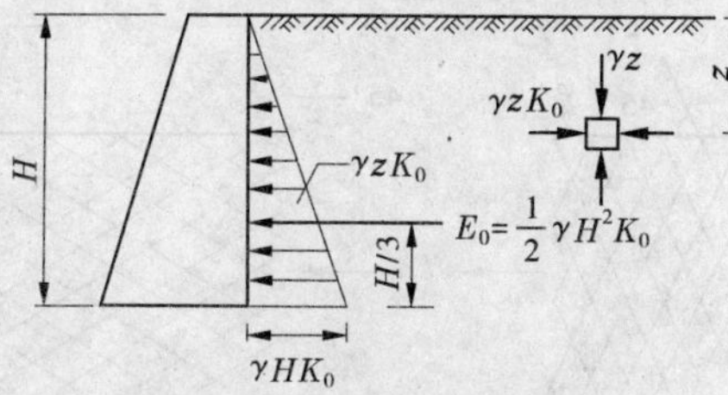

图9-4　挡土墙墙背上的静止土压力

理论上 $K_0=\mu/(1-\mu)$,实际中 K_0 可用三轴剪切试验测得,也可用旁压仪在原位试验中测到。在实际工程中,缺少试验资料时,K_0 可采用经验值,也可采用经验公式估算:砂土 $K_0=1-\sin\varphi'$,黏性土 $K_0=0.95-\sin\varphi'$,超固结土 $K_0=OCR^{0.5}(1-\sin\varphi')$,其中 φ' 为土的有效内摩擦角。静止土压力系数 K_0 值可参考表9-1。

表9-1　静止土压力系数 K_0 值

土名	砾石、卵石	砂土	粉土	粉质黏土	黏土
K_0	0.20	0.25	0.35	0.45	0.55

由式(9-1)可知,静止土压力沿墙高呈三角形分布。其合力 E_0 即为三角形的面积,即

$$E_0 = \frac{1}{2}\gamma H^2 K_0 \tag{9-2}$$

式中　H——挡土墙的高度。

静止土压力 E_0 的作用点位于距墙底 $H/3$ 的高度处,其方向与墙背垂直。

对于主动土压力和被动土压力的计算,目前多以朗肯土压力理论和库仑土压力理论两个古典土压力理论为依据,以下分别介绍其基本原理和计算方法。

2　朗肯土压力理论

朗肯(Rankine)1857年提出的土压力理论是通过分析半空间的应力状态,利用土的极限平衡条件而推出土压力强度计算式的,它是古典土压力理论之一。

如图9-5(a)所示,在半空间内取竖直面 AB,在 AB 面上深度为 z 处取一微单元体。设土的重度为 γ,当半空间内土体保持静止时,各点都处于弹性平衡状态,此时作用在微单元体上的大主应力 σ_1 为竖向自重应力 γz,小主应力 σ_3 为水平向自重应力 $K_0\gamma z$,其莫尔圆表示为 O_1,位于抗剪强度包线下方,如图9-5(b)所示。

假定在某种原因下土体沿侧向方向发生主动膨胀时,微单元体上竖向应力保持不变,而水平方向应力不断减小,莫尔圆直径随之增大。当土体侧向膨胀发展到一定程度时,莫

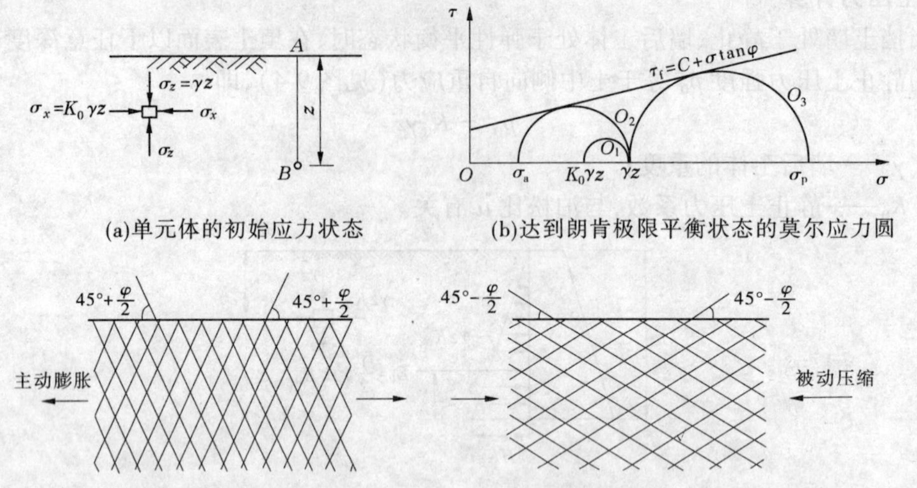

(a)单元体的初始应力状态　　(b)达到朗肯极限平衡状态的莫尔应力圆

(c)主动朗肯状态的剪切破坏面　　(d)被动朗肯状态的剪切破坏面

图 9-5　弹性半空间的应力状态

尔圆 O_2 与抗剪强度包线相切，微单元体处于主动极限平衡状态，也称为主动朗肯状态。此时的大主应力 σ_1 仍为竖向自重应力，小主应力 σ_3 仍为水平向应力，如图 9-5(b)所示，土中两组剪切破坏面与水平面的夹角为 $45° + \varphi/2$，如图 9-5(c)所示。

当土体在侧向方向上发生被动挤压时，微单元体上竖向应力保持不变，而水平方向应力不断增大，莫尔圆直径不断减小至一点，当水平向应力继续增大到超过竖直向应力时，水平向应力成为大主应力 σ_1，而竖向应力变成了小主应力 σ_3。此后，随着水平向应力的增大，莫尔圆直径又不断增大。当土体侧向挤压发生到一定程度时，莫尔圆 O_3 与抗剪强度包线相切，微单元体处于被动极限状态，也称为被动朗肯状态。此时的大主应力 σ_1 为水平向应力，如图 9-5(b)所示。土中两组剪切破坏面与水平面的夹角为 $45° - \varphi/2$，如图 9-5(d)所示。

朗肯认为可以用直立的挡土墙来代替上述竖直面 AB 左边的土体，如果满足墙背与土接触面上的剪应力为零的条件，并不会改变右边土体中的应力状态，则当挡土墙向前位移使土体达到主动极限平衡条件时，对应于莫尔圆 O_2 的小主应力 σ_3 即为主动土压力强度 p_a；当挡土墙向后位移使土体达到被动极限平衡条件时，对应于莫尔圆 O_3 的大主应力 σ_1 即为被动土压力强度 p_p。由此可见，朗肯土压力理论适用于下列情况：①墙为刚体；②墙背直立、光滑；③墙后填土面水平。

2.1　主动土压力

假设挡土墙为刚体，墙背直立、光滑，填土面水平。当挡土墙向前移动或转动时，填土面下任意深度 z 处的竖向应力保持为自重应力 γz 不变，而水平方向的应力逐渐减小。当土体达到主动朗肯状态时，大主应力 σ_1 为竖向自重应力 γz，而小主应力 σ_3 为水平向的应力，即为作用在墙背上的主动土压力强度 p_a。

由土体的极限平衡条件可知，在极限平衡状态下，黏性土中一点的大、小主应力即 σ_1 和 σ_3 之间满足以下关系式：

$$\sigma_3 = \sigma_1 \tan^2(45° - \frac{\varphi}{2}) - 2C\tan(45° - \frac{\varphi}{2}) \tag{9-3}$$

将 $\sigma_3 = p_a$，$\sigma_1 = \gamma z$ 代入式(9-3)并令 $K_a = \tan^2\left(45° - \frac{\varphi}{2}\right)$，则有

$$p_a = \gamma z K_a - 2C\sqrt{K_a} \tag{9-4}$$

式(9-4)适合于墙身填土为黏性土的情况，对于无黏性土，由于 $C=0$，则有

$$p_a = \gamma z K_a \tag{9-5}$$

式中 p_a——主动土压力强度，kPa；

K_a——主动土压力系数，$K_a = \tan^2(45° - \varphi/2)$；

γ——墙后填土重度，kN/m^3；

C——土的黏聚力，kPa；

φ——土的内摩擦角，(°)；

z——计算点离填土表面的距离，m。

式(9-5)表明，当墙后填土为无黏性土时 $C=0$，主动土压力仅仅是由土的自重所产生，主动土压力强度随深度线性增加(与前面所述的静止土压力分布形式相同)，沿墙高呈三角形分布，主动土压力的合力 E_a 为三角形的面积，其值由式(9-6)计算，合力作用在挡土墙墙底以上 $H/3$ 处，如图9-6(b)所示。

$$E_a = \frac{1}{2}\gamma H^2 K_a \tag{9-6}$$

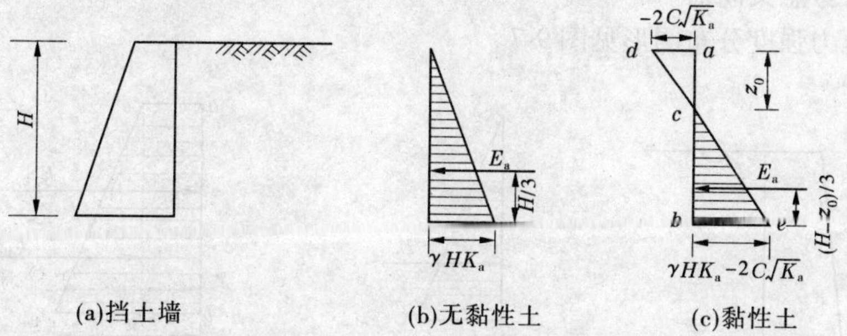

图9-6 朗肯主动土压力强度的分布

式(9-4)表明，当墙后填土为黏性土时，主动土压力由两部分组成，黏聚力 C 的存在减小了墙背上的土压力，并且在墙背上部形成负侧压力区(拉应力区)，即图9-6(c)中的三角形 adc。由于墙背与填土在很小的拉应力下就会脱开，该区域的土中会出现拉裂缝，故在计算墙背上的主动土压力时一般应略去这部分负侧压力，而仅仅考虑三角形 bec 部分的土压力。土压力图形顶点 c 在填土面下的深度称为临界深度 z_0，令式(9-4)中 $p_a=0$ 即可确定 z_0，即

$$p_a = \gamma z_0 K_a - 2C\sqrt{K_a} = 0$$

$$z_0 = \frac{2C}{\gamma\sqrt{K_a}} \tag{9-7}$$

主动土压力合力 E_a 则为三角形 bec 的面积，作用在三角形 bec 的形心上，即在挡土墙

底面以上$(H-z_0)/3$处,其值由下式计算:

$$E_a = \frac{1}{2}(H-z_0)(\gamma HK_a - 2C\sqrt{K_a}) \tag{9-8}$$

2.2 被动土压力

当挡土墙受外力作用而向后移动或转动时,填土面下任意深度z处的竖向应力保持为自重应力γz不变,而水平方向的应力逐渐增大,直至达到被动朗肯状态。此时,小主应力σ_3为竖向自重应力γz,而大主应力σ_1则为水平方向的应力,即为作用在墙背上的被动土压力强度p_p。

根据土的极限平衡条件式,则有

黏性土

$$\sigma_1 = \sigma_3\tan^2\left(45° + \frac{\varphi}{2}\right) + 2C\tan\left(45° + \frac{\varphi}{2}\right)$$

将$\sigma_1 = p_p$、$\sigma_3 = \gamma z$代入上式并令$K_p = \tan^2\left(45° + \frac{\varphi}{2}\right)$,则有

$$p_p = \gamma zK_p + 2C\sqrt{K_p} \tag{9-9}$$

无黏性土

$$p_p = \gamma zK_p \tag{9-10}$$

式中 K_p——朗肯被动土压力系数,$K_p = \tan^2\left(45° + \frac{\varphi}{2}\right)$;

其他符号意义同前。

被动土压力强度分布图形见图9-7。

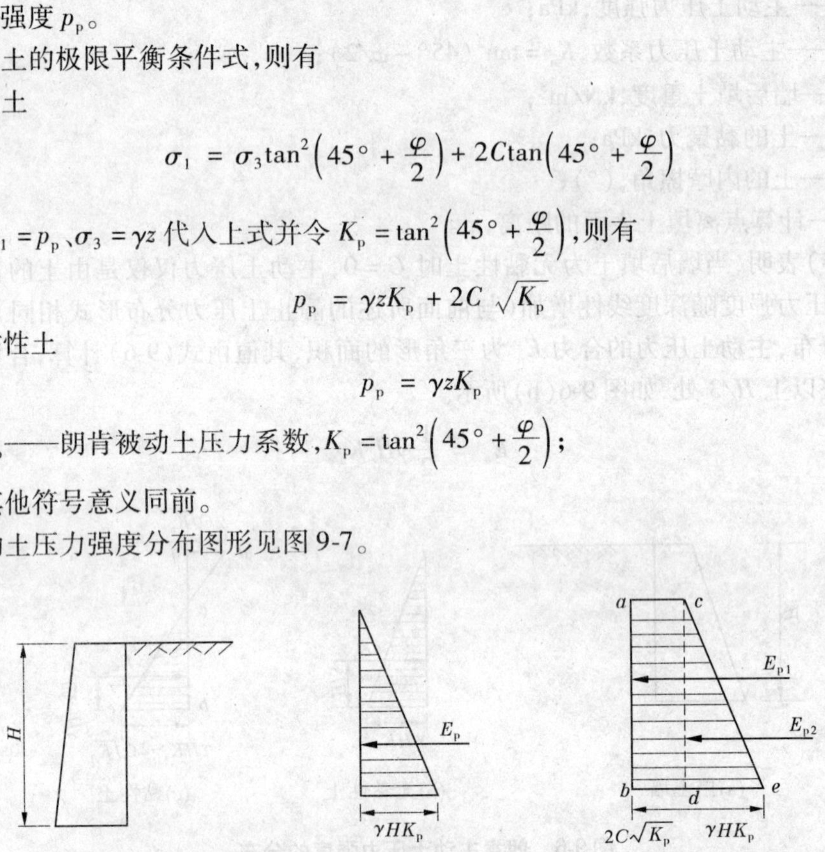

(a)挡土墙 (b)无黏性土 (c)黏性土

图9-7 朗肯被动土压力强度的分布

当填土为无黏性土时,挡土墙背上的被动土压力强度也呈三角形分布(见图9-7(b)),被动土压力合力E_p的值由式(9-11)计算,其作用点在墙底以上$H/3$处。

$$E_p = \frac{1}{2}\gamma H^2 K_p \tag{9-11}$$

当填土为黏性土时,黏聚力C的存在增加了被动土压力,作用在墙背上的被动土压力呈梯形分布,如图9-7(c)所示,合力E_p的值为梯形面积,可用矩形$acdb$与三角形ced的面积之和求得,即

$$E_p = E_{p1} + E_{p2} = \frac{1}{2}\gamma H^2 K_p + 2CH\sqrt{K_p} \tag{9-12}$$

式中 E_{p1}、E_{p2}——按矩形面积和三角形面积计算得到的被动土压力的两个分量。

E_{p1}、E_{p2}分别作用于矩形和三角形的形心处。合力E_p作用在梯形的形心上,其作用点至墙底的距离h_p既可以按梯形形心的几何公式求得,也可以用E_{p1}和E_{p2}按下式计算:

$$h_p = \frac{\frac{H}{2}E_{p1} + \frac{H}{3}E_{p2}}{E_p} \tag{9-13}$$

【例9-1】 如图9-8所示,某挡土墙高$H=5$ m,墙背竖直、光滑,填土表面水平,填土为黏性土,重度$\gamma = 17\ \text{kN/m}^3$,内摩擦角$\varphi = 22°$,黏聚力$C = 6$ kPa。试按朗肯土压力理论计算主动土压力E_a及其作用点,并绘出主动土压力强度分布图。

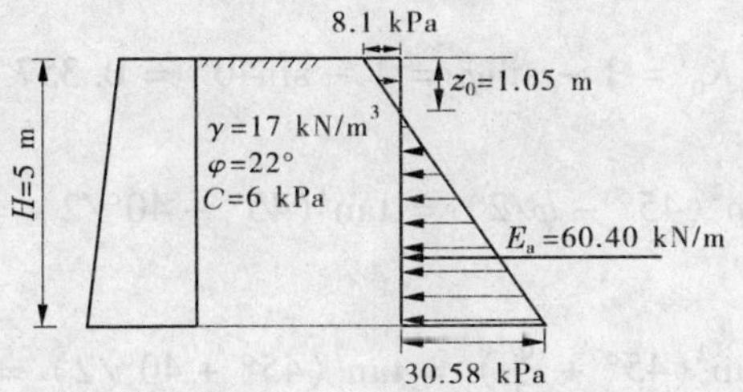

图9-8 例9-1图

解 挡土墙顶($z=0$)处的土压力为

$$\begin{aligned} p_{a0} &= \gamma z \tan^2(45° - \varphi/2) - 2C\tan(45° - \varphi/2) \\ &= 17 \times 0 \times \tan^2(45° - 22°/2) - 2 \times 6 \times \tan(45° - 22°/2) \\ &= -8.1\ (\text{kPa}) \end{aligned}$$

墙底($z=H=5$ m)处的土压力强度为

$$\begin{aligned} p_{aH} &= \gamma z \tan^2(45° - \varphi/2) - 2C\tan(45° - \varphi/2) \\ &= 17 \times 5 \times \tan^2(45° - 22°/2) - 2 \times 6 \times \tan(45° - 22°/2) \\ &= 30.58\ (\text{kPa}) \end{aligned}$$

土压力强度分布如图9-8所示。

土压力分布的临界深度为

$$z_0 = \frac{2C}{\gamma\sqrt{K_a}} = \frac{2 \times 6}{17 \times \tan(45° - 22°/2)} = 1.05(\text{m})$$

主动土压力为

$$E_a = \frac{1}{2}(H - z_0)p_{aH} = \frac{1}{2} \times (5 - 1.05) \times 30.58 = 60.40(\text{kN/m})$$

E_a的作用点至墙底距离为

$$\frac{1}{3}(H - z_0) = \frac{1}{3} \times (5 - 1.05) = 1.32(\text{m})$$

【例9-2】 某重力式挡土墙高$H=5$ m,墙背垂直光滑,墙后填土为无黏性土,填土面水平,填土性质指标如图9-9所示。试分别求出作用于墙上的静止土压力、主动土压力及被动土压力的大小及分布。

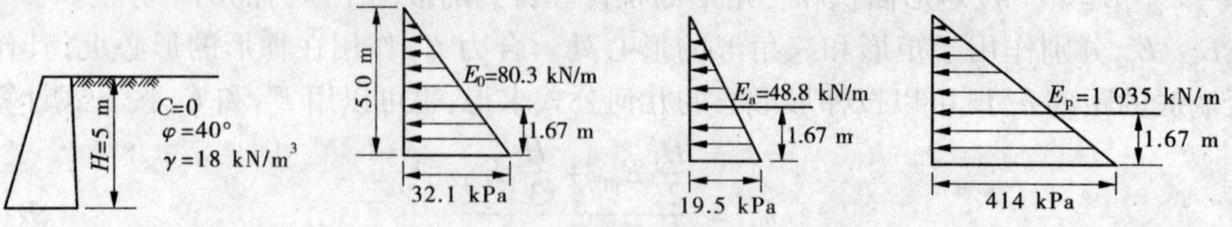

(a)静止土压力　(b)主动土压力　(c)被动土压力

图9-9　例9-2图

解　(1)计算土压力系数 K。

静止土压力系数为

$$K_0 = 1 - \sin\varphi = 1 - \sin 40° = 0.357$$

主动土压力系数为

$$K_a = \tan^2(45° - \varphi/2) = \tan^2(45° - 40°/2) = 0.217$$

被动土压力系数为

$$K_p = \tan^2(45° + \frac{\varphi}{2}) = \tan^2(45° + 40°/2) = 4.599$$

(2)计算墙底处土压力强度 p。

静止土压力强度为

$$p_0 = \gamma H K_0 = 18 \times 5 \times 0.357 = 32.1(\text{kPa})$$

主动土压力强度为

$$p_a = \gamma H K_a = 18 \times 5 \times 0.217 = 19.5(\text{kPa})$$

被动土压力强度为

$$p_p = \gamma H K_p = 18 \times 5 \times 4.599 = 414(\text{kPa})$$

(3)计算单位墙长度上的总土压力 E。

静止土压力为

$$E_0 = \frac{1}{2}\gamma H^2 K_0 = \frac{1}{2} \times 18 \times 5^2 \times 0.357 = 80.3(\text{kN/m})$$

主动土压力为

$$E_a = \frac{1}{2}\gamma H^2 K_a = \frac{1}{2} \times 18 \times 5^2 \times 0.217 = 48.8(\text{kN/m})$$

被动土压力为

$$E_p = \frac{1}{2}\gamma H^2 K_p = \frac{1}{2} \times 18 \times 5^2 \times 4.599 = 1\,035(\text{kN/m})$$

三者比较可以看出 $E_a < E_0 < E_p$。

(4)土压力强度分布见图9-9,总土压力作用点均在距墙底 $H/3 = 5/3 = 1.67(\text{m})$处。

3　库仑土压力理论

上述朗肯土压力理论是根据半空间的应力状态和土单元体的极限平衡条件而得出的土压力古典理论之一。另一种土压力古典理论就是库仑土压力理论,它是以整个滑动土体上力系的平衡条件来求解主动、被动土压力计算的理论公式。

1776 年,库仑(Coulomb)发表的土压力理论是针对墙后填土为无黏性土的情况而提出的,其基本假设为:①墙后填土为理想的散体材料($C=0$);②墙后填土达到极限平衡状态时,土体中产生通过墙踵的平面滑动面;③填土面、滑动平面和墙背围成的部分土体为刚性楔体。

库仑土压力理论的基本思路是通过分析楔体的静力平衡条件从而求得墙背上的压力。

3.1 主动土压力

如图 9-10 所示,挡土墙墙背倾角为 α,墙后填土为无黏性土,填土面的倾角为 β,填土的重度为 γ,内摩擦角为 φ,墙背与填土间的外摩擦角为 δ。假定土体达到极限平衡状态时形成滑动平面 BC,它与水平面的夹角为 θ。

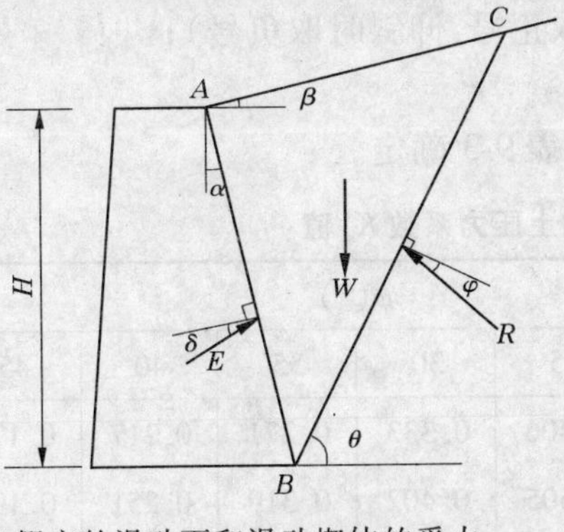

(a)假定的滑动面和滑动楔体的受力

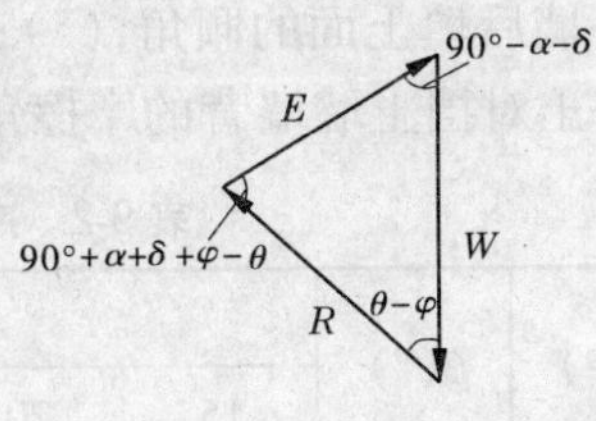

(b)滑动楔体的力三角形

图 9-10 库仑主动土压力计算简图

取滑动楔体 ABC 为隔离体,作用在楔体上的力有:楔体自重 W、滑动面 BC 上的反力 R 和墙背 AB 上的反力 E,见图 9-10(a)。滑动面 BC 上的反力 R,作用方向与 BC 面法线成 φ 角,并位于法线的下方,其大小未知。墙背 AB 上的反力 E,作用方向与 AB 面的法线成 δ 角,并位于法线的下方,E 的反作用力即为作用在墙背上的土压力,其大小未知。假定滑动面 BC 的倾角 θ、楔体的几何尺寸即已确定,W 即是已知力,方向竖直向下。

$$W = \frac{1}{2}\gamma H^2 \frac{\cos(\alpha - \beta)\cos(\theta - \alpha)}{\cos^2\alpha\sin(\theta - \beta)} \tag{9-14}$$

根据楔体静力平衡条件,W、R、E 构成封闭的力三角形(见图 9-10(b)),根据正弦定律:

$$\frac{W}{\sin(90° + \alpha + \delta + \varphi - \theta)} = \frac{E}{\sin(\theta - \varphi)}$$

将上式代入式(9-14),并整理得

$$E = \frac{1}{2}\gamma H^2 \frac{\cos(\alpha - \beta)\cos(\theta - \alpha)\sin(\theta - \varphi)}{\sin(\theta - \beta)\cos(\theta - \varphi - \alpha - \delta)\cos^2\alpha} \tag{9-15}$$

由于滑动面 BC 的倾角 θ 是任意假定的,因此 E 是 θ 的函数。对应于不同的 θ,有一系列的滑动面和 E 值。与主动土压力 E_a 相应的是其中的最大反力 E_{max},对应的滑动面为最危险滑动面。

令 $dE/d\theta=0$，可得墙背反力为 E_{max} 时最危险滑动面的倾角 θ_{cr}，将其值代入式(9-15)，便可得到 E_{max} 即主动土压力 E_a。E_a 按下式计算：

$$E_a = \frac{1}{2}\gamma H^2 K_a \tag{9-16}$$

$$K_a = \frac{\cos^2(\varphi-\alpha)}{\cos^2\alpha\cos(\alpha+\delta)\left[1+\sqrt{\dfrac{\sin(\varphi+\delta)\sin(\varphi-\beta)}{\cos(\alpha+\delta)\cos(\alpha-\beta)}}\right]^2} \tag{9-17}$$

式中　K_a——库仑主动土压力系数，按式(9-17)计算或查表 9-2 确定；

H——挡土墙高度，m；

γ——墙后填土的重度，kN/m^3；

φ——墙后填土面的内摩擦角，(°)；

α——墙背的倾角，(°)（墙背俯斜时取正号，仰斜时取负号）；

β——墙后填土面的倾角，(°)；

δ——土对挡土墙墙背的摩擦角，可查表 9-3 确定。

表 9-2　库仑主动土压力系数 K_a 值

δ(°)	α(°)	β(°)	φ(°) 15	20	25	30	35	40	45	50
0	0	0	0.589	0.490	0.406	0.333	0.271	0.217	0.172	0.132
		15	0.933	0.639	0.505	0.402	0.319	0.251	0.194	0.147
		30				0.750	0.436	0.318	0.235	0.172
	10	0	0.652	0.560	0.478	0.407	0.343	0.288	0.238	0.194
		15	0.039	0.737	0.603	0.498	0.411	0.337	0.274	0.221
		30				0.925	0.566	0.433	0.337	0.262
	20	0	0.736	0.648	0.569	0.498	0.434	0.375	0.322	0.274
		15	0.196	0.868	0.730	0.621	0.529	0.450	0.380	0.318
		30				1.169	0.740	0.586	0.474	0.385
	-10	0	0.540	0.433	0.344	0.270	0.209	0.158	0.117	0.083
		15	0.860	0.562	0.425	0.322	0.243	0.180	0.130	0.090
		30				0.614	0.331	0.226	0.155	0.104
	-20	0	0.487	0.380	0.287	0.212	0.153	0.106	0.070	0.043
		15	0.809	0.494	0.352	0.250	0.175	0.119	0.076	0.046
		30				0.498	0.239	0.147	0.090	0.051

续表 9-2

δ(°)	α(°)	β(°)	φ(°) 15	20	25	30	35	40	45	50
10	0	0	0.533	0.447	0.373	0.309	0.253	0.204	0.163	0.127
		15	0.947	0.609	0.476	0.379	0.301	0.238	0.185	0.141
		30				0.762	0.423	0.306	0.226	0.166
	10	0	0.603	0.520	0.448	0.384	0.326	0.275	0.230	0.189
		15	0.890	0.721	0.582	0.480	0.396	0.326	0.267	0.216
		30				0.969	0.564	0.427	0.332	0.258
	20	0	0.695	0.615	0.543	0.478	0.419	0.365	0.316	0.271
		15	1.298	0.872	0.723	0.613	0.522	0.444	0.377	0.317
		30				1.268	0.758	0.594	0.478	0.388
	−10	0	0.477	0.385	0.309	0.245	0.191	0.146	0.109	0.078
		15	0.847	0.520	0.390	0.297	0.224	0.167	0.121	0.085
		30				0.605	0.313	0.212	0.146	0.098
	−20	0	0.427	0.330	0.252	0.188	0.137	0.096	0.064	0.039
		15	0.772	0.445	0.315	0.225	0.158	0.108	0.070	0.042
		30				0.475	0.220	0.135	0.082	0.047
20	0	0			0.357	0.297	0.245	0.199	0.160	0.125
		15			0.467	0.371	0.295	0.234	0.183	0.140
		30				0.798	0.425	0.306	0.225	0.166
	10	0			0.438	0.377	0.322	0.273	0.229	0.190
		15			0.586	0.480	0.397	0.328	0.269	0.218
		30				1.051	0.582	0.437	0.338	0.264
	20	0			0.543	0.479	0.422	0.370	0.321	0.277
		15			0.747	0.629	0.535	0.456	0.387	0.327
		30				1.434	0.807	0.624	0.501	0.406
	−10	0			0.291	0.232	0.182	0.140	0.105	0.076
		15			0.374	0.284	0.215	0.611	0.117	0.083
		30				0.614	0.306	0.207	0.142	0.096
	−20	0			0.231	0.174	0.128	0.090	0.061	0.038
		15			0.940	0.210	0.148	0.102	0.067	0.040
		30				0.468	0.210	0.129	0.079	0.045

表 9-3 土对挡土墙墙背的摩擦角

挡土墙情况	摩擦角 δ
墙背平滑,排水良好	$(0\sim0.33)\varphi$
墙背粗糙,排水良好	$(0.33\sim0.5)\varphi$
墙背很粗糙,排水良好	$(0.5\sim0.67)\varphi$
墙背与填土间不可能滑动	$(0.67\sim1.0)\varphi$

由前面的基本假设可知,库仑土压力理论的适用条件是墙后填土为碎石土、砂土等无黏性($C=0$)的材料。当填土为无黏性土,且墙背直立($\alpha=0$)、光滑($\delta=0$),填土面水平($\beta=0$)时,按式(9-17)计算的主动土压力系数为 $K_a=\tan^2(45°-\varphi/2)$,与朗肯主动土压力系数一致。可见,在符合朗肯理论的条件下,库仑理论与朗肯理论具有相同的结果,二者是吻合的。

由式(9-16)得到墙顶以下深度 z 范围内墙背上的主动土压力合力为

$$E_a=\frac{1}{2}\gamma z^2K_a$$

对 z 求导数,得库仑主动土压力沿墙高的分布及主动土压力强度为

$$p_a=\frac{\mathrm{d}E_a}{\mathrm{d}z}=\frac{\mathrm{d}}{\mathrm{d}z}\left(\frac{1}{2}\gamma z^2K_a\right)=\gamma zK_a \tag{9-18}$$

如图 9-11 所示,库仑主动土压力强度沿墙高呈三角形分布,合力 E_a 作用在距墙底 $H/3$ 高度处,其作用方向指向墙背,与墙背法线成 δ 角且在法线上方。

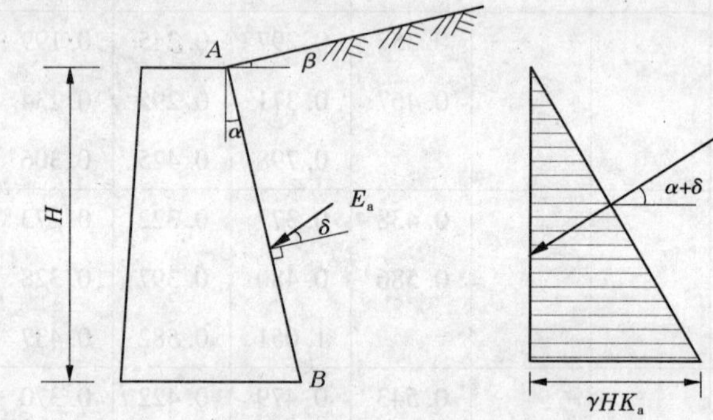

图 9-11 库仑主动土压力分布

3.2 被动土压力

如图 9-12 所示的挡土墙,采用与库仑主动土压力分析时同样的假定,则作用在滑动楔体上的力仍为三个,其中楔体自重 W 是已知力,仍按式(9-13)计算,滑动面 BC 上的反力 R 的作用方向仍与 BC 面法线成 φ 角但位于法线上方,墙背 AB 上的反力 E 的作用方向仍与 AB 面的法线成 δ 角但位于法线上方。按同样的思路,先由楔体的静力平衡条件求得 E 值,然后用求极值的方法求得最小值 E_{min} 即为被动土压力合力 E_p。E_p 按下式计算:

$$E_p=\frac{1}{2}\gamma H^2K_p \tag{9-19}$$

$$K_p = \frac{\cos^2(\varphi+\alpha)}{\cos^2\alpha\cos(\alpha-\delta)\left[1-\sqrt{\dfrac{\sin(\varphi+\delta)\sin(\varphi+\beta)}{\cos(\alpha-\delta)\cos(\alpha-\beta)}}\right]^2} \tag{9-20}$$

式中　K_p——库仑被动土压力系数，可按式(9-20)计算，当 $\alpha=0$、$\delta=0$、$\beta=0$ 时，$K_p = \tan^2(45°+\varphi/2)$；

其他符号意义同前。

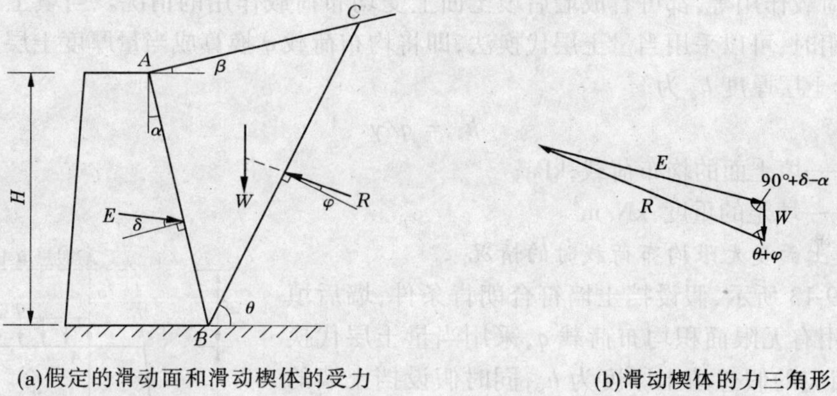

图 9-12　库仑被动土压力计算简图

E_p 的作用点位置在距墙底 $H/3$ 高度处，与墙背法线成 δ 角并位于法线下方，指向墙背。同理可推得，被动土压力强度沿墙高呈三角形分布。

【例 9-3】　拟建挡土墙高 5.4 m，墙后填土面倾角 $\beta=20°$，填土为无黏性土，重度 $\gamma=18\ kN/m^3$，内摩擦角 $\varphi=30°$。假设墙背与土的摩擦角 $\delta=\varphi/3$。若墙背分别设计为俯斜 $\alpha=15°$、直立 $\alpha=0°$ 和仰斜 $\alpha=-15°$，试求墙背上的主动土压力及其分布。

解　(1)当墙背设计成俯斜($\alpha=15°$)时：

将 $\alpha=15°$、$\beta=20°$、$\varphi=30°$ 代入式(9-17)计算得主动土压力系数 $K_a=0.604$，按式(9-16)，则主动土压力的合力 $E_a=\frac{1}{2}\gamma H^2K_a=\frac{1}{2}\times18\times5.4^2\times0.604=158.5\ (kN/m)$。

主动土压力强度沿墙高呈三角形分布，墙顶处主动土压力强度 $p_{a0}=0$，墙底处主动土压力强度 $p_{aH}=\gamma HK_a=18\times5.4\times0.604=58.7\ (kPa)$。

(2)当墙背设计成直立($\alpha=0°$)时：

由式(9-17)得主动土压力系数 $K_a=0.420$，由式(9-16)得主动土压力的合力 $E_a=\frac{1}{2}\gamma H^2K_a=\frac{1}{2}\times18\times5.4^2\times0.420=110.2\ (kN/m)$。

主动土压力强度沿墙高呈三角形分布，墙顶处主动土压力强度 $p_{a0}=0$，墙底处主动土压力强度 $p_{aH}=\gamma HK_a=18\times5.4\times0.420=40.8\ (kPa)$。

(3)当墙背设计成仰斜($\alpha=-15°$)时：

同理得主动土压力系数 $K_a=0.288$，主动土压力的合力 $E_a=75.6\ kN/m$。

主动土压力强度沿墙高呈三角形分布，墙顶处主动土压力强度 $p_{a0}=0$，墙底处主动土压力强度 $p_{aH}=28.0\ kPa$。

由计算结果可以看出,在其他条件相同的情况下,仰斜墙背时的主动土压力最小,这对挡土墙抵抗水平滑移和保证墙身强度安全都是有利的。

4　工程上的土压力计算

4.1　填土面均布荷载

在实际应用中,路堤挡土墙受到路面车辆荷载的作用、边坡挡土墙受到坡顶建筑物或构筑物的荷载作用等,都可看成墙后填土面上受均布荷载作用的情况。当填土面上有均布荷载作用时,可以采用当量土层代换法,即将均布荷载 q 换算成当量厚度土层的自重应力,则当量土层厚度 h_s 为

$$h_s = q/\gamma \tag{9-21}$$

式中　q——填土面的均布荷载,kPa;

γ——填土的重度,kN/m³。

4.1.1　填土面受无限均布荷载时的情况

如图 9-13 所示,假设挡土墙符合朗肯条件,墙后填土面上作用有无限面积均布荷载 q,采用当量土层代换法,与 q 相应的假想填土厚度为 h_s,同时假设挡土墙的墙顶也相应沿高至 A'处,然后就可按假设填土面按朗肯土压力公式计算墙背 $A'B$ 范围的土压力。

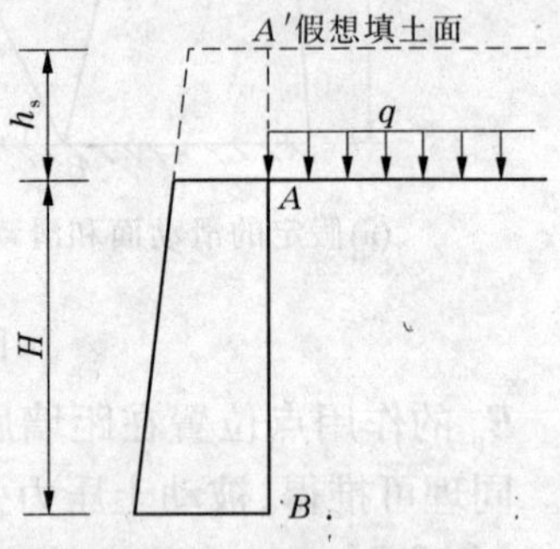

图 9-13　填土面上受无限均布荷载时主动土压力计算

利用朗肯土压力库仑理论,可得 A 点以下深度 z 处的主动土强度为

黏性土　$$p_a = qK_a + \gamma z K_a - 2C\sqrt{K_a} \tag{9-22}$$

无黏性土　$$p_a = qK_a + \gamma z K_a \tag{9-23}$$

由式(9-22)、式(9-23)可得,填土面上无限均布荷载 q 在墙背上引起的主动土压力强度为 qK_a,沿墙高呈均匀分布。

对黏性土而言,当 $q > 2C\sqrt{K_a}$ 时,$p_{aA} > 0$,墙背上的主动土压力呈梯形分布;当 $q = 2C\sqrt{K_a}$ 时,$p_{aA} = 0$,主动土压力呈三角形分布;当 $q < 2C\sqrt{K_a}$ 时,$p_{aA} < 0$,主动土压力在临界深度以下呈三角形分布。对黏性土而言,墙背上的主动土压力都呈梯形分布。不管是黏性土还是无黏性土,土压力合力 E_a 的作用点在 p_a 各自分布图形的重心处。

对于符合库仑条件的挡土墙,如图 9-14 所示,假想挡土墙的总高度为 $H + h'$。

采用当量土层代换法,同理可得作用在填土面以下深度 z 处的主动土压力强度为

$$p_a = \gamma(h' + z)K_a \tag{9-24}$$

由于墙背倾斜,其中虚拟墙高度 h'需按图中所示的几何关系求得,为

$$h' = h_s \frac{\cos\beta\cos\alpha}{\cos(\alpha - \beta)} = \frac{q}{\gamma}\frac{\cos\beta\cos\alpha}{\cos(\alpha - \beta)} \tag{9-25}$$

式中　h_s——荷载 q 的当量土层厚度,按式(9-21)计算。

同样地,计算主动土压力合力 E_a 作用点在 p_a 分布图形的重心处。

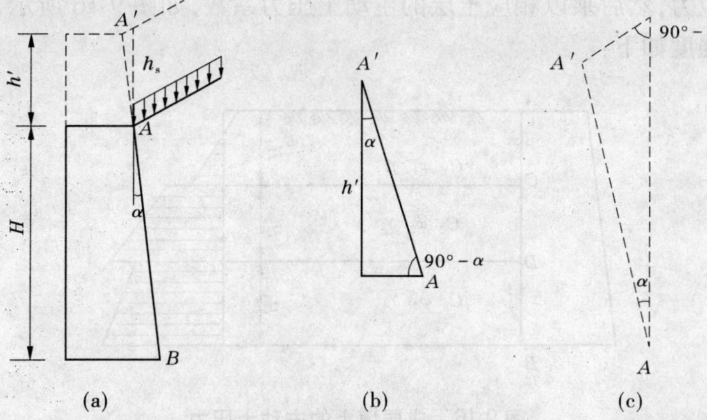

图9-14 填土面上有无限均布荷载时的库仑主动土压力计算简图

4.1.2 填土表面受局部均布荷载时的情况

4.1.2.1 墙背一定距离外受均布荷载

当距墙背一定距离 L_1 以外的填土面上受到均布荷载 q 作用时,可认为 q 的影响按 $45° + \varphi/2$ 的角度扩散,然后作用在墙背上,q 产生的主动土压力强度为 qK_a。而在 $L_1\tan(45° + \varphi/2)$ 以上的墙背范围内不受 q 的影响,则墙背上的主动土压力分布如图9-15(a)所示。

4.1.2.2 墙背一定距离外受局部均布荷载

在至墙背距离为 L_1 处的填土面上受到宽度为 L_2 的局部均布荷载 q 作用。同样可认为 q 的影响按 $45° + \varphi/2$ 的角度扩散,然后作用在墙背上。q 产生的主动土压力强度为 qK_a。在 $L_1\tan(45° + \varphi/2)$ 以上和 $(L_1 + L_2)\tan(45° + \varphi/2)$ 以下的墙背范围内,不受 q 的影响。墙背上的主动土压力分布如图9-15(b)所示。

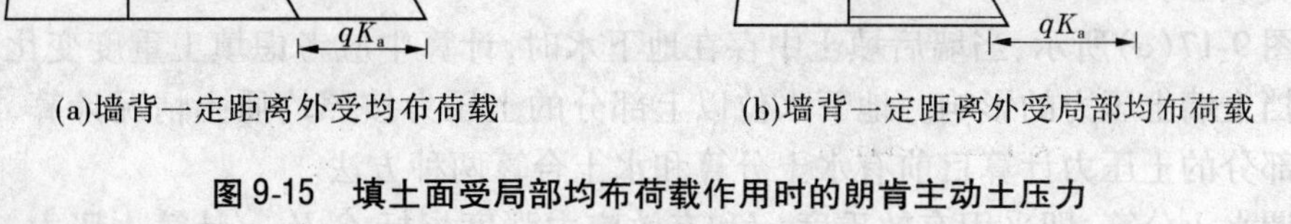

(a)墙背一定距离外受均布荷载　　(b)墙背一定距离外受局部均布荷载

图9-15 填土面受局部均布荷载作用时的朗肯主动土压力

4.2 分层填土

当挡土墙后有几层不同种类的水平土层时,不能直接采用朗肯土压力理论和库仑土压力理论进行计算,但各层面则可以采用朗肯土压力理论和库仑土压力理论,以符合朗肯土压力条件为例,若求某层面的土压力强度,则需先求出各层的土压力系数,其次求出各层面处的竖向应力，然后乘以相应土层的主动土压力系数，如图 9-16 所示，挡土墙各层面的主动土压力强度如下：

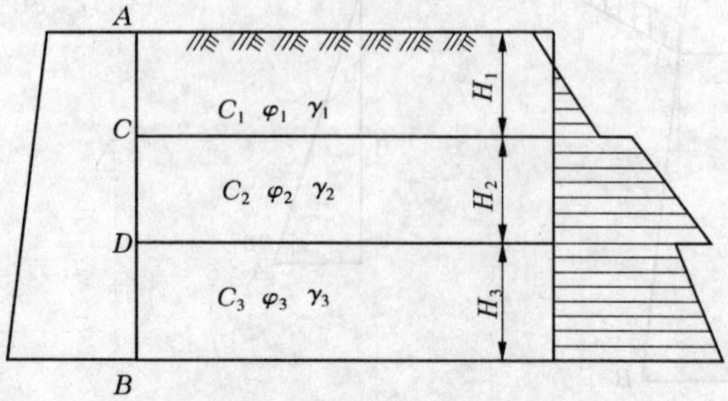

图 9-16　成层填土的主动土压力

第一层 AC 段填土的土压力强度：

$$p_{aA} = -2C_1\sqrt{K_{a1}}$$

$$p_{aC上} = \gamma_1 H_1 K_{a1} - 2C_1\sqrt{K_{a1}}$$

第二层 CD 段填土的土压力强度：

$$p_{aC下} = \gamma_1 H_1 K_{a2} - 2C_2\sqrt{K_{a2}}$$

$$p_{aD上} = (\gamma_1 H_1 + \gamma_2 H_2)K_{a2} - 2C_2\sqrt{K_{a2}}$$

第三层 DB 段填土的土压力强度：

$$p_{aD下} = (\gamma_1 H_1 + \gamma_2 H_2)K_{a3} - 2C_3\sqrt{K_{a3}}$$

$$p_{aB} = (\gamma_1 H_1 + \gamma_2 H_2 + \gamma_3 H_3)K_{a3} - 2C_3\sqrt{K_{a3}}$$

对无黏性土，只需令以上各式中 $C=0$ 即可。此外尚需注意，在两土层交界处因各土层土质指标不同，其土压力大小亦不同，故此时土压力强度曲线将出现突变。墙背上的主动土压力合力 E_a 可由分段的主动土压力强度分布的面积求出，作用位置在分布图形的重心处。

4.3　地下水

墙后填土中有水存在时，对挡土墙土压力可能会有多方面的影响，如土的重度变化、抗剪强度降低，水对挡土墙产生水压力，某些黏性土浸水后发生膨胀产生膨胀土压力以及细粒土冻胀产生冻胀力等。工程中一般不允许选用浸水易膨胀的黏性土和易冻胀土作为挡土墙后填土。

如图 9-17(a)所示，当墙后填土中存在地下水时，计算中应考虑填土重度变化和静水压力对挡土墙土压力的影响。地下水位以上部分的土压力按照均质土情况计算，地下水位以下部分的土压力计算目前有水土分算和水土合算两种方法。

所谓水土分算，即采用有效重度 γ' 和有效应力强度指标 C' 及 φ' 计算土压力，另外再加上水产生的静水压力，见图 9-17(b)，而作用在墙背上的土压力是一种广义的土压力，为上述土压力与水压力之和。这种方法的优点在于符合土的有效应力原理，可以分别考虑土压力和水压力的方向(可能是不同的)。一般认为当填土为渗透性较大的砂土、碎石土、杂填土等，水位以下的土孔隙中充满水，能产生全部的静水压力，作用在浸入水少的全部墙背上,故应采用水土分算方法。

所谓水土合算方法,即采用土的饱和重度 γ_{sat} 和总应力强度指标 C 和 φ 计算墙背上的总土压力,如图9-17(c)所示。对于渗透性小的黏性土和粉土,可以采用水土合算的经验方法。

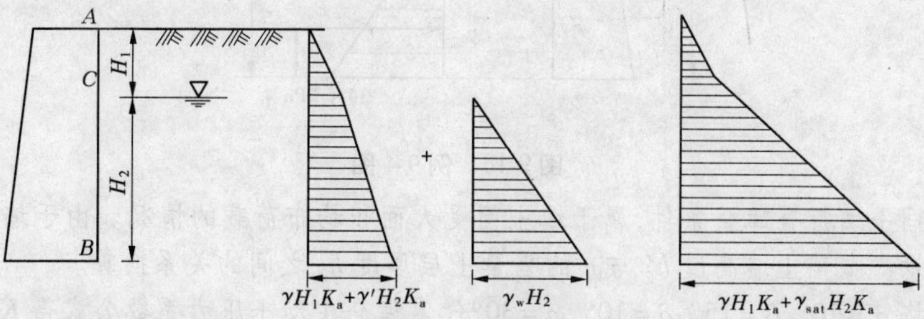

(a)填土中地下水位　(b)水土分算　(c)水土合算

图9-17　填土中有地下水时的主动土压力计算

【例9-4】 挡土墙高5 m,墙背竖直、光滑;填土表面水平,其上作用有均布荷载 q = 10 kPa。填土的物理力学性质指标为重度 γ = 18 kN/m³,内摩擦角 φ = 24°,黏聚力 C = 6 kPa。试求主动土压力强度,并绘出主动土压力强度分布图。

解　填土表面处主动土压力强度为

$$\begin{aligned}p_{a1} &= qK_a - 2C\sqrt{K_a}\\ &= 10\times\tan^2(45° - 24°/2) - 2\times6\times\tan(45° - 24°/2)\\ &= -3.58(\text{kPa})\end{aligned}$$

墙底处的土压力强度为

$$\begin{aligned}p_{a2} &= (q+\gamma H)K_a - 2C\sqrt{K_a}\\ &= -3.58 + 18\times5\times\tan^2(45° - 24°/2)\\ &= 34.4(\text{kPa})\end{aligned}$$

利用三角形相似可得临界深度为

$$z_0 = \frac{p_{a1}H}{p_{a1}+p_{a2}} = \frac{3.58}{34.4+3.58}\times5 = 0.47(\text{m})$$

总主动土压力为

$$E_a = \frac{1}{2}p_{a2}(H - Z_0) = \frac{1}{2}\times34.4\times(5-0.47) = \frac{1}{2}\times34.4\times4.53 = 77.9(\text{kN/m})$$

土压力作用点位置为

$$z = \frac{1}{3}(H - Z_0) = \frac{1}{3}\times(5-0.47) = 1.51(\text{m})$$

主动土压力强度分布情况如图9-18所示。

【例9-5】 如图9-19所示的挡土墙,高5 m,墙背倾角 α = 10°,墙背与土的外摩擦角 δ = 10°,填土面倾角 β = 15°,填土指标为 γ = 28 kN/m³,φ = 30°,黏聚力 C = 0,填土面作用有均布荷载 q = 20 kPa。求作用在墙背上的主动土压力,并画出其分布图。

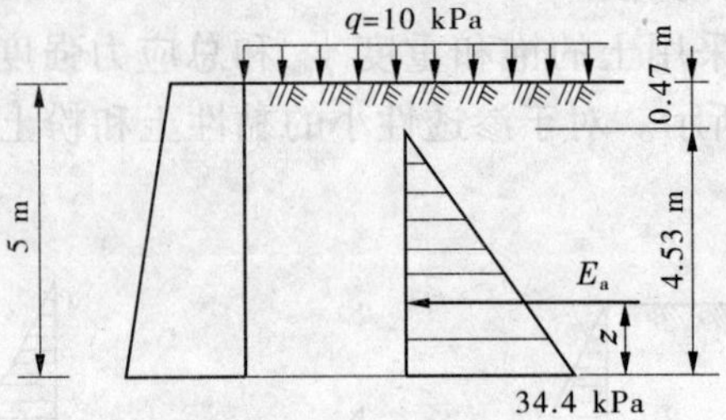

图 9-18　例 9-4 图

本题挡土墙符合库仑条件,属于填土面受大面积均布荷载的情况。由于墙背倾斜,计算时应注意虚拟挡土墙高度 h' 与 q 的当量土层厚度 h_s 之间的关系换算。

解　将 $\alpha = 10°$、$\beta = 15°$、$\delta = 10°$、$\varphi = 30°$代入库仑主动土压力系数公式得 $K_a = 0.479$。

q 的当量土层厚度为

$$h_s = \frac{20}{18} = 1.11(\text{m})$$

则计算得相应的虚拟墙高为

$$h' = h_s \frac{\cos\beta\cos\alpha}{\cos(\alpha - \beta)} = 1.11 \times \frac{\cos15°\cos10°}{\cos(10° - 15°)} = 1.06(\text{m})$$

挡土墙顶面和底面的主动土压力强度分别为

$$p_{aA} = \gamma h' K_a = 18 \times 1.06 \times 0.479 = 9.1(\text{kPa})$$

$$p_{aB} = \gamma(h' + H)K_a = 18 \times (1.06 + 5) \times 0.479 = 52.2(\text{kPa})$$

主动土压力分布如图 9-19 所示。

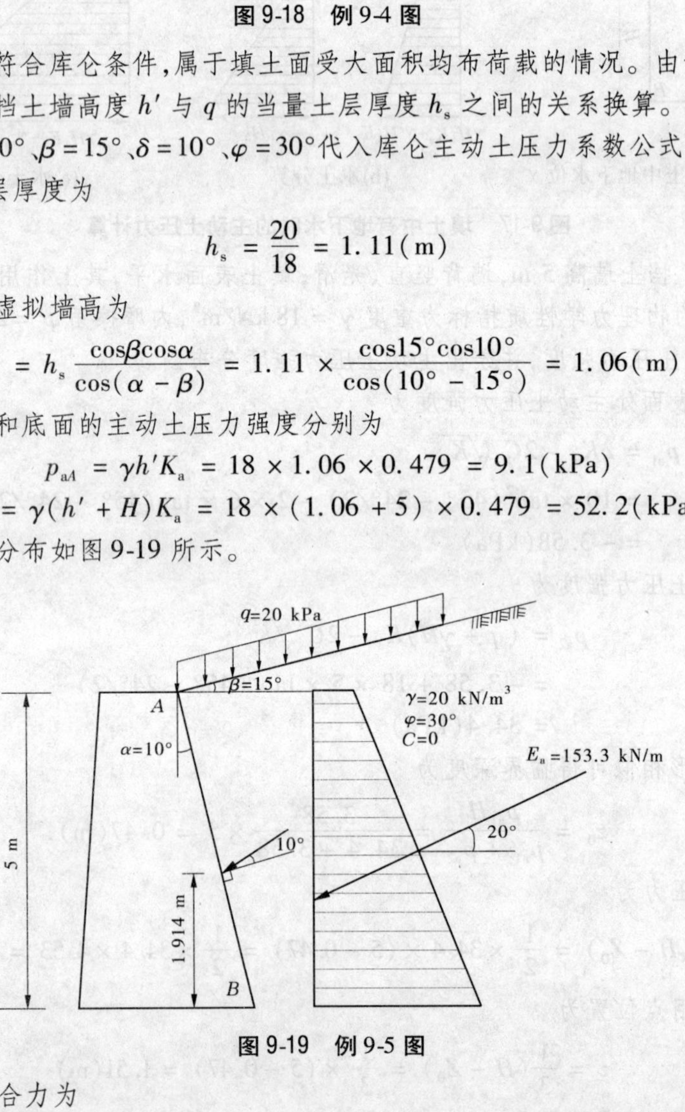

图 9-19　例 9-5 图

主动土压力合力为

$$E_a = \frac{1}{2}(p_{aA} + p_{aB})H = \frac{1}{2} \times (9.1 + 52.2) \times 5 = 153.3(\text{kN/m})$$

E_a 距墙底的高度为

$$z_a = \frac{(2p_{aA} + p_{aB})H}{3(p_{aA} + p_{aB})} = \frac{2 \times 9.1 + 52.2}{3 \times (9.1 + 52.2)} \times 5 = 1.914(\mathrm{m})$$

E_a 作用线与水平向的夹角为 $10° + 10° = 20°$。

【例 9-6】　挡土墙高 6 m,墙背直立、光滑,墙后填土面水平,共分两层。各层的物理力学性质指标如图 9-20 所示,试求主动土压力 E_a,并绘出土压力分布图。

解　(1)利用朗肯土压力理论计算第一层土的土压力强度。

$$p_{a0} = 0$$

$$p_{a1上} = \gamma_1 H_1 K_{a1} = 17 \times 2 \times \tan^2(45° - 30°/2) = 11.3(\mathrm{kPa})$$

(2)计算第二层土的土压力强度。

$$p_{a1下} = \gamma_1 H_1 K_{a2} = 17 \times 2 \times \tan^2(45° - 26°/2) = 13.3(\mathrm{kPa})$$

$$p_{a2} = (\gamma_1 H_1 + \gamma_2 H_2)K_{a2} = (17 \times 2 + 18 \times 4) \times \tan^2(45° - 26°/2) = 41.4(\mathrm{kPa})$$

主动土压力为

$$E_a = \frac{1}{2}p_{a1上}H_1 + \frac{1}{2}(p_{a1下} + p_{a2})H_2$$

$$= \frac{1}{2} \times 11.3 \times 2 + \frac{1}{2} \times (13.3 + 41.4) \times 4 = 120.7(\mathrm{kN/m})$$

主动土压力分布如图 9-20 所示。

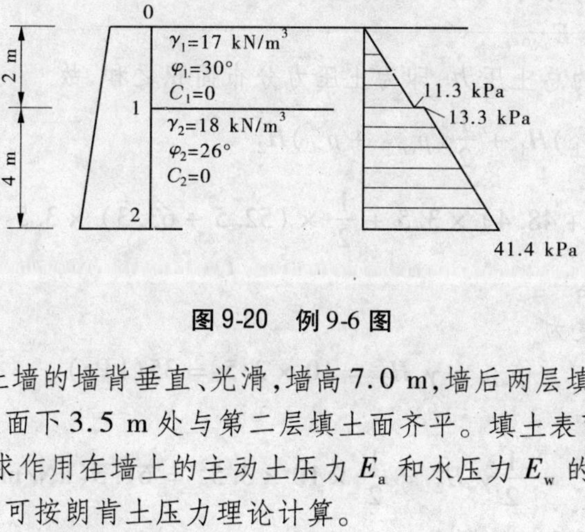

图 9-20　例 9-6 图

【例 9-7】　某挡土墙的墙背垂直、光滑,墙高 7.0 m,墙后两层填土,性质如图 9-21 所示,地下水位在填土表面下 3.5 m 处与第二层填土面齐平。填土表面作用有 $q = 100$ kPa 的连续均布荷载。试求作用在墙上的主动土压力 E_a 和水压力 E_w 的大小。

解　依所给条件,可按朗肯土压力理论计算。

(1)求二层土的主动土压力系数。

$$K_{a1} = \tan^2(45° - \frac{32°}{2}) = 0.307$$

$$K_{a2} = \tan^2(45° - \frac{30°}{2}) = 0.333$$

(2)求墙背 A、B、C 三点的土压力强度。

A 点:$z = 0, p_{aA} = qK_{a1} = 100 \times 0.307 = 30.7(\mathrm{kPa})$

B 点:分界面以上, $H_1 = 3.5$ m, $\gamma_1 = 16.5$ kN/m^3

$p_{aB上} = qK_{a1} + \gamma_1 H_1 K_{a1} = 30.7 + 16.5 \times 3.5 \times 0.307 = 30.7 + 17.7 = 48.4(\mathrm{kPa})$

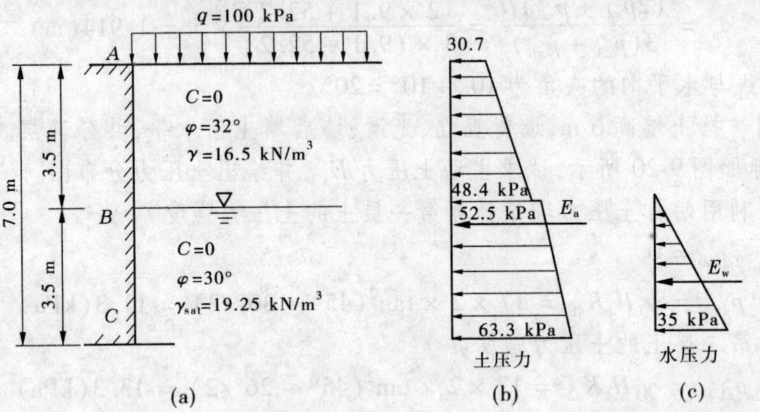

图9-21　例9-7图

分界面以下

$$p_{aB下} = (q + \gamma_1 H_1)K_{a2} = (100 + 16.5 \times 3.5) \times 0.333 = 52.5(\text{kPa})$$

C 点：$H_2 = 3.5\ \text{m}, \gamma'_2 = 19.25 - 10 = 9.25\ (\text{kN/m}^3)$

$$p_{aC} = (q + \gamma_1 H_1 + \gamma'_2 H_2)K_{a2} = (100 + 16.5 \times 3.5 + 9.25 \times 3.5) \times 0.333 = 63.3\ (\text{kPa})$$

A、B、C 三点土压力分布如图9-21(b)所示。

(3)求主动土压力 E_a。

作用于挡土墙上的总土压力，即为土压力分布面积之和，故

$$E_a = \frac{1}{2}(p_{aA} + p_{aB上})H_1 + \frac{1}{2}(p_{aB下} + p_{aC})H_2$$

$$= \frac{1}{2} \times (30.7 + 48.4) \times 3.5 + \frac{1}{2} \times (52.5 + 63.3) \times 3.5 = 341.1(\text{kN/m})$$

(4)求水压力 E_w。

C 点的水压力强度为

$$p_{wC} = \gamma_w H_2 = 10 \times 3.5 = 35(\text{kPa})$$

水压力合力为

$$E_w = \frac{1}{2}\gamma_w H_2^2 = \frac{1}{2} \times 10 \times 3.5^2 = 61.3(\text{kN/m})$$

水压力分布如图9-21(c)所示。

5　库仑理论与朗肯理论的比较

库仑理论和朗肯理论都是在各自的假定条件下，通过不同的分析方法求解土压力的。除在某几种特定条件下两种计算结果相同外，大多数情况下都应考虑它们各自适用的范围。选用时可以从以下几方面进行比较，以使计算尽量符合实际情况，避免造成理论上的错误和成果上的过大误差。

5.1　墙背条件

设 α_{cr} 为墙背发生坦墙条件下的临界角，库仑公式适用于 $\alpha \leqslant \alpha_{cr}$ 的陡墙，可以考虑墙

背粗糙情况(但 δ 不可能大于 φ,否则滑动土楔将不与墙背摩擦而是沿紧贴墙背的一薄层土中滑动)。库仑理论可以反映墙背倾角和粗糙程度的影响。对于 $\alpha>\alpha_{cr}$ 的坦墙,应按发生第二滑动面的情况计算。

朗肯理论适用于墙背垂直光滑的条件或 $\varepsilon\geqslant\alpha_{cr}$ 的坦墙,墙背 $\varepsilon=0\sim\alpha_{cr}$ 时,由于土中两组剪裂面受到墙背的干扰,因此会有不同程度的误差。

混凝土或钢筋混凝土挡土墙墙背垂直时,用朗肯理论所得主动土压力稍许偏大,与考虑墙背摩擦的库仑理论算得的成果比较可能相差20%。因此,用库仑方法较为经济。

重力式挡土墙的 α 角通常小于10°~25°,根据经验使用库仑公式,不致有很大误差。悬臂式、扶臂式挡土墙墙顶与墙踵连线的倾角一般大于 α_{cr},故有些工程规范推荐使用朗肯公式。

5.2 填土条件

库仑理论公式适用于填土为水平或倾斜的平面,但库仑理论的图解法则适用于任意形状的填土面。朗肯理论仅适用于填土面为水平或倾斜的平面。

库仑公式是在假定填土为无黏性土的条件下推导而得,对于黏性土可用图解法近似求解。朗肯理论对于黏性土的处理虽基本符合极限平衡理论,但仍属近似求解。

在填土面为水平面并回填砂土时,墙背为光滑、垂直或 $\alpha>\alpha_{cr}$ 的情况下,无论用库仑公式还是朗肯公式,算得的结果是一样的。

5.3 分析方法

库仑理论是从某两个滑动平面间的土楔整体处于极限平衡状态出发,所得成果是作用在墙背上的总土压力,通常所用的土压力强度计算公式,是总土压力对墙的高度微分得来的。当判断有第二滑动面时,求得的土压力应是作用在第二滑动面上。

朗肯理论是从分析土体中各点处于极限平衡状态的应力条件出发,所得成果是作用于坦墙墙踵垂直面上的土压力强度,或垂直光滑墙背上的土压力强度。

5.4 关于计算方法误差的比较

库仑理论假定滑动面为平面,实际上,当 $\alpha<\alpha_{cr}$ 时,滑动面将受墙背摩擦影响而为曲面,假定滑动面为平面对分析主动土压力虽不致引起多大的误差,但对被动土压力则可能达到不可信的程度。当 $\alpha\geqslant\alpha_{cr}$ 时,按库仑理论算得的主动土压力就比较符合实际。

朗肯理论对于坦墙土压力计算也比较符合实际。对于垂直墙背,由于不考虑墙土之间的摩擦,会使计算主动土压力偏大,但一般误差不超过20%。用朗肯理论计算被动土压力的误差比用库仑理论相对较小。

6 减小土压力的措施

6.1 选用 φ 值较大的土料回填

无论是从朗肯公式还是从库仑公式都可以看出,主动土压力的大小与 $\tan^2(45°-\varphi/2)$ 成正比。因此,在 H 为定值的情况下,随填土 φ 值的变大,主动土压力将明显降低。如果填土重度和墙高不变,填土 φ 角分别为20°、30°和40°,则计算主动土压力的比值将依次为4.9∶3.3∶2.2,即 φ 值从20°增至40°土压力可降低1倍以上。所以,在重要的挡土墙设计中,如果对填土没有防渗的要求,常使用高 φ 值的砂砾料,以降低土压力,从而减小挡土墙断面尺寸,但一定要经过经济核算才能确定。

6.2　**设减压平台**

在前面已经分析了减压平台对于减小土压力的作用,因此只要挡土墙本身能满足使用要求,也能满足地基承载力要求,使用例如减压扶壁式挡土墙常会得到良好的效果。

6.3　**仰斜式挡土墙**

在满足挡土墙使用要求的情况下,例如为防止土坡坍滑单一目的而设置的挡土墙,其外坡允许做成任意坡度时,将墙背做成仰斜式,也可以达到减小土压力的效果。ε愈大,土压力愈小。但设计中应考虑施工难易、工程布置及使用要求等条件,综合地选择合理的仰角。

6.4　**设置排水措施**

地下水在填土中上升到某一高度时,水位以下的填土将受水对土粒的浮力作用,重度降低为浮重度,从而使土的压力减小。但是地下水对挡土墙的水压力,将大大超过由于重度降低而使土压力减小的数值。故可以肯定,地下水位上升会增大对于挡土墙的推力。在主动土压力情况下,这对挡土墙的稳定是不利的。解决这一问题的措施是在墙身中留设排水孔,黏性填土中设排水通道,使之互相连通,并且都应采取反滤设施防止排水孔道堵塞。

任务2　挡土墙验算

1　挡土墙的类型

挡土墙按结构形式分,主要有重力式、悬臂式、扶壁式、锚杆及锚定板式和加筋土挡墙等。一般应根据工程需要、土质情况、材料供应、施工技术以及造价等因素合理地选择。

1.1　**重力式挡土墙**

这种形式的挡土墙通常由块石或素混凝土砌筑而成。靠自身的重力来维持墙体稳定,墙体的抗拉、抗剪强度都较低。墙身的截面尺寸较大,宜用于高度小于6 m、地层稳定、开挖土石方不会危及相邻建筑物的地段。重力式挡土墙具有结构简单、施工方便、易于就地取材等优点,在工程中应用较广,如图9-22(a)所示。但由于石块砌筑为纯手工操作,砌筑质量的好坏是确保挡土墙安全使用的关键之一,所以设计、施工人员必须高度重视块石砌体的砌筑质量。

1.2　**悬臂式挡土墙**

悬臂式挡土墙一般用钢筋混凝土建造,它由三个悬臂板组成,即立臂、墙趾悬臂和墙踵悬臂。墙的稳定主要靠墙踵悬臂上的土重维持,墙体内的拉应力由钢筋承受。这类挡土墙的优点是能充分利用钢筋混凝土的受力特性,墙体截面尺寸较小,在市政工程以及厂矿贮库中较常用,如图9-22(b)所示。

1.3　**扶壁式挡土墙**

当墙高较大时,悬臂式挡土墙的立臂推力作用产生的弯矩与挠度较大,为了增加立臂

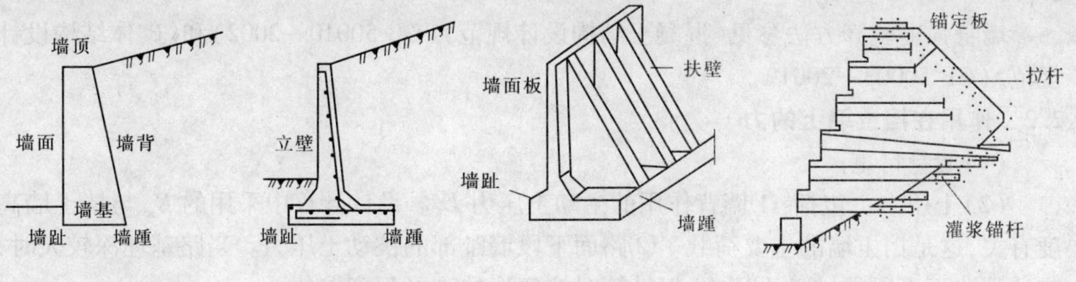

(a)重力式挡土墙 (b)悬臂式挡土墙 (c)扶壁式挡土墙 (d)锚定板式与锚杆式挡土墙

图9-22 挡土墙的类型

的抗弯性能和减少钢筋用量,常沿墙的纵向每隔一定距离设一道扶壁,扶壁间距约(0.8~1.0)h(h为墙高)。墙体稳定主要靠扶壁间土重维持,如图9-22(c)所示。

1.4 锚定板式与锚杆式挡土墙

锚定板式挡土墙由预制的钢筋混凝土面板、立柱、钢拉杆和埋在土中的锚定板组成(见图9-22(d))。挡土墙板的稳定由拉杆和锚定板来保证。锚杆式挡土墙则是利用伸入岩层的灌浆锚杆承受土压力的挡土结构。这两种挡土结构一般单独采用,有时也联合使用。

1.5 加筋土挡墙

加筋土挡墙有墙面板、拉筋和填料三部分组成。其工作原理是依靠填料与拉筋间的摩擦力来平衡墙面板上所承受的土压力,并以加筋与填料的复合结构来抵抗拉筋尾部填料所产生的土压力,从而保证加筋土挡墙的稳定性。加筋土挡墙一般用于填土工程,在公路、铁路、煤矿工程中使用较多。在8度以上地震区和具有腐蚀的环境中不宜使用,在浸水条件下应慎用。

2 挡土墙验算

这里主要介绍重力式挡土墙的计算。对于其他的挡土墙,其计算内容、计算原理和安全系数可以借用,但是荷载计算有所不同,至于墙体结构,则按照各自的结构形式和材料遵照相应规范的规定进行计算,此处从略。

设计挡土墙时,一般先根据挡土墙所处的条件(工程地质、填土性质、荷载情况、建筑材料和施工条件等)凭经验初步拟定截面尺寸,然后进行挡土墙验算。如不满足要求,则应改变截面尺寸或采用其他措施。

2.1 挡土墙的计算内容

2.1.1 稳定性验算

稳定性验算包括抗倾覆稳定验算和抗滑移稳定验算,必要时还要进行地基深层稳定验算。

2.1.2 地基承载力验算

地基承载力验算的要求及方法见项目8。

2.1.3 墙身强度验算

墙身强度验算方法参见《混凝土结构设计规范》(GB 50010—2002)和《砌体结构设计规范》(GB 50003—2001)。

2.2 作用在挡土墙上的力

(1)墙身自重。

(2)土压力。包括:①墙背作用的主动土压力 E_a。设计计算中采用的 E_a 与挡土墙高度有关,这是挡土墙的主要荷载。②路面下段墙趾部的被动土压力。当路基埋深较大时,应计算路面下段的被动土压力,但计算时按变形的许可程度取值。

(3)基底反力。

2.3 挡土墙的稳定性验算

2.3.1 倾覆稳定性

如图 9-23(a)所示为一基底倾斜的挡土墙,在主动土压力作用下可能绕墙趾 O 点向外倾覆。抗倾覆力矩与倾覆力矩之比称为抗倾覆安全系数 K_t,应满足下式要求:

$$K_t = \frac{Gx_0 + E_{az}x_f}{E_{ax}z_f} \geqslant 1.6 \tag{9-26a}$$

$$E_{az} = E_a\cos(\alpha - \delta) \tag{9-26b}$$

$$E_{ax} = E_a\sin(\alpha - \delta) \tag{9-26c}$$

$$E_a = \psi_c \frac{1}{2}\gamma h^2 K_a \tag{9-26d}$$

式中 G——挡土墙每延米自重,kN/m;

x_0——挡土墙重心离墙趾的水平距离,m;

E_{az}——主动土压力在 z 方向上的投影,kN/m;

E_{ax}——主动土压力在 x 方向上的投影,kN/m;

z——土压力作用点离墙踵的高差,m;

z_f——土压力作用点离墙趾的高差,$z_f = z - b\tan\alpha_0$,m;

b——基底的水平投影宽度,m;

α——挡土墙墙背对水平面的倾角,(°);

α_0——挡土墙基底对水平面的倾角,(°);

δ——土对挡土墙墙背的摩擦角,(°);

ψ_c——主动土压力增大系数,土坡高度小于 5 m 时取 1.0,高度为 5~8 m 时取 1.1,高度大于 8 m 时取 1.2。

2.3.2 滑动稳定性

在土压力作用下,挡土墙有可能沿基础底面发生滑动,如图 9-23(b)所示。

验算时,将 G 和 E_a 分别分解为垂直和平行于基底的分力,总抗滑力与总滑动力之比称为抗滑安全系数,抗滑安全系数 K_s 应符合下式要求:

$$K_s = \frac{(G_n + E_{an})\mu}{E_{at} - G_t} \geqslant 1.3 \tag{9-27}$$

式中 μ——土对挡土墙基底的摩擦系数,按表 9-4 确定。

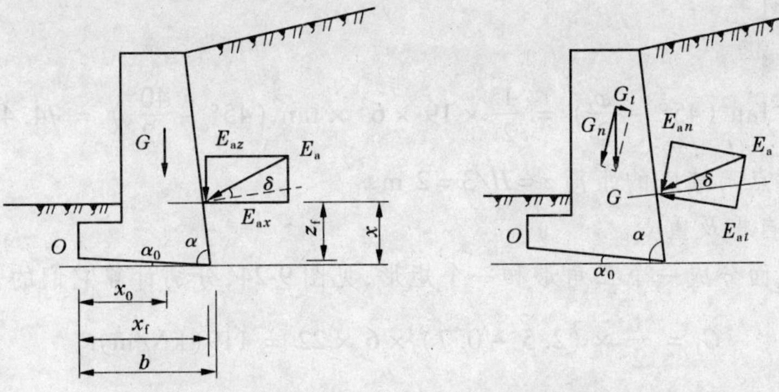

(a)抗倾覆稳定性验算　　　(b)抗滑动稳定性验算

图9-23　挡土墙的稳定性验算

表9-4　土对挡土墙基底的摩擦系数

土的类别		摩擦系数 μ
黏性土	可塑	0.25~0.30
	硬塑	0.30~0.35
	坚硬	0.35~0.45
粉土		0.30~0.40
中砂、粗砂、砾砂		0.40~0.50
碎石土		0.40~0.60
软质岩石		0.40~0.60
表面粗糙的硬质岩石		0.65~0.75

注:1. 对易风化的软质岩和塑性指数大于22的黏性土,基底摩擦系数应通过试验确定。

2. 对碎石土,可根据其密实程度、充填状况、风化程度等确定。

挡土墙自重 G 和主动土压力 E_a 在垂直和平行于基底平面方向的分力分别为

$$G_n = G\cos\alpha_0 \tag{9-28}$$

$$G_t = G\sin\alpha_0 \tag{9-29}$$

$$E_{an} = E_a\cos(\alpha - \alpha_0 - \delta) \tag{9-30}$$

$$E_{at} = E_a\sin(\alpha - \alpha_0 - \delta) \tag{9-31}$$

【例9-8】　某挡土墙高 H 为 6 m,墙背直立($\alpha=0$),填土面水平($\beta=0$),墙背光滑($\delta=0$),用毛石和M2.5水泥沙浆砌筑;砌体重度 $\gamma_k=22\ \mathrm{kN/m^3}$,填土内摩擦角 $\varphi=40°$,$C=0$,$\gamma=19\ \mathrm{kN/m^3}$,基底摩擦系数 $\mu=0.5$,地基承载力设计值 $f=180$ kPa,试设计此挡土墙。

解　(1)挡土墙断面尺寸的选择。

重力式挡土墙的顶宽约为 $H/12$,底宽可取$(1/3\sim1/2)H$,初步选择顶部为0.7 m,底宽 $b=2.5$ m。

(2)土压力计算。

主动土压力为

$$E_a = \frac{1}{2}\gamma H^2 \tan^2(45° - \frac{\varphi}{2}) = \frac{1}{2} \times 19 \times 6^2 \times \tan^2(45° - \frac{40°}{2}) = 74.4(\text{kN/m})$$

土压力作用点离墙底的距离 $z = H/3 = 2$ m。

(3)挡土墙自重及重心。

将挡土墙截面分成一个三角形和一个矩形,见图9-24,分别计算它们的自重:

$$G_1 = \frac{1}{2} \times (2.5 - 0.7) \times 6 \times 22 = 119(\text{kN/m})$$

$$G_2 = 0.7 \times 6 \times 22 = 92.4(\text{kN/m})$$

G_1 和 G_2 的作用点离 O 点的距离分别为

$$a_1 = 2/3 \times 1.8 = 1.2(\text{m})$$

$$a_2 = 1.8 + 1/2 \times 0.7 = 2.15(\text{m})$$

(4)抗倾覆稳定性验算。

抗倾覆安全系数为

$$K_t = \frac{G_1 a_1 + G_2 a_2}{E_a z} = \frac{119 \times 1.2 + 92.4 \times 2.15}{74.4 \times 2} = 2.29 > 1.5$$

(5)抗滑动稳定性验算。

抗滑安全系数为

$$K_s = \frac{(G_1 + G_2)\mu}{E_a} = \frac{(119 + 92.4) \times 0.5}{74.4} = 1.42 > 1.3$$

(6)地基承载力验算(见图9-25)。

作用在基底的总垂直力为

$$N = G_1 + G_2 = 119 + 92.4 = 211.4(\text{kN/m})$$

合力作用点离 O 点的距离为

$$c = \frac{G_1 a_1 + G_2 a_2 - E_a z}{N} = \frac{119 \times 1.2 + 92.4 \times 2.15 - 74.4 \times 2}{211.4} = 0.911(\text{m})$$

偏心距为

$$e = \frac{b}{2} - c = \frac{2.5}{2} - 0.911 = 0.339 < \frac{b}{6}$$

基底压力为

$$p = \frac{N}{b} = \frac{211.4}{2.5} = 84.6(\text{kPa}) < f = 180 \text{ kPa}$$

$$p_{\min}^{\max} = \frac{N}{b} \times (1 \pm \frac{6e}{b}) = \frac{211.4}{2.5} \times (1 \pm \frac{6 \times 0.335}{2.5}) = 84.6 \times (1 \pm 0.814) = \frac{153.5}{15.7}(\text{kPa})$$

$p_{\max} < 1.2f = 1.2 \times 180 = 216(\text{kPa})$,满足要求。

(7)墙身强度验算从略。

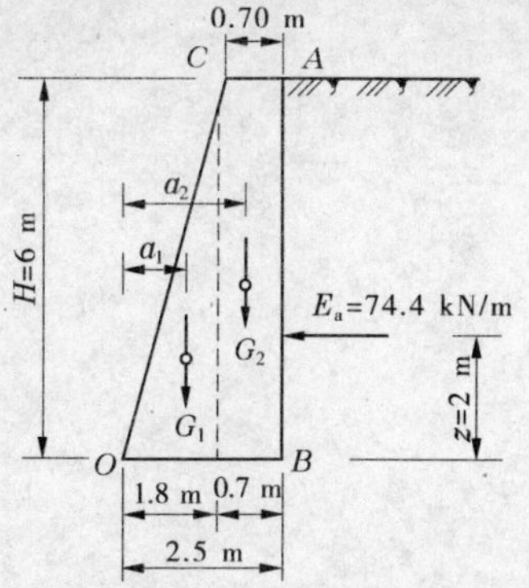

图9-24 例9-8图1

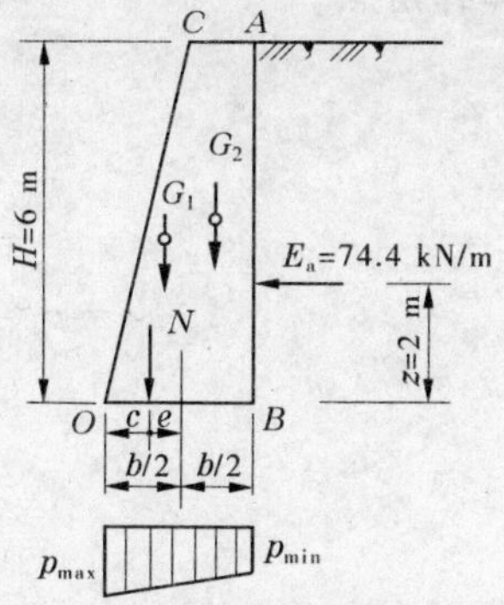

图9-25 例9-8图2

思考与练习题

1. 试阐述静止土压力、主动土压力、被动土压力产生的条件并比较三者的大小。如何计算静止土压力?

2. 朗肯土压力理论是如何得到计算主动土压力与被动土压力公式的? 什么叫临界高度? 如何计算临界高度?

3. 阐述库仑土压力理论,并比较与朗肯土压力理论的区别。

4. 当挡土墙后填土面有连续荷载作用时,对土压力有何影响?

5. 若挡土墙后填土由多层填土构成,土压力如何计算? 应特别注意什么问题?

6. 挡土墙后填土中存在地下水时,水土分算与水土合算计算土压力的方法有什么区别?

7. 常见的挡土墙有哪些类型? 常用于什么场合?

8. 简单的挡土墙的计算内容有哪些?

9. 挡土墙高4.2 m,墙背竖直光滑,填土表面水平,填土的物理指标 $\gamma=18.5\ \mathrm{kN/m^3}$,$\varphi=24°$,$C=8$ kPa,试求:

(1)条件如上时,计算主动土压力 E_a 及作用点位置,并绘出 p_a 分布图。

(2)地表作用有20 kPa均布荷载时的 E_a 及作用点,并绘出 p_a 分布图。

10. 挡土墙高5 m,墙背竖直光滑,墙后填土为砂土,表面水平,$\varphi=30°$,地下水位距填土表面2 m,水上填土重度 $\gamma=18\ \mathrm{kN/m^3}$,水下土的饱和重度 $\gamma_{sat}=21\ \mathrm{kN/m^3}$,试绘出主动土压力强度和静水压力分布图,并求出总侧压力的大小。

11. 挡土墙高4 m,填土倾向角 $\beta=10°$,填土的重度 $\gamma=20\ \mathrm{kN/m^3}$,$C=0$,$\varphi=30°$,填土与墙背的摩擦角 $\delta=10°$,试用库仑理论分别计算墙背倾斜角 $\alpha=10°$ 和 $\alpha=-10°$ 时的主动土压力,并绘图表示其分布与合力、作用点位置和方向。

12. 高度为6 m的挡土墙,墙背直立、光滑,墙后填土面水平,填土面上有均布荷载 $q=20$ kPa,填土情况如图9-26所示,试作出墙背主动土压力分布图并计算主动土压力合力的大小和作用点。

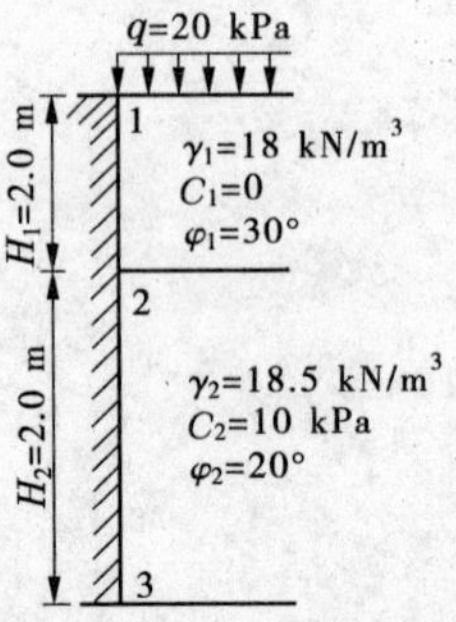

图 9-26　习题 12 图

13. 条件与习题 1 相同，墙顶宽 0.8 m，底宽 1.8 m，挡土墙底摩擦系数 $\mu=0.4$，砌体重度 $\gamma_k=22\ kN/m^3$，试验算挡土墙的稳定性。

项目10　特殊性土及处理

【学习目标】　了解特殊性土的概念及分布，了解湿陷性黄土湿限性评价及地基湿陷等级的确定，了解湿陷性黄土地基承载力、沉降量的计算及地基处理措施，掌握膨胀土自由膨胀率、收缩系数的确定，掌握膨胀土的胀缩变形量的计算，掌握饱和砂土地基液化等级的判别方法，了解软弱土、冻土、盐渍土、红黏土的成因及特征。

【重点】　膨胀土胀缩变形量的计算，饱和砂土地基液化等级计算。

【难点】　膨胀土胀缩变形量的计算，饱和砂土地基液化等级计算。

特殊性土是指某些具有特殊物质成分和结构，而工程地质性质也较特殊的土。特殊性土的种类甚多，主要有软弱土、湿陷性黄土、膨胀土、饱和砂土和饱和粉土、红黏土、冻土、盐渍土等。根据成土环境，这些特殊土的分布都具有区域性的特点，因此特殊性土也称为区域性土。

任务1　软弱土及危害分析

软弱土是指抗剪强度较低、压缩性较高、渗透性较小、天然含水率较大的饱和黏性土。常见软弱土有淤泥、淤泥质土、泥炭和泥炭质土，以及其他高压缩性的黏土及粉土等。其中，淤泥和淤泥质土是软弱土的主要类型。淤泥一般指天然含水率大于液限、天然孔隙比不小于1.5的黏土；而淤泥质土则是指天然含水率大于液限、天然孔隙比为1.0~1.5的黏土或粉土。这些软弱土广泛分布在我国东南沿海地区和内陆的江、河、湖沿岸及周边地区。

1　软弱土的特征

软弱土按其沉积环境的不同，可分为海岸沉积、湖泊沉积、河滩沉积、沼泽沉积四种类型。软弱土厚度大的地区，地表面常有一层厚度不等(0~4 m)的硬壳层或表尘土，其承载力较高，压缩性也较小，可利用作为浅基础的持力层。硬壳层下则为厚度不等的软弱土，河滩沉积淤泥厚度一般小于20 m，湖泊沉积淤泥厚度一般为5~25 m，海岸沉积淤泥厚度可达5~65 m。软弱土主要有以下特征。

1.1　天然含水率高、孔隙比大

软弱土主要是由黏粒和粉粒组成，并含有机质。其中，表面带负电荷的黏粒矿物与周围介质中的水分子和阳离子相互吸引形成水膜，在不同的地质环境中形成各种絮状结构，所以这种土含水率高、孔隙比大。天然含水率高于液限，据统计一般大于30%，常为35%~80%；孔隙比大于1.0，常为1.0~2.0。在山区变化幅度更大，含水率有时可达

70%,甚至高达200%,而孔隙比有时也高达6.0。

软弱土的饱和度一般大于90%,液限一般为35% ~60%,根据土的矿物成分、胶体矿物活性等因素而定。液性指数一般大于1.0,重度较小,一般为15 ~19 kN/m^3。软弱土因其天然含水率高、孔隙比大而使软弱土地基具有变形大、强度低的不良地质特性。

1.2 渗透性小

软弱土黏粒含量高,渗透性很弱,其渗透系数一般为 $i \times 10^{-8} \sim i \times 10^{-6}$ cm/s,所以在荷载作用下,排水固结缓慢、沉降时间长、强度不易提高,当土中有机质含量较大时,还可能产生气泡,堵塞排水通道,进一步降低渗透性。

对于夹有带状或片状薄砂层的软弱土地基,其水平渗透性可能会显著增大,可达 $i \times 10^{-5} \sim i \times 10^{-4}$ cm/s。所以,这种土层的固结速率比均质软土层要快得多。

1.3 压缩性较高

软弱土孔隙比大,因此压缩性高。同时,由于微生物作用,软弱土层中产生大量气体,致使土层的压缩性进一步增大,在自重和外荷载作用下长期得不到固结。软弱土的压缩系数一般为0.5 ~2.0 MPa^{-1},最大可达4.5 MPa^{-1}。在其他条件相同的情况下,软弱土的压缩性随液限的增大而增大,一般淤泥的液限较淤泥质土大,因此淤泥的压缩性也较淤泥质土大。

1.4 抗剪强度低

由于软弱土天然含水率高、天然孔隙比大,因此软弱土地基变形大、强度低。此外,软弱土的强度低,其大小还与加荷速度和排水条件有着密切的关系。

1.5 具有明显的流变性

土的流变性是指土在一定剪切应力作用下,发生缓慢长期变形的性质。在荷载作用下,软弱土承受剪应力的作用产生缓慢的剪切变形,并可能导致抗剪强度的衰减,在主固结沉降完成后还可能产生可观的次固结沉降。因流变产生的沉降持续时间可达几十年,软弱土的长期强度小于瞬时强度。

1.6 具有明显的触变性

软弱土在未破坏时,具有固态特性,一经扰动或破坏,即转变为稀释流动状态,是结构性沉积物,尤其以海相黏土更为明显,因此具有较强的触变性。软弱土中亲水矿物多时,结构性强,触变性更加显著。这种土一旦受到扰动,结构被破坏,土的强度将明显降低,但随着静置时间的延长,部分强度会逐渐有所恢复。

在软弱土中钻孔取样时,常可能使土发生触变,以致取出的土样不能完全反映土的实际情况。因此,在高灵敏度黏土地基上进行地基处理、开挖基坑或打桩作业时,应该尽量减少或避免对土的扰动。

2 软弱土对建筑物的影响及危害

由于软弱土压缩性高、强度低,因此软弱地基沉降大,且多为不均匀沉降,极易造成建筑物墙体开裂、柱倾覆或折断、建筑物倾覆。另外,山区软土下部常存在倾斜基岩或其他坚硬地层倾斜面,坡度较大时对建筑物来说是一个隐患,除造成不均匀沉降外,还可能发生倾斜基岩面上软弱土蠕变滑移,导致地基失稳。因此,软弱土对建筑物的影响及危害非常大。

任务 2　膨胀土及其处理

膨胀土是土中黏粒成分主要由亲水性矿物组成，具有显著的吸水膨胀和失水收缩两种变形特性的黏性土。虽然一般黏性土也都有膨胀、收缩特性，但其变形量不大，而膨胀土的膨胀—收缩—再膨胀的周期性变形特性非常显著，并给工程带来危害，因而将其作为特殊性土从一般黏性土中区别出来。我国膨胀土分布很广，以云南、广西、湖北、安徽、河北、河南等省区的山前丘陵和盆地边缘最严重，此外，贵州、陕西、山东、江苏、四川等地都有分布。

1　膨胀土的特性

膨胀土一般强度较高，压缩性低，易被认为是建筑性能较好的地基土。但由于其具有膨胀和收缩的特性，当利用这种土作为建筑物地基时，如果对它的特性缺乏认识，或在设计和施工中没有采取必要的措施，会给建筑物造成危害。

1.1　膨胀土的特征

膨胀土一般根据野外特征，结合室内试验指标及建筑物的破坏特点进行综合判别。其主要特征为：

(1)在自然条件下，土的结构致密，多呈硬塑或坚硬状态，具有黄红、褐、棕红、灰白或灰绿等多种颜色。

(2)裂隙发育，常见裂隙有竖向、斜交和水平三种，裂隙中常充填灰绿、灰白色黏土，土被浸湿后裂隙回缩变窄或闭合。

(3)自由膨胀率大于40%。天然含水率接近塑限，塑性指数大于17，多数为22～35；液性指数小于零，天然孔隙比变化范围为0.5～0.8。

(4)多出现于二级及三级以上河谷阶地、垅岗、山梁、斜坡、山前丘陵和盆地边缘，地形坡度平缓，无明显自然陡坎。

(5)土中成分含有较多亲水性强的蒙脱石、多水高岭石、伊利石(水云母)和硫化铁、蛭石等，有明显的湿胀干缩效应。

(6)膨胀土地区旱季地表常出现地裂，雨季则裂缝闭合。地裂上宽下窄，一般长10～80 m，深度多为3.5～8.5 m，壁面陡立而粗糙。

1.2　影响膨胀土胀缩变形的主要因素

膨胀土的胀缩变形特性主要由土的内在因素决定，同时受到外部因素的制约。胀缩变形的产生是膨胀土的内在因素在外部适当的环境条件下综合作用的结果。影响土胀缩变形的主要因素有内因和外因两个方面。

1.2.1　内因

1.2.1.1　矿物及化学成分

膨胀土主要由蒙脱石、伊利石等矿物组成，亲水性强，胀缩变形大。化学成分以氧化硅、氧化铝、氧化铁为主。如氧化硅含量大，则胀缩量大。

1.2.1.2　黏粒的含量

由于黏土颗粒细小，比表面积大，因而具有很大的表面能，对水分子和水中阳离子的吸附能力强。因此，土中黏粒含量越多，则土的胀缩性越强。

1.2.1.3　土的密度

土的密度大，即孔隙比小，则浸水膨胀强烈，失水收缩小；反之，如密度小，即孔隙比大，则浸水膨胀小，失水收缩大。

1.2.1.4　土的含水率

若初始含水量与膨胀后含水率接近，则膨胀小，收缩大。反之，则膨胀大，收缩小。

1.2.1.5　土的结构强度

结构强度愈大，则土体限制胀缩变形的能力也愈大，而当土的结构被破坏后，土的胀缩性也增大。

1.2.2　外因

1.2.2.1　气候条件

气候条件是影响土胀缩变形的首要因素。包括降水量、蒸发量、气温、相对湿度和地温等，雨季土体吸水膨胀，旱季失水收缩。

1.2.2.2　地形、地貌条件

地形、地貌条件也是一个重要的因素，实质上仍然要联系到土中水分的变化问题。同类膨胀地基，地势低处比地势高处胀缩变形小得多；在边坡地带，坡脚地段比坡肩地段的同类地基的胀缩变形又要小得多。

1.2.2.3　建筑物周围的树木

建筑物周围的树木尤其是阔叶乔木，旱季树根吸水，加剧地基土的干缩变形，使邻近有成排树木的房屋产生裂缝。

1.2.2.4　日照的时间和强度

房屋向阳面开裂多，背阴面开裂少。

2　膨胀土的胀缩性指标

2.1　自由膨胀率 δ_{ef}

将人工制备的磨细烘干土样，经无颈漏斗注入量土杯（容积 10 mL）盛满刮平后，将试样倒入盛有蒸馏水的量筒（容积 50 mL）后加入凝聚剂并用搅拌器上下均匀搅拌 10 次。土粒下沉后每隔一定时间读取土样的体积数，直至认为膨胀达到稳定，则自由膨胀率为

$$\delta_{ef} = \frac{V_w - V_0}{V_0} \tag{10-1}$$

式中　V_0——干土样原有体积，即量土杯的体积，mL；

V_w——土样在水中膨胀稳定后的体积，mL。

自由膨胀率越大，土的胀缩性越大，一般自由膨胀率 $\delta_{ef} \geqslant 40\%$ 的土，应判定为膨胀土。根据自由膨胀率的大小，膨胀土的膨胀潜势分为三类：弱（$40\% \leqslant \delta_{ef} < 65\%$）、中（$65\% \leqslant \delta_{ef} < 90\%$）、强（$\delta_{ef} \geqslant 90\%$）。

2.2 膨胀率 δ_{ep}

有荷膨胀率表示原状土在侧限压缩仪中，在一定压力作用下，浸水膨胀稳定后，土样增加的高度与原高度之比，表示为

$$\delta_{ep} = \frac{h_w - h_0}{h_0} \tag{10-2}$$

式中 h_0——土样的原始高度，mm；

h_w——土样浸水膨胀稳定后的高度，mm。

有荷膨胀率所施加的荷载有 50 kPa、100 kPa，为了比较不同土的膨胀性，需要统一规定压力值，我国规定采用 50 kPa。

2.3 线缩率 δ_{sr}

线缩率是指土的竖向收缩应变与原状土样高度之比，可表示为

$$\delta_s = \frac{h_0 - h_i}{h_0} \tag{10-3}$$

式中 h_0——土样的原始高度，mm；

h_i——试验中含水率对应的土样高度，mm。

2.4 收缩系数 λ_s

根据不同时刻的线缩率及相应的含水率，可绘制收缩曲线（见图10-1），可以看出：当含水率减小时，图的收缩过程分为三个阶段，即收缩阶段（Ⅰ）、过渡阶段（Ⅱ）和微缩阶段（Ⅲ）。在收缩阶段中含水率每降低1%时，所对应的线缩率的改变即为收缩系数 λ_s：

$$\lambda_s = \frac{\Delta\delta_s}{\Delta\omega} \tag{10-4}$$

式中 $\Delta\delta_s$——收缩过程中与两点含水率之差对应的竖向线缩率之差（%）；

$\Delta\omega$——收缩过程中直线变化阶段两点含水率之差（%）。

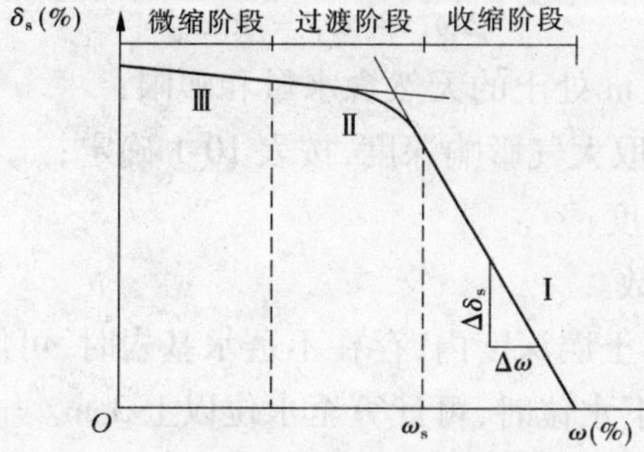

图10-1 收缩曲线

3 膨胀土地基变形量

膨胀土地基的变形量按下列三种情况计算：

(1)当离地表1 m处地基土的天然含水量等于或接近最小值时，或地面覆盖且无蒸发可能时，一级建筑物使用期间，经常有浸水的地基，可按膨胀变形量计算。

(2)当离地表1 m处地基土的天然含水量大于1.2倍塑限含水量时,或直接接受高温作用的地基,可按收缩膨胀量计算。

(3)其他情况下按胀缩变形量计算。

3.1 膨胀变形量

地基膨胀变形量按下式计算:

$$s_e = \psi_e \sum_{i=1}^{n} \delta_{epi} h_i \tag{10-5}$$

式中 s_e——地基土的膨胀变形量;

ψ_e——经验系数,根据当地经验确定,对于三层及三层以下建筑物,可采用0.6;

δ_{epi}——基础底面下第i层土在压力为该层土的平均自重应力与平均附加应力之和作用下的膨胀率,由室内试验确定;

h_i——第i层土计算厚度。

3.2 收缩变形量

收缩变形量按下式计算:

$$s_s = \psi_s \sum_{i=1}^{n} \lambda_{si} \Delta\omega_i h_i \tag{10-6}$$

式中 s_s——地基土的收缩变形量;

ψ_s——经验系数,根据当地经验确定,对于三层及三层以下建筑物,可采用0.8;

λ_{si}——第i层土的收缩系数,由室内试验确定;

$\Delta\omega_i$——地基土在收缩过程中,第i层土可能发生的含水量变化平均值,按式(10-7)计算:

$$\Delta\omega_i = \Delta\omega_1 - (\Delta\omega_1 - 0.01)\frac{z_i - 1}{z_n - 1} \tag{10-7}$$

$$\Delta\omega_1 = \omega_1 - \psi_w \omega_p \tag{10-8}$$

式中 ω_1、ω_p——地表下1 m处土的天然含水量和塑限;

z_n——计算深度,可取大气影响深度,按表10-1确定;

z_i——第i层土的深度;

ψ_w——土的湿度系数。

说明:①在地表下4 m土层深度内,存在不透水基岩时,可假定含水率变化值为常数;②在计算深度内有稳定地下水位时,可计算至水位以上3 m。

表10-1 大气影响深度

土的湿度系数	0.6	0.7	0.8	0.9
大气影响深度(m)	5	4	3.5	3

3.3 胀缩变形量

胀缩变形量按下式计算:

$$s_c = \psi \sum_{i=1}^{n} (\delta_{epi} + \lambda_{si} \Delta\omega_i) h_i \qquad (10\text{-}9)$$

式中　ψ ——计算胀缩变形量的经验系数,可取 0.7;

其他符号意义同前。

【例 10-1】　某建筑物为三层,其场地为膨胀土地基,地表 1 m 处的天然含水率为 29.2%,塑限为 22%,土的收缩系数为 0.15,基础埋深为 1.5 m,土的湿度系数为 0.7,试计算地基土的收缩变形量。

解　由于天然含水率大于塑限的 1.2 倍,故按收缩变形量计算。

(1) 根据土的湿度系数查表 10-1,得到大气影响深度 d = 4 m。

(2) 土层中点深度 $z_i = 1.5 + \frac{4-1.5}{2} = 2.75\,(\text{m})$。

(3) 地表下 1 m 处含水量变化值 $\Delta\omega_1 = \omega_1 - \psi_w \omega_P = 29.2\% - 0.7 \times 22\% = 0.138$。

(4) 土层含水率变化值 $\Delta\omega_i = \Delta\omega_1 - (\Delta\omega_1 - 0.01)\frac{z_i - 1}{z_n - 1} = 0.138 - (0.138 - 0.01) \times \frac{2.75-1}{4-1} = 0.06$。

(5) 收缩变形量 $s_s = \psi_s \sum_{i=1}^{n} \lambda_{si} \Delta\omega_i h_i = 0.8 \times 0.15 \times 0.06 \times 2.5 = 0.018\,(\text{m}) = 18\text{ mm}$。

4　膨胀土地基评价

4.1　膨胀土的判别

具有下列工程地质特征的场地,且自由膨胀率 $\delta_{ef} \geq 40\%$ 的土,应判定为膨胀土。

(1) 裂隙发育,常有光滑面和擦痕,有的裂隙中充填着灰白、灰绿色黏土,在天然条件下呈坚硬或硬塑状态。

(2) 多出露于二级或二级以上阶地、山前和盆地边缘丘陵地带,地形平缓,无明显自然陡坎。

(3) 常见浅层塑性滑坡、地裂,新开挖坑(槽)壁易发生坍塌。

(4) 建筑物裂缝随气候变化而张开和闭合。

4.2　膨胀土地基的胀缩等级

根据地基的膨胀、收缩变形对低层砖混结构房屋的影响程度,膨胀土地基的胀缩等级按地基胀缩变形量 s_c 大小进行划分,可分为三级(见表 10-2),等级越高其膨胀性越大。

表 10-2　膨胀土地基的胀缩等级

地基胀缩变形量 s_c (mm)	级别
$15 \leq s_c < 35$	Ⅰ
$35 \leq s_c < 70$	Ⅱ
$s_c \geq 70$	Ⅲ

5 膨胀土地基设计

由于膨胀土的变形受外界影响因素较多,且带有周期性变形性质,因此在地基设计时主要控制最大变形值,使其不超过允许变形值;当不满足要求时,应针对膨胀土的胀缩特性从地基、基础、上部结构以及施工等方面采取措施。

5.1 建筑措施

(1)建筑物应尽量布置在地形条件比较简单、土质比较均匀、胀缩性较弱的场地。

(2)建筑物体型应力求简单。在地基土显著不均匀处,建筑物平面转折部位或高度(荷重)有显著变化部位以及建筑结构类型不同部位,应设置沉降缝。

(3)加强隔水、排水措施,尽量减少地基上含水率的变化。室外排水应通畅,避免积水,屋面排水宜采用外排水。散水宜较宽设置,一般应大于1.2 m,并加隔热保温层。

(4)室内地面设计应根据要求区别对待。对Ⅲ级膨胀土地基和使用要求特别严格的地面,可采取地面配筋或地面架空的措施。对一般工业与民用建筑,可按一般方法进行设计,也可采用预制块铺砌,但块体间应嵌填柔性材料,大面积地面应作分格变形缝。

(5)建筑物周围宜种草皮。在植树绿化时应注意树种的选择,例如不宜种植吸水量和蒸发量大的桉树等速生树种,应尽可能选用蒸腾量小的针叶树种。

5.2 结构措施

(1)基础形式。较均匀的弱膨胀土地基可采用条形基础。若基础埋深较大或条形基础基底压力较小,宜采用墩基础。

(2)承重砌体结构。可采用拉结较好的实心砖墙,不得采用空斗墙、砌块墙或无砂混凝土砌体,不宜采用砖拱结构、无砂大孔混凝土和无筋中型砌块等对变形敏感的结构。

(3)设置圈梁。为增加房屋的整体刚度,基础顶部和房屋顶层宜设置圈梁,多层房屋的其他各层可隔层设置,必要时也可层层设置。

(4)设置构造柱。钢和钢筋混凝土排架结构、山墙、内隔墙应采用与柱基相同的基础形式,以加强上部结构整体性。

5.3 地基处理

根据膨胀土的胀缩等级、当地材料及施工工艺等,进行综合技术经济比较后确定处理方法,常采用的方法有换土垫层、增大基础埋深,必要时可采用桩基础。

(1)换土垫层。在较强或强膨胀性土层出露较浅的建筑场地,或建筑物在使用上对不均匀变形有严格要求时,可采用非膨胀性土或灰土等置换膨胀土,以减少可膨胀的土层,达到减小地基胀缩变形量的目的。换土厚度应通过计算来确定。平坦场地上Ⅰ、Ⅱ级膨胀土的地基处理,宜采用砂、碎石垫层,垫层厚度不应小于300 mm,基础两侧宜采用与垫层相同的材料回填,并做好防水处理。

(2)增大基础埋深。膨胀土地基上建筑物的基础埋深不应小于1 m。一般基础的埋深宜超过大气影响深度。

(3)桩基础。当大气影响深度较深,膨胀土层厚,选用其他处理方式有困难或不经济时,可选用桩基础,桩基础应穿过膨胀土层,使桩尖进入非膨胀土层,或伸入大气影响急剧层以下一定的深度。

任务 3 饱和砂土和饱和粉土液化判定

1 饱和砂土和饱和粉土的液化

饱和松散的砂土或粉土在强烈的地震作用下,会产生剧烈的状态变化,使原砂土或粉土结构受到破坏,抗剪强度丧失,成为液体状态。当覆盖土层被震裂时,则受压水挟带砂粒和粉粒喷出地面,出现喷水、冒砂现象,常常导致建筑物产生不均匀沉降,甚至失稳,造成建筑物开裂、倾斜或破坏,这种现象称为砂土的液化。

饱和松砂与粉土主要是单粒结构,处于不稳定状态。在强烈地震作用下,疏松不稳定的砂粒与粉粒移动到更稳定的位置。但地下水位下土的孔隙已完全被水充满,在地震作用的短暂时间内,土中的孔隙水无法排出,砂粒与粉粒位移至孔隙水中漂浮,此时土体的有效应力为零,地基丧失承载力,造成地基不均匀下沉,导致建筑物破坏。

2 液化性判别

2.1 初步判别

饱和的砂土或粉土(不含黄土)当符合下列条件之一时,可初步判别为不液化或可不考虑液化影响:

(1)地质年代为第四纪晚更新世(Q_3)及其以前,当地震烈度为 7 度、8 度时,可判为不液化。

(2)粉土的黏粒(粒径小于 0.005 mm 的颗粒)含量百分率,当地震烈度为 7 度、8 度和 9 度时分别不小于 10%、13% 和 16%,可判为不液化土。

(3)天然地基的建筑,当地下水位深度和上覆非液化土层厚度满足下式之一时,可不考虑液化影响:

$$d_u > d_0 + d_b - 2 \tag{10-10}$$

$$d_w > d_0 + d_b - 3 \tag{10-11}$$

$$d_u + d_w > 1.5d_0 + 2d_b - 4.5 \tag{10-12}$$

式中 d_w——地下水位深度,m,可取设计基准期内年平均最高水位,也可取近期内年最高水位;

d_u——上覆非液化土层厚度,m,计算时应注意将淤泥和淤泥质土层扣除;

d_b——基础埋置深度,m,不超过 2 m 时应按 2 m 算;

d_0——液化土特征深度,m,按表 10-3 采用。

表 10-3 液化土特征深度 (单位:m)

饱和土类别	地震烈度		
	7 度	8 度	9 度
粉土	6	7	8
砂土	7	8	9

2.2　**标准贯入试验判别**

当初步判别认为需要进一步进行液化判别时，应采用标准贯入试验进一步判别其是否液化。

地面下 15 m 深度范围内，液化判别标准贯入试验锤击数临界值可按下式计算。土的实测标准贯入试验锤击数小于下式确定的临界值时，则应判别为液化土，否则为不液化土。

$$N_{cr} = N_0[0.9 + 0.1(d_s - d_w)]\sqrt{3/\rho_c} \quad (d_s \leqslant 15) \qquad (10\text{-}13)$$

式中　N_{cr} ——液化判别标准贯入锤击数临界值；

N_0 ——液化判别标准贯入锤击数基准值，按表 10-4 采用；

d_s ——饱和土标准贯入点深度，m；

ρ_c ——黏粒含量百分率，当小于 3% 或为砂土时应取 3%。

表 10-4　标准贯入锤击数基准值

设计地震分组	地震烈度		
	7 度	8 度	9 度
第一组	6(8)	10(13)	16
第二、三组	8(10)	12(15)	18

注：括号内数值用于设计基本地震加速度为 0.15*g* 和 0.3*g* 的地区。

一般情况下，只需判别地面下 15 m 深度范围内土的液化可能性。而当采用桩基础或埋深大于 5 m 的深基础时，尚应判别 15 ~ 20 m 土的液化可能性。此时标准贯入锤击数临界值为

$$N_{cr} = N_0(2.4 - 0.1d_s)\sqrt{3/\rho_c} \quad (15 \leqslant d_s \leqslant 20) \qquad (10\text{-}14)$$

【例 10-2】　某建筑场地位于 8 度烈度区，场地土为砂土及黏土，自地表至 7 m 为黏土，可塑状态，7 m 以下为松散砂土，地下水位埋深 6 m，拟建建筑基础埋深 2 m，场地处于全新世Ⅰ级阶地上，判断场地的液化性。

解　根据题意得到 $d_u = 7$ m, $d_b = 2$ m, $d_w = 6$ m, 8 度烈度区的特征深度 $d_0 = 8$ m。

(1) $d_u = 7\text{ m} < d_0 + d_b - 2 = 8 + 2 - 2 = 8(\text{m})$，不满足式(10-10)。

(2) $d_w = 6\text{ m} < d_0 + d_b - 3 = 8 + 2 - 3 = 7(\text{m})$，不满足式(10-11)。

(3) $d_u + d_w = 13\text{ m} > 1.5d_0 + 2d_b - 4.5 = 1.5 \times 8 + 2 \times 2 - 4.5 = 11.5(\text{m})$，满足式(10-12)，因此可不考虑该场地的液化影响。

2.3　**液化等级**

当经过上述判别证实地基土存在液化趋势后，应进一步定量分析、评价液化土可能造成的危害程度，确定液化等级。

地基土的液化指数可按下式确定：

$$I_{1E} = \sum_{i=1}^{n}\left(1 - \frac{N_i}{N_{cri}}\right)d_i W_i \qquad (10\text{-}15)$$

式中　I_{1E} ——液化指数；

n ——在判别深度范围内每一个钻孔标准贯入试验点的总数；

N_i、N_{cri}——第 i 点标准贯入锤击数的实测值和临界值,当实测值大于临界值时应取临界值;

d_i——第 i 点所代表的土层厚度,m,可采用与该标准贯入试验点相邻的上下两标准贯入试验点深度差的一半,但上界不高于地下水位深度,下界不深于液化深度;

W_i——第 i 土层单位土层厚度的层位影响权函数值,m^{-1},若判别深度为 15 m,当该层中点深度不大于 5 m 时应采用 10,等于 15 m 时应采用零值,5 ~ 15 m 时按线性内插法取值,若判别深度为 20 m,当该层中点深度不大于 5 m 时应采用 10,等于 20 m 时应采用零值,5 ~ 20 m 时应按线性内插法取值。

根据液化指数的大小,可将液化地基划分为三个等级,如表 10-5 所示。

表 10-5 液化等级

液化等级	轻微	中等	严重
判别深度为 15 m 时的液化指数	$0 < I_{lE} \leqslant 5$	$5 < I_{lE} \leqslant 15$	$I_{lE} > 15$
判别深度为 20 m 时的液化指数	$0 < I_{lE} \leqslant 6$	$6 < I_{lE} \leqslant 18$	$I_{lE} > 18$

【例 10-3】 某建筑场地位于冲积平原上,地下水位为 3 m,地表至 5 m 为黏性土,可塑状态,水位以上重度为 19 kN/m^3,水位以下饱和重度为 20 kN/m^3,5 m 以下为砂层,黏粒含量 4%,稍密状态,标准贯入试验资料见表 10-6,拟采用桩基础,设计地震分组为第一组,烈度为 8 度,设计基本地震加速度为 0.30g,试判别砂土的液化性及液化等级。

表 10-6 例 10-3 表

标准贯入深度(m)	6	8	10	12	14	16	18
实测标准贯入锤击数	10	18	16	17	20	18	26

解 (1)设计地震分组为第一组,8 度烈度,设计基本地震加速度为 0.30g,查表 10-4 得到标准锤击数基准值 $N_0 = 13$。

(2)对于桩基础,液化判别深度为 20 m。

(3)计算标准贯入击数临界值。

15 m 以上土层采用式(10-13)计算。

测试深度为 6 m 时,$N_{cr} = 13 \times [0.9 + 0.1 \times (6 - 3)] \times \sqrt{3/3} = 15.6$;

测试深度为 8 m 时,$N_{cr} = 13 \times [0.9 + 0.1 \times (8 - 3)] \times \sqrt{3/3} = 18.2$,其他各点的计算原理相同,具体见表 10-7。

表 10-7 地震液化判别计算

测试点深度(m)	6	8	10	12	14	16	18
实测标准贯入击数	10	18	16	17	20	18	26
临界标准贯入击数	15.6	18.2	20.8	23.4	26	10.4	7.8
土层厚度(m)	2	2	2	2	2	2	3
权函数值 W_i	9.33	8	6.67	5.33	4	2.67	1.33

15 m 以下土层采用式(10-14)计算。

(4)比较标准贯入锤击数实测值和临界值,15 m 以上土层的标准贯入锤击数实测值均小于临界值,土层液化;15~20 m 的标准贯入锤击数实测值均大于临界值,不会产生液化。

(5)计算液化等级。

确定各土层厚度,见表 10-7,确定第 i 层土单位土层厚度的层位影响权系数值:

当测点深度为 6 m 时,$W_i=\frac{2}{3}\times(20-6)=9.33$;

当测点深度为 8 m 时,$W_i=\frac{2}{3}\times(20-8)=8$,依此类推,计算结果见表 10-7;

液化指数为

$$I_{1E}=(1-\frac{10}{15.6})\times2\times9.33+(1-\frac{18}{18.2})\times2\times8+(1-\frac{16}{20.8})\times2\times6.67+$$

$$(1-\frac{17}{23.4})\times2\times5.33+(1-\frac{20}{26})\times2\times4=14.79$$

液化等级为中等。

思考与练习题

1. 我国区域性特殊土有哪些?

2. 软弱土有哪些特征?

3. 膨胀土地基的胀缩等级是如何划分的?

4. 什么是砂土的液化?

5. 对某地区膨胀土样进行自由膨胀率试验,已知土样原始体积为 10 mL,膨胀稳定后测得土样体积为 16.2 mL,试求此膨胀土的自由膨胀率。

6. 某学校四层教学楼地基为膨胀土,由试验测得第一层土膨胀率 $\delta_{ep1}=1.8\%$,收缩系数 $\lambda_{s1}=1.3$,含水量变化 $\Delta\omega_1=0.01$,土层厚度 $h_1=150$ cm;第二层土 $\delta_{ep2}=0.7\%$,$\lambda_{s2}=1.1$,$\Delta\omega_2=0.01$,$h_2=250$ cm。计算此膨胀土地基的胀缩变形量并判别胀缩等级。

7. 某办公楼地基表层为素填土,层厚 $h_1=1.5$ m;第二层为粉土,深 3.5 m 处,$N=8$,层厚 $h_2=4.5$ m;第三层为粉砂,深 8.00 m 处,$N=9$,层厚 $h_3=3.2$ m;第四层为细砂,深度 11.00 m 处,$N=15$,层厚 $h_4=5.4$ m;第五层为卵石,层厚 $h_5=4.8$ m,地下水位埋深 2.20 m,地震烈度为 8 度区,地基是否会发生液化?

参考文献

[1] 刘福臣,杨绍平.工程地质与土力学[M].郑州:黄河水利出版社,2010.

[2] 王玉珏,孙其龙.工程地质与土力学[M].郑州:黄河水利出版社,2012.

[3] 戚筱俊.工程地质水文地质[M].2版.北京:中国水利水电出版社,1999.

[4] 华南农业大学.地质学基础[M].2版.北京:中国农业出版社,1999.

[5] 麻效祯.地下水开发利用[M].北京:中国水利水电出版社,1999.

[6] 崔冠英.水利工程地质[M].北京:中国水利水电出版社,1999.

[7] 王大纯,张人权,史毅虹,等.水文地质学基础[M].北京:地质出版社,2003.

[8] 许兆义,王连俊,杨成永,等.工程地质基础[M].北京:中国铁道出版社,2003.

[9] 盛海洋.工程地质与桥涵水文[M].北京:机械工业出版社,2006.

[10] 左建,温庆博,等.工程地质及水文地质[M].北京:中国水利水电出版社,2004.

[11] 王启亮,盛海洋.工程地质[M].郑州:黄河水利出版社,2007.

[12] 巫朝新,等.工程地质与土力学[M].北京:中国水利水电出版社,2005.

[13] 刘福臣,成自勇,崔自治,等.土力学[M].北京:中国水力电力出版社,2005.

[14] 赵明华,等.土力学与基础工程[M].武汉:武汉工业大学出版社,2000.

[15] 华南理工大学,等.地基及基础[M].3版.北京:中国建筑工业出版社,1998.

[16] 吴湘兴,等.建筑地基基础[M].广州:华南理工大学出版社,1997.

[17] 高大钊,等.土力学与基础工程[M].北京:中国建筑工业出版社,1998.

[18] 卢廷浩,等.土力学[M].南京:河海大学出版社,2002.

[19] 赵树德,等.土力学[M].北京:高等教育出版社,2001.

[20] 陈希哲.土力学地基基础[M].北京:清华大学出版社,1998.

[21] 杨小平.土力学[M].广州:华南理工大学出版社,2001.

[22] 赵成刚.土力学原理[M].北京:清华大学出版社,2004.

[23] 务新超.土力学[M].郑州:黄河水利出版社,2003.

[24] 中华人民共和国建设部.GB 50007—2002 建筑地基基础设计规范[S].北京:中国建筑工业出版社,2002.

[25] 中国建筑科学研究院.JGJ 79—2002 建筑地基处理技术规范[S].北京:中国建筑工业出版社,2002.

[26] 中华人民共和国水利部.SL 237—1999 土工试验规程[S].北京:中国水利水电出版社,1999.

[27] 中华人民共和国水利部.GB/T 50123—1999 土工试验方法标准[S].北京:中国计划出版社,1999.

[28] 中华人民共和国建设部.GB 50011—2001 建筑抗震设计规范[S].北京:中国建筑工业出版社,2001.

[29] 陕西省计划委员会. GB 50025—2004 湿陷性黄土地区建筑规范[S]. 北京:中国建筑工业出版社,2004.

[30] 中华人民共和国城乡建设环境保护部. GB 50021—2001 岩土工程勘察规范[S]. 北京:中国建筑工业出版社,2002.

[31] 中国水利水电科学研究院. SL 203—97 水工建筑物抗震设计规范[S]. 北京:中国水利水电出版社,1997.

[32] 中华人民共和国水利部. GB 50487—2008 水利水电工程地质勘察规范[S]. 北京:中国水利水电出版社,1999.